U0173122

科学出版社"十三五"普通高等教育本科规划教材

大学物理（上册）

（第二版）

主　编　冯旺军　　戴剑锋

副主编　李维学　　王　青　　蒲忠胜

魏智强　　姜金龙　　张梅玲

科学出版社

北　京

内 容 简 介

本书是依据教育部高等学校物理学与天文学教学指导委员会物理基础课程教学指导分委员会编制的《理工科类大学物理课程教学基本要求》，并结合编者多年的教学实践经验编写而成的.

全书分上、下两册. 上册内容包括力学、机械振动和机械波、波动光学、分子物理学和热力学 4 篇；下册内容包括电磁学、近代物理基础 2 篇，共 21 章. 本书将理工学科大学物理课程教学基本要求按认知规律有序整合，构建了基础物理的知识网络，对物理学的基本概念、基本理论作了比较系统全面的讲述，特别注重物理概念的描述，减少了比较繁杂的推导过程，增加了物理规律在工程中应用的内容，也介绍了一些近现代物理学的发展和热点问题，力求开拓学生的视野，增强学生学习物理的兴趣，正文中提供了一些典型例题，有助于学生自学、抓住重点.

本书可作为高等学校工科各专业、理科非物理类专业的大学物理教材，也可以作为中学物理教师的教学参考书和自学人员的参考书.

图书在版编目(CIP)数据

大学物理：上下册/冯旺军，戴剑锋主编. —2 版. —北京：科学出版社，2021.1

科学出版社"十三五"普通高等教育本科规划教材
ISBN 978-7-03-067848-5

Ⅰ.①大… Ⅱ.①冯… ②戴… Ⅲ.①物理学－高等学校－教材
Ⅳ.①O4

中国版本图书馆 CIP 数据核字(2021)第 006751 号

责任编辑：罗 吉 崔慧娴/责任校对：杨聪敏
责任印制：赵 博/封面设计：蓝正设计

科学出版社 出版
北京东黄城根北街 16 号
邮政编码：100717
http://www.sciencep.com
北京富资园科技发展有限公司印刷
科学出版社发行 各地新华书店经销

*

2010 年 8 月第 一 版 开本：720×1000 1/16
2021 年 1 月第 二 版 印张：37 1/2
2025 年 3 月第十九次印刷 字数：756 000

定价：89.00 元(上下册)
(如有印装质量问题，我社负责调换)

前　　言

物理学是研究物质的基本结构、相互作用和物质最基本最普遍的运动形式（机械运动、热运动、电磁运动、微观粒子运动等）及其相互转化规律的学科. 物理学的研究对象具有极大的普遍性，它的基本理论渗透在自然科学的一切领域，应用于生产技术的各个部门. 它是自然科学的许多领域和工程技术的基础.

以物理学基础知识为内容的大学物理课，所包括的经典物理、近代物理和物理学在科学技术上应用的初步知识等都是一个高级工程技术人员所必备的，因此，大学物理课是高等工业学校各专业学生的一门重要的必修基础课.

高等工业学校中开设大学物理的作用：一方面较系统地为学生打好必要的物理基础；另一方面使学生初步学习科学的思想方法和研究问题的方法. 这些可开阔思路、激发探索和创新精神、增强适应能力、提高人才素质. 学好大学物理课，不仅对学生在校的学习十分重要，而且对学生毕业后的工作和进一步学习新理论、新技术，不断更新知识，都将产生深远的影响.

通过大学物理课的学习，学生应掌握物理学研究的各种运动形式以及它们之间的联系，能够正确地理解大学物理中的基本理论、基本知识，并具备初步应用的能力.

我们在多年大学物理教学改革实践中深切感到，在教学环节中，要注意在传授知识的同时着重培养能力. 教材应更加重视人的培养，要有效地与理工科专业结合，兼顾文、法、管理等专业，减少比较繁琐的公式推导，为此，我们组织编写了这套《大学物理》教材.

本书精选了一部分与基本概念、基本方法有较强关联的例题，以使学生更好地理解、掌握重点内容. 书中的部分章节可作为选学内容，教师可以选择课上讲解，也可要求学生自学或者了解.

全书分上、下两册，由冯旺军、戴剑锋担任主编，李维学、王青、蒲忠胜、魏智强、姜金龙、张梅玲担任副主编. 全书由冯旺军统稿、定稿. 本书编写过程中得到了兰州理工大学理学院应用物理系全体教师和西北民族大学张国恒教授的大力支持，在此表示感谢.

本书由兰州理工大学理学院应用物理系和西北民族大学电气工程学院大学物理教研室联合组织编写，参加编写的人员都有丰富的教学经验，有些老师已讲授了20多年的大学物理课程. 本书在编写过程中，力求物理概念清楚、逻辑严密、循序渐进、过渡自然、重点突出，形成一个比较紧凑的体系，具有独特的风格. 然而，受作者学识能力限制，不妥之处在所难免，希望读者批评指正！

作　者
2020 年 1 月于兰州

目　　录

第二篇　机械振动和机械波

第三篇　波　动　光　学

第一篇 力 学

力学是人类最早建立的一门学科,其在西方起源于公元前 4 世纪古希腊学者柏拉图关于圆运动是天体最完美的运动和亚里士多德关于力产生运动的说教,在中国可追溯到公元前 5 世纪《墨经》中关于杠杆原理的论述.但力学(整个物理学)成为一门科学理论应该说是从 17 世纪伽利略论述惯性运动开始的,继而牛顿提出了运动三定律.现在以牛顿定律为基础的力学理论称牛顿力学或经典力学.它曾因被尊为完善普遍的理论而盛行 300 余年.在 20 世纪虽发现它的局限性,以至于在高速领域被相对论取代,在微观领域被量子力学取代,但在一般技术领域(机械制造、土木建筑、航天航空),经典力学仍保留着充沛的活力而处于基础理论的地位.

力学就是研究物体机械运动的规律及其应用的学科,而牛顿运动定律是经典力学的基础.这里力学一般指牛顿力学或经典力学,不包括相对论力学、电动力学和量子力学.力学研究的是物质的机械运动.机械运动是最简单又最基本的运动,是一个物体相对另一个物体的位置或一个物体的一部分相对其余部分的位置随时间变化的过程.经典力学只适用于物体做低速(与光速相比)运动的情形,当物体的速度接近于光速时,经典力学就失效了,此时需要用相对论力学来进行讨论;经典力学也不适于研究微观粒子的运动,这时要用到量子力学.

第1章

质点运动学

自然界中一切物质都处在永恒的运动之中,运动的形式多种多样,有机械运动、原子运动等,其中机械运动是自然界中最简单、最普遍的一种运动形式.所谓机械运动,是一个物体相对于另一个物体的位置,或者一个物体内部的一部分相对于其他部分的位置随时间的变化过程.物理学中,力学就是研究机械运动规律及其应用的学科,通常分为运动学和动力学.质点运动学是以位置矢量、位移、速度和加速度等物理量来描述质点运动状态随时间的变化,不涉及引起质点发生运动变化的原因.本章主要在阐明以上 4 个物理量的概念及关系的基础上,进一步介绍如何运用这些物理量来描述物体的机械运动.

1.1 质点和参考系

1.1.1 质点

我们知道,自然界中的任何物体,无论是宇宙中的天体,还是组成物质的原子、原子核、电子及其他微观粒子,大小和形状纷繁复杂,各不相同,因此物体的机械运动也是错综复杂的.为了探寻物体机械运动的基本规律,如果在研究的问题中,物体的体积和形状无关紧要,或所起的作用可以忽略不计,就可以忽略物体的大小和形状,而只把它看成一个具有质量、占据空间位置的点,这样的点称为质点.例如,北京至上海的距离约为 1000km,当你乘坐 500m 长的火车由北京至上海时,不会去想坐在火车的头部是不是比坐在尾部先到达目的地,这时可以把火车当成一个质点来考虑.在研究地球相对于太阳的运动时,由于地球既公转又自转,地球上各点相对于太阳的运动是各不相同的.但是,地球与太阳间的距离(1.5×10^8 km)约为地球平均直径(1.3×10^4 km)的 10^4 倍,所以在研究地球公转时,可以认为地球上各点的运动形式基本相同,忽略地球的大小和形状.然而,在研究地球自转时,如果仍然把地球看成一个质点,将无法解决实际问题.因此,能否把一个物体看成质点,关键不在于物体本身的大小,而是取决于研究问题的性质和具体情况.

在不能将物体当成质点处理时,可以把物体看成由无数个质点组成,分析这些质点的运动,就可以得到整个物体的运动规律.因此可以说,质点运动是描述复杂物体运动的基础.

在物理学和其他科学研究中,为使问题突出,经常需要在不改变问题本质的前提下,对比较复杂的研究对象进行科学合理的抽象和假设,忽略次要因素,将实际问题简化为理想模型.质点就是这样一种理想化的物理模型.

1.1.2 参考系

宇宙中的一切物体都处于永恒的运动之中,大至日月星辰、山河湖泊,小至分子、原子,绝对静止的物体是不存在的,这称为运动的绝对性.我们通常所说的运动和静止,总是相对于另一个物体而言的.因此,描述一个物体的机械运动,必须选择另外一个运动的物体或几个相互之间相对静止的物体系作为参考物,否则就没有意义.研究物体运动时被选定的参考物称为参考系.对于同一物体的运动,由于参考系不同,对同一物体运动的描述就会不同.例如,通信卫星一般采用地球静止轨道,位于地球赤道上空 $35786\mathrm{km}$ 处,卫星在轨道上以 $3075\mathrm{m} \cdot \mathrm{s}^{-1}$ 的速度自西向东绕地球旋转,绕地球一周的时间为 23 小时 56 分 4 秒,恰与地球自转一周的时间相等.因此,地面上的人看到的卫星是静止不动的,但如果以太阳为参考系,卫星则是绕太阳转动的.这就是运动描述的相对性.

可以说,在描述质点如何运动时,只有先确定参考系,才能明确地描述被研究物体的运动状态.原则上,参考系可以任意选择.唐代诗人李白在《望天门山》一诗中写道:"两岸青山相对出,孤帆一片日边来."诗人就是分别以船和河岸为参考系来描述"青山"和"孤帆"的.在处理实际问题中,参考系的选择主要是根据研究问题的性质和方便而定,使对运动的描述尽可能简单.

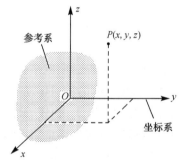

图 1-1 质点的位置表示

当确定参考系之后,为了定量地确定质点相对于参考系的位置,需要在参考系上固定适当的坐标系.最常用的坐标系是直角坐标系,为了研究问题的方便,根据需要也会选用极坐标系、球坐标系、柱坐标系和自然坐标系.如图 1-1 所示,在选定的参考系中建立直角坐标系,一个质点 P 在任意时刻的位置可以用 (x,y,z) 给定.

1.1.3 时间与时刻

"现在是什么时间?""现在离飞机起飞还有多长时间?",这是我们日常生活中经常遇到的问题.那时间究竟是什么呢? 通常认为,时间就是指物质的运动变化过程,反映了物理事件的顺序性和持续性.现在已知宇宙中最小的时间单位为微观粒子的寿命 $10^{-24}\mathrm{s}$.根据物理理论,时间的最小间隔为普朗克时间 $10^{-43}\mathrm{s}$.

在描述物体运动时,我们经常会说,某一时刻,物体运动到某一位置.这里的时刻指的是事件发生的瞬间.例如,一列火车在早上 8:00 由上海开往北京,下午 18:00 到达,全程需要 10h. 火车 8:00 开出和 18:00 到达的瞬间分别表示两个时刻,而两个时刻的间隔 10h 就表示一段时间.

在物理学中,时间是国际单位制中 7 个基本物理量之一. 第 26 届国际计量大会决定:铯-133 原子处于非扰动基态时两个超精细能级间跃迁对应的辐射频率 $\Delta\nu_{Cs}$ 以 Hz(即 s^{-1})为单位表示时选取固定数值 9192631770 来定义秒.

在国际单位制中,时间的单位为秒(s).

1.2 位置矢量和位移

1.2.1 位置矢量

在质点运动学中,选取一个参考系后,可以用位置矢量(简称位矢)来表示质点在空间的位置. 如图 1-2 所示,从原点 O 到 P 点的有向线段 $\overrightarrow{OP}=r$ 表示质点的位置矢量(简称位矢),在三维直角坐标系中表示为

$$r=x\boldsymbol{i}+y\boldsymbol{j}+z\boldsymbol{k} \qquad (1\text{-}1)$$

式中,$\boldsymbol{i}$、$\boldsymbol{j}$、$\boldsymbol{k}$ 分别表示沿 x 轴、y 轴、z 轴正方向的单位矢量.

位矢大小为

$$r=|\boldsymbol{r}|=\sqrt{x^2+y^2+z^2} \qquad (1\text{-}2)$$

位矢的方向可由其余弦确定

$$\cos\alpha=\frac{x}{r}, \quad \cos\beta=\frac{y}{r}, \quad \cos\gamma=\frac{z}{r}$$

质点运动时,其空间位置是随时间变化的. 这时,质点的位置坐标与时间的函数关系式称为质点的运动方程,可表示为

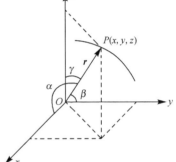

图 1-2 位置矢量

$$x=x(t), \quad y=y(t), \quad z=z(t) \qquad (1\text{-}3)$$

从质点的运动方程中消去时间 t,即可得到质点的轨迹方程. 轨迹为直线就称为直线运动,轨迹为曲线则称为曲线运动.

1.2.2 位移

设一质点沿图 1-3 所示的曲线运动. 在 t 时刻,质点处于 A 位置,其位置矢量为 r_A;在 $t+\Delta t$ 时刻,质点处于 B 位置,其位置矢量为 r_B. 在 Δt 时间内,质点从 A 位置到 B 位置的变化可用从 A 到 B 的有向线段 $\overrightarrow{AB}$ 表示,称为质点的位移矢量,简称位移. 在 $\triangle ABO$ 中,由矢量运算法则可得

$$\overrightarrow{AB}=r_B-r_A=\Delta r \qquad (1\text{-}4)$$

在直角坐标系中,式(1-4)可表示为

$$\Delta r = (x_B \boldsymbol{i} + y_B \boldsymbol{j} + z_B \boldsymbol{k}) - (x_A \boldsymbol{i} + y_A \boldsymbol{j} + z_A \boldsymbol{k})$$
$$= (x_B - x_A)\boldsymbol{i} + (y_B - y_A)\boldsymbol{j} + (z_B - z_A)\boldsymbol{k} \qquad (1\text{-}5)$$

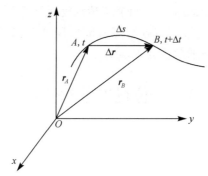

图 1-3　曲线运动中的位移

需要指出,Δr 和 Δs 是两个完全不同的概念. 位移 Δr 表示一段时间物体位置的变化,既有大小,又有方向,是矢量. Δs 表示质点在一段时间内经历的路程,是标量. 只有当时间 Δt 趋近于零时,Δs 和 $|\Delta r|$ 才可视为相等.

位移和路程的单位相同,在国际单位制中为米(m).

1.3　速度和速率

1.3.1　速度

为了描述质点运动的方向和运动的快慢,引进了速度的概念. 如图 1-3 所示,质点的位移 Δr 与相应的时间 Δt 的比值,称为平均速度,即

$$\bar{v} = \frac{\Delta r}{\Delta t} \qquad (1\text{-}6)$$

平均速度是矢量,其方向与质点位移 Δr 的方向相同.

$\bar{v}$ 粗略地描述了质点在 Δt 时间内的运动状态. 为了精确地描述在某一时刻质点运动的快慢,引进瞬时速度的概念. 如果时间间隔 Δt 趋近于零,则平均速度 $\frac{\Delta r}{\Delta t}$ 趋近于一个确定的极限值,这个极限值称为质点在 t 时刻的瞬时速度,简称速度. 数学表示为

$$v = \lim_{\Delta t \to 0} \frac{\Delta r}{\Delta t} = \frac{\mathrm{d}r}{\mathrm{d}t} \qquad (1\text{-}7)$$

即速度等于位置矢量对时间的一阶导数.

将式(1-1)代入式(1-7),可得

$$v = \frac{\mathrm{d}r}{\mathrm{d}t} = \frac{\mathrm{d}}{\mathrm{d}t}(xi + yj + zk)$$

$$= \frac{\mathrm{d}x}{\mathrm{d}t}i + \frac{\mathrm{d}y}{\mathrm{d}t}j + \frac{\mathrm{d}z}{\mathrm{d}t}k$$

$$= v_x i + v_y j + v_z k \tag{1-8}$$

速度的大小为

$$v = |v| = \sqrt{v_x^2 + v_y^2 + v_z^2} \tag{1-9}$$

从式(1-7)可以看出,速度的方向为 $\Delta t \rightarrow 0$ 时位移 Δr 的极限方向,也就是运动轨迹上质点所在点的切线方向,指向运动一方.

1.3.2　速率

在描述质点运动时,还经常用到速率这个物理量. 如果质点在 Δt 时间内经历的路程为 Δs,那么 Δs 与 Δt 的比值

$$\bar{v} = \frac{\Delta s}{\Delta t} \tag{1-10}$$

称为质点在 Δt 时间内的平均速率.

如果时间间隔 Δt 趋近于零,则平均速率 $\frac{\Delta s}{\Delta t}$ 也趋近于一个确定的极限值,这个极限值称为质点在 t 时刻的瞬时速率. 在图 1-3 中,当 Δt 逐渐趋近于零时,B 点逐渐趋于 A 点,相应地,路程的大小 Δs(即曲线 AB 的长度)与位移的大小 $|\Delta r|$(即有向线段 AB 的长度)可视为相等. 所以,瞬时速率可写为

$$v = \lim_{\Delta t \to 0} \frac{\Delta s}{\Delta t} = \frac{\mathrm{d}s}{\mathrm{d}t} = \lim_{\Delta t \to 0} \frac{|\Delta r|}{\Delta t} = |v| \tag{1-11}$$

所以,瞬时速率等于速度的大小,是标量.

速度和速率具有相同的单位,在国际单位制中为米·秒$^{-1}$(m·s^{-1}).

1.4　加　速　度

一般来说,质点运动速度的大小和方向是随时间变化的. 研究质点运动时,不仅要知道质点在某一时刻的位置和速度,还要知道速度变化的方向和快慢. 为此,我们引入加速度这个物理量.

设一质点沿图 1-4 所示的曲线运动. 在 t 时刻,质点处于 A 位置,其速度为 v_A,在 $t + \Delta t$ 时刻,质点处于 B 位置,其速度为 v_B. 在 Δt 时间内,质点速度的增量为初速度 v_A 与末速度 v_B 的矢量差,如图 1-4 所示为

$$\Delta v = v_B - v_A \tag{1-12}$$

显然,Δv 包含速度大小的变化和速度方向的变化. 于是,在 Δt 时间内,质点速度变化

的快慢和方向可以用 $\Delta \boldsymbol{v}$ 和 Δt 的比值表示,即

$$\bar{\boldsymbol{a}} = \frac{\Delta \boldsymbol{v}}{\Delta t} \tag{1-13}$$

这称为质点在 Δt 时间内的平均加速度. 平均加速度是矢量,其方向沿速度增量的方向.

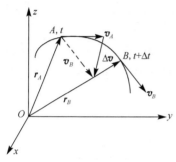

图 1-4　速度的增量

平均加速度只是粗略地描述了 Δt 时间内质点速度的平均变化. 为了精确地描述质点在某一时刻的速度变化,引进瞬时加速度的概念. 如果时间间隔 Δt 趋近于零,则平均加速度 $\dfrac{\Delta \boldsymbol{v}}{\Delta t}$ 趋近于一个确定的极限值,这个极限值称为质点在 t 时刻的瞬时加速度,简称加速度. 数学表示为

$$\boldsymbol{a} = \lim_{\Delta t \to 0} \frac{\Delta \boldsymbol{v}}{\Delta t} = \frac{\mathrm{d}\boldsymbol{v}}{\mathrm{d}t} = \frac{\mathrm{d}^2 \boldsymbol{r}}{\mathrm{d}t^2} \tag{1-14}$$

即质点的加速度等于速度对时间的一阶导数,或等于位置矢量对时间的二阶导数.

在直角坐标系中,加速度可表示为

$$\begin{aligned}
\boldsymbol{a} &= \frac{\mathrm{d}\boldsymbol{v}}{\mathrm{d}t} = \frac{\mathrm{d}v_x}{\mathrm{d}t}\boldsymbol{i} + \frac{\mathrm{d}v_y}{\mathrm{d}t}\boldsymbol{j} + \frac{\mathrm{d}v_z}{\mathrm{d}t}\boldsymbol{k} \\
&= \frac{\mathrm{d}^2 \boldsymbol{r}}{\mathrm{d}t^2} = \frac{\mathrm{d}^2 x}{\mathrm{d}t^2}\boldsymbol{i} + \frac{\mathrm{d}^2 y}{\mathrm{d}t^2}\boldsymbol{j} + \frac{\mathrm{d}^2 z}{\mathrm{d}t^2}\boldsymbol{k} \\
&= a_x \boldsymbol{i} + a_y \boldsymbol{j} + a_z \boldsymbol{k}
\end{aligned} \tag{1-15}$$

加速度的大小为

$$a = |\boldsymbol{a}| = \sqrt{a_x^2 + a_y^2 + a_z^2} \tag{1-16}$$

加速度的方向为 $\Delta t \to 0$ 时速度增量 $\Delta \boldsymbol{v}$ 的极限方向,总是指向运动轨迹凹的一侧.

需要指出的是,加速度是速度对时间的变化率,因此,在质点运动中,无论速度大小发生变化,还是速度方向发生变化,都会产生加速度. 例如,在匀速圆周运动中,速度大小不变,速度方向发生变化,就会产生向心加速度.

在国际单位制中加速度的单位为米·秒$^{-2}$(m·s^{-2}).

以上我们讨论了时间、位置矢量、位移、速度、加速度等描述质点运动的物理量和它们之间的关系. 在定义速度和加速度时,利用求极限的方法引入了导数. 大学物理不同于中学物理的一个重要特点就是运用微积分知识解决物理问题,因此,在学习和处理问题的过程中,要逐渐体会和掌握运用微积分解决问题的思想.

例 1-1　已知质点的运动方程为 $x = 2t^2 + t + 1$,$y = t^3 + 2t^2$,式中 t 以秒计,x,y 以米计. 求:

(1)$t = 2\mathrm{s}$ 时质点的位置矢量;

(2)第 2s 内质点的位移;

(3)质点在任意时刻的速度和加速度.

解　(1)$t=2$s 时

$$x_{(2)}=2t^2+t+1=11\text{m}$$
$$y_{(2)}=t^3+2t^2=16\text{m}$$

所以,质点的位置矢量为

$$\boldsymbol{r}_{(2)}=11\boldsymbol{i}+16\boldsymbol{j}$$

(2)$t=1$s 时

$$x_{(1)}=2t^2+t+1=4\text{m}$$
$$y_{(1)}=t^3+2t^2=3\text{m}$$

第 1s 末质点的位置矢量为

$$\boldsymbol{r}_{(1)}=4\boldsymbol{i}+3\boldsymbol{j}$$

所以

$$\Delta\boldsymbol{r}=\boldsymbol{r}_{(2)}-\boldsymbol{r}_{(1)}=(11\boldsymbol{i}+16\boldsymbol{j})-(4\boldsymbol{i}+3\boldsymbol{j})=7\boldsymbol{i}+13\boldsymbol{j}$$

(3)由 $v_x=\dfrac{\mathrm{d}x}{\mathrm{d}t}=4t+1$,$v_y=\dfrac{\mathrm{d}y}{\mathrm{d}t}=3t^2+4t$,得

$$\boldsymbol{v}=(4t+1)\boldsymbol{i}+(3t^2+4t)\boldsymbol{j}$$

$$a_x=\frac{\mathrm{d}v_x}{\mathrm{d}t}=4,\quad a_y=\frac{\mathrm{d}v_y}{\mathrm{d}t}=6t+4$$

所以

$$\boldsymbol{a}=4\boldsymbol{i}+(6t+4)\boldsymbol{j}$$

例 1-2　设一质点沿 x 轴做直线运动,$a=2t+1$,在 $t=0$ 时,质点位于 x_0,速度为 v_0.求质点的运动速度 v 和运动方程.

解　(1)由加速度的定义,有

$$a=\frac{\mathrm{d}v}{\mathrm{d}t}=2t+1$$

即

$$\mathrm{d}v=a\mathrm{d}t=(2t+1)\mathrm{d}t$$

对上式两边取积分,代入初始条件,得

$$\int_{v_0}^{v}\mathrm{d}v=\int_{0}^{t}(2t+1)\mathrm{d}t$$

所以

$$v=t^2+t+v_0$$

(2)由速度的定义,有

$$v=\frac{\mathrm{d}x}{\mathrm{d}t}=t^2+t+v_0$$

即

$$\mathrm{d}x=v\mathrm{d}t=(t^2+t+v_0)\mathrm{d}t$$

对上式两边取积分,代入初始条件,得

$$\int_{x_0}^{x} \mathrm{d}x = \int_{0}^{t} (t^2 + t + v_0)\mathrm{d}t$$

所以，运动方程为

$$x = x_0 + v_0 t + \frac{1}{3}t^3 + \frac{1}{2}t^2$$

例 1-1 和例 1-2 分别是运用微积分求解质点运动学中的两类问题. 第一类问题是已知质点的运动方程，求质点的速度和加速度. 这类问题一般可通过运动方程对时间求导的方法解决. 第二类问题是前一类问题的逆问题，即已知加速度和初始条件，求速度和运动方程. 这类问题一般可通过加速度对时间的积分计算速度，再利用速度对时间的积分求得运动方程. 解决此类问题时需要注意由初始条件确定积分上下限.

1.5　圆周运动的描述

圆周运动是日常生活中经常见到的一类特殊运动，如电动机转子、车轮和皮带轮等都是在做圆周运动. 圆周运动也是最简单的曲线运动. 所以，通过对圆周运动的研究，可以更加清楚地认识一般曲线运动的规律. 物体绕固定轴转动时，物体中的每一质点都是在做圆周运动，所以圆周运动又是研究物体转动的基础.

1.5.1　切向加速度和法向加速度

为了更加方便地描述质点的曲线运动，我们引入自然坐标系的概念. 如图 1-5 所示，在质点运动的轨迹上，取任一定点为坐标原点，同时规定两个随着质点位置变化

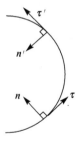

而改变方向的单位矢量，一个是指向质点运动方向的切向单位矢量，用 $\boldsymbol{\tau}$ 表示，另一个是垂直于切向并指向轨迹凹侧的法向单位矢量，用 $\boldsymbol{n}$ 表示，这种坐标系称为自然坐标系. 显然，自然坐标系的方位是沿轨迹上各点不断变化的.

在自然坐标系中，质点的运动速度总是沿着轨迹的切线方向，因此，速度矢量可以表示为

$$\boldsymbol{v} = v\boldsymbol{\tau} \tag{1-17}$$

图 1-5　自然坐标系　对式(1-17)关于时间求导，得

$$\boldsymbol{a} = \frac{\mathrm{d}(v\boldsymbol{\tau})}{\mathrm{d}t} = \frac{\mathrm{d}v}{\mathrm{d}t}\boldsymbol{\tau} + v\frac{\mathrm{d}\boldsymbol{\tau}}{\mathrm{d}t} \tag{1-18}$$

式中，$\dfrac{\mathrm{d}v}{\mathrm{d}t}\boldsymbol{\tau}$ 表示由速度大小变化引起的加速度的分量，大小等于速率的变化率，方向沿质点运动轨迹的切向，所以称为切向加速度，用 $\boldsymbol{a}_\tau$ 表示；$v\dfrac{\mathrm{d}\boldsymbol{\tau}}{\mathrm{d}t}$ 的方向为 $\mathrm{d}\boldsymbol{\tau}$ 方向. 从

图 1-6(a)和(b)可见，$d\boldsymbol{\tau}$ 垂直于 $\boldsymbol{\tau}$ 并指向圆心，即与 $\boldsymbol{n}$ 的方向一致. 由于 $v\dfrac{d\boldsymbol{\tau}}{dt}$ 是由速度方向变化引起的加速度的分量，所以称为法向加速度，用 a_n 表示. 因为 $\boldsymbol{\tau}$ 是单位矢量，根据几何关系有 $d\boldsymbol{\tau}=|\boldsymbol{\tau}|d\theta\,\boldsymbol{n}=d\theta\,\boldsymbol{n}$，于是

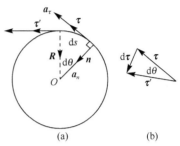

$$\frac{d\boldsymbol{\tau}}{dt}=\frac{d\theta}{dt}\boldsymbol{n}=\frac{d(R\theta)}{Rdt}\boldsymbol{n}=\frac{1}{R}\frac{ds}{dt}\boldsymbol{n}=\frac{v}{R}\boldsymbol{n}$$

式中，ds 为质点在 dt 时间内经过的弧长.

所以，圆周运动的加速度可写为

$$\boldsymbol{a}=\boldsymbol{a}_\tau+\boldsymbol{a}_n=\frac{dv}{dt}\boldsymbol{\tau}+\frac{v^2}{R}\boldsymbol{n} \tag{1-19}$$

图 1-6　圆周运动的加速度

由此可见，圆周运动的加速度是由相互正交的切向加速度 $\boldsymbol{a}_\tau$ 和法向加速度 $\boldsymbol{a}_n$ 组成的. 切向加速度大小等于速率对时间的一阶导数，表示质点速率变化的快慢；法向加速度大小等于速率平方除以曲率半径，表示质点速度方向变化的快慢.

总加速度大小为

$$a=\sqrt{a_\tau^2+a_n^2}=\sqrt{\left(\frac{dv}{dt}\right)^2+\left(\frac{v^2}{R}\right)^2} \tag{1-20a}$$

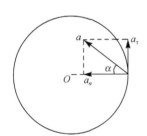

用 $\boldsymbol{a}$ 和 $\boldsymbol{a}_n$ 的夹角 α 表示加速度的方向，如图 1-7 所示.

$$\alpha=\arctan\frac{a_\tau}{a_n} \tag{1-20b}$$

质点运动时，当 $a_n=0$，即 $R\rightarrow\infty$，$v\neq0$ 时，若 $a_\tau=\dfrac{dv}{dt}>0$，则质点做加速直线运动，若 $a_\tau=\dfrac{dv}{dt}<0$，则质点做减速直线运动；当 $a_n\neq0$，R 一定时，若 $a_\tau=\dfrac{dv}{dt}=0$，即只有法向加速度，表

图 1-7　加速度的方向

示质点在每一时刻的速率相等，质点做匀速圆周运动，若 $a_\tau=\dfrac{dv}{dt}\neq0$，表示质点在圆周上每一点的速率随时间是变化的，此时，质点做变速圆周运动. 如果法向加速度和切向加速度都在变化，且运动的半径也发生改变，这就是一般的曲线运动. 圆周运动中加速度的结论也可以推广到任何平面上的曲线运动，不同的是在式(1-19)中以曲率半径 ρ 代替 R.

1.5.2　圆周运动的角量描述

由于圆周运动的特点，实际应用中，经常会用角位移、角速度、角加速度等角量来描述质点的圆周运动. 下面我们逐一讨论这几个物理量以及它们之间的关系.

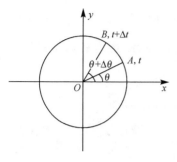

图 1-8　圆周运动的角位移

如图 1-8 所示,设质点在平面内绕点 O 做圆周运动.如果 t 时刻质点在 A 处,t＋Δt 时刻质点在 B 处,θ 是 OA 与 x 轴正向夹角,θ＋Δθ 是 OB 与 x 轴正向夹角,称 θ 为 t 时刻质点角坐标,Δθ 为 t～t＋Δt 时间间隔内角坐标增量,称为在时间间隔内的角位移.一般规定,沿逆时针转向的角位移为正值,沿顺时针转向的角位移为负值.

与质点的线速度类似,定义角位移 Δθ 与时间 Δt 的比值为 Δt 时间段内质点对 O 的平均角速度,用 $\bar{\omega}$ 表示,即

$$\bar{\omega}=\frac{\Delta\theta}{\Delta t} \tag{1-21}$$

当 Δt→0 时,平均角速度的极限值称为瞬时角速度,简称角速度,即任意时刻质点对 O 的角速度表达式为

$$\omega=\lim_{\Delta t\to 0}\bar{\omega}=\lim_{\Delta t\to 0}\frac{\Delta\theta}{\Delta t}=\frac{\mathrm{d}\theta}{\mathrm{d}t} \tag{1-22}$$

也就是说,角速度等于角坐标对时间的一阶导数.角速度是矢量,方向垂直于质点运动的平面,指向由右手螺旋定则来确定:右手四指沿质点运动的方向,拇指的指向即为角速度的方向.

在国际单位制中,角速度的单位是弧度·秒$^{-1}$(rad·s^{-1}).

为了描述角速度变化的快慢,下面引进角加速度的概念.

设质点在 t 时刻角速度为 ω_1,在 t＋Δt 时刻角速度为 ω_2,则 Δt 时间内角速度的增量为

$$\Delta\omega=\omega_2-\omega_1 \tag{1-23}$$

与质点的加速度类似,定义角速度的增量 Δω 与时间 Δt 之比为 Δt 时间段内质点对 O 的平均角加速度,用 $\bar{\beta}$ 表示,即

$$\bar{\beta}=\frac{\Delta\omega}{\Delta t} \tag{1-24}$$

当 Δt→0 时,平均角加速度的极限值称为瞬时角加速度,简称角加速度,即任意时刻质点对 O 的角加速度表达式为

$$\beta=\lim_{\Delta t\to 0}\bar{\beta}=\lim_{\Delta t\to 0}\frac{\Delta\omega}{\Delta t}=\frac{\mathrm{d}\omega}{\mathrm{d}t} \tag{1-25}$$

代入式(1-22),有

$$\beta=\frac{\mathrm{d}\omega}{\mathrm{d}t}=\frac{\mathrm{d}^2\theta}{\mathrm{d}t^2} \tag{1-26}$$

也就是说,角加速度等于角速度对时间的一阶导数或等于角坐标对时间的二阶导数.角加速度是矢量,方向与 dω 方向一致.

在国际单位制中,角加速度的单位是弧度·秒$^{-2}$(rad·s^{-2}).

1.5.3　线量和角量之间的关系

质点的运动既可以用线量(位移、速度、加速度)来描述,也可以用角量(角位移、角速度、角加速度)来描述,因此,描述圆周运动的线量和角量之间必然存在一定的关系.

设质点在平面内绕 O 点做半径为 R 的圆周运动,如图 1-9 所示,在 t 时刻质点位于 A 位置,位置矢量为 r,在 $t+dt$ 时刻质点位于 B 位置,位置矢量为 r',dt 时间内角位移为 $d\theta$,质点的位移为 dr,质点经历的弧长为 ds.

当 $\Delta t \rightarrow 0$ 时,弦 AB 的长度与弧 AB 的长度可视为相等,即

$$|dr| = ds = Rd\theta \qquad (1-27)$$

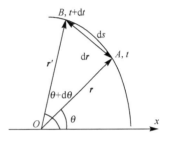

图 1-9　线量和角量的关系

有

$$\frac{|dr|}{dt} = \frac{Rd\theta}{dt}$$

由线速度和角速度的定义,得

$$v = R\omega \qquad (1-28)$$

对式(1-28)两边关于时间求导

$$\frac{dv}{dt} = R\frac{d\omega}{dt}$$

由切向加速度和角加速度的定义,得

$$a_\tau = R\beta \qquad (1-29)$$

把式(1-28)代入向心加速度公式 $a_n = \dfrac{v^2}{R}$ 中,得到向心加速度与角速度之间的关系

$$a_n = \frac{v^2}{R} = R\omega^2 \qquad (1-30)$$

例 1-3　一质点做半径为 0.5m 的圆周运动,运动方程为 $\theta = t^2 + 2t + 1$,式中的 θ 以弧度计,t 以秒计. 求:

(1)$t=2$s 时,质点的角速度和角加速度;

(2)$t=2$s 时,质点的速度和加速度.

解　(1)由角速度和角加速度定义有

$$\omega = \frac{d\theta}{dt} = 2t + 2$$

所以

$$\omega_{(2)} = 6 \text{rad·s}^{-1}$$

$$\beta = \frac{d\omega}{dt} = 2\text{rad} \cdot \text{s}^{-2}$$

(2)由线量与角量的关系,有

$$v = R\omega = (2t+2)R$$

所以

$$v_{(2)} = 3\text{m} \cdot \text{s}^{-1}$$

$$a_{\tau(2)} = R\beta = 1\text{m} \cdot \text{s}^{-2}$$

$$a_{n(2)} = R\omega^2 = 18\text{m} \cdot \text{s}^{-2}$$

所以,加速度的大小为

$$a_{(2)} = \sqrt{a_{\tau(2)}^2 + a_{n(2)}^2} = \sqrt{1^2 + 18^2} = 18.03(\text{m} \cdot \text{s}^{-2})$$

$a_{\tau(2)}$ 与 $a_{(2)}$ 之间的夹角为

$$\varphi = \arctan \frac{a_{\tau(2)}}{a_{n(2)}} = \arctan \frac{1}{18}$$

例 1-4　设一质点做半径为 R 的圆周运动,角加速度为 $\beta = 2t$,在 $t=0$ 时,质点的角位置为 θ_0,角速度为 ω_0.求 t 时刻质点的角速度 ω 和运动方程.

解　(1)由角加速度的定义,有

$$\beta = \frac{d\omega}{dt} = 2t$$

即

$$d\omega = \beta dt = 2t dt$$

对上式两边取积分,代入初始条件,得

$$\int_{\omega_0}^{\omega} d\omega = \int_0^t 2t dt$$

所以

$$\omega = t^2 + \omega_0$$

(2)由角速度的定义,有

$$\omega = \frac{d\theta}{dt} = t^2 + \omega_0$$

即

$$d\theta = \omega dt = (t^2 + \omega_0) dt$$

对上式两边取积分,代入初始条件,得

$$\int_{\theta_0}^{\theta} d\theta = \int_0^t (t^2 + \omega_0) dt$$

所以,运动方程为

$$\theta = \theta_0 + \omega_0 t + \frac{1}{3} t^3$$

例 1-5　一质点由静止出发,做半径为 $R = 2\text{m}$ 的圆周运动,切向加速度大小为

$a_\tau = 2\text{m} \cdot \text{s}^{-2}$,求在什么时刻,质点的总加速度 a 恰与半径成 $45°$ 角.

解　由切向加速度的定义,有

$$a_\tau = \frac{\mathrm{d}v}{\mathrm{d}t} = 2$$

即

$$\mathrm{d}v = 2\mathrm{d}t$$

对上式两边取积分,代入初始条件,得

$$\int_0^v \mathrm{d}v = \int_0^t 2\mathrm{d}t$$

所以

$$v = 2t$$

由 a_τ 与 a 夹角为 $45°$,有

$$a_n = a_\tau = \frac{v^2}{R} = 2$$

将 $v = 2t$ 代入,得

$$t = \sqrt{\frac{R}{2}} = 1\text{s}$$

1.6　运动描述的相对性

1.1 节中我们提到,在描述质点运动时,只有先确定参考系,才能明确地描述物体的运动状态,即同一物体相对于不同的参考系可能具有不同的运动状态,这就是运动描述的相对性.描述质点运动的物理量,如位置矢量、速度和加速度都具有这样的相对性.本节主要讨论在两个参考系中描述一个质点运动,并得出两个参考系中位置矢量、速度和加速度之间的数学变换关系.

如图 1-10 所示,两个参考系对应的坐标系 K 和 K' 相对做匀速直线运动.设 K 系为静止系,K' 相对于 K 系做速度为 $\boldsymbol{v}_{KK'}$ 的匀速直线运动.设甲在 K 对应的参考系中,测量点 P 的位置矢量为 $\boldsymbol{r}$,坐标系 K' 的原点 O' 位置矢量为 $\boldsymbol{R}$,则甲测量 $O'P$ 的距离为 $\boldsymbol{r}' = \boldsymbol{r} - \boldsymbol{R}$,因此,对于 K 系中的甲有

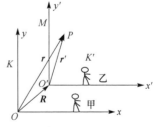

图 1-10　位置矢量在不同坐标系中的关系

$$\boldsymbol{r} = \boldsymbol{r}' + \boldsymbol{R} \tag{1-31}$$

需要强调的是,式中的三个矢量是在同一个坐标系中测定的.设乙同时在 K' 系对应的参考系中测量 P 点的位置矢量 $\boldsymbol{r}'$.显然,对于乙来说,式(1-31)成立是有条件的,即甲在 K 系中测量的 $\boldsymbol{r}'$ 和乙在 K' 系中测量的 $\boldsymbol{r}'$ 要绝对相等.换句话说,空间两点的距离不论从哪个坐标系测量,结

果都应相同. 这一结论就叫做空间的绝对性, 适用于经典力学.

对式(1-31)两边同时关于时间求导

$$\frac{\mathrm{d}\boldsymbol{r}}{\mathrm{d}t}=\frac{\mathrm{d}\boldsymbol{r}'}{\mathrm{d}t}+\frac{\mathrm{d}\boldsymbol{R}}{\mathrm{d}t}$$

由速度的定义可知, $\dfrac{\mathrm{d}\boldsymbol{r}}{\mathrm{d}t}$ 为质点 P 相对于 K 系的速度, 用 $\boldsymbol{v}_K$ 表示; $\dfrac{\mathrm{d}\boldsymbol{r}'}{\mathrm{d}t}$ 为质点 P 相对于 K' 系的速度, 用 $\boldsymbol{v}_{K'}$ 表示; $\dfrac{\mathrm{d}\boldsymbol{R}}{\mathrm{d}t}$ 为 K' 系相对于 K 系的速度 $\boldsymbol{v}_{KK'}$. 于是有

$$\boldsymbol{v}_K=\boldsymbol{v}_{K'}+\boldsymbol{v}_{KK'} \tag{1-32}$$

这表明质点相对于 K 系的速度 $\boldsymbol{v}_K$ 等于质点相对于 K' 系的速度 $\boldsymbol{v}_{K'}$ 与 K' 系相对于 K 系的速度 $\boldsymbol{v}_{KK'}$ 的矢量和. 这就是经典力学的速度变化关系.

对式(1-32)两边同时关于时间求导

$$\frac{\mathrm{d}\boldsymbol{v}_K}{\mathrm{d}t}=\frac{\mathrm{d}\boldsymbol{v}_{K'}}{\mathrm{d}t}+\frac{\mathrm{d}\boldsymbol{v}_{KK'}}{\mathrm{d}t}$$

由加速度的定义可知, $\dfrac{\mathrm{d}\boldsymbol{v}_K}{\mathrm{d}t}$ 为质点 P 相对于 K 系的加速度, 用 $\boldsymbol{a}_K$ 表示; $\dfrac{\mathrm{d}\boldsymbol{v}_{K'}}{\mathrm{d}t}$ 为质点 P 相对于 K' 系的加速度, 用 $\boldsymbol{a}_{K'}$ 表示; $\dfrac{\mathrm{d}\boldsymbol{v}_{KK'}}{\mathrm{d}t}$ 为 K' 系相对于 K 系的加速度, 由于 K' 系相对于 K 系做匀速直线运动, 所以 $\dfrac{\mathrm{d}\boldsymbol{v}_{KK'}}{\mathrm{d}t}=0$. 于是有

$$\boldsymbol{a}_K=\boldsymbol{a}_{K'} \tag{1-33}$$

这表明质点相对于 K 系的加速度 $\boldsymbol{a}_K$ 等于质点相对于 K' 系的加速度 $\boldsymbol{a}_{K'}$. 这就是经典力学的加速度变化关系.

习 题 1

一、选择题

1. 一质点在 xOy 平面内运动, 其运动方程为 $x=at, y=b+ct^2$, 式中 a、b、c 均为常数. 当运动质点的运动方向与 x 轴成 $45°$ 角时, 它的速率为(   ).

A. a B. $\sqrt{2}a$ C. $2c$ D. $\sqrt{a^2+4c^2}$

2. 设木块沿光滑斜面从下端开始往上滑动, 然后下滑, 则表示木块速度与时间关系的曲线是图 1-11 中的(   ).

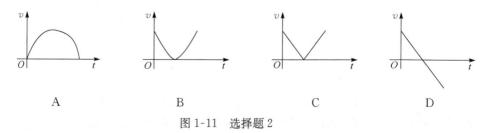

A   B   C   D

图 1-11   选择题 2

3. 一质点的运动方程是 $\mathbf{r}=R\cos\omega t\mathbf{i}+R\sin\omega t\mathbf{j}$，$R$，$\omega$ 为正常数. 从 $t=\pi/\omega$ 到 $t=2\pi/\omega$ 时间内该质点的路程是( ).

A. $2R$ 　　　　 B. πR 　　　　 C. 0 　　　　 D. $\pi R\omega$

4. 质量为 0.25kg 的质点，受力 $\mathbf{F}=t\mathbf{i}$(N) 的作用，$t=0$ 时该质点以 $\mathbf{v}=2\mathbf{j}$ m·s^{-1} 的速度通过坐标原点，该质点任意时刻的位置矢量是( ).

A. $2t^2\mathbf{i}+2\mathbf{j}$ m 　 B. $\dfrac{2}{3}t^3\mathbf{i}+2t\mathbf{j}$ m 　 C. $\dfrac{3}{4}t^4\mathbf{i}+\dfrac{2}{3}t^3\mathbf{j}$ 　 D. 条件不足，无法确定

二、填空题

1. 一质点沿 x 轴运动，其运动方程为 $x=5+2t-t^2$（x 以 m 为单位，t 以 s 为单位）. 质点的初速度为_____，第 4s 末的速度为_____，第 4s 末的加速度为_____.

2. 一质点以 π m·s^{-1} 做半径为 5m 的匀速圆周运动. 该质点在 5s 内的平均速度的大小为_____，平均加速度的大小为_____.

3. 一质点沿半径为 0.1m 的圆周运动，其运动方程为 $\theta=2+t^2$（式中的 θ 以 rad 计，t 以 s 计），质点在第 1s 末的速度为_____，切向加速度为_____.

4. 一质点沿半径为 1m 的圆周运动，运动方程为 $\theta=2+3t^3$，其中 θ 以 rad 计，t 以 s 计. $t=2$s 时质点的切向加速度为_____；当加速度的方向和半径成 45°角时，角位移是_____.

5. 飞轮半径为 0.4m，从静止开始启动，角加速度 $\beta=0.2$rad·s^{-2}. $t=2$s 时边缘各点的速度为_____，加速度为_____.

6. 如图 1-12 所示，半径为 R_A 和 R_B 的两轮和皮带连接，如果皮带不打滑，则两轮的角速度 $\omega_A:\omega_B=$_____，两轮边缘 A 点和 B 点的切向加速度 $a_{\tau A}:a_{\tau B}=$_____.

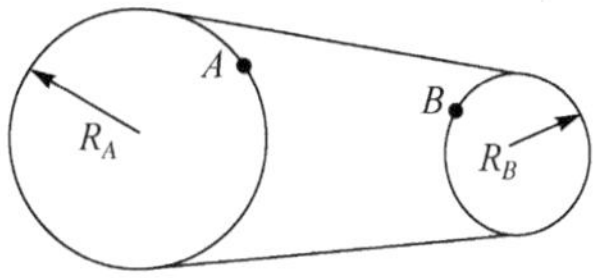

图 1-12 填空题 6

三、计算题

已知质点的运动方程为 $x=R\cos\omega t$，$y=R\sin\omega t$，式中，R 和 ω 均为常数. 试求：

(1)轨道方程；

(2)任意时刻的速度和加速度；

(3)任意时刻的切向加速度和法向加速度.

第2章

质点动力学

我们在第 1 章讨论了质点运动学中的一些基本概念,也介绍了几种简单的机械运动形式,本章将主要讨论物体之间的相互作用对物体运动的影响.

动力学是说明物体各种类型的运动发生和变化的原因,研究物体的运动与作用力之间的关系问题是力学的核心.牛顿运动定律是动力学的理论基础,是动力学的基本定律.

2.1 牛顿运动定律

牛顿的三个运动定律是从无数事实中归纳出来的,可陈述如下.

2.1.1 牛顿第一定律

在伽利略以前,由于人们相信古希腊思想家亚里士多德的"运动必须推动"的教条,把力看成运动的起因,而不是运动状态改变的原因.直到 16 世纪伽利略在做大量的自由落体、斜面、单摆等实验后得出结论:力不是维持物体运动的原因,而是改变物体运动状态的原因.

牛顿在前人工作的基础上进行研究,提出力不是维持物体运动的原因,而是使物体运动状态发生变化的原因,从而建立了牛顿第一定律,可表述为:

任何物体都将保持静止或匀速直线运动的状态,直到受到力的作用迫使它改变这种状态为止.

牛顿第一定律包含两个重要的物理概念.

1. 惯性

牛顿第一定律指明:任一物体在未受到外力时,将保持静止或匀速直线运动的状态.物体保持这种运动状态的特性,称为惯性.所以牛顿第一定律又称惯性定律.

质量是物体的惯性大小的量度,物体的质量越大其惯性越大,质量越小其惯性越小.

2. 力的含义

要使物体的运动状态发生变化,一定要有其他物体对它的作用,这种作用称为力.力是改变运动状态即产生加速度的原因,而不是维持物体运动状态的因素,这是牛顿的一个重大发现.

牛顿第一定律是对大量实验结果的归纳总结,但因为完全不受其他物体作用的孤立物体并不存在,所以牛顿第一定律不可能直接用实验验证.但在现有实验室条件下可采用线性气垫导轨的仪器来模拟;一些远离其他天体的彗星的运动,也十分接近匀速直线运动.这些事实使人们确信牛顿第一定律是正确的.牛顿第一定律的正确性还可以从由它出发导出的结果都与实验事实相符合来说明.

2.1.2　牛顿第二定律

牛顿第二定律的表述为:动量的变化率与作用力成正比,并发生在所加力的方向上.用 $\boldsymbol{F}$ 表示力, $\boldsymbol{p}$ 表示动量(定义: $\boldsymbol{p}=m\boldsymbol{v}$),牛顿第二定律的表达式为

$$\boldsymbol{F}=\frac{\mathrm{d}\boldsymbol{p}}{\mathrm{d}t}=\frac{\mathrm{d}}{\mathrm{d}t}(m\boldsymbol{v}) \tag{2-1}$$

在经典力学范围内,只讨论宏观物体的低速(指其运动速度 $v\ll c$)运动情况,质点的质量不随时间变化,于是式(2-1)改写为

$$\boldsymbol{F}=m\boldsymbol{a} \tag{2-2}$$

物体受到外力作用时,所获得的加速度的大小与合外力的大小成正比,并与物体的质量成反比,加速度的方向与合外力的方向相同.这就是牛顿第二定律最通常的表达式.它是质点动力学的基本方程.

应用第二定律时,应注意下述几点:

(1)第二定律是说明瞬时关系的,力改变时,加速度也同时随着改变.力和加速度同时存在、同时改变、同时消失.

(2)式(2-2)是矢量式,实际应用时,常用正交坐标系中各轴线方向上的分量式

$$\begin{cases} F_x=ma_x \\ F_y=ma_y \\ F_z=ma_z \end{cases} \tag{2-3}$$

有时也常根据圆周轨道或曲线轨道的自然情况采用法向分量式和切向分量式来分析和求解力学问题

$$\begin{cases} F_\tau=ma_\tau=m\dfrac{\mathrm{d}v}{\mathrm{d}t} \\ F_n=ma_n=m\dfrac{v^2}{\rho} \end{cases} \tag{2-4}$$

(3) $\boldsymbol{F}$ 是物体所受的一切外力的合力,但不能把 $m\boldsymbol{a}$ 误认为是外力.

式(2-2)原是对物体只受一个外力的情况来说的.实验证明,如果几个力同时作用在一个物体上,则物体产生的加速度等于每个力单独作用时产生的加速度的叠加,也等于这几个力的合力所产生的加速度.这一结论称为力的独立性原理或力的叠加原理.

如果以 $F_1,F_2,\cdots,F_i$ 表示同时作用在物体上的几个外力,以 F 表示它们的合力,以 $a_1,a_2,\cdots,a_i$ 分别表示它们各自作用所产生的加速度,以 a 表示合加速度,则力的叠加原理可表示为

$$F = \sum F_i = F_1 + F_2 + \cdots + F_i = ma_1 + ma_2 + \cdots + ma_i = ma \qquad (2\text{-}5)$$

2.1.3 牛顿第三定律

两个物体之间的作用力和反作用力沿同一直线,大小相等,方向相反,分别作用在两个物体上. 其表达式为

$$F = -F' \qquad (2\text{-}6)$$

应用第三定律,应注意下述几点:

(1)作用力和反作用力同时存在,同时消失.

(2)作用力和反作用力是作用在不同物体上的同一性质的力.

(3)作用力与反作用力作用在两个不同物体上,不能相互抵消.

(4)作用力与反作用力大小相等,方向相反,并且在同一直线上.

牛顿的三个运动定律之间有着紧密联系. 第一定律和第二定律分别定性地和定量地说明了一物体的机械运动状态的变化与其他物体对该物体的作用力之间的关系. 第三定律说明引起物体机械运动状态变化的物体间的作用力具有相互作用的性质,并指出相互作用力之间的定量关系. 第二定律侧重说明一个特定物体,第三定律侧重说明物体之间相互联系和相互制约的关系.

应该指出,牛顿运动定律中的"物体"指的是质点,这些定律是质点运动的基本定律. 但是也应该指出,从牛顿运动定律可以导出刚体、流体等运动定律,从而建立起整个经典力学体系. 因此,牛顿运动定律不仅是质点力学的基础,而且是整个经典力学的基础.

2.2　力学中常见力和基本力

牛顿运动定律确立了外力与物体加速度和质量的关系,这就为解决各种不同力学问题提供了理论依据.

2.2.1　常见力

在力学中,常见的力有重力、弹性力和摩擦力. 现在简单介绍如下.

1. 重力

地球表面附近的物体都受到地球的吸引作用,物体因地球吸引而受到的力叫做重力. 重力与重力加速度的方向都是竖直向下.

若近似地将地球视为一个半径为 R、质量为 M 的均匀分布的球体,并将质量为 m

的物体视为质点,则当物体距离地球表面 $h(h \ll R)$ 高度时,所受地球的引力大小,即重力的大小为

$$P = G \frac{Mm}{(R+h)^2} \approx mG \frac{M}{R^2} = mg \qquad (2\text{-}7)$$

式中,g 为重力加速度. 把万有引力常量 G、地球质量 $M = 5.965 \times 10^{24} \mathrm{kg}$ 及地球半径 $R = 6.371 \times 10^6 \mathrm{m}$,代入式(2-7)计算得到 $g = G \frac{M}{R^2} = 9.82 \mathrm{m \cdot s^{-2}}$. 重力加速度 g 在数值上等于单位质量的物体受到的重力,故也可称为重力场的场强. 事实上,由于地球并不是一个质量均匀分布的球体,并且由于地球的自转,地球表面不同地方的重力加速度略有差异. 在一般问题中,这种差异常可忽略不计,在计算中,经常取 $g = 10 \mathrm{m \cdot s^{-2}}$.

注意:由于地球自转,重力并不是地球的引力,而是引力沿竖直方向的一个分力,地球引力的另一个分力提供向心力. 在地面附近和精度要求不高的计算中,可以认为重力近似等于地球的引力.

当地球内某处存在大型矿藏,从而破坏了地球质量的对称分布时,该处的重力加速度表现出异常,因此可通过测定重力加速度来探矿,这种方法叫做重力探矿法.

2. 弹性力

两个物体相互接触,由于挤压或者拉伸等彼此发生相对形变,物体具有消除形变恢复原来形状的趋势而产生的一种力称为弹性力. 所以,弹性力是产生在直接接触的物体之间并以物体的形变为先决条件的,其表现形式是多种多样的. 例如,弹簧的弹性力、物体的压力、绳子的张力等都是弹性力.

1)弹簧的弹性力

弹簧受到拉伸或压缩时产生弹性力,这种力总是力图使弹簧恢复原来的形状,称为回复力. 设弹簧被拉伸或被压缩 x,则在弹性限度内,弹性力与弹簧的形变成正比,即

$$F = -kx \qquad (2\text{-}8)$$

称为胡克定律. 式中,k 为弹簧的刚度系数,x 为弹簧相对于原长的形变量,负号表示弹性力的方向始终与弹簧位移的方向相反.

2)正压力

正压力是两个物体彼此接触产生了挤压而形成的. 由于物体有恢复挤压形成形变的趋势,从而形成正压力. 正压力的方向沿着接触面的法线方向,即与接触面垂直,大小视挤压的程度而定,取决于物体所处的整个力学环境. 例如,质量为 m 的物体分别置于水平地面及斜面上,图 2-1(a)中物体所受的正压力为 $N = mg$,图 2-1(b)中物体所受的正压力为 $N = mg\cos\theta$.

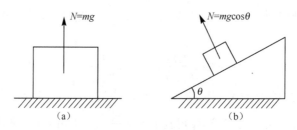

图 2-1　正压力

3）绳子的张力

当绳子两端受力使绳发生形变时，绳上互相紧靠的质量元间彼此拉扯，从而形成相互作用力，通常称为张力. 由牛顿第二定律可以证明，对于一段忽略绳的质量（称为轻绳）的直线绳，其上各点的张力相等.

3. 摩擦力

两个物体相互接触并同时具有相对运动或者相对运动的趋势，则沿它们接触的表面将产生阻碍相对运动或相对运动趋势的阻力，称为摩擦力. 摩擦力有静摩擦力、滑动摩擦力和滚动摩擦力等，这里只简单讨论静摩擦力与滑动摩擦力.

1）静摩擦力

两个相互接触的物体虽未发生相对运动但沿接触面有相对运动的趋势时，在接触面之间产生的一对阻碍相对运动趋势的力，称为静摩擦力. 静摩擦力的方向与相对运动的趋势相反，阻碍相对运动的发生.

静摩擦力的大小需要根据受力情况来确定. 若物体在外力作用下，相对运动趋势逐渐增大，静摩擦力也随之增大，当增大到刚要开始相对滑动时，静摩擦力为最大，称为最大静摩擦力. 因此，静摩擦力是有一个变化范围的（在零到最大静摩擦力之间变化）.

实验证明，最大静摩擦力与正压力 N 的大小成正比，即

$$f_{smax} = \mu_s N \qquad (2-9)$$

式中，μ_s 为最大静摩擦系数. 测量最大静摩擦系数可以用图 2-2 所示测斜面倾角 θ 的办法. 改变倾角至 θ_0，使物体恰好能匀速缓慢下滑，则

$$\mu_s = \tan\theta_0 \qquad (2-10)$$

θ_0 称为摩擦角. 若将一个物体放在倾角 $\theta > \theta_0$ 的斜面上，则物体一定下滑.

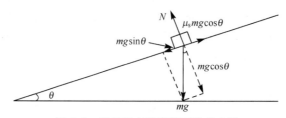

图 2-2　测量最大静摩擦系数的方法

2)滑动摩擦力

两个相互接触的物体沿接触面发生相对运动,在接触面之间所产生的一对阻碍相对运动的力,称为滑动摩擦力.滑动摩擦力的方向与物体相对运动的方向相反.

实验表明,滑动摩擦力 f_k 的大小与接触面上的正压力 N 的大小成正比,即

$$f_k = \mu_k N \tag{2-11}$$

式中,μ_k 称为滑动摩擦系数.

最大静摩擦系数 μ_s 和滑动摩擦系数 μ_k 的数值取决于接触面的材料和表面情况(粗糙程度、干湿程度等),而且也与物体的相对速度有关.

静摩擦和滑动摩擦指发生在固体之间的摩擦.固体和流体(气体或液体)之间也有摩擦作用.当物体在气体或液体中有相对运动时,气体或液体要对运动物体施加摩擦阻力,如跳伞运动员从高空下落时要受到空气阻力的作用,船只在水中航行时船体受到水的阻力,等等.此时的阻力既与流体的密度、黏滞性等性质有关,又与物体的形状和相对运动速度有关.

2.2.2 基本力

到目前为止,大家公认宇宙中存在四类基本相互作用:引力相互作用、电磁相互作用以及强相互作用和弱相互作用.下面对其进行简单介绍,以便从更广泛的角度来加深对力的认识.

1. 引力相互作用

引力相互作用存在于宇宙万物之间,如宇宙天体间,宏观物体间,分子、原子、基本粒子间,都有引力作用.

宇宙中任何两个物体之间都存在着相互吸引的力,这种力称为万有引力.牛顿在实验基础上总结出:在两个相距为 r,质量分别为 m_1 和 m_2 的质点之间相互作用的万有引力与两个质点质量的乘积成正比,与它们之间距离的平方成反比,其方向在两质点的连线上,称为万有引力定律,其数学表达式为

$$F = G\frac{m_1 m_2}{r^2} \tag{2-12}$$

式中,G 为万有引力常量,$G = 6.67 \times 10^{-11} \mathrm{N \cdot m^2 \cdot kg^{-2}}$,$m_1$ 和 m_2 为物体的引力质量.引力质量与牛顿运动定律中反映物体惯性大小的惯性质量是物体两种不同属性的体现,在认识上应加以区别.但是精确的实验表明,引力质量与惯性质量在数值上是相等的,这是爱因斯坦广义相对论的结论.

2. 电磁相互作用

这是存在于静止电荷之间的电性力以及存在于运动电荷之间的磁性力,在宏观现象中普遍存在,是宏观现象中起主要作用的力.摩擦力、张力、弹性力、正压力、分子力、原子内部的力都来源于物体内部分子间或原子间的电磁相互作用.

引力作用范围大,为整个宇宙空间.引力和电磁力都是长程力,它们在一个很大

范围内起作用,与两物体间距离的平方成反比.电子和质子间的静电力约是引力的 10^{39} 倍.

3. 强相互作用

这是亚微观领域,存在于核子、介子和超子之间的、把原子内的一些质子和中子紧紧束缚在一起的一种强力.

4. 弱相互作用

这是亚微观领域内的另一种短程力,是导致 β 衰变放出电子和中微子的重要作用力.

☞【工程应用】☜

海王星和冥王星的发现

万有引力定律著名的应用是海王星和冥王星的发现.1781 年,英国著名天文学家威廉·赫歇尔偶然发现天王星以后,天文学家根据牛顿万有引力定律计算天王星轨道,出现了理论计算结果与实际观测位置不符合的情况.这就引起人们思索:有人怀疑万有引力定律并不普遍适用,另一些人则提出,在天王星之外可能还有一颗未知的行星,是这颗未知的行星的引力施加在天王星上,引起摄动作用,才导致天王星偏离正常的轨道.1845 年,年仅 26 岁的英国剑桥大学青年教师亚当斯,通过计算研究认为在天王星轨道外还有一颗行星,正是这颗未知的行星的引力,才使理论计算和实际观测的位置不符合,并且通过计算预报了这颗未知大行星在天空中的位置.与此同时,法国天文学家勒维烈在 1845 年独立地通过计算预报了天王星轨道外这颗未知大行星在天空中的位置.德国天文学家加勒根据勒维烈的预报位置,于 1846 年 9 月 23 日发现了这颗大行星——海王星.

海王星被发现之后,也出现了类似的摄动反常现象.1915 年,美国天文学家洛韦尔预言海王星之外还有一颗未知天体.它于 1930 年被发现,被命名为冥王星.海王星和冥王星的发现是牛顿奠定的天体力学的辉煌成果,是理论指导实践的典范.

2.3　牛顿运动定律的应用

牛顿运动定律广泛地应用于科学研究和生产技术中,也大量地体现在人们的日常生活中.这里所指的应用主要是用牛顿运动定律解题,也就是对实际问题中抽象出的理想模型进行分析与计算.应用牛顿运动定律解决的质点动力学问题大体包括三类:

(1)已知质点的运动情况,求其他物体施于该质点上的作用力.

(2)已知其他物体施于该质点上的作用力及初始条件,求质点的运动情况.

(3)已知质点的运动及所受力的某些情况,求该质点运动与受力的未知方面情况.

求解上述三类问题都离不开牛顿第二定律.这个定律是针对单个质点而言的.若涉及几个物体相互作用,它们的相对运动牵连在一起,而各部分运动又不相同时,需要把运动不相同的部分——隔离出来,分别运用牛顿第二定律求解.

概括起来,用隔离体法解题时,其具体步骤如下.

(1)分析题意,确定对象.根据题设条件和需求,选取研究对象,选定可以作为惯性系的参考系.

(2)隔离物体,分析受力.用隔离体法画出有关物体的示力图,并标示出其运动情况,明确研究对象发生的物理过程,分析加速度.

(3)建立坐标,列出方程.建立好坐标系,把物理问题转化为数学问题,按牛顿第二定律列出运动方程(矢量式);取合适的坐标轴,对上述矢量形式的质点运动方程,写出它沿各轴的分量式.

(4)求解方程,分析讨论.一般是先进行公式运算,作数值计算时,必须先统一单位,再代入用字母表示的公式中得出答案,并分析、检验计算结果,得出符合题意的答案.必要时,还应对所求得的结果进行讨论.

例 2-1 设电梯中有一质量可以忽略的滑轮,在滑轮两侧用轻绳悬挂着质量分别为 m_1 和 m_2 的重物 A 和 B,已知 $m_1 > m_2$,当电梯(1)匀速上升、(2)匀加速上升时,求绳中的张力和物体 A 相对于电梯的加速度 a_r.

解 以地面为参考系,以物体 A 和 B 为研究对象,分别进行受力分析.把 A 与 B 隔离开来,分别画出它们的示力图,见图 2-3(b).可以看出,每个质点都受两个力的作用,即绳子向上的拉力和质点的重力.

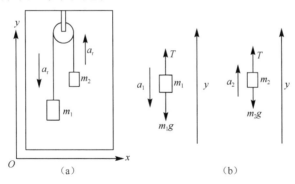

图 2-3 例 2-1 图

(1)电梯匀速上升,物体对电梯的加速度等于它们对地面的加速度. A 的加速度为负,B 的加速度为正,根据牛顿第二定律,对 A 和 B 分别得到

$$T - m_1 g = -m_1 a_r \tag{1}$$

$$T - m_2 g = m_2 a_r \tag{2}$$

由上两式消去 T,解得

$$a_r = \frac{m_1 - m_2}{m_1 + m_2} g \tag{3}$$

把 a_r 代入式(1)，得

$$T = \frac{2m_1 m_2}{m_1 + m_2} g \tag{4}$$

(2)当电梯以加速度 a 上升时，A 相对于地面的加速度为 $a_1 = a - a_r$，B 相对于地面的加速度为 $a_2 = a + a_r$，因此

$$T - m_1 g = m_1 (a - a_r) \tag{5}$$

$$T - m_2 g = m_2 (a + a_r) \tag{6}$$

由此解得

$$a_r = \frac{m_1 - m_2}{m_1 + m_2} (a + g) \tag{7}$$

$$T = \frac{2m_1 m_2}{m_1 + m_2} (a + g) \tag{8}$$

讨论：显然，如果 $a = 0$，上两式就归结为式(3)与式(4)。

如在式(7)与式(8)中用 $-a$ 代替 a，可得电梯以加速度 a 下降时的结果

$$a_r = \frac{m_1 - m_2}{m_1 + m_2} (g - a) \tag{9}$$

$$T = \frac{2m_1 m_2}{m_1 + m_2} (g - a) \tag{10}$$

由此可以看出，当 $a = g$ 时，a_r 与 T 都等于 0，亦即滑轮、质点都成为自由落体，两个物体之间没有相对加速度。

例 2-2 斜面质量为 m_1，滑块质量为 m_2，斜面倾角为 α，m_1 与 m_2 之间和 m_1 与支承面间均无摩擦，问水平力 F 多大可使 m_1 和 m_2 相对静止但共同向前运动，并求出 m_1 对 m_2 的压力。

解 将地球视为惯性系。将 m_1 和 m_2 视为质点并取作隔离体，受力如图 2-4 所示。m_1 受推力 $\boldsymbol{F}$，支承面弹力 $\boldsymbol{N}$，重力 $\boldsymbol{W}_1$ 和 m_2 的压力 $\boldsymbol{N}_1$；m_2 受重力 $\boldsymbol{W}_2$ 和斜面的力 $\boldsymbol{N}_2$，考虑到 m_1 和 m_2 相对静止且具有共同的加速度 $\boldsymbol{a}$，根据牛顿第二定律和第三定律，得

$$\boldsymbol{F} + \boldsymbol{N} + \boldsymbol{W}_1 + \boldsymbol{N}_1 = m_1 \boldsymbol{a} \tag{1}$$

$$\boldsymbol{W}_2 + \boldsymbol{N}_2 = m_2 \boldsymbol{a} \tag{2}$$

$$\boldsymbol{N}_1 = -\boldsymbol{N}_2 \tag{3}$$

建立坐标轴沿水平和铅直方向的坐标系 xOy，对于 m_1 有

$$F - N_1 \sin\alpha = m_1 a \tag{4}$$

对于 m_2 有

$$N_2 \sin\alpha = m_2 a \tag{5}$$

$$m_2 g - N_2 \cos\alpha = 0 \tag{6}$$

解此联立方程组得

$$F=(m_1+m_2)g\tan\alpha \tag{7}$$

$$N_1=\frac{m_2 g}{\cos\alpha} \tag{8}$$

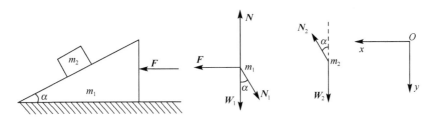

图 2-4　例 2-2 图

例 2-3　计算一小球在水中竖直沉降的速度. 已知小球的质量为 m, 水对小球的浮力为 B, 水对小球的黏性力为 $R=-Kv$, 式中 K 是和水的黏性、小球的半径有关的一个常量.

解　先对小球所受的力作分析: 重力 G, 竖直向下; 浮力 B, 竖直向上; 黏性力 R, 竖直向上. 取向下方向为正, 根据牛顿第二定律, 小球的运动方程可写为

$$G-B-R=ma$$

即

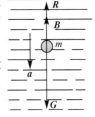

图 2-5　例 2-3 图

$$mg-B-Kv=ma=m\frac{\mathrm{d}v}{\mathrm{d}t}$$

或

$$a=\frac{\mathrm{d}v}{\mathrm{d}t}=\frac{mg-B-Kv}{m} \tag{1}$$

当 $t=0$ 时, 设小球初速为零. 由式(1)可知, 此时加速度取最大值 $v=g-B/m$. 当小球速度 v 逐渐增加时, 其加速度就逐渐减小了. 令

$$v_\mathrm{t}=\frac{mg-B}{K} \tag{2}$$

于是式(1)可化为

$$\frac{\mathrm{d}v}{\mathrm{d}t}=\frac{K(v_\mathrm{t}-v)}{m} \tag{3}$$

或

$$\frac{\mathrm{d}v}{v_\mathrm{t}-v}=\frac{K}{m}\mathrm{d}t$$

对上式两边取积分, 则有

$$\int_0^v \frac{\mathrm{d}v}{v_\mathrm{t}-v}=\int_0^t \frac{K}{m}\mathrm{d}t$$

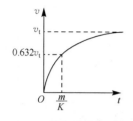

$$\ln \frac{v_{\mathrm{t}} - v}{v_{\mathrm{t}}} = -\frac{K}{m} t$$

$$v = v_{\mathrm{t}}\left(1 - \mathrm{e}^{-\frac{K}{m}t}\right) \qquad (4)$$

小球沉降速度 v 随 t 增大的函数关系,如图 2-6 所示.

由式（4）可知,当 $t \to \infty$ 时, $v = v_{\mathrm{t}}$,而当 $t = \dfrac{m}{K}$

图 2-6　沉降速度增长曲线

时, $v = v_{\mathrm{t}}\left(1 - \dfrac{1}{\mathrm{e}}\right) = 0.632 v_{\mathrm{t}}$.

当 $t \gg m/K$ 时, $v \approx v_{\mathrm{t}}$,我们把 v_{t} 叫做极限速度,它是小球沉降所能达到的最大速度. 也就是说,当下降时间符合 $t \gg m/K$ 条件时,小球即以极限速度匀速下降.

因小球在黏性介质中的沉降速度与小球半径有关,利用不同大小的小球有不同沉降速度的事实,可分离大小不同的球形微粒. 所有物体在气体或液体中降落,都存在类似情况. 物体越是紧密厚实,沉降时极限速度就越大.

例 2-4 在固定斜面上放小物体 A,物体与斜面间的最大静摩擦系数为 μ_{s},求斜面倾角 α 的最大值 $\alpha_{\max}$,当 $\alpha < \alpha_{\max}$ 时,无论铅直压力 Q 有多大,A 也不会滑下.

解 将 A 视为质点受力,如图 2-7 所示.除压力 Q 外, W, N 和 f_0 分别表示重力、斜面支承力和静摩擦力,则有

$$N + W + Q + f_0 = 0$$

建立如图 2-7(b)所示坐标系,将上式投影,得

$$f_0 - (Q + W)\sin\alpha = 0$$

$$N - (Q + W)\cos\alpha = 0$$

又据静摩擦力公式

$$f_0 \leqslant f_{0\max} = \mu_{\mathrm{s}} N$$

将以上三式联立求解,得

$$\tan\alpha \leqslant \mu_{\mathrm{s}}$$

$$\tan\alpha_{\max} = \mu_{\mathrm{s}}$$

$\alpha_{\max}$ 仅与最大静摩擦系数有关,与力 Q 无关,故只要上面条件得到满足,A 就不会下滑.

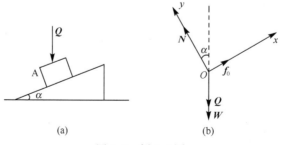

(a) 　　　　　　　　(b)

图 2-7　例 2-4 图

有一种起重装置叫做"千斤顶",转动手柄可以将重物顶起. 将重物顶起后,松开手柄,螺杆不会在重压下反向旋转而滑下来. 利用螺旋举起重物,在外力撤销后,还不滑下来的现象叫做螺旋的自锁.

例 2-5　木板质量为 M,放在桌面上,其上再放一个质量为 m 的砝码,木板与桌面间滑动摩擦系数为 μ_1,砝码与木板间滑动摩擦系数为 μ_2,今用一水平力 F 作用在木板上,将其抽出,问 F 要多大?

解　砝码受三个力,木板抽出运动受六个力,如图 2-8 所示. 按图中坐标列出木板及砝码动力学方程为

$$F - \mu_1 N_1 - \mu_2 N_2 = M a_1$$
$$N_1 - N_2 - Mg = 0$$
$$\mu_2 N_2 = m a_2$$
$$N_2 - mg = 0$$

解得

$$a_2 = \mu_2 g \, (\neq 0)$$

$$a_1 = \frac{1}{M} [F - \mu_1 (M+m)g - \mu_2 mg]$$

欲使木板能从砝码下抽出,由于 $a_2 \neq 0$,必须使得 $a_1 > a_2$,将 a_1, a_2 代入此不等式得

$$F > (\mu_1 + \mu_2) \cdot (m+M)g$$

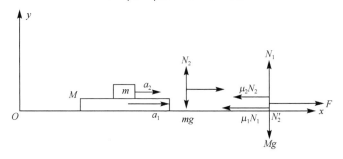

图 2-8　例 2-5 图

2.4　惯性系和非惯性系　惯性力

2.4.1　惯性系和非惯性系

在第 1 章曾经讨论过,研究物体的机械运动时,先要选定参考系. 在运动学中参考系的选择可以是任意的,视研究问题的方便而定. 但是在动力学中,我们讨论牛顿运动定律和应用牛顿运动定律解题时,没有涉及参考系问题. 仔细分析所举的各例题,可以发现都是以地球为参考系的.

为了描述物体的机械运动,需要选择适当的参考系.实验表明,在有些参考系中,牛顿运动定律是适用的,而在另一些参考系中,牛顿运动定律却并不适用.凡是牛顿运动定律适用的参考系叫做惯性系,而牛顿运动定律不适用的参考系则叫做非惯性系.

在动力学中,牛顿运动定律并非对所有参考系都适用.例如,在火车内的一个光滑水平桌面上放一个小球,当火车相对于地面匀速直线前进时,小球相对桌面静止;相对地面,小球随火车一起做匀速直线运动.这时,无论以桌面或地面为参考系,牛顿运动定律都是适用的.这是因为小球在水平方向不受外力作用,它保持静止或匀速直线运动状态.但当火车突然以加速度 a 相对地面加速向前运动时,小球相对桌面以加速度 $-a$ 向后运动,相对地面,小球仍然保持原来的运动状态.由于小球没有受外力作用,如果选地面为参考系,牛顿第二定律是适用的;但是若选桌面为参考系,小球在水平方向上仍然没有外力作用而具有了加速度 $-a$,故牛顿运动定律在以桌面为参考系时就不适用了.显然,牛顿运动定律不是对所有的参考系都适用.可见,当火车以加速度 a 运动时,火车(桌面)是非惯性系.

要判定一个参考系是否为惯性系,要通过实验来验证.实验结果表明:研究行星的运动时,可选择太阳为参考系,这是个很精确的惯性系;在研究地面上物体的运动时,可以把地面近似地看成惯性系.

2.4.2　力学的相对性原理

伽利略在 1632 年曾在封闭的船舱里仔细地观察了力学现象,发现在船舱中觉察不到物体的运动规律和地面上有任何不同.

这就是说,对于一个相对于惯性系做匀速直线运动的系统,其内部所发生的一切力学过程都不受系统的匀速直线运动的影响.或者说,不可能借助于任何力学实验来确定惯性系本身是静止状态,还是在做匀速直线运动.这个原理称为力学的相对性原理,或称伽利略相对性原理.

从力学的相对性原理很容易得出结论:在相对于惯性系做匀速直线运动的参考系中的力学过程都遵守牛顿运动定律.

伽利略相对性原理在爱因斯坦的相对论中得到推广,即:一切惯性系对所有的物理过程(包括电磁和光的传播过程)都是等价的.

2.4.3　非惯性参考系中的惯性力

在实际问题中,我们常常需要在非惯性系中观察和处理力学现象.例如,地球这个参考系,严格地讲不是惯性系;加速运动着的火车车厢不是惯性系;宇航员在人造卫星上做实验,卫星参考系也不是惯性系,等等.但分别相对于地球、火车、卫星记录物体的位置变化是比较直观和方便的.但在非惯性系中牛顿定律不成立,这就给在非惯性系中处理问题带来了困难.从下面的讨论中我们将看到,如果假设在非惯性系中,除了相互作用所引起的力以外,还受到一种由非惯性系引起的惯性力,则在非惯性系中仍能应用牛顿运动定律.

1. 直线加速参考系中的惯性力

一重物静止地放在桌面上,加速向右行驶的汽车里的观察者看到它相对于汽车向左以加速度 $-a_0$ 运动. 汽车参考系是非惯性系(图 2-9). 为了仍在形式上保持用牛顿定律解释这种加速度,必须虚拟一种力作用在物体上,即

$$f_i = -ma_0 \tag{2-13}$$

图 2-9　直线加速参考系中的惯性力

一般来说,s' 系相对于 s 惯性系有加速度 a_0 时,有

$$a = a_0 + a' \tag{2-14}$$

a 和 a' 分别表示一质量为 m 的质点在 s 系和 s' 系中的加速度.

将式(2-14)代入式(2-2)得

$$F - ma_0 = ma'$$

引入惯性力 f_i 后,在非惯性参考系中物体所受的真实的合外力为 F,惯性力为 f_i,总的有效力为真实力 F 与惯性力为 f_i 的矢量和,那么

$$F + f_i = ma' \tag{2-15}$$

式(2-15)说明:平动加速参考系中,只要在物体上加上惯性力后,牛顿第二定律在形式上仍然保持不变,力学问题就可以像惯性系中那样用牛顿定律解决.

但是,应特别注意:惯性力并不反映物体之间的真实作用,它是一种虚拟力. 指出是什么物体引起的惯性力是没有意义的,也不可能找到惯性力的反作用力.

例 2-6　车上悬挂一单摆,摆锤质量为 M,车静止时摆线竖直向下为平衡位置,当车以加速度 a 前进时,求摆锤平衡时摆线与竖直方向的夹角.

解法一　从地面参考系看,摆锤受两个作用力:重力和张力,见图 2-10(a),取坐标系 xOy,有

$$\begin{cases} T\sin\theta = ma \\ T\cos\theta - mg = 0 \end{cases}$$

解得

$$\theta = \arctan\left(\frac{a}{g}\right)$$

解法二　以车为参考系,摆锤受重力、张力、惯性力,$f_i = -ma$,如图 2-10(b)所示,建立与车一起运动的坐标系 $x'O'y'$,摆锤相对于小车是静止的,这三个力应平衡,有

$$G + T + f_i = 0, \quad G = mg, \quad f_i = -ma$$

写成分量式

$$\begin{cases} T\sin\theta - ma = 0 \\ T\cos\theta - mg = 0 \end{cases}$$

解得

$$\theta = \arctan\left(\frac{a}{g}\right)$$

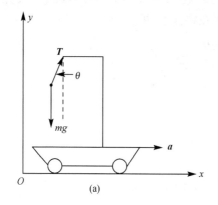 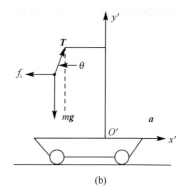

图 2-10　例 2-6 图

2. 匀速转动参考系中的惯性离心力

考虑用长为 R 的绳将一个质量为 m 的小球拴在转盘的竖直转轴上，随转盘一起以匀角速度 ω 转动. 如图 2-11 所示，从地面参考系来看，小球是以角速度 ω 随圆盘一起转动的，具有向心加速度 a，对小球提供向心力的是绳的拉力 f，这符合牛顿定律. 但从转盘参考系上观察，小球受力情况不变，静止着，绳子虽然拉着小球，小球却并不运动，这显然不符合牛顿定律. 这说明以匀角速度 ω 转动着的圆盘是个非惯性系. 为了在形式上仍用牛顿定律解释小球的运动，必须设小球还受一个虚拟力，即

$$f_i = -m\omega^2 R n \tag{2-16}$$

这样，真实力与虚拟力的和为 0，即 $f + f_i = 0$，小球静止.

$$f = -f_i = m\omega^2 R n \tag{2-17}$$

该式说明：这个虚拟力是离心力，称为惯性离心力.

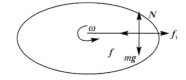

图 2-11　匀速转动参考系中的惯性离心力

惯性力是假想力，或者叫做虚拟力. 它与真实力的区别在于：它不是因物体之间相互作用而产生的；它没有施力者，也不存在反作用力；牛顿第三定律对于惯性力并不适用. 如果只在惯性系中讨论力学问题，就没有惯性力的概念.

惯性力在技术上有着广泛的应用,例如,导弹和潜艇的惯性导航系统中安装的加速计就是利用系统在加速移动时作用于物体上的惯性力的大小来确定系统的加速度的.

3. 匀速转动参考系中的科里奥利力

匀速转动参考系是非惯性系,在该参考系中相对静止的物体与转动参考系一起转动,要引入惯性离心力的概念,才能解释其相对静止状态.

如果物体对匀速转动参考系有相对运动,相对速度不为零,在转动参考系中考虑用牛顿定律,物体除了要虚拟受惯性离心力外,还要受另一个惯性力——科里奥利力的作用.

尽管惯性离心力和科里奥利力不是物理上的相互作用力,是虚拟力,然而对转动系统中的观察者来说,却是十分真实的. 如果不考虑地球的公转,地球是绕地轴做匀角速转动的参考系,地面上的运动物体以地球为参考系,必须考虑科里奥利力. 所以科里奥利力能解释地球上许多现象,有很多应用实例.

北半球河流流向的右岸比较陡峭,南半球河流流向的左岸比较陡峭(在自然地理中称为贝尔定律),这是北半球的河流流向的右岸受河水冲刷比左岸厉害,而南半球左岸冲刷比较厉害的原因. 与此类似,北半球双轨铁路在列车前进方向右轨内侧磨损比左轨内侧严重. 这些都可用科里奥利力来解释,北半球沿运动方向看指向右侧作用,而南半球沿运动方向指向左侧作用. 另外,自由落体物体因受科里奥利力作用而偏向东.

2.5　动量　冲量　动量定理

牛顿第二定律给出了质点加速度和作用于质点的合力的关系. 从原则上来说,任何力学问题都可以应用牛顿第二定律得到解决. 然而,对于那些受力情况比较复杂或涉及多质点运动的问题,求其精确解却存在许多实际困难. 例如,对于两行星围绕太阳运转涉及的多体问题,至今也不能根据牛顿第二定律求出一个公式去精确描述它们的运动. 又如,气体中包含许多分子,因分子间作用力复杂和分子数众多,不可能应用牛顿第二定律求出它们的运动.

我们希望找到一些在牛顿定律基础上派生出来的定理或推论,利用它们来探索复杂运动现象的某些规律和特征. 在经典力学中,我们即将研究的动量、动能和角动量等物理量连同它们所服从的规律,正是处于上述定理或推论的地位. 我们将看到,的确能够利用它们研究许多饶有趣味的问题.

牛顿运动方程反映了某一瞬时物体所受的外力与所产生的加速度之间的关系. 事实上,我们不仅要研究力的瞬时效应,而且还要研究物体在力的持续作用下,力对物体所产生的累积效应. 一种是力在时间过程中的累积效应;另一种是力在促使物体运行一段路程中的累积效应. 本节先讨论力的时间累积效应.

2.5.1 动量

动量是表征物体运动状态的重要物理量,把物体的质量与物体的速度的乘积称为物体的动量,即

$$p = mv \qquad (2\text{-}18)$$

动量是矢量,其大小为 mv,方向为速度的方向. 在国际单位制中,单位是 kg·m·s^{-1},量纲式为 LMT^{-1}.

在直角坐标系中动量的分量形式为

$$p_x = mv_x, \quad p_y = mv_y, \quad p_z = mv_z \qquad (2\text{-}19)$$

2.5.2 冲量

我们用冲量表示力在时间过程中的累积效应.

1. 恒力的冲量

恒力的冲量就等于力矢量与力作用的时间的乘积,表示为

$$I = F(t_2 - t_1) \qquad (2\text{-}20)$$

冲量是矢量,恒力的冲量方向为力的方向. 在国际单位制中,单位是 N·s,量纲式为 LMT^{-1},和动量的量纲相同.

2. 变力的冲量

如果外力 f 是一变力,先把力的作用时间 $t_2 - t_1$ 分成无限多的时间微元 dt,在 dt 时间内,力可视为恒力,于是力在时间 dt 中的冲量为

$$dI = F(t)dt \qquad (2\text{-}21)$$

变力在 $t_2 - t_1$ 时间段中的冲量为

$$I = \int_{t_1}^{t_2} F dt \qquad (2\text{-}22)$$

对无限小的时间间隔来说,可以认为元冲量 $F(t)dt$ 的方向与外力 f 的方向一致. 但是在一段有限时间内,外力的方向如果随时改变,冲量的方向就不能取决于某一瞬时的外力的方向,而是取决于物体动量增量的方向.

在直角坐标系中冲量的分量形式为

$$I_x = \int_{t_1}^{t_2} F_x dt, \quad I_y = \int_{t_1}^{t_2} F_y dt, \quad I_z = \int_{t_1}^{t_2} F_z dt \qquad (2\text{-}23)$$

2.5.3 质点的动量定理

牛顿运动方程按牛顿所提出的形式是用动量来描述,即

$$F = \frac{d(mv)}{dt}$$

经典力学在质点运动速度 $v \ll c$ 条件下适用,质点的质量不变.上式可写为

$$F = \frac{\mathrm{d}(m\boldsymbol{v})}{\mathrm{d}t} = m\boldsymbol{a} \quad \text{或} \quad \boldsymbol{F} \cdot \mathrm{d}t = \mathrm{d}(m\boldsymbol{v}) = \mathrm{d}\boldsymbol{p} \qquad (2\text{-}24)$$

表明质点动量对时间的变化率等于这一瞬时作用在物体上的力,而且动量的时间变化率的方向与力的方向相同.这就是微分形式的质点动量定理.

在 t_1 和 t_2 时间内,质点在外力作用下运动,速度由 $\boldsymbol{v}_1$ 变成 $\boldsymbol{v}_2$,对上式两边积分有

$$\boldsymbol{I} = \int_{t_1}^{t_2} \boldsymbol{F}(t)\mathrm{d}t = \int_{t_1}^{t_2} m\boldsymbol{a}\,\mathrm{d}t = m\boldsymbol{v}_2 - m\boldsymbol{v}_1 = \boldsymbol{p}_2 - \boldsymbol{p}_1 \qquad (2\text{-}25)$$

式(2-25)表明:某段时间内质点所受的合外力冲量等于质点动量的增量,称为积分形式的质点的动量定理.

关于动量定理的几点说明:

(1)冲量的方向一般不是某一瞬时力 $\boldsymbol{F}$ 的方向,也不是动量的方向,而是与动量增量的方向相同,是所有元冲量 $\boldsymbol{F}(t)\mathrm{d}t$ 的合矢量 $\int_{t_1}^{t_2} \boldsymbol{F}\mathrm{d}t$ 的方向.

(2)动量定理是牛顿第二定律的积分形式,因此其适用范围是惯性系.

(3)对于多个质点组成的质点系,不考虑内力.

(4)动量定理在处理变质量问题时很方便.

(5)在直角坐标系中质点动量定理的分量形式为

$$\begin{aligned} I_x &= \int_{t_1}^{t_2} F_x \mathrm{d}t = p_{x_2} - p_{x_1} \\ I_y &= \int_{t_1}^{t_2} F_y \mathrm{d}t = p_{y_2} - p_{y_1} \\ I_z &= \int_{t_1}^{t_2} F_z \mathrm{d}t = p_{z_2} - p_{z_1} \end{aligned} \qquad (2\text{-}26)$$

动量定理特别适用于解决冲击和碰撞等计算问题,两物体在碰撞的瞬间相互作用的力称为冲力.冲力的作用时间极短,而在量值上变化极大,所以较难量度每一瞬时的冲力.但是两物体在碰撞前后的动量却较易测定,根据动量定理就可计算物体受到的冲量,如果还能测定碰撞时间,也可以由冲量计算这段时间内的平均冲力的大小.

我们通常遇到的是力的方向不变仅大小改变的情况.力的变化情况可用 F-t 曲线表示,力的冲量的大小即 F 对 t 的积分,可由 F-t 图中力曲线和时间从 t_1 到 t_2 之间所夹的面积表示.在图 2-12 中,若取 t_1 到 t_2 之间一矩形面积与力曲线下的面积相等,则矩形面积的高就等于平均力的大小,即

$$\overline{F} = \frac{\int_{t_1}^{t_2} F\mathrm{d}t}{t_2 - t_1} = \frac{\Delta p}{\Delta t} \qquad (2\text{-}27)$$

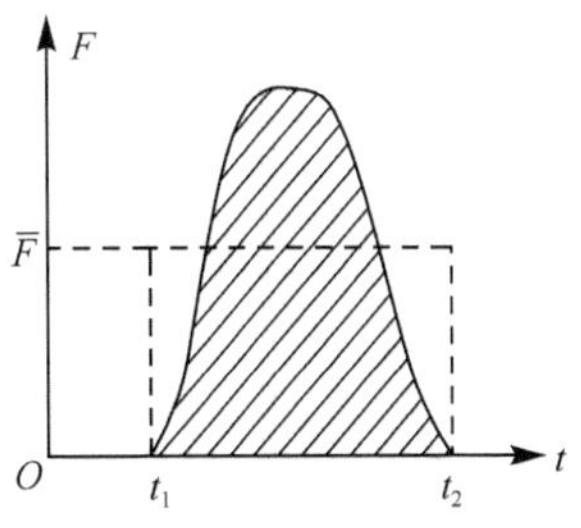

图 2-12　冲力示意图

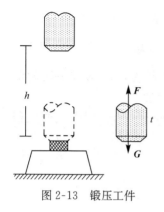

图 2-13　锻压工件

例 2-7　质量为 M 的铁锤从高 h 处自由下落，打在锻件上，如果打击的时间为 Δt，求锻件受到的平均冲力（图 2-13）.

解　以重锤为研究对象，分析受力，作受力图. 落到工件上后，锤受两个力的作用：重力 G 和工件对锤的正压力，正压力是变力，可用平均正压力代替，它的反作用力就是锤对工件的平均冲力. 碰撞时间 Δt 内，铁锤受锻件的冲力 F 向上，重力 $G=Mg$ 向下.

从开始下落到打击完毕，铁锤动量变化为 $\Delta p=0$；下落过程从 t_0 到 t，打击过程从 t 到 $t+\Delta t$，由动量定理

$$I = \int_{t_0}^{t_1} Mg\,\mathrm{d}t + \int_{t}^{t+\Delta t}(Mg - \overline{F}_{\text{冲}})\,\mathrm{d}t = Mg\big[(t-t_0)+\Delta t\big] - \overline{F}_{\text{冲}} \cdot \Delta t = 0$$

所以

$$\overline{F}_{\text{冲}} = Mg\left(\frac{t-t_0}{\Delta t}+1\right), \quad t-t_0 = \sqrt{\frac{2h}{g}}$$

锻件受平均冲力大小相同，方向向下.

由此例可知，在一般打击和碰撞问题中，只要作用时间足够短，忽略重力等一类常力是可以的.

在日常生活和生产中，有时要利用冲力，增大冲力；有时又要减小冲力，避免冲力造成损害. 玻璃杯掉在水泥地上易碎，但掉在沙土上就不易碎. 这是因为沙土起了缓冲作用，延长了它和玻璃杯的作用时间，同样的动量变化，冲力就变小了. 用手接篮球时，手要先向后退缩一下，也是为了延缓手和篮球的接触时间，减小篮球对手的冲力. 装运精密仪器时，用纸屑、泡沫、塑料等填充包装箱，也是这个道理. 用汽锤锻打工件，锤的动量很快减为零，时间很短，因此相应的冲力很大.

2.5.4　质点系动量定理

迄今为止，我们总是研究质点的运动，如果在牛顿定律的基础上研究更复杂的现象，即相互作用的几个质点的运动，我们很容易做到对每个质点列出动力学方程然后联立求解. 然而，若质点间的相互作用力和它们的运动较复杂，上述方法就无能为力了，并且质点数目越多，困难就越大. 如果将几个相互作用的质点作为一个整体，研究其运动的特征，就可得出质点系动量定理.

由若干个质点组成的系统简称为质点系，质点系以外的其他物体为外界. 系统内各物体所受到的力包括两个方面：一是系统内各物体间的相互作用力，称为内力；二是系统外的物体对系统内的物体的作用力，称为外力.

考虑由 N 个质点组成的质点系，第 i 个质点受外力 F_i，受内力 $f_i=\sum f_{ij}$，在 t_0

到 t 时间段内,其速度由 $\boldsymbol{v}_{i0}$ 变到 $\boldsymbol{v}_i$,由质点动量定理

$$\int_{t_0}^{t}(\boldsymbol{F}_i+\boldsymbol{f}_i)\mathrm{d}t = m_i\boldsymbol{v}_i - m_i\boldsymbol{v}_{i0} \tag{2-28}$$

对 $i=1,2,3,\cdots,N$ 每个质点写出动量定理,两边分别求和得有关质点系的冲量和动量增量之间的关系

$$\int_{t_0}^{t}\left(\sum_i\boldsymbol{F}_i+\sum_i\boldsymbol{f}_i\right)\mathrm{d}t = \sum_i m_i\boldsymbol{v}_i - \sum_i m_i\boldsymbol{v}_{i0} \tag{2-29}$$

式中,左侧第一项是对质点系中各质点受到的外力求和,为系统所受的合外力,记作 $\boldsymbol{F}=\sum_i\boldsymbol{F}_i$;第二项是对质点系中各质点之间的内力求和,由于内力总是以作用力和反作用力的形式成对出现,所以 $\sum_i\boldsymbol{f}_i=0$;右侧 $\sum_i m_i\boldsymbol{v}_i$ 和 $\sum_i m_i\boldsymbol{v}_{i0}$ 分别为体系 t 时刻和 t_0 时刻的总动量. 式(2-29)的右边可以改写为

$$\int_{t_0}^{t}\boldsymbol{F}\mathrm{d}t = \sum_i m_i\boldsymbol{v}_i - \sum_i m_i\boldsymbol{v}_{i0} \tag{2-30}$$

式(2-30)表明:某段时间内质点系受的合外力的冲量等于在该段时间内质点系总动量的增量,称为质点系动量定理.

　　质点系动量定理表明,质点系动量的变化只取决于系统所受的合外力,与内力的作用没有关系,合外力的冲量越大,系统总动量的变化就越大. 同时也需注意到,在质点系里,各质点受到的内力及内力的冲量并不等于零,内力的冲量将改变各质点的动量,但是,对内力及内力的冲量求矢量和一定等于零,因此内力并不改变质点系的总动量,只能使质点系内各质点之间彼此交换动量.

　　质点系动量定理在直角坐标系的分量式为

$$\begin{cases} \displaystyle\int_{t_0}^{t}\sum_i F_{ix}\mathrm{d}t = \sum_i m_i v_{ix} - \sum_i m_i v_{ix0} \\[2mm] \displaystyle\int_{t_0}^{t}\sum_i F_{iy}\mathrm{d}t = \sum_i m_i v_{iy} - \sum_i m_i v_{iy0} \\[2mm] \displaystyle\int_{t_0}^{t}\sum_i F_{iz}\mathrm{d}t = \sum_i m_i v_{iz} - \sum_i m_i v_{iz0} \end{cases} \tag{2-31}$$

质点系在某方向上"合外力"分量的冲量,等于该方向总动量的增量.

　　例 2-8　设质量为 m,长为 l_0,细而柔软的绳子放在平面上,手拉其一端以恒定速度 v_0 向上提. 求提起 l 一段时手的拉力(图 2-14).

　　解　以绳为研究对象,其受重力 mg 向下,拉力 F 向上,支持力 N 向上,在 $(F+N-mg)$ 向上的合力作用下动量不断增加. 当绳子被拉起 x 一段时,体系的动量为 $v_0 mx/l_0$,经 $\mathrm{d}t$ 时间拉起 $\mathrm{d}x = v_0\mathrm{d}t$,体系的动量为 $v_0 m/l_0(x+\mathrm{d}x)$,由质点系动量定理,得

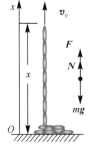

图 2-14　例 2-8 图

$$(F+N-mg)\mathrm{d}t = v_0\frac{m}{l_0}(x+\mathrm{d}x) - v_0\frac{m}{l_0}x = \frac{mv_0\mathrm{d}x}{l_0}$$

即

$$F+N-mg = \frac{mv_0}{l_0}\frac{\mathrm{d}x}{\mathrm{d}t} = \frac{mv_0^2}{l_0}$$

$$F = mg + \frac{mv_0^2}{l_0} - N$$

当拉上去长达 l 时，放在桌面上的线盘质量为 $\dfrac{(l_0-l)m}{l_0}$，有

$$N = \frac{m(l_0-l)g}{l_0}$$

所以

$$F = \frac{l}{l_0}mg + \frac{m}{l_0}v_0^2$$

2.5.5 动量守恒定律

由质点系动量定理可知，如果质点系所受的合外力（或合外力的冲量）为零，质点系的总动量将保持不变，即当 $\sum \boldsymbol{F}_i = 0$ 时，质点系总动量为

$$\boldsymbol{p} = \sum_i m_i \boldsymbol{v}_i = 常矢量 \tag{2-32}$$

即系统的总动量（包括方向和大小）保持不变. 这一结论称为动量守恒定律.

应用动量守恒定律时必须注意以下几点.

（1）系统内各物体间的内力，只会引起系统内各物体的动量变化，不会引起系统总动量的变化. 系统的总动量不变是指系统内各物体动量的矢量和不变，不是指某一个物体的动量不变，在系统内部动量是可以转移的. 例如，静止放置的定时炸弹爆炸时，碎片和火药气体可向各个方向飞出，都有各自的动量，但各动量的矢量和仍等于零.

（2）动量守恒定律的条件是物体组成的系统不受外力或合外力为零. 若系统的内力远大于合外力，系统的总动量近似守恒，如在碰撞、爆炸等过程中，外力远小于内力，作用时间短，外力的冲量也非常小，对体系总动量影响很小，但内力很大. 尽管内力对总动量无影响，但就体系内每一部分的动量变化（动量的分配）而言，主要来自内力的冲量，外力的冲量可以忽略. 所以在这一类问题中常忽略外力，用动量守恒来讨论质点系的动量问题.

（3）动量守恒定律相应的分量式为

$$\begin{cases} 若 \sum_i F_{ix} = 0，则 \sum_i m_i v_{ix} = \sum_i m_i v_{ix0} = 常量 \\[2mm] 若 \sum_i F_{iy} = 0，则 \sum_i m_i v_{iy} = \sum_i m_i v_{iy0} = 常量 \\[2mm] 若 \sum_i F_{iz} = 0，则 \sum_i m_i v_{iz} = \sum_i m_i v_{iz0} = 常量 \end{cases} \tag{2-33}$$

（4）在经典力学中,动量守恒定律可以从牛顿运动定律推导出.然而动量守恒定律远比牛顿运动定律适用范围广.牛顿运动定律只适用于宏观,而动量守恒定律对宏观和微观均适用.从历史上看,动量守恒定律是独立发展的,其出现比牛顿定律还早,所以绝不能把它当成是牛顿定律的副产物.例如,在一些电磁场的问题,牛顿第三定律不成立,但动量守恒定律是成立的.

动量守恒定律在很多力学问题的分析与求解过程中都有广泛的应用.应用动量守恒定律的关键是能够准确判断动量守恒的条件是否得到了满足.动量守恒定律在工程上有许多应用.例如,火箭和喷气式飞机在飞行时,利用化学作用(即液体或固体燃料的燃烧),背着飞行的方向不断地喷出速度甚大的大量气体,使火箭或飞机以高速度飞行.

例 2-9　质量为 M、半径为 R 的 $1/4$ 圆周弧形滑槽,静止于光滑桌面上.质量为 m 的小物体由弧的上端 A 处静止滑下,如图 2-15 所示,当滑到最低点 B 时,求滑槽 M 在水平面上移动的距离.

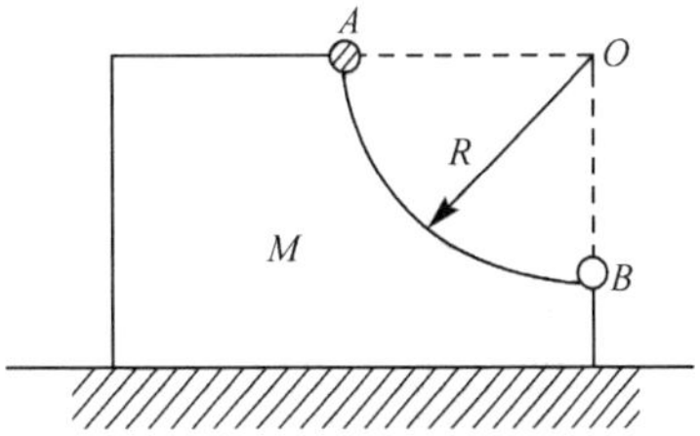

图 2-15　例 2-9 图

解　设水平向右为 x 轴正方向,竖直向上为 y 轴正向,取 m 和 M 作为系统.在 m 下滑过程中,系统在水平方向受到的合外力为 0,因此水平方向的动量守恒.以 v_x 和 V 分别表示下滑过程中任一时刻 m 和 M 对地的速度,则

$$0 = mv_x + M(-V)$$

即

$$mv_x = MV$$

就整个下落的时间对上式积分

$$m\int_0^t v_x \mathrm{d}t = M\int_0^t V \mathrm{d}t$$

因而有

$$ms = MS$$

由于位移的相对性,有 $s = R - S$,将此式代入上式得

$$S = \frac{m}{m+M}R$$

☞【工程应用】☞

火箭推进原理

要发射航天器,必须使航天器具有非常大的发射速度.在人类漫长的航天征途中人们在寻求这种发射装置,其中中国古代发明的火箭功不可没,而现代航天也离不开

火箭.现代火箭是指一种靠发动机喷射气体产生反冲力向前推进的飞行器,是实现卫星上天和航天飞行的运载工具,故又称为运载火箭.

　　火箭的工作原理就是动量守恒定律.火箭发动机点火以后,当火箭推进剂(液体的或固体的燃烧剂加氧化剂)在发动机的燃烧室里燃烧,产生大量高压燃气,高压燃气从发动机喷管高速喷出,从尾部喷出的气体具有很大的动量(也就是对火箭的反作用力).根据动量守恒定律,火箭就获得了等值反向的动量,因而发生连续的反冲现象.随着推进剂的消耗,火箭质量不断减小,加速度不断增大,当推进剂燃尽时,火箭即以获得的速度沿着预定的空间轨道飞行.这犹如一个扎紧的充满空气的气球,一旦松开,空气就从气球内往外喷,气球则沿反方向飞出.

　　要把航天器发射上天成为人造卫星,火箭获得的速度必须大于第一宇宙速度.理论计算表明,单级火箭永远达不到这个速度,也就是说,单级火箭并不能把航天器发射上天.运载火箭通常为多级火箭或叫"火箭列车",一般由2～4级单级火箭组成.它是由一个一个的单级火箭经串联、并联或串并联(捆绑式)组合而成的飞行整体.图2-16是串联式三级火箭的示意图,每一级都包括箭体结构、推进系统和飞行控制系统.末级有仪器舱,内装制导与控制系统、遥测系统和发射场安全系统,这些系统中有一些组件分置在各级适当的位置.有效载荷装在仪器舱上面,外面套有整流罩.整流罩是一种硬壳式结构,其作用是在大气层飞行段保护有效载荷,飞出大气层后就可抛掉.整流罩往往沿纵向分成两半,由弹簧或无污染炸药索产生分离力而分开.整流罩直径一般等于火箭直径,在有效载荷尺寸较大时,也可大于火箭直径,形成灯泡形的头部外形.运载火箭的工作过程是:第一级火箭点火发动后,整个火箭起飞,待该级燃料燃烧完后,便自动

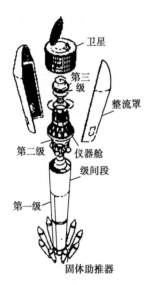

图 2-16　串联式三级火箭

脱落,依此类推.

　　每一级火箭最后获得的速度可以由著名的齐奥尔科夫斯基公式计算,该公式为

$$V = u\ln(M_i/M_f) = u\ln N \tag{2-34}$$

式中,u 为喷射的燃料气体相对于火箭的速度,M_i 为火箭最初的质量,M_f 为燃料烧完后火箭的质量,$M_i/M_f = N$ 为质量比.

　　火箭的推力公式为

$$F = u(\mathrm{d}m/\mathrm{d}t) \tag{2-35}$$

式中,$\mathrm{d}m/\mathrm{d}t$ 为喷气质量对时间的一阶导数,u 为喷射的气体相对于火箭喷口的速度.

　　三级火箭最后获得的速度公式就为

$$V = u_1 \ln N_1 + u_2 \ln N_2 + u_3 \ln N_3 \qquad (2-36)$$

例如,美国发射的"阿波罗"登月飞船的运载火箭的第一级喷气速度为 $u_1 =$ 2.9km·s^{-1},质量比为 $N_1 = 16$,第二级喷气速度为 $u_2 = 1.4$km·s^{-1},质量比为 $N_2 = $ 14,第三级喷气速度为 $u_3 = 4$km·s^{-1},质量比为 $N_3 = 12$,利用上述公式计算得到的火箭最后速度为 28.5km·s^{-1}.实际上达到的速度比这个速度小,但是已大于第二宇宙速度,足以把"阿波罗"飞船送上月球.

当然,牛顿力学使我们从理论上找到了人类打开太空王国大门的金钥匙.虽说是找到了金钥匙,但要真正进入太空,没有现代先进的科学技术和工业基础,仍然是做不到的.

1970 年 4 月 24 日,我国发射的三级运载火箭——"长征一号"把我国的第一颗卫星"东方红一号"送上太空.之后研制成功的"长征二号"和"长征二号丙"运载火箭,能把 2800kg 重的卫星送入近地轨道,用它发射了一系列返回式卫星.在"长征二号"火箭的基础上改进的"长征三号"和"长征四号"火箭,性能更加优越.1988 年 9 月成功地发射了太阳同步轨道气象卫星.火箭专家又在发射成功率很高的"长征二号"火箭的基础上,加长箭体段作为芯级,再在第一级箭体周围捆绑上 4 枚液体火箭助推器.这种火箭被命名为"长征二号 E",俗称"长二捆",能将 9000kg 载荷送入近地轨道.例如,1992 年 8 月把当时世界上最重的"澳星"准确地送上预定轨道.这标志着中国航天技术又跨上了一个新台阶.

2.6　功　动能　动能定理

前面我们讨论了力的时间累积效应,引进了动量的概念,说明了动量定理,并且阐明了在没有外力的作用下系统的动量守恒定律.本节将研究力的空间累积效应,从而讨论功和能的概念.

功是力的空间累积作用,各种不同形态能量间的相互转化也需经历力的功来完成.在引入功和能的概念之后,对于处理动力学问题,不只是方法多了,而且往往带来许多便利,特别是对于物体在受变力作用的情况下更是如此.本节将阐明功和能的概念,并论述有关功和能的规律,如动能定理、功能原理、机械能守恒定律、能量守恒定律等.

2.6.1　功和功率

1. 恒力对做直线运动质点所做的功

如图 2-17 所示,设有一个恒力 $\boldsymbol{F}$ 作用在质点上,质点沿着直线发生了一段位移 $\Delta \boldsymbol{r}$,在这一过程中,力 $\boldsymbol{F}$ 做的功定义为力在位移方向的分量与位移大小的乘积,数学表达式为

$$A = F\cos\theta |\Delta \boldsymbol{r}| \qquad (2-37)$$

或者用矢量点积(标量积)的方式表示为

$$A = \boldsymbol{F} \cdot \Delta \boldsymbol{r} \qquad (2\text{-}38)$$

式(2-38)表明:功是力在空间上的积累,等于力与力所作用的质点的位移的点积.

功是标量,没有方向,但是有正负.当力与位移方向的夹角 $0 \leqslant \theta < \dfrac{\pi}{2}$ 时,$A > 0$,外力对物体做正功,如自由落体,重力对落体做正功;当 $\dfrac{\pi}{2} < \theta \leqslant \pi$ 时,$A < 0$,外力对物体做负功,或者说物体克服了外力做功,如上抛体向上运动时重力对抛体做负功;若 $\theta = \dfrac{\pi}{2}$,$A = 0$,外力不做功,如人提着重物在水平地面上走动,即使人会感到很累,从力学意义上说,力对重物没有做功,因为竖直向上的作用力在水平方向上没有分量.

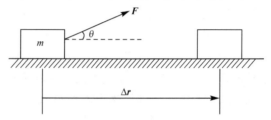

图 2-17 恒力做功

2. 变力对做曲线运动质点所做的功

质点沿曲线由 A 点运动到 B 点,质点受到变力 $\boldsymbol{F}$ 的作用(图 2-18),为了计算功,在曲线上任意取一个位移元 $\mathrm{d}\boldsymbol{r}$,由于 $\mathrm{d}\boldsymbol{r} \to 0$,因此在 $\mathrm{d}\boldsymbol{r}$ 范围内,曲线可以作直线处理,且力 $\boldsymbol{F}$ 的变化极其微小,可以作恒力处理.这样,在元位移 $\mathrm{d}\boldsymbol{r}$ 中,力做的元功 $\mathrm{d}A$ 为

$$\mathrm{d}A = \boldsymbol{F} \cdot \mathrm{d}\boldsymbol{r} = F|\mathrm{d}\boldsymbol{r}|\cos\theta \qquad (2\text{-}39)$$

质点由初始位置 A 运动到 B,力 F 做的总功应当等于各元位移上的元功的总和,即对上式积分

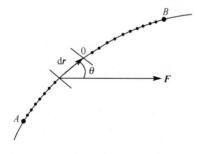

图 2-18 变力做功

$$A = \int \mathrm{d}A = \int_A^B \boldsymbol{F} \cdot \mathrm{d}\boldsymbol{r} = \int_A^B F|\mathrm{d}\boldsymbol{r}|\cos\theta \qquad (2\text{-}40)$$

式(2-40)是功的计算的一般公式.

在直角坐标系下

$$\boldsymbol{F} = F_x \boldsymbol{i} + F_y \boldsymbol{j} + F_z \boldsymbol{k}$$
$$\mathrm{d}\boldsymbol{r} = \mathrm{d}x\boldsymbol{i} + \mathrm{d}y\boldsymbol{j} + \mathrm{d}z\boldsymbol{k}$$
$$A = \int_A^B \boldsymbol{F} \cdot \mathrm{d}\boldsymbol{r} = \int_A^B F_x \mathrm{d}x + \int_A^B F_y \mathrm{d}y + \int_A^B F_z \mathrm{d}z = A_x + A_y + A_z \qquad (2\text{-}41)$$

可见,合力做功等于各个分力做功的代数和.由力的叠加原理和功的定义也可以得到这一结论.

3. 功的图解法

现在以质点沿 x 方向的一维运动说明功的几何意义. 设力 f 随位置 x 发生变化 (图 2-19), $f=f(x)$, 且方向沿 x 方向, 则质点在力 $f(x)$ 的作用下由 x_1 运动到 x_2, 我们来计算变力在全部路程中所做的功.

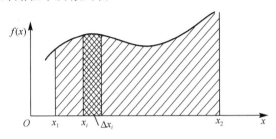

图 2-19　质点沿 x 方向运动

由于 f 是变力, 所以我们要把全部路程分成许多微小的位移, 如图 2-19 所示, 在各段微小位移元内, 力可视为不变, 于是力在第 i 段位移元中所做的元功是

$$\Delta A_i = f(x_i)\Delta x_i$$

而力在全部路程中的总功是所有微功的累加, 即

$$A = \sum f(x_i)\Delta x_i$$

如所取位移元为无限小, 上式可改写为积分式

$$A = \int_{x_1}^{x_2} f(x)\mathrm{d}x \tag{2-42}$$

所以功的量值, 在示功图上准确地等于变力曲线 (即 f-x 图线) 与 x 轴在极限 x_1 与 x_2 之间的面积, 即图中的阴影部分, 这是功的几何意义.

在国际单位制中, 功的单位为焦耳 (J), $1\mathrm{J} = 1\mathrm{N} \cdot \mathrm{m}$. 功的量纲是 $\mathrm{L}^2\mathrm{MT}^{-2}$. 在电工学中还常用千瓦时作为功的单位, $1\mathrm{kW} \cdot \mathrm{h} = 3.6 \times 10^6 \mathrm{J}$.

在 CGS 制中, 规定 1 达因 (dyn) 力使物体沿力的方向移动 $1\mathrm{cm}$ 所做的功作为功的单位, 叫做 1 尔格 (erg), $1\mathrm{erg} = 1\mathrm{dyn} \cdot \mathrm{cm}$, $1\mathrm{J} = 10^7 \mathrm{erg}$.

4. 功率

功率是表示做功快慢的物理量. 设 t 到 $t+\Delta t$ 时间内做功 A, 这段时间内平均功率定义为

$$\bar{P} = \frac{A}{\Delta t} \tag{2-43}$$

在 $\Delta t \to 0$ 的极限, 称为 t 时刻的瞬时功率, 简称功率, 记作 P, 则

$$P = \frac{\mathrm{d}A}{\mathrm{d}t} = \frac{\boldsymbol{F} \cdot \mathrm{d}\boldsymbol{r}}{\mathrm{d}t} = \boldsymbol{F} \cdot \boldsymbol{v} \tag{2-44}$$

即瞬时功率为力与质点速度的点积. 对于一定功率的机器, 需力较小时, 速度可以加快; 需力较大时, 速度就要减小. 例如, 车床在额定功率下切削工件, 当进刀量较小时,

可用较高车速；当进刀量较大时，只能用较低的车速.汽车载重量大或上坡时，要用较低的车速.机车拖列车的力不变时，速度越大，功率也要越大.汽车在行驶过程中常常需要换挡就是这个原理.

已知功率，可以将功率对时间积分计算功，即

$$A = \int_{t_1}^{t_2} P \mathrm{d}t \tag{2-45}$$

在国际单位制中，功率的单位为瓦特（W），$1\mathrm{W} = 1\mathrm{J} \cdot \mathrm{s}^{-1}$.功率的量纲是 $\mathrm{L}^2\mathrm{MT}^{-3}$.

在英制中用马力（hp）作为功率单位，$1\mathrm{hp} = 735\mathrm{W}$.

例 2-10 装有货物的木箱，重 $G = 980\mathrm{N}$，要把它运上汽车.现将长 $l = 3\mathrm{m}$ 的木板放在汽车后部，构成一斜面，然后把木箱沿斜面拉上汽车.斜面与地面成 $30°$ 角，木箱与斜面间的滑动摩擦系数 $\mu = 0.20$，绳的拉力与斜面成 $10°$ 角，大小为 $700\mathrm{N}$，如图 2-20(a)所示.

(1)求木箱所受各力所做的功；

(2)求合外力对木箱所做的功；

(3)如改用起重机把木箱直接吊上汽车，是否能少做些功？

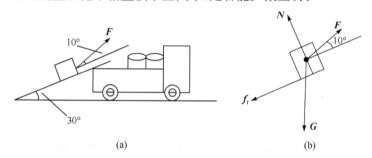

图 2-20　例 2-10 图

解 木箱所受的力为：拉力 F，方向与斜面成 $10°$ 角向上；重力 G，方向竖直向下；斜面对木箱的支持力 N，方向垂直于斜面向上；斜面对木箱的摩擦力 f_r，方向和斜面平行，与木箱运动方向相反；如图 2-20(b)所示.

(1)拉力 F 所做的功为

$$A_1 = Fl\cos 10° = 700 \times 3 \times 0.985 \approx 2069(\mathrm{J})$$

重力 G 所做的功为

$$A_2 = Gl\cos(180° - 60°) = 980 \times 3 \times (-0.5) = -1470(\mathrm{J})$$

正压力所做的功为

$$A_3 = Nl\cos 90° = 0$$

已知 $f_r = \mu N$，由 $N + F\sin 10° - G\cos 30° = 0$，知

$$N = G\cos 30° - F\sin 10° = 727\mathrm{N}$$

由此可求得

$$f_r = \mu N = 0.2 \times 727\text{N} \approx 145\text{N}$$

摩擦力 f_r 所做的功为

$$A_4 = f_r l \cos 180° = -145 \times 3\text{J} = -435\text{J}$$

这里因为重力和摩擦力是阻碍物体运动的力,所以它们对物体所做的功都是负值.

(2)根据合力所做功等于各分力功的代数和,可得合力做功为

$$A = A_1 + A_2 + A_3 + A_4 = 164\text{J}$$

(3)如改用起重机把木箱吊上汽车,这时所用拉力 F' 至少要等于重力. 在这个拉力 F' 的作用下,木箱移动的竖直距离是 $l \sin 30°$. 因此拉力所做的功为

$$A' = F' l \sin 30° = 980 \times 3 \times 0.5\text{J} = 1.47 \times 10^3\text{J}$$

它等于重力所做的功,而符号相反(因为这时合外力所做的功为零). 与(1)中 F 做功相比较,可以发现用了起重机能够少做功. 我们还发现,虽然 F' 比 F 大,但所做的功 A' 却比 A_1 小,这是因为功的大小不完全取决于力的大小,还和位移的大小及位移与力之间的夹角有关. 为了把木箱装上汽车,我们所需要做的最小功等于克服重力所做的功,其大小为 $1.47 \times 10^3\text{J}$,这对于斜面或是利用起重机甚至其他机械都是一样的. 机械不能省功,但能省力或省时间,正是这些情况,加深了我们对功的概念的重要性的认识. 现在,在(1)中拉力 F 多做的功约为

$$2.07 \times 10^3\text{J} - 1.47 \times 10^3\text{J} = 0.60 \times 10^3\text{J}$$

拉力多做的功,首先为了克服摩擦力,用去 435J,最后转变成热量;其次,余下的165J 将使木箱的动能增加.

2.6.2　动能

一个物体能够做功,我们就说这个物体具有能量. 能量是物理学中重要的概念之一. 能量和功是密切相关的,物体能够做功,是因为它具有了能量;但物体具有了能量却不一定在做功. 能量表征了物体做功的本领.

飞行的子弹能够穿透木板做功;挥动的铁锤能够将钉子敲入木块做功;流动的水能冲击水轮机的叶片,使水轮机转动做功. 也就是说,运动的物体能够做功,是因为运动着的物体具有能量. 这种物体由于运动而具有的能量,称为动能. 物体的速度越大,动能也越大;静止的物体,动能为零.

动能是描述物体运动状态的一个重要物理量. 设质点的质量为 m,质点的速度大小为 v,质点的动能用 E_k 表示,则质点的动能定义为

$$E_k = \frac{1}{2}mv^2 \tag{2-46}$$

　　动能是机械能的一种形式. 动能的单位和量纲与功相同，但意义不同．功是力的空间累积，与过程有关，是过程量；动能则取决于物体的运动状态，是状态量.

　　质点系动能定义为系统中各个质点动能的代数和，数学表达式为

$$E_k = \sum E_{ki} = \sum \frac{1}{2} m_i v_i^2 \tag{2-47}$$

2.6.3　质点的动能定理

　　一个运动的物体，在力的作用下经历一个过程然后得到某个速度，由起始状态改变为终末状态. 我们知道，任何过程都是在时间和空间内进行的，因此，对运动过程的研究离不开时间和空间.

　　在 2.5 节，我们研究了力的时间累积作用，推导出了牛顿第二定律的一种积分形式. 本节将研究力的空间累积作用，推导出牛顿第二定律的另一种积分形式.

　　如图 2-18 所示，在合外力 $\boldsymbol{F}$ 作用下，对质量为 m 的质点沿曲线从 A 点运动到 B 点，其速度由 $\boldsymbol{v}_1$ 变成 $\boldsymbol{v}_2$. 求合外力对物体所做的功与物体动能之间的关系.

　　质点在 t 到 $t+dt$ 时间内位移为 $d\boldsymbol{r}$，合外力 $\boldsymbol{F}$ 做元功

$$dA = \boldsymbol{F} \cdot d\boldsymbol{r} = F\cos\theta \cdot |d\boldsymbol{r}| \tag{2-48}$$

式中，$F\cos\theta = F_\tau$，是合外力 $\boldsymbol{F}$ 在位移方向也就是切线方向的分量，说明合力做功是力的切向分量在做功，而力的法向分量不做功.

　　将 $F_\tau = ma_\tau = m\dfrac{dv}{dt}$ 代入式(2-48)，得

$$dA = \boldsymbol{F} \cdot d\boldsymbol{r} = F\cos\theta \cdot |d\boldsymbol{r}| = F_\tau |d\boldsymbol{r}| = m\frac{|d\boldsymbol{r}|}{dt}dv = mvdv = d\left(\frac{1}{2}mv^2\right) \tag{2-49}$$

若在力的作用下质点从 A 点经路径 l 运动到 B 点，将式(2-49)两边积分得

$$A = \int dA = \int_A^B \boldsymbol{F} \cdot d\boldsymbol{r} = \int_{v_1}^{v_2} d\left(\frac{1}{2}mv^2\right) = \frac{1}{2}mv_2^2 - \frac{1}{2}mv_1^2 = E_{k2} - E_{k1}$$

即

$$A = E_{k2} - E_{k1} = \Delta E_k \tag{2-50}$$

式(2-50)说明：力对质点所做的功等于质点动能的增量，称为质点的动能定理.

　　从式(2-50)可知，当外力做正功时，质点的动能增大；当外力做负功时，即质点克服外力做功，质点的动能减小.

　　关于质点的功能定理，强调如下几点.

　　(1)动能和动量是不同的，动量是矢量，而动能是标量. 质点动量的改变取决于合力的冲量，但质点动能的改变则取决于合力所做的功. 动能和动量的概念在描述物体运动中的作用时也颇为不同.

　　(2)功和动能是两个不同的概念. 质点的运动状态一旦确定，动能就唯一地确定了. 动能是运动状态函数，是反映质点运动状态的物理量，而功是和质点受力并经历位移这个过程相联系的.

（3）动能和功的单位是一样的，但是意义不同. 功反映力的空间累积，其大小取决于过程，是过程量. 动能表示物体的运动状态，是状态量，或者叫做状态函数.

利用动能做功的例子很多. 例如，锻压是利用锤的动能做功；水磨是利用水流的动能做功；帆船、风车是利用空气的动能做功；汽轮机是利用蒸汽的动能做功.

例 2-11　质量为 100g 的小球系在绳子的一端，绳子的另一端固定在 O 点，绳子长为 0.50m. 今将小球拉升到水平位置 A 处，如图 2-21 所示. 试问放手后，

（1）小球经过 C 点时的速度和经过最低点 B 点时的速度各是多少？设 $\angle AOC = 30°$.

（2）小球经过 C 点和 B 点时，绳子的张力各是多少？

解　（1）放手后，小球沿圆弧做变速圆周运动，到达 C 点时. 小球受重力 G 和绳子拉力 T 的作用产生切向加速度和法向加速度. 在运动中，小球受到的拉力和运动速度都与 θ 角有关，它们之间的函数关系也比较复杂，因此应用牛顿运动定律不如应用动能定理方便.

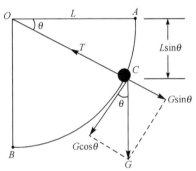

图 2-21　例 2-11 图

在小球运动过程中，拉力 T 的方向始终与运动位移方向垂直，这个变力不做功，只有重力对小球做功. 重力所做的功为
$$A = mgh_A - mgh_C$$
式中，h_A，h_C 分别是 A 点和 C 点距离地面的高度. 根据动能定理又有
$$A = \frac{1}{2}mv_C^2 - \frac{1}{2}mv_A^2$$
已知
$$v_A = 0, \quad h_A - h_C = L\sin\theta$$
所以
$$A = mg(h_A - h_C) = mgL\sin\theta = \frac{1}{2}mv_C^2$$
$$v_C = \sqrt{2gL\sin\theta} = \sqrt{2 \times 9.8 \times 0.50 \times 0.5} \approx 2.21(\mathrm{m \cdot s^{-1}})$$

小球到达 B 点时,$\theta = 90°$,所以

$$v_B = \sqrt{2gL\sin\theta} = \sqrt{2 \times 9.8 \times 0.5 \times 1} \approx 3.13(\text{m} \cdot \text{s}^{-1})$$

(2)由 $T - G\sin\theta = ma_n = m\dfrac{v^2}{L}$,得绳子的张力分别为

$$T_C = G\sin\theta + m\frac{v_C^2}{L} = mg\sin\theta + m\frac{2gL\sin\theta}{L}$$

$$= 3mg\sin\theta$$

$$= 3 \times 0.1 \times 9.8 \times 0.5$$

$$= 1.47(\text{N})$$

$$T_B = 3mg\sin\theta = 3 \times 0.1 \times 9.8 \times 1 = 2.94(\text{N})$$

2.7 保守力 势能

质点系除具有动能外,还可能具有势能,势能是与一定的保守力对应的. 本节讲述保守力、非保守力及势能的概念.

一般说来,力做的功取决于受力点的始末位置和所经过的路径. 然而也存在着这样一类力,它们所做的功仅取决于受力点的始末位置,与受力点经过的路径无关.

2.7.1 保守力

1. 重力做功的特点

如图 2-22 所示,考虑质点在重力作用下沿无摩擦的曲线 C 在竖直平面内从 A 运动到 B. 由前所述,可将重力视为恒力,重力对物体所做元功为

$$\mathrm{d}A = m\boldsymbol{g} \cdot \mathrm{d}\boldsymbol{r} = -mg\boldsymbol{j} \cdot (\mathrm{d}x\boldsymbol{i} + \mathrm{d}y\boldsymbol{j}) = -mg\mathrm{d}y \tag{2-51}$$

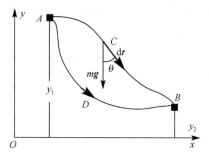

图 2-22 重力所做的功

质点沿曲线 ACB 从 A 运动到 B,重力做功

$$A_{ACB} = \int_{y_1}^{y_2} -mg\,\mathrm{d}y = -mg(y_2 - y_1) = -(mgy_2 - mgy_1) \tag{2-52}$$

如果质点经由另一条 ADB 曲线从 A 到 B,重力做功

$$A_{ADB} = -mg(y_2 - y_1) = A_{ACB} \tag{2-53}$$

由此可知,重力做功只与运动物体的始、末位置有关,而与运动物体所经过的路径无关.

如果质点经一任意闭合路径 $ACBDA$ 运动一周,重力沿任一闭合路径所做的功等于零,即

$$\oint_L \boldsymbol{F} \cdot \mathrm{d}\boldsymbol{r} = 0 \tag{2-54}$$

显然,这一结论是重力做功与路径无关的必然结果.

2. 万有引力做功的特点

如图 2-23 所示,考虑在万有引力作用下质点从 A 运动到 B,设力心质量很大(如太阳),一般可认为不动. 运动质点(如地球或其他行星)在轨道上运动,质量为 m,某时刻 t 质点在 $\boldsymbol{r}$ 处,$t+\mathrm{d}t$ 时刻质点运动到 $(\boldsymbol{r}+\mathrm{d}\boldsymbol{r})$ 处,位移 $\mathrm{d}\boldsymbol{r}$,则

$$\mathrm{d}A = \boldsymbol{F} \cdot \mathrm{d}\boldsymbol{r} = G\frac{mM}{r^2} \cdot |\mathrm{d}\boldsymbol{r}| \cos\alpha = -G\frac{mM}{r^2}\mathrm{d}r \tag{2-55}$$

现计算作用于 m 的引力做的功

$$A = \int_{r_A}^{r_B} -G\frac{mM}{r^2}\mathrm{d}r = GMm\left(\frac{1}{r_B} - \frac{1}{r_A}\right) \tag{2-56}$$

结果表明,与重力所做的功相似,万有引力做功也只与受力质点的始、末位置有关,与质点所经路径无关.

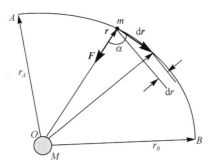

图 2-23　万有引力所做的功

3. 弹簧的弹性力做功的特点

如图 2-24 所示,取弹簧原长处为坐标原点 O,当质点 m 从 x_1 运动到 x_2 时,弹性力所做的功为

$$A = \int_A^B \boldsymbol{F} \cdot \mathrm{d}\boldsymbol{r} = \int_{x_1}^{x_2} (-kx)\mathrm{d}x = \frac{1}{2}kx_1^2 - \frac{1}{2}kx_2^2 \tag{2-57}$$

可见,弹性力所做的功只是位置函数的差,与物体的始、末位置有关,而与路径无关.

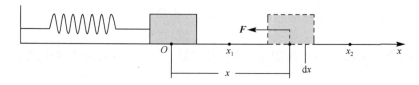

图 2-24　弹簧的弹性力所做的功

4. 保守力与非保守力

上面我们对重力、万有引力和弹簧弹性力所做的功进行计算时，发现这些力做的功具有共同的特点：功的大小只与物体的始、末位置有关，而与所经历的路径无关，这类力叫做保守力.

上述力做功的特点还可以通过另一种方式描述：保守力沿任一闭合路径所做的功等于零，可用数学式表示为

$$\oint_l \boldsymbol{F}_{保守} \cdot \mathrm{d}\boldsymbol{l} = 0 \tag{2-58}$$

重力、万有引力和弹簧弹性力都是保守力. 此外，分子力、静电场力等也是保守力.

并非所有力都是保守力. 例如，雪橇所受摩擦力做功，不仅与受力质点始、末位置有关，而且与质点路径也有关. 此外，磁场力、内燃机中气体对活塞的推力也都具有这种特性. 若力所做的功不仅取决于质点的始、末位置，而且和质点经过的路径有关，或者说，力沿闭合路径做的功不等于零，这种力叫做非保守力，或叫做耗散力. 一般说来，若力为受力质点速度的函数，则该力不是保守力.

2.7.2　势能

物体不但在运动时具有做功的本领，当它从高处落下时也能够做功. 如夯能够把地面打结实，夯举得越高，落下时做的功就越大；处于弹性形变状态的物体也能够做功，如钟表里旋紧的弹簧发条，在逐渐放松的过程中，能带动钟表机件做功. 这说明处于高处的物体和处于弹性形变状态的物体都具有能量. 这种由物体间的相对位置所决定的能量称为势能.

势能的概念是在保守力概念的基础上提出的. 对于保守力来说，若受力质点始、末位置一定，则力做的功便唯一地确定，即功是受力质点始、末位置的函数. 因此，我们可以找到一个位置函数，并使这个函数在始、末位置的增量恰好取决于受力质点自初始位置通过任意路径到达终止位置保守力所做的功，这个位置函数正是我们要提出的势能.

保守力的功和势能的关系为

$$A = -(E_\mathrm{p} - E_{\mathrm{p}0}) = -\Delta E_\mathrm{p} \tag{2-59}$$

式中，$E_{\mathrm{p}0}$ 为始态势能，E_p 为末态势能.

上式是势能的一般定义，即系统内保守力所做的功等于系统势能增量的负值，称

为势能定理.可见,保守力做功改变的是与系统相对位置有关的一种能量.这种与系统相对位置有关的能量称为势能.

物体从高处下落时,重力所做的功可由式(2-52)表示,即

$$A=-mg(y_2-y_1)$$

式中,mgy 就是物体在 y 高度处的重力势能.通常用 E_p 表示势能,则重力势能为

$$E_p=mgy \tag{2-60}$$

重力势能是质点和地球这一系统相对位置有关的能量.式(2-60)中 y 具有相对意义,说势能时必须首先选择零势能参考点,y 是质点相对于零势能参考点的高度.

对于弹性力和引力做功,我们同样可以引入弹性势能和引力势能的概念.

弹性势能为

$$E_p=\frac{1}{2}kx^2 \tag{2-61}$$

引力势能为

$$E_p=\frac{-GMm}{r} \tag{2-62}$$

应当注意如下三点.

(1)势能只能是一个相对值,要确定物体在空间某点的势能,需要选择一个参考点,即势能零点.若规定计算保守力做功的起始位置为势能零点,$E_{p0}=0$,那么终止位置的势能为 $E_p=-A_{保}$,即一定位置的势能在数值上等于从势能零点到此位置保守力所做功的负值.这可以看成是势能定义的另一种叙述.

(2)势能既取决于系统内物体之间相互作用的形式,又取决于物体之间的相对位置,所以势能是属于物体系统的,不为单个物体所具有.一般情况下常说某物体具有多少势能,只是一种习惯上的简略说法.

(3)势能差有绝对意义,而势能只有相对意义.势能零点可根据问题的需要来选择.

2.8　功能原理和机械能守恒定律

2.8.1　质点系的动能定理

设由 N 个质点组成质点系,第 i 个质点($i=1,2,3,\cdots,N$)除了受质点系之外的物体的作用力(合外力)F 外,还受到质点系内其他质点对它的作用力(称为内力)$f_i=\sum\limits_{\substack{j=1\\j\neq i}}^{N}f_{ij}$.对系统中第 i 个质点,外力做功为 $A_{外i}$,内力做功为 $A_{内i}$,质点的动能从 E_{ki1} 变化到 E_{ki2},对第 i 个质点应用质点动能定理

$$A_{外i}+A_{内i}=E_{ki2}-E_{ki1}$$

再对系统中所有质点求和，即

$$\sum_i A_{外i} + \sum_i A_{内i} = \sum_i E_{ki2} - \sum_i E_{ki1} \qquad (2-63)$$

式中，$A_{外} = \sum_{i=1}^{N} A_{外i} = \sum_{i=1}^{N} \int_{A_i}^{B_i} \boldsymbol{F}_i \cdot d\boldsymbol{r}_i$ 为每个质点受外力做功的代数和；$A_{内} = \sum_{i=1}^{N} A_{内i}$

$= \sum_{i=1}^{N} \int_{A_i}^{B_i} \boldsymbol{f}_i \cdot d\boldsymbol{r}_i = \sum_{i=1}^{N} \int_{A_i}^{B_i} \left\{ \sum_{j \neq i} \boldsymbol{f}_{ij} \right\} \cdot d\boldsymbol{r}_i$ 为内力做功的代数和；$E_{k2} = \sum_{i=1}^{k} E_{ki2} = \sum_i$

$\frac{1}{2} m_i v_{i2}^2, E_{k1} = \sum_{i=1}^{N} E_{ki1} = \sum_i \frac{1}{2} m_i v_{i1}^2$ 分别是每个质点终态动能和始态动能的代数和.

因此，上式又可以表述为

$$A_{外} + A_{内} = E_{k2} - E_{k1} \qquad (2-64)$$

这个结论称为质点系的动能定理. 它表明：所有外力对质点系做功与内力做功之和等于质点系总动能的增量.

2.8.2　质点系的功能原理

质点系动能定理可表示如下：

$$A_{外} + A_{内} = E_k - E_{k0}$$

内力包括保守力和非保守力，故一切内力做功之和包括一切内保守力所做功和一切内非保守力所做功的和，即

$$A_{内} = A_{内保} + A_{内非} \qquad (2-65)$$

代入前式得

$$A_{外} + A_{内保} + A_{内非} = E_k - E_{k0}$$

一切内保守力所做功之和的负值等于该质点系势能的增量，即

$$\Delta E_p = E_p - E_{p0} = -A_{内保} \qquad (2-66)$$

式中，E_{p0} 和 E_p 分别表示一定过程中质点系的始、末势能.

综合上面三式，并考虑到动能和势能，统称为机械能，即 $E = E_k + E_p$，则

$$A_{外} + A_{内非} = (E_k + E_p) - (E_{k0} + E_{p0}) = E_2 - E_1 \qquad (2-67)$$

式(2-67)表明：质点系外力与内非保守力做功之和等于质点系机械能的增量，称为质点系的功能原理，也称机械能定理.

应当指出：质点系的动能定理、势能定理和功能原理，从不同的角度反映了力做功与系统能量变化的关系，在实际中应根据不同的研究对象和力学环境选择使用. 功能原理与动能定理并无本质的不同，它们的区别仅在于功能原理引入了势能而无须考虑内保守力做功，这正是功能原理的优点，因为计算势能增量常常比直接计算功方便. 考虑质点系势能增量的负值与考虑保守内力做功是等价的. 使用功能原理，考虑质点系势能，就不能再考虑保守内力做功；使用动能定理，考虑保守内力做功，就不应再考虑势能，否则就重复了.

例 2-12 一辆汽车的速度为 $v_0 = 36\text{km} \cdot \text{h}^{-1}$,驶至一斜率为 0.01 的斜坡时,关闭油门.设车与路面间的摩擦阻力为车重 G 的 0.05 倍,问汽车能冲上斜坡多远?

解法一 取汽车为研究对象.汽车上坡时,受到三个力的作用:一是沿斜坡方向向下的摩擦力 f_r,二是重力 G,方向竖直向下,三是斜坡对物体的支持力 N,方向垂直斜坡向上,如图 2-25 所示.设汽车能冲上斜坡的距离为 s,此时汽车的末速度为 0,根据动能定理

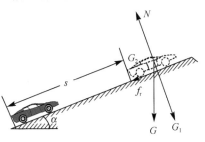

图 2-25 例 2-12 图

$$-f_r \cdot s - Gs\sin\alpha = 0 - \frac{1}{2}mv_0^2$$

上式说明,汽车上坡时,动能一部分消耗于反抗摩擦力做功,另一部分消耗于反抗重力做功.因 $f_r = \mu N = \mu G_1$,所以

$$\mu G_1 s + Gs\sin\alpha = \frac{1}{2}mv_0^2$$

按题意,$\tan\alpha = 0.01$,表示斜坡与水平面的夹角很小,所以 $\sin\alpha \approx \tan\alpha$,$G_1 \approx G$,并因 $G = mg$,上式可化成

$$\mu gs + gs\tan\alpha = \frac{1}{2}v_0^2$$

或

$$s = \frac{v_0^2}{2g(\mu + \tan\alpha)}$$

代入已知数据得

$$s = \frac{10^2}{2 \times 9.8 \times (0.05 + 0.01)}\text{m} \approx 85\text{m}$$

解法二 取汽车和地球这一系统为研究对象,则系统内只有汽车受到 f_r 和 N 两个力的作用,运用系统的功能原理,有

$$-f_r \cdot s = (0 + Gs\sin\alpha) - \left(\frac{1}{2}mv_0^2 + 0\right)$$

即

$$\mu Gs = \frac{1}{2}mv_0^2 - Gs\sin\alpha$$

$$s = 85\text{m}$$

例 2-13 质量为 m 的物体从一个半径为 R 的 1/4 圆弧形表面滑下,到达底部时的速率为 v.求物体从 A 到 B 过程中摩擦力所做的功(图 2-26).

解法一(用功的定义计算) 以 m 为研究对象,进行受力分析,列切向受力方程

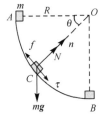

图 2-26 例 2-13 图

$$F_\tau = ma_\tau = m\frac{\mathrm{d}v}{\mathrm{d}t}$$

即

$$mg\cos\theta - f = ma_\tau = m\frac{\mathrm{d}v}{\mathrm{d}t}$$

$$f = mg\cos\theta - m\frac{\mathrm{d}v}{\mathrm{d}t}$$

摩擦力做功

$$A_{阻} = -\int f\mathrm{d}r = -\int mg\cos\theta\mathrm{d}r + \int m\frac{\mathrm{d}v}{\mathrm{d}t}\mathrm{d}r$$

由

$$\mathrm{d}r = R\mathrm{d}\theta, \quad v = \frac{\mathrm{d}r}{\mathrm{d}t}$$

得

$$A_{阻} = -\int_0^{90°} mg\cos\theta R\mathrm{d}\theta + \int_0^v mv\mathrm{d}v = -mgR + \frac{1}{2}mv^2$$

解法二(用动能定理计算) 由质点的动能定理

$$A = E_k - E_{k0}$$

进行受力分析,只有重力和摩擦力做功,所以

$$A_{重} + A_{阻} = E_k - E_{k0}$$

A 点物体动能为

$$E_{k0} = 0$$

所以

$$\int mg\cos\theta\mathrm{d}r + A_{阻} = E_k$$

$$A_{阻} = \frac{1}{2}mv^2 - \int_0^{90°} mg\cos\theta R\mathrm{d}\theta = \frac{1}{2}mv^2 - mgR$$

解法三(用功能原理计算) 由功能原理,$A_{外} + A_{内非} = \Delta E$,以物体和地球为研究对象,进行受力分析,不考虑保守力重力和不做功的支持力 N,只有摩擦力(内部非保守力)f 做功,则

$$A_{外} = 0, \quad A_{内非} = A_{阻}$$

选择 B 点为重力势能零点,A、B 两点的机械能为

$$E_A = mgR, \quad E_B = \frac{1}{2}mv^2, \quad A_{阻} = E_B - E_A = \frac{1}{2}mv^2 - mgR$$

可以看出,用功能原理计算最简单.

2.8.3 机械能守恒定律

根据质点系的功能原理,有

$$A_{外} + A_{内非} = E_2 - E_1$$

如果质点系只有保守内力做功,外力和非保守内力不做功或者做功之和始终等于零,系统的机械能守恒,即若 $A_{内非} = 0$,同时 $A_{外} = 0$,则 $E_2 = E_1 =$ 常量,即

$$\sum_{i=0}^{n} E_{ki} + \sum_{i=0}^{n} E_{pi} = \sum_{i=0}^{n} E_{ki0} + \sum_{i=0}^{n} E_{pi0} = 常量 \tag{2-68}$$

式(2-68)表明:如果系统内只有保守内力做功,其他外力和非保守内力都不做功或所做的总功为零(或根本没有外力和非保守内力的作用)的情形下,质点系机械能保持常量,称为质点系机械能守恒. 这时质点系内部动能、势能仍可以相互转换,系统各组成部分的能量可以互相转化,但机械能的总量不变.

例 2-14 一匀质链条总长为 L,质量为 m,放在桌面上,并使其下垂,下垂一端的长度为 a,如图 2-27 所示. 设链条与桌面之间的滑动摩擦系数为 μ,令链条由静止开始运动,问:

(1)在链条离开桌面的过程中,摩擦力对链条做了多少功?

(2)链条离开桌面时的速率是多少?

解 (1)当链条下落 x 时,摩擦力为

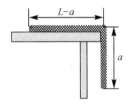

图 2-27 例 2-14 图

$$f = -\mu N = \frac{-\mu(L-x)mg}{L}$$

摩擦力做功为

$$A_f = \int f \mathrm{d}x = \int_a^L -\mu(L-x)mg\,\mathrm{d}x/L = -\mu mg\,(L-a)^2/2L$$

(2)下落过程中重力 P 做功为

$$A_P = \int P \mathrm{d}x = \int_a^L mxg\,\mathrm{d}x/L = mg(L^2-a^2)/2L$$

由动能定理

$$A_f + A_P = mv^2/2 - mv_0^2/2$$

因为 $v_0 = 0$,所以

$$\frac{mg(L^2-a^2)}{2L} - \frac{\mu mg\,(L-a)^2}{2L} = \frac{mv^2}{2}$$

$$v = \left(\frac{g}{L}\right)^{\frac{1}{2}} \left[(L^2-a^2) - \mu(L-a)^2\right]^{\frac{1}{2}}$$

2.8.4 能量守恒定律

在自然界里,除机械运动外还有热运动、电磁运动、原子和原子核运动、化学和生物运动等. 自然界不同的运动形式对应着不同形式的能量,在一定条件下,不同运动形式之间会发生相互转化,将出现不同形式的能量之间的转换.

各种精确的实验表明,尽管各种不同形式的能量之间进行着转换,对一个不受外界影响的体系来说,它所具有的各种不同形式的能量的总和是守恒的,能量只能从一

个物体传递给其他物体或者从一种形式转化为其他形式,既不能消灭也不能创造,这一结论称为能量守恒定律.它是物理学中最普通的定律之一,也是所有自然现象都服从的普遍规律.

能量守恒定律是在无数生产实践经验(如蒸汽机的改进和使用)的基础上总结出来的.人们还对热的来源、电流的热效应、电磁感应等不同运动形式相互转换的现象进行了广泛的定量研究,从而确立了能量守恒定律.历史上有许多人曾试图设计不消耗能量但可对外做功的机器,称为"永动机",但都失败了.设计永动机的失败从总结教训的角度也为能量守恒定律的建立做了准备,因而"永动机不可能造成"可以作为能量守恒定律的另一种表述.

能量守恒定律是在无数实验事实的基础上建立起来的.

☞【工程应用】☜

宇 宙 速 度

常说的三种宇宙速度都可以用机械能守恒定律和牛顿力学的有关公式推导出来.

1. 第一宇宙速度

它是在地球上发射环绕地球运动的航天器时所需的最小发射速度(相对于地心参考系).由于航天器做匀速圆周运动的向心力应等于地球对航天器的万有引力,即

$$G\frac{M \cdot m}{r^2}=m\frac{V_1^2}{r} \tag{2-69}$$

解得

$$V_1=\sqrt{\frac{GM}{r}} \tag{2-70}$$

式中,V_1 为环绕速度;G 为万有引力常数;M 为地球质量;r 为航天器到地心的距离.

式(2-54)说明,环绕速度随 r 增加而减小,r 越大,卫星所需的发射速度也越大.因此只有当 r 取最小值,即卫星在地面附近环绕地球运转时,所需发射速度最小,此时 r 约等于地球半径 R,代入数据可计算出第一宇宙速度为 $V_1=7.9\text{km/s}$.

2. 第二宇宙速度

它是在地球上发射完全脱离地球吸引力成为太阳的行星的航天器所需的最小发射速度.要让航天器完全脱离地球引力范围,设最小发射速度为 V_2,因为航天器在燃料烧完直到逃离地球的过程中机械能守恒,即航天器在燃料烧完时的机械能等于脱离地球的引力范围时的机械能.在航天器脱离地球的引力范围时,$r=\infty$,物体的引力势能为零,此时物体相对于地球的运动速度也为零,有

$$\frac{1}{2}mV_2^2-G \cdot \frac{M \cdot m}{R}=0$$

解得

$$V_2=\sqrt{\dfrac{2GM}{R}}=\sqrt{2}\cdot V_1 \tag{2-71}$$

代入数据可得第二宇宙速度 $V_2=11.2\text{km/s}$.

3. 第三宇宙速度

它是使物体脱离太阳系所需的最小发射速度. 要在地面上发射一个航天器, 使之既要脱离地球引力场, 又要脱离太阳引力场, 所以计算第三宇宙速度是比较复杂的. 这里只给出推导结论, 其数值为 16.7km/s.

在地球上发射航天器, 必须使它有足够的速度才能在空间运转. 由前面讲的三种宇宙速度可以知道: 在地球上发射环绕地球运动的航天器(人造地球卫星)时所需的最小发射速度就是第一宇宙速度 7.9km/s, 此时人造地球卫星绕地球做圆周运动. 人类要登上月球, 或者飞向其他行星, 必须要脱离地球的引力场, 因此, 航天器必须大于第二宇宙速度 11.2km/s. 当发射速度大于第一宇宙速度而小于第二宇宙速度时, 物体将在地球的引力场中按不同的发射速度绕地球做偏心率不同的椭圆轨道运动, 这是人造地球卫星的情况. 当发射速度大于第二宇宙速度时, 则是围绕太阳运行的人造行星的情形, 此时, 相对于地球而言, 它的轨道是抛物线或双曲线. 图 2-28 表示从地面 A 处发射航天器, 当发射速度的方向与该处地面平行但速度大小不同时, 人造航天器的运行轨道. 如果要让航天器脱离太阳的引力场, 航天器的速度必须大于第三宇宙速度.

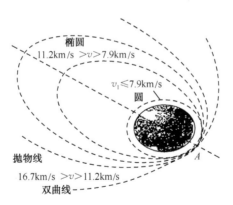

图 2-28　航天器轨道与发射速度的关系

2.9　碰　　撞

碰撞泛指强烈而短暂的相互作用过程, 在日常生活及生产中, 碰撞现象处处可见, 如撞击、锻压、爆炸、投掷、喷射等. 碰撞在微观世界里也是极为常见的现象. 分子、原子、粒子的碰撞是极频繁的, 正负电子对的湮没、原子核的衰变等都是广义的碰撞过程.科研工作者还常常人为地制造一些碰撞过程.例如,将 X 射线或者高速运动的电子射入原子,观察原子的激发、电离等现象;用 γ 射线或者高能中子轰击原子核,诱发原子核的裂变或衰变等.研究微观粒子的碰撞是研究物质微观结构的重要手段之一.特别值得一提的是,在著名的康普顿散射实验（见量子物理有关内容）中,将 X 射线与电子的相互作用过程处理为碰撞过程,直接证明了动量守恒定律在微观领域中也是成立的,从而将动量守恒定律推广到了物质世界全部领域.

碰撞有两个重要特点:

(1)在碰撞问题中,关心的是两个碰撞质点碰撞前后的速度和能量变化,碰撞总是在极短的时间内完成的,内力远远大于外力,所以可以忽略外力.

(2)体系内部各质点仅有内力的相互作用,所以在碰撞过程中,质点系应遵从动量守恒定律.

为了系统研究的方便,我们把碰撞现象模型化为球的碰撞.

2.9.1　对心碰撞

如果两个小球碰撞前后速度矢量都沿着两球的连心线,则在碰撞时相互作用的冲力和碰撞后的速度也必然在这一连线上,这种碰撞称为对心碰撞（或称正碰撞）.

在碰撞时,完全没有机械能的损失,这种碰撞称为弹性碰撞或完全弹性碰撞.在碰撞时,有动能的损失,一部分机械能转变为其他形式的能量,这种碰撞称为非弹性碰撞或非完全弹性碰撞.在碰撞后,两小球不再分开,一起以同一速度运动,这种碰撞称为完全非弹性碰撞.下面分别给以讨论.

1. 完全弹性碰撞

碰撞过程中物体之间的作用力是弹性力,碰撞完成之后物体的形变完全恢复,没有能量的损耗,也没有机械能向其他形式的能量的转化,机械能守恒.又由于碰撞前后没有弹性势能的改变,机械能守恒在这里表现为系统碰撞前后的总动能不变.完全弹性碰撞是一种理想情况,有一类实际的物理过程,如两个弹性较好的物体相撞,理想气体分子的碰撞等可以近似按完全弹性碰撞处理.

设碰撞两质点质量分别为 m_1 和 m_2,碰撞前速度分别为 v_{10} 和 v_{20};碰撞能够发生,要求 $v_{10} > v_{20}$;碰撞后速度分别为 v_1 和 v_2,方向见图 2-29,碰撞后能够分离的要求是 $v_2 > v_1$.因此,根据完全弹性碰撞中动量守恒定律和机械能守恒定律可以得到如下方程,从中可以求解碰撞后的两个物体的速度.

图 2-29　球的对心碰撞

动量守恒方程

$$m_1 v_{10} + m_2 v_{20} = m_1 v_1 + m_2 v_2 \tag{2-72}$$

机械能守恒方程

$$\frac{1}{2} m_1 v_{10}^2 + \frac{1}{2} m_2 v_{20}^2 = \frac{1}{2} m_1 v_1^2 + \frac{1}{2} m_2 v_2^2 \tag{2-73}$$

联立解得

$$v_1 = v_{10} + \frac{2m_1(v_{20} - v_{10})}{m_1 + m_2}$$

$$v_2 = v_{20} + \frac{2m_1(v_{10} - v_{20})}{m_1 + m_2} \tag{2-74}$$

下面根据这个结果分析三种特殊情形.

(1) 若 $m_1 \ll m_2$, $v_{20} = 0$, 由上述结果得 $v_1 \approx -v_{10}$, $v_2 \approx v_{20} = 0$, 碰撞后质量很大的球仍然静止, 质量小的球以同样的速率向相反方向运动. 皮球在墙壁上碰撞或气体分子在容器器壁垂直碰撞就是这种情形.

(2) 若 $m_1 = m_2$, 则 $v_1 = v_{20}$, $v_2 = v_{10}$, 两球经过碰撞将彼此交换速度. 如果第二小球原为静止, 碰撞后, 第一小球将停下来, 把速度传递给第二小球.

(3) 若 $m_1 \gg m_2$, 设 $v_{20} = 0$, 则 $v_1 \approx v_{10}$, $v_2 \approx 2v_{10}$, 让质量很大的铜球去碰质量很小的静止的木球, 可以演示这种情况.

这三点讨论意义远不在这两个实物小球, 例如, 核反应堆里产生的快中子, 要使其最有效地减速, 根据以上讨论, 就用质量与中子相近的氕和石墨作减速剂与之碰撞. 由(1)和(3)可以判断卢瑟福散射结果, 得出原子的有核模型. 19 世纪末发现了电子, 知道了原子由带负电的电子和带正电的其他物质组成, 但这些物质是怎样在原子中分布的呢? 这就是关于原子结构的模型问题. 汤姆孙认为原子是一团均匀带正电物质中间嵌着电子的结构(通常称为汤姆孙"布丁"模型). 1910 年, 在卢瑟福指导下, 盖革和马斯登用 α 粒子轰击金箔, 观察 α 粒子的散射. 如果原子结构确实是"布丁"模型, 由于电子的质量很小, α 粒子能够碰到的物质是带正电的和带负电的很小的质元, 碰后应该几乎是原来的速度(如同(3)中所述那样)或者发生较小的偏转. 但实验结果是观察到比预先设想高得多的大角度散射, 甚至 α 粒子被反弹回来(这就与(1)的情况接近了). 所以卢瑟福断定: 在原子内部一定存在着质量密集的核心——原子核, 它集中了绝大部分原子质量和所有正电荷.

2. 完全非弹性碰撞

两球碰撞后并不分开而是以同一速度运动, 叫做完全非弹性碰撞.

这是碰撞过程中两碰撞物接触, 形变一旦发生便再不恢复的情况. 一部分机械能要消耗到形变中, 体系的机械能在碰撞前后不能守恒. 然而这种碰撞的结果是, 两碰撞质点最后达到完全相同的速度. 忽略碰撞过程中受的外力, 由体系动量守恒, 得

$$m_1 v_{10} + m_2 v_{20} = (m_1 + m_2) v$$

$$v = \frac{m_1 v_{10} + m_2 v_{20}}{m_1 + m_2} \tag{2-75}$$

完全非弹性正碰撞损失的机械能记作

$$\Delta E = \frac{1}{2} m_1 v_{10}^2 + \frac{1}{2} m_2 v_{20}^2 - \frac{1}{2} \frac{(m_1 v_{10} + m_2 v_{20})^2}{m_1 + m_2} \tag{2-76}$$

令 $\mu = \dfrac{m_1 m_2}{m_1 + m_2} = \dfrac{1}{\dfrac{1}{m_1} + \dfrac{1}{m_2}}$，则

$$\Delta E = \frac{1}{2} \frac{m_1 m_2}{m_1 + m_2} (v_{10} - v_{20})^2 = \frac{1}{2} \mu (v_{10} - v_{20})^2$$

μ 称为两质点体系的约化质量(或折合质量).

用上式讨论锻铁和打桩是很方便的,这时 $v_{20} = 0$, $v_{10} = v_0$ 为铁锤的速度, m_1 为铁锤的质量,损失的机械能与铁锤原有的机械能之比为

$$\frac{\Delta E}{\frac{1}{2} m_1 v_0^2} = \frac{m_2}{m_1 + m_2} = \frac{1}{1 + \dfrac{m_1}{m_2}} \tag{2-77}$$

对锻铁,希望锻件形变量大些,即希望式(2-77)的值大些,以便多损失些机械能转变为形变能量,则要求 m_1/m_2 小些. 所以为了提高锻铁效率,砧座和锻件的总质量比锤的质量大得多.

对打桩,则希望打击之后多保留些机械能,以便桩进入土里,即要求式(2-77)的值小一些,便要使 m_1/m_2 大些. 因此总是用质量大的锤打质量小的桩.

3. 非完全弹性碰撞

在一般情况下,两球相碰变形而不能完全恢复原状,一部分机械能转变为其他形式的能量,机械能守恒定律不适用. 这种碰撞叫做非完全弹性碰撞.

求解碰撞问题也就是求末速度,经过非完全弹性对心碰撞后两球分开,需要求两个速度值. 但是我们只有一个动量守恒方程,这就需要设法建立另外一个方程.

4. 对心碰撞的基本公式

实验证明,对于材料一定的球,碰撞后两球的分离速度为 $v_2 - v_1$,与碰撞前两球的接近速度 $v_{10} - v_{20}$ 成正比,即

$$e = \frac{v_2 - v_1}{v_{10} - v_{20}} \tag{2-78}$$

式(2-78)称为碰撞定律,其中 e 为恢复系数,由两球材料的弹性决定.

式(2-78)不仅能够反映非完全弹性碰撞的特性,还可以把完全弹性碰撞和完全非弹性碰撞概括进去.

恢复系数可以通过实验测出来. 将一种材料制成小球,将另一种材料制成厚重的平板,在真空中让球从高 H 处下落,测反跳高度. 由

$$v_{20} = 0, \quad v_{10} = \sqrt{2gH}, \quad v_1 = -\sqrt{2gh}, \quad v_2 = 0$$

得

$$e=\frac{-v_1}{v_{10}}=\frac{\sqrt{2gh}}{\sqrt{2gH}}=\sqrt{\frac{h}{H}}$$

在非完全弹性碰撞问题中,一般总可以给出相碰两质点材料的恢复系数,可以当作一个已知关系式使用,与动量守恒表达式联立,解得

$$m_1v_1+m_2v_2=m_1v_{10}+m_2v_{20} \tag{2-79}$$

$$v_1=v_{10}-\frac{m_2}{m_1+m_2}(1+e)\cdot(v_{10}-v_{20})$$

$$v_2=v_{20}+\frac{m_1}{m_1+m_2}(1+e)\cdot(v_{10}-v_{20}) \tag{2-80}$$

(1)对于完全弹性碰撞,$v_{10}-v_{20}=v_2-v_1$,$e=1$,$\Delta E=0$,即不损失机械能.

(2)对于完全非弹性碰撞,碰撞后具有相同的速度,$v_2=v_1$,$e=0$. 这与(1)恰好是两种极限,此时

$$\Delta E=\frac{m_1m_2}{2(m_1+m_2)}(v_{10}-v_{20})^2 \tag{2-81}$$

(3)对于一般非完全弹性碰撞,恢复系数应为 $0<e<1$. 此时

$$\Delta E=\left(\frac{1}{2}m_1v_{10}^2+\frac{1}{2}m_2v_{20}^2\right)-\left(\frac{1}{2}m_1v_1^2+\frac{1}{2}m_2v_2^2\right)=\frac{m_1m_2}{2(m_1+m_2)}(v_{10}-v_{20})^2(1-e^2)$$

例 2-15　冲击摆是测量子弹速度的装置,质量为 M 的沙箱悬挂在轻绳(绳长不变)的下端,当质量为 m 的子弹以速度 v_0 水平射入沙箱与其一起运动使摆升高 h (图 2-30)时,求子弹速度大小.

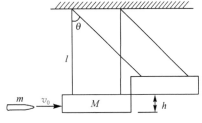

图 2-30　例 2-5 图

解　从子弹射进沙箱,到与沙箱一起运动是碰撞过程,这段时间是很短暂的,摆悬线偏转可以忽略,沙箱子弹体系在水平方向不受外力. 这是典型的完全非弹性碰撞,动量守恒,即

$$mv_0=(m+M)v,\qquad v=\frac{mv_0}{m+M}$$

然后沙箱与子弹一起运动,在重力和张力作用下偏转一个角度. 张力不做功,将地球考虑进体系,重力为保守内力,体系机械能守恒,选原位置处为重力势能零点,有

$$\frac{1}{2}(m+M)v^2=(m+M)gh$$

得

$$v_0=\frac{m+M}{m}\sqrt{2gh}$$

2.9.2　球的非对心碰撞

如果两球碰撞之前的速度不沿它们的中心连线，则称球的非对心碰撞. 如果碰撞前后小球的速度矢量在同一平面内，则称二维碰撞；如果碰撞前后速度矢量不在同一平面内，则称三维碰撞. 对于球的非对心碰撞，上文关于完全弹性碰撞、完全非弹性碰撞等概念依然适用.

二维碰撞问题是原子核物理中经常遇到的情况. 例如，一个质量为 m_1、速度为 v_{10} 的粒子（α粒子）与一个质量为 m_2 静止的靶核相碰撞（$v_{20}=0$），入射质点运动方向与通过靶核平行于 v_{10} 的直线之间的距离为 b（图 2-31）.

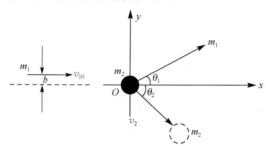

图 2-31　球的非对心碰撞

对 α 粒子与靶核碰撞，动量守恒，机械能也守恒，则有

$$m_1 v_{10} = m_1 v_1 \cos\theta_1 + m_2 v_2 \cos\theta_1 \tag{2-82}$$

$$0 = m_1 v_1 \sin\theta_1 - m_2 v_2 \sin\theta_2 \tag{2-83}$$

$$\frac{1}{2} m_1 v_{10}^2 = \frac{1}{2} m_1 v_1^2 + \frac{1}{2} m_2 v_2^2 \tag{2-84}$$

这三个方程中有 $v_2, v_1, \theta_1, \theta_2$ 四个未知量，若要得定解，需由实验测出其中一个未知量. 对两个实物球碰撞而言，还不一定能列出机械能守恒条件. 如果给出恢复系数，可列出一个式子，由实验测出一个未知量就可求出其余未知量；如果弹性情况未知，必须由实验测出两个未知量才能求出其余未知量.

2.10　力矩　角动量　角动量定理

在牛顿运动定律的基础上我们已经得到动量定理及其守恒定律，并且在提出动能概念后，得到动能定理及机械能守恒定律. 但它们还不能反映机械运动的全部特点. 例如，天文观测表明，地球绕日运动遵从开普勒第二定律，在近日点附近绕行速度快，在远日点附近较慢，这个特点如果用角动量概念及其规律很容易说明，特别是在有些过程中动量和机械能都不守恒，然而角动量却是守恒的，这就为求解这类运动问题开辟了新途径.

角动量及其规律是从牛顿运动定律基础上派生出来的. 可以说经典力学大厦正是以牛顿运动定律为基石, 以动量、动能及角动量规律为栋梁建立起来的. 角动量这一表征状态的物理量不但能描述经典力学中的运动状态, 在近代物理理论中也显示了日益重要的作用, 例如原子核的角动量, 通常称为原子核的自旋, 就是描写原子核特性的.

前面讲了由牛顿运动定律表达式 $\boldsymbol{F}=\dfrac{\mathrm{d}}{\mathrm{d}t}(m\upsilon)$, 两边都乘 $\mathrm{d}t$ 后积分得动量定理 $\boldsymbol{I}=\displaystyle\int_{t_1}^{t_2}\boldsymbol{F}\mathrm{d}t=\boldsymbol{p}_2-\boldsymbol{p}_1$; 两边点乘 $\mathrm{d}\boldsymbol{r}$ 后积分得动能定理 $W_{12}=\displaystyle\int_1^2\mathrm{d}W=\int_1^2\boldsymbol{F}\cdot\mathrm{d}\boldsymbol{r}=W_{12}=E_{k2}-E_{k1}$; 并且引入了动量和能量等概念和一系列有关规律. 本节将对 $\boldsymbol{F}=\dfrac{\mathrm{d}}{\mathrm{d}t}(m\upsilon)$, 从左边叉乘位矢 $\boldsymbol{r}$, 引入力矩和角动量概念以及有关规律, 这些规律对于解决质点体系的转动问题是十分方便的.

2.10.1　力矩

在中学物理中, 学生通过用力推门、门绕轴转动、用扳子拧螺丝等实例已初步认识了力矩概念. 这些实例中的力矩总是与物体绕固定轴转动相联系的. 我们发现一个具有固定轴的静止物体, 在外力作用下可能发生转动, 也可能不发生转动. 由事实可知, 物体转动与否不仅与力的大小有关, 而且与力的作用点以及作用力的方向有关.

如图 2-32 所示, 设某时刻质点位于 $\boldsymbol{r}$, 受外力 $\boldsymbol{F}$ 作用, 对惯性参考系固定参考点 O, 力矩 $\boldsymbol{M}$ 可用位矢 $\boldsymbol{r}$ 和力 $\boldsymbol{F}$ 的矢积表示, 有

$$\boldsymbol{M}=\boldsymbol{r}\times\boldsymbol{F} \tag{2-85}$$

这样的表示也可用于力对点的力矩. 如图 2-32 所示, 力 $\boldsymbol{F}$ 对 O 点的力矩为 $\boldsymbol{M}$, 方向采用右手螺旋定则判定.

力矩是矢量, 大小为 $M=rF\sin\theta$, 式中 θ 是 $\boldsymbol{r}$ 与 $\boldsymbol{F}$ 的夹角, M 的大小等于以 $\boldsymbol{r}$、$\boldsymbol{F}$ 为邻边的平行四边形的面积, 方向由右手螺旋定则确定: 它垂直于由 $\boldsymbol{r}$

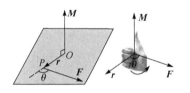

图 2-32　力矩的定义

和 $\boldsymbol{F}$ 确定的平面, 指向为右手四小指从 $\boldsymbol{r}$ 向 $\boldsymbol{F}$ 握起, 大拇指所指的方向.

力矩与参考点选择有关 (因为 $\boldsymbol{r}$ 与参考点选择有关). 对于确定的参考点, $\boldsymbol{r}$ 与 $\boldsymbol{F}$ 都可以随时间变化, 所以 $\boldsymbol{M}$ 也是随时间变化的物理量 (瞬时量).

在国际单位制中, 力矩的单位为牛顿·米 (N·m). 在 CGS 制中, 单位为厘米·达因 (cm·dyn). 力矩的量纲是 L^2MT^{-2}.

2.10.2　质点的角动量定理及角动量守恒定律

力可以引起质点运动状态的改变,质点所受的合力等于质点动量对时间的变化率,同时这个合力的力矩也应对应于某一物理量对时间的变化率,这个物理量就是角动量.

1. 质点的角动量

动量适于描述物体的平动运动,不适于描述物体的转动运动. 为了说清楚这一点,考虑两个质点,例如一根细而轻的棒两端各固定质量相等的两个小球(质点)绕棒中心转动,角速度为 w. 两小球均做半径相同的圆周运动,它们的动量之和为零,与它们不动时是一样的,所以要描述关于物体的转动,需引入新的物理量,就是角动量(又称动量矩).

设质量为 m 的质点在时刻 t 以速度 v 运动,质点相对于 O 点的位矢为 r,它对所取参考点 O(图 2-33)的角动量定义为

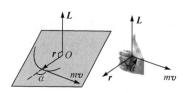

图 2-33　质点的角动量

$$L=r\times p=r\times mv \tag{2-86}$$

角动量是矢量,它的大小为 $L=rmv\sin\alpha$, α 为位矢 r 与动量 mv 之间小于 $180°$ 的夹角. 角动量的方向垂直于由 r 和 p 确定的平面,其指向由右手螺旋定则判定:把右手的大拇指伸直,其余四指指向 r 的方向,再循小于 $180°$ 角转到 mv 的方向,则大拇指所指方向即为角动量 L 的方向.

在国际单位制中,角动量的单位是 $kg\cdot m^2\cdot s^{-1}$,量纲是 ML^2T^{-1}.

2. 质点的角动量定理

现在从质点动力学方程 $F=\dfrac{d(mv)}{dt}$ 出发研究角动量的规律. 用自参考点指向质点的位置矢量对方程两侧作矢积,有

$$r\times F=r\times\frac{d(mv)}{dt} \tag{2-87}$$

$$\frac{d}{dt}(r\times mv)=r\times\frac{d}{dt}(mv)+\frac{dr}{dt}\times mv$$

因为 $\dfrac{dr}{dt}\times v=v\times v=0$,所以 $r\times F=\dfrac{d}{dt}(r\times mv)$,故

$$M=\frac{dL}{dt} \tag{2-88}$$

即质点对参考点的角动量对时间的变化率等于作用于质点的合力对该点的力矩,叫做质点对参考点的角动量定理.

将角动量定理的微分形式两边乘以 dt 后积分得

$$\int_{t_1}^{t_2} \boldsymbol{M} \mathrm{d}t = \boldsymbol{L}_2 - \boldsymbol{L}_1$$

左边 $\boldsymbol{M}\mathrm{d}t$ 是(合)力矩的时间积累,称为作用在质点上的(合)力对某参考点的冲量矩.上式说明:作用在质点上的(合)力的冲量矩等于对同一参考点角动量的增量,是角动量定理的积分形式.

3. 质点的角动量守恒定律

由角动量定理表达式知,若 $M=0$,则 $\boldsymbol{L}=\boldsymbol{r}\times\boldsymbol{p}$=常矢量.即若作用于质点的合力对参考点 O 的力矩总保持为零,则质点对该点的角动量不变,称为质点对参考点 O 的角动量守恒定律.

质点在有心力作用下的运动是一种重要的运动形式.有心力运动的上述特征既不使用动量也不便用能量概念来说明,但利用角动量守恒却给出了简洁而中肯的描述.由此我们也可以看到在力学中引入角动量概念的必要性.质点角动量守恒定律在天体力学和原子物理学中有广泛应用,开普勒第二定律描述的行星绕日运动正是在有心力作用下质点对力心角动量守恒的具体表现.

例 2-16　质量为 m 的质子,以瞄准距离 b、速度 v_0 向一个质量很大的重核射去,可以认为重核不动.当质子到达离重核最近处 r_n 时,它的速度 v_n 多大?

解　可以认为质子运动过程中只受重核对它作用的静电斥力,也是中心力作用,所以角动量守恒.当质子离重核很远时,速度为 v_0,核矢径为 r_0,角动量为 $r_0\times mv_0$;当它运动到与重核距离最近时,$\boldsymbol{v}_n$ 与 $\boldsymbol{r}_n$ 垂直,如图 2-34 所示,角动量为 $\boldsymbol{r}_n\times m\boldsymbol{v}_n$,角动量守恒

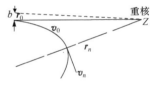

图 2-34　例 2-16 图

$$\boldsymbol{r}_0\times m\boldsymbol{v}_0 = \boldsymbol{r}_n\times m\boldsymbol{v}_n, \quad \text{即} \quad bv_0 = r_n v_n$$

所以

$$v_n = \frac{bv_0}{r_n}$$

例 2-17　一个无动力航天器,以初速度 v_0 从远处向地球飞来,瞄准距离为 b,地球半径为 R,它是否会与地球相撞?

解　如果不考虑地球与航天器之间的万有引力,则由于 $b>R$,就可判断它不会与地球相撞.但由于地球对它的引力作用,就可能在 $b>R$ 情况下与地球相撞.考虑地球静止,地球对航天器的引力可以认为是有心力,航天器角动量守恒.

另外,万有引力是保守力,航天器与地球体系机械能守恒.

如图 2-35 所示,设航天器以瞄准距离 b_0、速度 v_0 向地球飞来时,恰好与地球相切而过,相切处速度为 v,角动量守恒,机械能守恒

$$b_0 mv_0 = R_c mv$$

$$\frac{1}{2}mv_0^2 = \frac{1}{2}mv^2 + \left(-\frac{GMm}{R_c}\right)$$

式中,M 为地球质量,R_c 为地球半径,m 为航天器质量,解得

$$b_0 = R_c \sqrt{1 + \frac{2GM}{R_c v_0^2}} = R_c \sqrt{1 + \frac{2R_c g}{v_0^2}}$$

经常将 πb_0^2 称为俘获截面.

现在 $b > b_0$,所以航天器不会与地球发生碰撞.

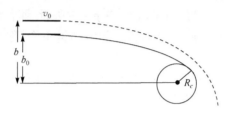

图 2-35   例 2-17 图

2.10.3   质点系的角动量定理和角动量守恒定律

1. 质点系的角动量定理

考虑由 N 个质点组成的质点系,对选定的惯性系中固定参考点 O,第 i 个质点的位矢为 r_i,质量为 m_i,速度为 v_i. 它受到的作用力分两类:①体系外质点对它的作用力 F_i(为合力);②体系内质点对它的作用力 $f_i = \sum_i f_{ij}$. 对第 i 个质点用质点角动量定理:

$$\sum_i r_i \times f_{i内} = \frac{dL}{dt}$$

上式两边分别对 i 求和,得到代表体系特征的物理量之间的关系

$$\sum_i (r_i \times F_i) + \sum_i (r_i \times f_i) = \sum_i \frac{dl_i}{dt} = \frac{d}{dt} \sum_i l_i = \frac{dL}{dt}$$

式中,$L = \sum_i (r_i \times p_i) = \sum_i (r_i \times m_i v_i)$ 为体系内各质点对参考点 O 角动量的矢量和,称为质点系的总角动量;$\sum_i (r_i \times F_i)$ 为作用在各质点上外力对参考点 O 力矩的矢量和;$\sum_i (r_i \times f_i)$ 为作用在各质点上内力对参考点 O 的力矩的矢量和. 质点系各质点之间作用的内力总是成对出现. 可以证明任意一对内力对同一参考点 O 的内力矩矢量和为零,即 $\sum_i (r_i \times f_{i内}) = 0$,因此

$$\sum_i (r_i \times F_{i外}) = \sum_i \frac{dl_i}{dt} = \frac{d}{dt} \sum_i L_i$$

作用在各质点上的外力对惯性系固定参考点 O 的外力矩的矢量和,等于对同一

参考点体系总角动量对时间的变化率,称为质点系对参考点 O 的角动量定理.

对式(2-87)两边乘 $\mathrm{d}t$ 取积分

$$\int_{t_0}^{t} \boldsymbol{M}\mathrm{d}t = \int_{L_0}^{L} \mathrm{d}\boldsymbol{L} = \boldsymbol{L} - \boldsymbol{L}_0$$

上式是质点系角动量定理的积分形式. 左边是质点体系对固定参考点 O 合外力矩的时间积累,称为合冲量矩;右边是质点体系总角动量的增量.

2. 质点系对参考点的角动量守恒定律

由式(2-88)知,若 $\boldsymbol{M}=0$,则 $\boldsymbol{L} = \sum_i (\boldsymbol{r}_i \times m_i\boldsymbol{v}_i) = $ 常矢量.

质点系各质点对参考点 O 受外力矩的矢量和为零,质点系角动量守恒,称为质点系角动量守恒定律.

例 2-18　如图 3-36 所示,在光滑水平桌面上,放有质量为 M 的木块,它与弹簧相连,弹簧的另一端固定在桌面上的 O 点,弹簧的刚度系数为 k,质量为 m 的子弹平行于水平面垂直于弹簧以速度 v_0 射入木块后嵌在其内一起运动. 弹簧原长 l_0,木块拉着弹簧并转过 90°时,弹簧伸长到 l,求此时木块速度的大小和方向.

解　子弹射入木块,忽略木块与桌面摩擦力,x 方向不受外力,动量守恒,则有
$mv_0=(m+M)v_1$,木块与子弹一起运动的速度为 $v_1 = mv_0/(m+M)$ ，木块运动,拉伸弹簧,弹性力使木块转动. 在此过程中,重力、支承力不做功,又无摩擦力做功. 弹簧、木块、子弹体系,在 O 点还受外力,但无位移,外力也不做功,体系机械能守恒. 考虑子弹与木块,运动过程中重力与支承力平衡,水平面内只受有心力作用,对力心 O 角动量守恒

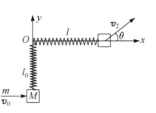

图 2-36　例 2-18 图

$$\frac{1}{2}(m+M)\frac{(mv_0)^2}{(m+M)^2} = \frac{1}{2}(m+M)v_2^2 + \frac{1}{2}k(l-l_0)^2$$

$$l_0(m+M)\frac{mv_0}{m+M} = l(m+M)v_2\sin\theta$$

$$\sin\theta = \frac{l_0 mv_0}{(m+M)lv_2} = \frac{l_0 mv_0}{(m+M)l\sqrt{\left(\dfrac{mv_0}{m+M}\right)^2 - \dfrac{k\,(l-l_0)^2}{m+M}}}$$

$$v_2 = \sqrt{\left(\frac{mv_0}{m+M}\right)^2 - \frac{k\,(l-l_0)^2}{m+M}} \quad (\text{已舍去负值})$$

习题 2

一、选择题

1. 质量为 m 的物体在力 F 的作用下沿直线运动，其速度与时间的关系曲线如图 2-37 所示. 力 F 在 $4t_0$ 时间内做的功为（　　）.

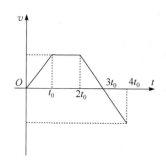

A. $-\dfrac{1}{2}mv_0^2$

B. $\dfrac{1}{2}mv_0^2$

C. $-\dfrac{3}{2}mv_0^2$

D. $\dfrac{5}{2}mv_0^2$

2. 质量分别为 m_A 和 $m_B(m_A>m_B)$ 的两质点 A 和 B，受到相等的冲量作用，则（　　）.

A. A 比 B 的动量增量少　　B. A 比 B 的动量增量多

C. A、B 的动量增量相等　　D. A、B 的动能增量相等

3. 对功的概念有以下几种说法：

(1) 保守力做正功时系统内相应的势能增加.

图 2-37　选择题 1

(2) 质点运动经一闭合路径，保守力对质点做的功为零.

(3) 作用力与反作用力大小相等、方向相反，所以两者所做的功的代数和必为零.

上述说法中（　　）.

A.(1)、(2)是正确的　　　　　　　　　B.(2)、(3)是正确的

C. 只有(2)是正确的　　　　　　　　　D. 只有(3)是正确的

4. 在系统不受外力作用的非弹性碰撞过程中（　　）.

A. 动能和动量都守恒　　　　　　　　　B. 动能和动量都不守恒

C. 动能不守恒、动量守恒　　　　　　　D. 动能守恒、动量不守恒

二、填空题

1. 质量为 M 的平板车，以速度 v 在光滑水平轨道上滑行，质量为 m 的物体在平板车上方 h 处以速率 $u(u$ 与 v 同方向）水平抛出后落在平板车上，二者合在一起后速度的大小为＿＿＿＿＿＿＿.

2. 质量为 1kg 的球以 $25\mathrm{m\cdot s^{-1}}$ 的速率竖直落到地板上，以 $10\mathrm{m\cdot s^{-1}}$ 的速率弹回. 在球与地板接触时间内作用在球上的冲量为＿＿＿＿＿＿＿，设接触时间为 0.02s，作用在地板上的平均力为＿＿＿＿＿＿＿.

3. 一质点在两个恒力作用下，位移 $\Delta r=3i+8j(\mathrm{SI})$，在此过程中，动能增量是 24J，已知其中一恒力 $F=12i-3j(\mathrm{SI})$，则该恒力做功是＿＿＿＿＿＿＿，另一恒力所做的功为＿＿＿＿＿＿＿.

4. 如图 2-38 所示，一圆锥摆的小球质量为 m，小球在水平面内以角速度 ω 匀速转动. 在小球转动一周的过程中，小球所受重力的冲量大小等于＿＿＿＿＿＿＿，小球所受绳子拉力的冲量大小等于＿＿＿＿＿＿＿.

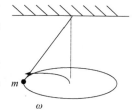

图 2-38　填空题 4

三、计算题

1. 在合外力 $F=3+4t$(式中 F 以 N 计,t 以 s 计)的作用下,质量为 10kg 的物体从静止开始做直线运动.在第 3s 末,物体的加速度和速度各为多少? 若合外力 $F=3+4x$(F 以 N 计,x 以 m 计)的作用下质量为 10kg 的物体从静止开始做直线运动,设移动 3m,物体的加速度、速度分别为多少?

2. 有一质量为 $m=0.5$kg 的质点,在 xy 平面内运动,其运动方程为 $x=2t+2t^2$,$y=3t$(时间单位为 s,长度单位为 m).

(1)在 $t=0$ 至 $t=3$s 这段时间内,外力对质点所做的功为多少?

(2)外力的方向如何?

(3)受到的冲量 I 的大小为多少?

第3章

刚体的定轴转动

3.1 刚体及刚体运动

3.1.1 刚体的概念

在第 1 章和第 2 章中,介绍了质点运动的重要规律,物体的一些运动其实是与它的形状有关的,这时物体就不能再看成质点了,其运动规律的讨论就必须考虑形状的因素. 有形物体的一般性讨论也是一个非常复杂的问题,对其全面的分析和研究是力学专业课程学习的内容. 在大学物理中,我们讨论有形物体的一种特殊的情况,就是物体在运动时没有形变或形变可以忽略. 如果物体在运动时没有形变或其形变可以忽略,我们就能抽象出一个有形状而无形变的物体模型,叫做刚体. 刚体的更准确更定量的定义是:如果一个物体中任意两个质点之间的距离在运动中始终保持不变,则称此物体为刚体. 被认为是刚体的物体在任何外力作用下都不会发生形变. 实际物体在外力作用下总是有形变的,因此刚体是一个理想化的模型. 它是对有形物体运动的一个重要简化. 实际物体能否看成是刚体不是依据其材质是否坚硬,而是考察它在运动过程中是否有形变或其形变是否可以忽略. 正如质点中所讨论的那样,刚体就是一个质点系,而且是一个较为特殊的刚性的质点系,它的运动规律较之于一个质点相对位置分布可以随时改变的一般质点系而言,要简单得多.

3.1.2 刚体运动及其分类

刚体运动的基本形式有平动和转动,刚体任意的运动形式都可以看成是平动和转动的叠加.

1. 刚体的平动

1)平动的定义

如果在一个运动过程中刚体内部任意两个质点之间的连线的方向都始终不发生改变,则这种运动称为刚体的平动. 平动的示意图如图 3-1 所示. 电梯的上下运动、缆车的运动都可以看成是刚体的平动.

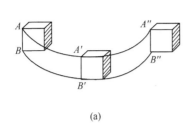

(a)　　　　　　　　　　　　　　　　　　　　(b)

图 3-1　平动的示意图

2)平动的特点

刚体平动的一个明显特点是,在平动过程中刚体上每个质点的位移、速度和加速度均相同. 这意味着,如果我们要研究刚体的平动,只需要研究某一个质点(如质心)的运动就行了. 因为这一个质点的运动规律就代表了刚体所有质点的运动规律,即刚体的运动规律. 在这个意义上我们可以说,刚体平动的运动学属于质点运动学,可以使用质点模型. 刚体平动的动力学也可以使用质点模型,通过质点动力学来解决. 这实际上并不是新问题,如牛顿运动定律的多数题目中出现的都是有形状的物体,但只要物体是在平动,就仍可以用牛顿运动定律来正确地处理它们. 实际上,这时我们用牛顿运动定律求出来的是质心的加速度,但是由于在平动中刚体上每个质点的加速度相同,所以质心的加速度也就代表了所有质点的加速度. 综上所述我们知道,刚体平动可以使用质点模型,我们可以用前面质点力学中的知识去分析和处理它们.

2.刚体的定轴转动

1)转动的定义

如果在一个运动过程中,刚体上所有的质点均绕同一直线做圆周运动,则称刚体在转动,称该直线为转轴. 如火车车轮的运动、飞机螺旋桨的运动都是转动. 如果转轴是固定不动的,则称为定轴转动. 如车床齿轮的运动、吊扇扇页的运动均属于定轴转动.

转动是否是定轴的,取决于参考系的选择.

2)定轴转动的特点

定轴转动中刚体上的任一质点 P 都绕一个固定轴做圆周运动,如图 3-2 所示,习惯上常把转轴设为 z 轴,圆周所在平面 M 称为质点的转动平面,转动平面与转轴垂直. 质点做圆周运动的圆心 O 叫做质点的转心,质点对于转心的位矢 r 叫做质点的矢径.

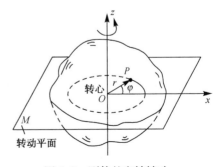

图 3-2　刚体的定轴转动

3.1.3　描述刚体定轴转动的物理量

描述刚体定轴转动的最佳方法是角量描述. 物体转动的角速度和角加速度是有方向的,我们常说某物体转动的角速度是逆时针方向或顺时针方向,就是在描述角速度的方向. 对于刚体定轴转动,转动方向的描述与观察方向有关,如图 3-3 所示,逆着

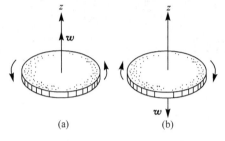

图 3-3　刚体的角速度矢量

z 轴从上向下看和沿着 z 轴从下向上看得到的结论正好相反. 为了准确描述角速度和角加速度的方向,我们把角速度和角加速度定义为矢量. 角速度和角加速度已经有了大小的定义,现在要赋予它们方向.

1. 角速度矢量

我们规定,物体的角速度矢量的方向与直观的转动方向构成右手螺旋关系,当我们伸直大拇指并弯曲其余的四个手指,使四个手指指向直观的转动方向时,大拇指所指的方向即为角速度矢量的方向. 在图 3-3(a)中,刚体的转动是沿逆时针方向的,按右手螺旋定则,我们说它的角速度沿 z 轴向上;在图 3-3(b)中,刚体的转动是沿顺时针方向的,我们说它的角速度沿 z 轴向下. 角速度矢量还可以使用如下的数学表达式来表示:

$$\boldsymbol{\omega} = \omega \boldsymbol{n} \tag{3-1}$$

式中,$\boldsymbol{n}$ 表示转动方向,ω 表示角速度的大小.

2. 角加速度矢量

角加速度矢量定义为

$$\boldsymbol{\beta} = \frac{\mathrm{d}\boldsymbol{\omega}}{\mathrm{d}t} \tag{3-2}$$

显然,若角加速度矢量的方向与角速度矢量的方向相同,见图 3-4(a),则角速度在增加;反之,若角加速度与角速度的方向相反,见图 3-4(b),则角速度在减小. 从图 3-4(a)、(b)中不难验证,角加速度矢量的方向与直观转动的加速方向也构成右手螺旋关系,即当四个手指指向直观的加速方向时,大拇指所指向的方向即为角加速度矢量的方向.

显然,在刚体的定轴转动中,角速度和角加速度矢量的方向只有沿着 z 轴和逆着 z 轴两个方向. 可以把沿 z 轴的角速度叫做正角速度,逆着 z 轴的角速度叫做负角速度,这是角速度的标量表述. 对角加速度也可作同样的标量表述.

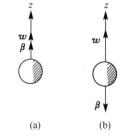

图 3-4　角速度与角加速度

3. 定轴转动的线量

当刚体做定轴转动时,刚体上的各个质点都有速度和加速度. 这些质点的速度和加速度与刚体的角速度和角加速度的矢量关系是什么? 在矢量描述中,刚体定轴转

动的角量与线量的关系将包含方向之间的关系,从而表现得更加完整. 若考察刚体上的一个质点对 z 轴的矢径为 $\boldsymbol{r}$,则其速度、切向加速度和法向加速度与角速度、角加速度的矢量关系为

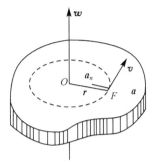

$$v = \boldsymbol{\omega} \times \boldsymbol{r}$$
$$a_\tau = \boldsymbol{\beta} \times \boldsymbol{r} \qquad (3\text{-}3)$$
$$a_n = \boldsymbol{\omega} \times \boldsymbol{v}$$

大家可以自己推导式(3-3),其意义可以由图 3-5 看出.

图 3-5　角速度与线速度之间的矢量关系

在后面的讨论中,角速度和角加速度的矢量表述和标量表述都会用到,这主要取决于具体问题中用什么描述方法更为方便.

3.2　转动惯量与转动定律

3.2.1　刚体的转动惯量

转动是具有惯性的. 例如,飞轮高速转动,要使其停下来就必须施加外力矩,静止的飞轮要转动起来也必须有外力矩的作用. 转动惯性的大小用转动惯量来描述.

1. 刚体转动惯量的定义

使用离散方法,刚体可以看成是由很多质点组成的,则刚体的转动惯量定义为

$$J = \sum m_i r_i^2$$

式中,m_i 表示刚体的某个质点的质量,r_i 表示该质点到转轴的垂直距离.

例 3-1　如图 3-6 所示,一正方形边长为 l,它的四个顶点各有一个质量为 m 的质点,求此系统对(1) z_1 轴,(2) z_2 轴,(3) z_3 轴的转动惯量.

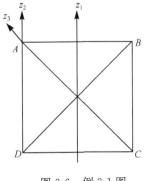

图 3-6　例 3-1 图

解　(1)对 z_1 轴,四个质点的转动惯量均为 $m\left(\dfrac{l}{2}\right)^2$,故

$$J_1 = \sum m_i r_i^2 = 4m\left(\frac{l}{2}\right)^2 = ml^2$$

(2)对 z_2 轴,A、D 两质点的转动惯量为零,而 B、C 两质点的转动惯量均为 ml^2,故

$$J_2 = 2ml^2$$

(3)对 z_3 轴,有

$$J_3 = \sum m_i r_i^2 = 2m\left(\frac{\sqrt{2}}{2}l\right)^2 = ml^2$$

对于质量连续分布的物体,定义中的求和要通过积分来进行. 可在刚体中取一质元,若质元质量为 dm ,质元到转轴的距离为 r ,则质元对轴的转动惯量为 $dJ = r^2 dm$,而刚体的转动惯量应为各质元转动惯量之和,即

$$J = \int dJ = \int_m r^2 dm \tag{1}$$

积分域为刚体的全部质量.

质量分布通常用质量密度来描述,如果质量在空间构成体分布,则空间任一点的质量体密度定义为该点附近单位体积内的质量为 $\rho = \dfrac{dm}{dv}$,如果式(1)中的质元的体积为 dv ,而该点的质量体密度为 ρ ,则质元的质量为 $dm = \rho dv$,把此式代入式(1),积分即为体积分. 如果质量构成面分布,则质量面密度定义为该处单位面积内的质量为 $\sigma = \dfrac{dm}{ds}$,如果所取质元的面积为 ds ,而该点的质量面密度为 σ ,则质元的质量为 $dm = \sigma ds$,把此式代入式(1),积分为面积分. 对于线分布,质量线密度定义为单位长度内的质量为 $\lambda = \dfrac{dm}{dl}$,如果质元的长度为 dl ,该点的质量线密度为 λ ,则质元的质量为 $dm = \lambda dl$,把此式代入式(1),积分为线积分.

例 3-2 有一质量均匀分布的细杆,长度为 l ,质量为 m . 求下列情况下细杆对于与杆垂直的转轴的转动惯量:(1)轴在杆的一端;(2)轴在杆的中心.

解 (1)细杆的质量线密度 $\lambda = \dfrac{m}{l}$,如图 3-7 所示,在距轴 r 处取一线元 dr . 线元的质量为 $dm = \lambda dr$,线元的转动惯量为 $dJ = r^2 dm = \lambda r^2 dr$,故细杆的转动惯量为

$$J_1 = \int dJ = \int_0^l \lambda r^2 dr = \frac{1}{3}\lambda l^3 = \frac{1}{3}ml^2$$

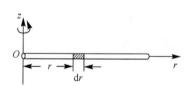

(2)若轴在杆中心,可以把杆从中心分为两个部分,两个部分的转动惯量相等,而且每一部分的转动惯量都可以用问题(1)中的结论来表示. 只是每部分的长度只有 $l/2$,质量也只有 $m/2$. 转动惯量为

图 3-7 均匀细杆转动惯量的计算

$$J_2 = 2 \cdot \frac{1}{3} \cdot \frac{m}{2} \left(\frac{l}{2}\right)^2 = \frac{1}{12}ml^2$$

例 3-3 如图 3-8 所示,有一质量均匀分布的细圆环,半径为 r ,质量为 m ,求圆环对过圆心并与环面垂直的转轴的转动惯量.

解 在环上取一质量为 dm 的质元,它对轴的转动惯量为 $dJ = r^2 dm$,故圆环的转动惯量为

$$J = \int dJ = \int r^2 dm = r^2 \int_m dm = mr^2$$

例 3-4　如图 3-9 所示,有一质量均匀分布的圆盘,半径为 R,质量为 m,求圆盘对过圆心并与圆盘垂直的转轴的转动惯量.

解　盘的质量面密度为 $\sigma = m/\pi R^2$,在盘上取一半径为 r、宽度为 dr 的圆环,圆环面积为 $ds = 2\pi r dr$,圆环的质量为 $dm = \sigma ds = 2\pi r\sigma dr$,利用例 3-3 的结论,圆环的转动惯量为

$$dJ = r^2 dm = 2\pi r^3 \sigma dr$$

故圆盘的转动惯量为

$$J = \int dJ = \int_0^R 2\pi r^3 \sigma dr = \frac{1}{2}\pi\sigma R^4 = \frac{1}{2}mR^2$$

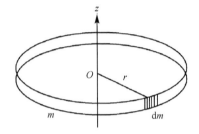 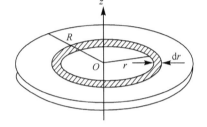

图 3-8　均匀圆环转动惯量的计算　　　　图 3-9　均匀圆盘转动惯量的计算

2. 常见刚体的转动惯量

常见刚体的转动惯量见表 3-1.

表 3-1　常见刚体的转动惯量

刚体形状	转轴位置	转动惯量
细棒	中垂轴	$J = \frac{1}{12}ml^2$
细棒	一端的垂直轴	$J = \frac{1}{3}ml^2$
圆柱体	几何对称轴	$J = \frac{1}{2}mR^2$
薄圆环	几何对称轴	$J = mR^2$
薄圆环	任意直径为轴	$J = \frac{1}{2}mR^2$
圆盘	几何对称轴	$J = \frac{1}{2}mR^2$
圆盘	任意直径为轴	$J = \frac{1}{4}mR^2$
球体	任意直径为轴	$J = \frac{2}{5}mR^2$

3. 转动惯量的讨论

在刚体对定轴的角动量的定义中出现了一个新的物理量:转动惯量.按式(1),转动惯量定义为 $J = \sum m_i r_i^2$.它取决于刚体对轴的质量分布.对质量密度均匀的刚体,它取决于刚体的质量、形状和转轴位置 3 个因素.转动惯量的定义表明,一个质点对定轴的

转动惯量是 $J_i = m_i r_i^2$，而刚体的转动惯量就是刚体中的所有质点转动惯量之和，即 $J = \sum J_i$. 这也意味着一个刚体整体的转动惯量应等于其各部分的转动惯量之和.

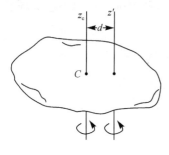

图 3-10　平行轴定理

4. 平行轴定理

平行轴定理常用于求转动惯量. 如图 3-10 所示，可以证明，若刚体对过质心 C 的轴 z_c 的转动惯量为 J_c ，则刚体对另一与 z_c 平行的轴 z' 的转动惯量为

$$J = J_c + md^2$$

式中，m 为刚体的质量，d 为两轴之间的距离. 这就是平行轴定理. 此定理的证明读者可以参阅书后列出的有关参考书.

3.2.2　转动定律

1. 对定轴的力矩

如图 3-11 所示，一刚体绕定轴 z 转动（只画出了刚体一部分），力 $\boldsymbol{F}$ 作用在刚体上的 P 点，且力的方向在 P 点的转动平面 M 内. 如果力不在转动平面内，可以把 $\boldsymbol{F}$ 分解为沿 z 轴方向的分力和在转动平面内的分力. 轴向分力是要改变轴的方向，在定轴转动中会被定轴的支撑力矩抵消而不起作用，所以我们可以只考虑在转动平面内分力的作用，以后我们也只讨论力在转动平面内的情况. 设 P 点的转心为 O ，矢径为 $\boldsymbol{r}$. 通常把力 $\boldsymbol{F}$ 对定轴 z 的力矩定义为一个矢量

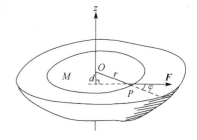

图 3-11　对定轴的力矩

$$\boldsymbol{M} = \boldsymbol{r} \times \boldsymbol{F} \tag{3-4}$$

它的大小为

$$M = Fr\sin\varphi = Fd \tag{3-5}$$

或

$$M = Fr\sin\varphi = F_\tau r \tag{3-6}$$

式中，$d = r\sin\varphi$ 为力 F 对轴的力臂，$F_\tau = F\sin\varphi$ 为力 F 的切向分量. 由式（3-4）可知，力矩矢量的方向是矢径 r 和力 F 矢积的方向. 图 3-11 中的力矩矢量的方向向上. 在刚体的定轴转动中，力矩矢量的方向只有沿着 z 轴和逆着 z 轴两个方向. 我们把沿 z 轴的力矩叫做正力矩，逆着 z 轴的力矩叫做负力矩，这是力矩的标量表述.

可以证明，力对定轴 z 的力矩不过是力对轴上任一定点的力矩在 z 轴方向的分量，所以对它们的讨论和表示方式很相似. 若作用在 P 点的力不止一个，而是一个合

力,则该点所受合力的力矩等于各分力力矩之和. 简要证明如下:按式(3-4),合力的力矩为

$$M = r \times F = r \times \sum F_i = \sum r \times F_i = \sum M_i \qquad (3\text{-}7)$$

式中, $M_i = r \times F_i$ 为各分力的力矩. 证毕.

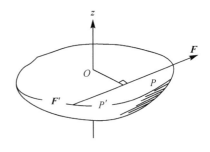

由于作用力和反作用力是成对出现的,所以它们的力矩也成对出现. 由于作用力与反用力的大小相等,方向相反且在同一直线上,因而有相同的力臂,见图 3-12,所以作用力矩和反作用力矩也是大小相等,方向相反,其和为零,即

$$M + M' = 0 \qquad (3\text{-}8)$$

2. 刚体对定轴的角动量

在刚体的定轴转动中,刚体对定轴的角动量

图 3-12　作用力矩和反作用力矩

是一个很重要的物理量,在很多问题的分析中都要用到这个概念,下面对其进行讨论.

刚体绕定轴转动时,它的每一个质点都在与轴垂直的平面上运动. 下面我们先分析质点对定轴的角动量,而且只考虑质点在轴的垂面上运动的情况. 如图 3-13 所示,有一质点在 z 轴的垂面 M 内运动,质点的质量为 m ,对 z 轴(即对质点转心)的矢径为 r ,速度为 v ,动量为 $p = mv$. 我们定义质点对定轴的角动量为

$$L = r \times p = r \times mv \qquad (3\text{-}9)$$

它的大小为

$$L = mvr\sin\varphi = pd \qquad (3\text{-}10)$$

式中, $d = r\sin\varphi$ 为动量臂. 由式(3-9)可知,角动量的方向是矢径 r 和动量 p 矢积的方向.

在刚体的定轴转动中,质点的角动量的方向只有沿着 z 轴和逆着 z 轴两个方向. 我们把沿 z 轴的角动量叫做正角动量,逆着 z 轴的角动量叫做负角动量,这是角动量的标量表述. 可以证明,质点对定轴 z 的角动量是质点对 z 轴上任一定点的角动量在 z 轴方向的分量. 可以看出,质点对定轴的角动量的定义和力对定轴的力矩定义在结构上相同.

定轴转动刚体对轴的角动量定义为刚体各质点对轴的角动量的矢量和,即

$$L = \sum L_i$$

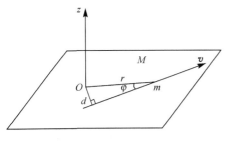

图 3-13　质点对定轴的角动量

式中，L_i 为第 i 个质点的角动量.设第 i 个质点质量为 m_i，速度为 v_i，对 z 轴的矢径为 r_i，则 $\boldsymbol{L}_i = \boldsymbol{r}_i \times \boldsymbol{p} = \boldsymbol{r}_i \times m_i \boldsymbol{v}_i$.由于定轴转动时刚体中每一个质点都在做圆周运动，质点的速度和矢径垂直，所以质点对 z 轴的角动量的大小为

$$L_i = p_i r_i = m_i v_i r_i = m_i r_i^2 \omega$$

式中，r_i 为质点到轴的距离，ω 为刚体转动的角速度.考虑到质点圆周运动时角动量矢量的方向和角速度矢量的方向始终相同，故有

$$\boldsymbol{L}_i = m_i r_i^2 \boldsymbol{\omega}$$

把各质点的角动量相加得到刚体对定轴的角动量

$$\boldsymbol{L} = \sum L_i = \sum m_i r_i^2 \boldsymbol{\omega}$$

根据转动惯量的定义，刚体对定轴的角动量为

$$\boldsymbol{L} = J \boldsymbol{\omega} \tag{3-11}$$

在刚体转动惯量已知的情况下，由式（3-11）可以很容易地计算出刚体对定轴的角动量.

3. 刚体定轴转动的转动定律

刚体作为一个质点系，必然遵从质点系角动量定理

$$\boldsymbol{M}_{外} = \frac{\mathrm{d}\boldsymbol{L}}{\mathrm{d}t}$$

其物理意义是，作用于刚体的合外力矩等于刚体的角动量对时间的变化率.这个结论无论是对定点或是定轴均成立.把刚体对定轴的角动量 $\boldsymbol{L} = J\boldsymbol{\omega}$ 代入上式，注意到刚体对定轴的转动惯量为一个常量，有

$$\boldsymbol{M}_{外} = \frac{\mathrm{d}\boldsymbol{L}}{\mathrm{d}t} = \frac{\mathrm{d}(J\boldsymbol{\omega})}{\mathrm{d}t} = J\frac{\mathrm{d}\boldsymbol{\omega}}{\mathrm{d}t}$$

注意到式中 $\dfrac{\mathrm{d}\boldsymbol{\omega}}{\mathrm{d}t} = \boldsymbol{\beta}$ 为刚体定轴转动的角加速度，可记作

$$\boldsymbol{M}_{外} = J\frac{\mathrm{d}\boldsymbol{\omega}}{\mathrm{d}t} = J\boldsymbol{\beta} \tag{3-12}$$

式（3-12）称为刚体定轴转动的转动定律，它表示在定轴转动中刚体角加速度的大小与合外力矩成正比，而与刚体的转动惯量成反比，角加速度的方向与合外力矩的方向一致.力矩和角加速度都可以用标量来描述，采用标量描述的转动定律为

$$M_{外} = J\frac{\mathrm{d}\omega}{\mathrm{d}t} = J\beta$$

从以上的简单推导中可以看出，刚体定轴转动的转动定律实际上就是角动量定理的一个变形表示.由于刚体对定轴的角动量 $\boldsymbol{L} = J\boldsymbol{\omega}$ 的形式十分简洁，而且转动惯量 J 又是一个常量，所以能很容易地得到这个很重要的定律.转动定律说明了定轴转动中刚体角加速度与合外力矩的关系.转动定律的推导过程和物理意义都很像从动量定理得到的牛顿第二定律：$\boldsymbol{F} = \dfrac{\mathrm{d}\boldsymbol{p}}{\mathrm{d}t} = \dfrac{\mathrm{d}(m\boldsymbol{v})}{\mathrm{d}t} = m\dfrac{\mathrm{d}\boldsymbol{v}}{\mathrm{d}t} = m\boldsymbol{a}$.注意到牛顿第二定律中的

质量 m 和转动定律中的转动惯量 J 在定律中的地位是完全对应的,由此能够进一步理解转动惯量的物理意义.

在对定律的理解中应注意,$M = J\beta$ 中合外力矩 M、转动惯量 J 和角加速度 β 均是对同一定轴而言,请勿混淆.

3.2.3　转动定律的应用

刚体定轴转动定律的应用与牛顿运动定律的应用相似. 牛顿运动定律应用的基础是受力分析,而对于转动定律的应用,则不仅要进行受力分析,还要进行力矩分析. 按力矩分析可用转动定律列出刚体定轴转动的动力学方程并求解出结果. 在刚体定轴转动定律的应用中还常常涉及与牛顿运动定律的综合. 题目的复杂性相对较大,这也是大家要注意的问题. 下面我们以具体的例子介绍刚体定轴转动定律的应用方法.

例 3-5　如图 3-14 所示,一轻杆(不计质量)长度为 $2l$,两端各固定一小球,A 球质量为 $2m$,B 球质量为 m,杆可绕过中心的水平轴 O 在铅垂面内自由转动,求杆与竖直方向成 θ 角时的角加速度.

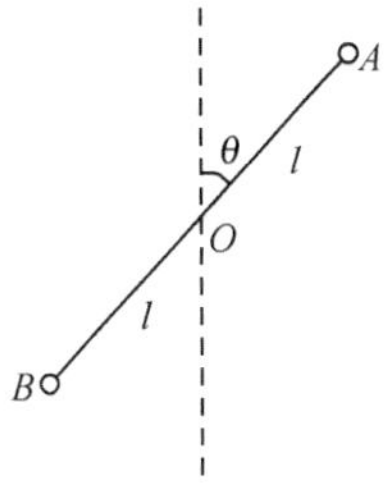

解　轻杆连接两个小球构成一个简单的刚性质点系统. 系统运动形式为绕 O 轴的转动,应该用转动定律求解,即

$$M = J\beta \tag{1}$$

先分析系统所受的合外力矩. 系统受三个外力,即 A、B 受到的重力和轴的支撑作用力. 轴的作用力对轴的力臂为零,故力矩为零,系统只受两个重力矩作用. 以顺时针方向作为运动的正方向,则 A 球受力矩为正,B 球受力矩为负,两个重力的力臂相等,为 $d = l\sin\theta$,故合力矩为

图 3-14　例 3-5 图

$$M = 2mgl\sin\theta - mgl\sin\theta = mgl\sin\theta \tag{2}$$

系统的转动惯量为两个小球(可看成质点)的转动惯量之和,即

$$J = 2ml^2 + ml^2 = 3ml^2 \tag{3}$$

将式(2)、式(3)代入式(1),有

$$mgl\sin\theta = 3ml^2\beta$$

解得

$$\beta = \frac{g\sin\theta}{3l}$$

例 3-6　如图 3-15 所示,有一匀质细杆长度为 l,质量为 m,可绕其一端的水平轴 O 在铅垂面内自由转动. 当它自水平位置自由下摆到角位置 θ 时角加速度有多大?

解　杆受到两个力的作用,一个是重力,另一个是 O 轴的支撑力. O 轴的作用力

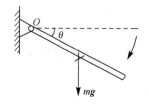

图 3-15　例 3-6 图

的力臂为零，故只有重力提供力矩．重力是作用在物体的各个质点上的，但对于刚体，可以看成是合力作用于重心，即杆的中心，力臂为 $d = \dfrac{l}{2}\cos\theta$．杆对 O 轴的转动惯量为 $\dfrac{1}{3}ml^2$．

按转动定律有

$$M = J\beta$$

即

$$mg\,\frac{l}{2}\cos\theta = \frac{1}{3}ml^2\beta$$

解得

$$\beta = \frac{3g}{2l}\cos\theta$$

例 3-7　如图 3-16 所示，一固定光滑斜面上装有一匀质圆盘 A 作为定滑轮，轮上绕有轻绳（不计质量），绳上连接两重物 B 和 C．已知 A、B、C 的质量均为 m，轮半径为 r，斜面倾角 $\theta = 30°$．若轮轴的摩擦可忽略，轮子和绳子之间无相对滑动，求装置启动后两重物的加速度及绳中的张力．

解　A、B、C 构成一个连接体，A 轮沿顺时针方向转动，B 物体向下运动，C 物体沿斜面向上运动．设 A 的角加速度为 β，B，C 加速度的大小相等，设为 a，绳子中张力的大小在 A、B 间设为 T_1、T_1'（$T_1 = T_1'$），在 A、C 间设为 T_2、T_2'（$T_2 = T_2'$）．T_1 和 T_2 不相等，否则轮 A 受合力矩将为零，就不可能随绳子运动了，这显然不符合题意．对滑轮 A，滑轮所受的重力的力心在轴上，轮轴的支撑力也在轴上，它们的力臂均为零，故力矩也为零，所以只有绳子的张力 T_1 和 T_2 提供力矩．按转动定律有

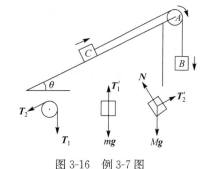

图 3-16　例 3-7 图

$$T_1 r - T_2 r = \frac{1}{2}mr^2\beta$$

对重物 B，按牛顿运动定律有

$$mg - T_1' = ma$$

对重物 C，按牛顿运动定律有

$$T_2' - mg\sin 30° = ma$$

由于轮子和绳子之间无相对滑动，A 轮边缘的切向加速度和 B、C 加速度的大小相等，即 $a_t = a$，又按角量与线量关系 $a_t = r\beta$，有

$$a = r\beta$$

联立以上四个方程可解得

$$a = 0.2g, \quad T_1 = 0.8mg, \quad T_2 = 0.7mg$$

例 3-8　如图 3-17 所示,有一匀质圆盘半径为 R ,质量为 m ,在水平桌面上绕过圆心的垂轴 O 转动. 若圆盘的初角速度为 ω_0 ,桌面的摩擦系数为 μ ,并且与相对速度无关.求圆盘停止下来所需要的时间以及停转过程中的角位移.

解　此题的难点在于求圆盘所受的摩擦力矩. 圆盘的质量面密度为 $\sigma = \dfrac{m}{\pi R^2}$. 如图 3-17 所示,建立平面极坐标,取面元 $ds = rd\theta dr$,面元的质量 $dm = \sigma ds = \sigma r d\theta dr$,面元受到桌面的正压力等于它受到的重力 $dN = gdm = \sigma gr d\theta dr$,面元受到的摩擦力为

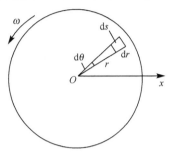

图 3-17　例 3-8 图

$$df_r = \mu dN = \mu \sigma gr d\theta dr$$

摩擦力矩为

$$dM_r = rdf_r = \mu \sigma gr^2 d\theta dr$$

整个圆盘受到的摩擦力矩为

$$M_r = \int dM_r = \mu \sigma g \int_0^{2\pi} d\theta \int_0^R r^2 dr = \mu \sigma g 2\pi \frac{R^3}{3} = \frac{2}{3}\mu mgR$$

方向与转动方向相反. 圆盘受到的重力和桌面正压力的力心在 O 轴上,力矩为零. 按转动定律 $M = J\beta$,有

$$-\frac{2}{3}\mu mgR = \frac{1}{2}mR^2 \beta$$

解得

$$\beta = -\frac{4\mu g}{3R}$$

盘的角加速度为常量,负号表示力矩和角加速度方向与角速度方向相反.

再由匀角加速度运动公式

$$\omega = \omega_0 + \beta t$$

得到转动时间

$$t = \frac{\omega - \omega_0}{\beta} = -\frac{\omega_0}{\beta} = \frac{3R\omega_0}{4\mu g}$$

而转动角位移为

$$\Delta\theta = \omega_0 t + \frac{1}{2}\beta t^2 = \frac{3R\omega_0^2}{8\mu g}$$

3.3 守恒定律

3.3.1 力矩的功

1. 力矩的功

在定轴转动的刚体上若有力作用，这个力将形成力矩，力对刚体做功也表现为力矩做功，下面对其进行分析.

图 3-18 中，一个刚体绕 O 轴转动，力 $\boldsymbol{F}$ 作用于 P 点，若在一个极短的时间内刚体转

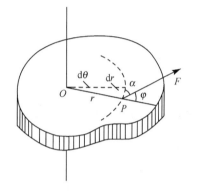

动了一个微小角度 $d\theta$，作用点位移为 $d\boldsymbol{r}$，位移的大小为 $ds = rd\theta$，则力 $\boldsymbol{F}$ 的元功为

$$dA = \boldsymbol{F} \cdot d\boldsymbol{r} = Fds\cos\alpha = Frd\theta \cdot \cos\alpha$$
$$= Fr\sin\varphi d\theta = Md\theta \qquad (3\text{-}13)$$

式中，$M = Fr\sin\varphi$ 为力 $\boldsymbol{F}$ 对定轴的力矩. 式(3-13)表示力的元功为力矩与元角位移之积，若力矩与元角位移同向，力做正功，反之则做负功. 在一个过程中力 $\boldsymbol{F}$ 对刚体做功为

$$A = \int dA = \int_{\theta_1}^{\theta_2} Md\theta \qquad (3\text{-}14)$$

图 3-18 力矩的功

即力对定轴转动刚体做功等于该力对应的力矩对刚体角位移的积分，常称其为力矩的功. 显然，力矩的功就是力的功. 在刚体的定轴转动中，力的功用力矩来表示更为方便，所以称为力矩的功.

作用在刚体上的合外力矩为各外力矩之和，即 $M = \sum M_i$，故合外力矩做功等于各外力矩做功的代数和，即总功

$$A = \int Md\theta = \int \sum M_i d\theta = \sum A_i \qquad (3\text{-}15)$$

作用在刚体上一对作用和反作用力矩等值反向，$M + M' = 0$，故一对力矩的总功为零，即有

$$A + A' = \int_{\theta_1}^{\theta_2} Md\theta + \int_{\theta_1}^{\theta_2} M'd\theta = \int_{\theta_1}^{\theta_2} (M + M')d\theta = 0 \qquad (3\text{-}16)$$

在有关功的知识点中，我们知道，一对力的功只与它们作用点的相对位移有关，而作用在刚体上的一对内力是没有相对位移的（刚体没有形变），所以式(3-16)成立.

2. 力矩的功率

由功率的定义我们有

$$p = \frac{dA}{dt} = \frac{Md\theta}{dt} = M\omega \qquad (3\text{-}17)$$

力矩的功率等于力矩和刚体角速度的乘积,当力矩与角速度同向时功率为正,反之为负. 力矩的功率实际上就是力的功率,其形式与力的功率 $P = \boldsymbol{F} \cdot \boldsymbol{v}$ 相似.

3.3.2　刚体定轴转动的角动量和动能

关于刚体定轴转动的角动量,已经在转动定律知识点中介绍过了,这里只总结一下.

单个质点对轴的角动量为

$$L = r \times p = r \times mv$$

单个刚体对轴的角动量为

$$L = J\boldsymbol{\omega}$$

共轴转动刚体系统的角动量为

$$L = \sum L_i = \sum J_i \boldsymbol{\omega}_i$$

下面我们讨论定轴转动刚体的动能. 定轴转动刚体的动能归结于质点系的动能,定义为组成刚体的各质点动能之和,即

$$E_k = \sum E_{ki} = \sum \frac{1}{2} m_i v_i^2$$

式中, v_i 为第 i 个质点的速率, m_i 为质点的质量. 按角量和线量关系 $v_i = r_i\omega$,其中 r_i 为质点到轴的距离, ω 为刚体转动的角速度,有

$$E_k = \sum \frac{1}{2} m_i r_i^2 \omega^2 = \frac{1}{2} \left(\sum m_i r_i^2 \right) \omega^2$$

由转动惯量的定义可知,其中的 $\sum m_i r_i^2$ 是刚体对定轴的转动惯量 J ,故有

$$E_k = \frac{1}{2} J\omega^2$$

上式即是定轴转动刚体的动能,简称为刚体的转动动能. 转动动能公式是从质点动能公式 $E_k = \frac{1}{2} mv^2$ 推导出来的,最终的形式 $E_k = \frac{1}{2} J\omega^2$ 也很像质点动能公式. 在公式的推导中我们看到,转动动能采用角量描述比用线量描述方便,这是由于在转动中各质点角速度 ω 相同而线速度 v_i 各不相同. 在已知刚体转动惯量的情况下,由上述公式计算刚体动能是非常方便的,要求大家必须掌握.

3.3.3　刚体定轴转动中的机械能守恒

1. 定轴转动的动能定理

在刚体转动的一个过程中,合外力矩对定轴转动刚体做功为

$$A = \int M d\theta = \int J\beta d\theta = \int J \frac{d\omega}{dt} d\theta = \int_{\omega_1}^{\omega_2} J\omega d\omega = \frac{1}{2} J\omega_2^2 - \frac{1}{2} J\omega_1^2$$

式中, $\frac{1}{2} J\omega^2$ 正好是刚体的转动动能,故有

$$A = E_{k2} - E_{k1} \tag{3-18}$$

式(3-18)表明：在刚体的一个转动过程中，合外力矩的功等于刚体转动动能的增量. 这个结论称为刚体定轴转动的动能定理.

刚体作为一个质点系，应遵从质点系动能定理，即外力的总功与内力总功之和等于系统动能的增量. 在刚体定轴转动中，我们把力的功称为力矩的功，则质点系动能定理应表述为外力矩的总功与内力矩的总功之和等于系统动能的增量. 但转动动能定理，即式(3-18)却表明，刚体动能的增量仅与合外力矩的功有关，按功能原理的理解也即仅与外力矩的总功有关，这意味着内力矩对刚体的总功应该为零. 这一点应该这样来理解：由于刚体的内力矩是成对出现的，并且作用点之间没有相对位移，所以每对内力矩的总功为零. 故全部内力矩的总功应该为零.

2. 刚体的重力势能

刚体没有形变，所以没有内部的弹性势能. 而在实际使用中我们常常会碰到刚体的重力势能问题，这里对此问题作一点说明. 刚体的重力势能为组成刚体各个质元的重力势能之和. 用重心的概念，刚体的重力势能应当等于刚体的全部质量集中在重心处的质点的重力势能. 在均匀的重力场中，刚体的重心与质心重合，对匀质而对称的几何形体，质心就在几何中心. 刚体的重力势能的公式记作

$$E_p = mgh_c \qquad (3\text{-}19)$$

式中，m 为刚体的质量，h_c 为重心高度. 这里已设 $h=0$ 处为重力势能零点.

3. 刚体的功能原理和机械能守恒定律

刚体作为质点系，必然遵从一般质点系的功能原理和一定条件下的机械能守恒定律. 刚体运动遵守这两个规律是显然的，我们就不证明它了. 只是在使用的时候需要注意刚体定轴转动的一些特殊性，如力矩做功、转动动能等物理量的计算与单个质点的情况有所不同.

4. 机械能守恒定律

机械能守恒定律的应用与质点动力学完全类似，只需要考虑刚体的一些特殊情况. 下面我们通过一些例子来介绍它的应用.

例 3-9 如图 3-19 所示，一细杆长度为 l，质量为 m，可绕其一端的水平轴 O 在铅垂面内自由转动. 若将杆从水平位置释放，求杆运动到角位置 θ 处的角速度.

解 此题可用转动定律求出杆的角加速度 β 后，用 β 对时间 t 积分求出角速度 ω. 显然这种方法比较复杂. 最简单的方法是用机械能守恒定律求解.

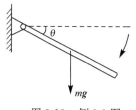

图 3-19　例 3-9 图

杆在转动过程中只有保守力重力做功，系统的机械能守恒. 取 $\theta = 0$ 的初始状态为重力势能的零点，则初态系统的动能、势能均为零，故机械能为零. 设角位置为 θ 时杆的角速度为 ω，则有

$$0 = \frac{1}{2} J \omega^2 - mgh_c$$

按 $J = \dfrac{1}{3}ml^2$ 和 $h_c = \dfrac{l}{2}\sin\theta$ 有

$$0 = \frac{1}{6}ml^2\omega^2 - \frac{1}{2}mgl\sin\theta$$

可解得

$$\omega = \sqrt{\frac{3g\sin\theta}{l}}$$

例 3-10 如图 3-20 所示,定滑轮 A 绕有轻绳(不计质量),绳绕过另一定滑轮 B 后挂一物体 C. A、B 两轮可看成匀质圆盘,半径分别为 R_1、R_2,质量分别为 m_1、m_2,物体 C 质量为 m_3. 忽略轮轴的摩擦,轻绳与两个滑轮之间没有滑动. 求物体 C 由静止下落至 h 处的速度.

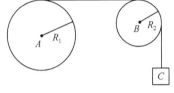

解 此题可用转动定律求出物体 C 的加速度后再求出它下落 h 时的速度. 但若把 A、B、C 作为一个系统用机械能守恒定律来求解,则更简单一些.

图 3-20 例 3-10 图

系统在运动过程中绳子张力的总功为零,只有保守力重力做功,故系统的机械能守恒. 设系统的初态,即物体 C 在最高点时重力势能为零,则系统初态的动能、势能均为零,机械能为零. 系统末态的机械能包括 A、B、C 三个物体的动能及物体 C 的重力势能,设 A、B 两轮的角速度分别为 ω_1 和 ω_2,物体 C 的速度为 v,则有

$$0 = \frac{1}{2}J_1\omega_1^2 + \frac{1}{2}J_2\omega_2^2 + \frac{1}{2}m_3v^2 - m_3gh$$

式中,$J_1 = \dfrac{1}{2}m_1R_1^2$,$J_2 = \dfrac{1}{2}m_2R_2^2$ 为 A、B 两轮的转动惯量. 如果轻绳和两个滑轮之间没有滑动,C 的速度与两个滑轮边缘处的线速度相等,按角量和线量关系有 $v = R_1\omega_1$,$v = R_2\omega_2$. 把这几个式子代入上式即可解出

$$v = 2\sqrt{\frac{m_3gh}{m_1 + m_2 + 2m_3}}$$

3.3.4 角动量守恒

1. 刚体定轴转动的角动量守恒

刚体作为一个质点系,必然遵从质点系角动量定理和角动量守恒定律. 刚体定轴转动的角动量定理的微分形式就是前述的转动定律,积分形式为

$$\int_{t_1}^{t_2} \boldsymbol{M}_{外} \, dt = \int_{L_1}^{L_2} d\boldsymbol{L} = \boldsymbol{L}_2 - \boldsymbol{L}_1 \tag{3-20}$$

即在一个过程中定轴转动刚体所受冲量矩等于刚体角动量的增量.

刚体定轴转动中的角动量守恒定律是,若定轴转动刚体所受到的合外力矩为零,则刚体对轴的角动量是一个恒量,即

$$\text{若 } M = 0, \text{则 } L = 常量 \tag{3-21}$$

刚体定轴转动的角动量定理和角动量守恒定律,实际上是对轴上任一定点的角动量定理和角动量守恒定律在定轴方向的分量形式,它对任意质点系成立.无论是对定轴转动的刚体,或是对几个共轴刚体组成的系统,甚至是有形变的物体及任意质点系,对定轴的角动量守恒定律(3-21)都成立.

我们在看滑冰表演时经常发现,一个运动员站在冰上旋转(图 3-21),当她把手臂和腿伸展开时转得较慢,而当她把手臂和腿收回靠近身体时则转得较快,这就是角动量守恒定律的表现.冰的摩擦力矩很小,可忽略不计,所以人对转轴的角动量守恒.当她的手臂和腿伸开时转动惯量大,故角速度较小,而收回后转动惯量变小,故角速度变大.只要你留心,就会发现优秀的体操运动员、跳水运动员都会很熟练地演示角动量守恒定律.读者可以自己去分析.

图 3-21   滑冰运动员的角动量守恒

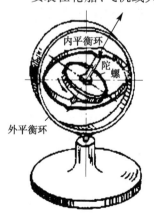

安装在轮船、飞机或火箭上的导航装置回转仪,又叫陀螺,也是通过角动量守恒的原理来工作的(图 3-22).回转仪的核心器件是一个转动惯量较大的转子,装在"常平架"上.常平架由两个圆环构成,转子和圆环之间用轴承连接,轴承的摩擦力矩极小.常平架的作用是使转子不受任何力矩的作用.转子一旦转动起来,它的角动量将守恒,即其指向将永远不变,因而能起到导航作用.

2.角动量守恒的应用

角动量守恒在分析一些定轴转动时是非常有用的.下面通过例子介绍其应用.

例 3-11   如图 3-23 所示,一转盘可看成匀质圆盘,能绕过中心 O 的垂轴在水平面自由转动,一人站在盘边缘.初时人、盘均静止,然后人在盘上随意走动,于是盘

图 3-22   回转仪

也转起来.请问:在这个过程中人和盘组成的系统的机械能、动量和对轴的角动量是否守恒? 若不守恒,原因是什么?

　　解　系统的机械能显然不守恒,静止时和运动时重力势能相同,而运动时系统有了动能,故机械能增加了.增加的原因是人的肌肉的力量作为非保守内力做正功.

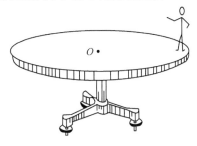

　　系统的动量也不守恒.一个匀质圆盘,无论转多快,其动量始终是零.如图 3-23 所示,以 O 为对称轴在盘上取一对对称的质元,它们的质量相同,到轴的距离相同,故速度相反,因而动量大小相同、速度相反,所以它们的动量之和为零.由于整个圆盘可看成是由无数的质元成对组成的,每一对质元的动量为零,则整个圆盘的动量也是零.系统静止时动量为零,系统运动时盘的动量依然是零,而人的动量不为

图 3-23　例 3-11 图

零,可见动量不守恒.不守恒的原因是圆盘的轴要给盘一个冲量来制止盘的平动.系统对轴的角动量守恒,因为人受到的重力和盘受到的重力的方向与轴平行,由定轴力矩的定义,它们不提供对轴的力矩.盘受到的轴的支撑力的力心在盘中心,力臂为零,故力矩也为零,所以系统受到的对轴的合外力矩为零,故角动量守恒.

　　例 3-12　如图 3-24 所示,在一个固定轴上有两个飞轮,其中 A 轮是主动轮,转动惯量为 J_1,正以角速度 ω_1 旋转;B 轮是从动轮,转动惯量为 J_2,处于静止状态.若从动轮与主动轮啮合后一起转动,它们的角速度有多大?

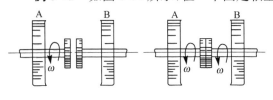

图 3-24　例 3-12 图

　　解　两个飞轮组成一个定轴刚体系统,由于啮合过程很短,外力矩对系统的冲量可以忽略不计,故系统的角动量守恒,有

$$J_1\omega_1 = (J_1 + J_2)\omega$$

可得

$$\omega = \frac{J_1\omega_1}{J_1 + J_2}$$

　　例 3-13　如图 3-25 所示,一个匀质圆盘半径为 r,质量为 m_1,可绕过中心的垂轴 O 转动.初始时盘静止,一颗质量为 m_2 的子弹以速度 v 沿与盘半径成 $\theta_1 = 60°$ 的方向击中盘边缘后以速度 $v/2$ 沿与半径成 $\theta_2 = 30°$ 的方向反弹,求盘获得的角速度.

　　解　对于盘和子弹组成的系统,撞击过程中轴 O 的支撑力的力臂为零,不提供力矩,其他外力矩的冲量可忽略不计,故系统对轴 O 的角动量守恒,即

$$L_1 = L_2$$

初始时盘的角动量为零,只有子弹有角动量,故

$$L_1 = m_2 v r \sin 60°$$

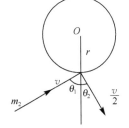

图 3-25　例 3-13 图

末态时盘和子弹都有角动量,设盘的角速度为 ω ,则

$$L_2 = m_2\,\frac{v}{2}\,r\sin 30° + \frac{1}{2}m_1 r^2\omega$$

故有

$$m_2 v\, r\sin 60° = \frac{1}{2}m_2 v\, r\sin 30° + \frac{1}{2}m_1 r^2\omega$$

可解得

$$\omega = \frac{(2\sqrt{3}-1)m_2 v}{2m_1 r}$$

例 3-14　如图 3-26 所示,一长度为 l ,质量为 m 的细杆在光滑水平面内沿杆的垂直方向以速度 v 平动.杆的一端与定轴 z 碰撞后杆将绕 z 轴转动,求杆转动的角速度.

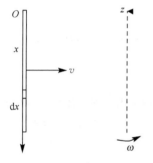

解　碰撞过程中轴 z 对杆的作用力的力臂为零,故力矩也为零,所以杆对 z 轴的角动量守恒,即

$$L_1 = L_2$$

碰撞前杆的角动量可通过积分算出.杆的质量线密度为 $\lambda = m/l$,如图 3-26 所示,在杆上取 Ox 轴,在杆上距 O 点为 x 处取线元 $\mathrm{d}x$,线元质量为 $\mathrm{d}m = \lambda\mathrm{d}x$,线元的角动量为

$$\mathrm{d}L = \mathrm{d}m \cdot v \cdot x = \lambda v x\,\mathrm{d}x$$

图 3-26　例 3-14 图

故碰撞前杆的角动量为

$$L_1 = \int\mathrm{d}L = \int_0^l \lambda v x\,\mathrm{d}x = \frac{1}{2}\lambda v l^2 = \frac{1}{2}mvl$$

碰撞后杆绕 z 轴转动,其角动量为

$$L_2 = J\omega = \frac{1}{3}ml^2\omega$$

按 $L_1 = L_2$ 有

$$\frac{1}{2}mvl = \frac{1}{3}ml_2\omega$$

可解得

$$\omega = \frac{3v}{2l}$$

例 3-15　如图 3-27 所示,一个匀质圆盘 A 作为定滑轮绕有轻绳,绳上挂两物体 B 和 C.轮 A 的质量为 m_1 ,半径为 r ,物体 B、C 的质量分别为 m_2 、m_3 ,且 $m_2 > m_3$.忽略轴的摩擦,求物体 B 由静止下落到 t 时的速度.

解　此题可用转动定律求解,先求出物体 B 的加速度,进而求出速度.但若把滑轮 A、物体 B 和 C 看成一个系统,用对定轴的角动量定理求解,则可以不考虑物体之间的相互作用,不必作隔离图,因而思路更明快一些.该系统是一个连接体,其运动从

整体上看对定轴 O 是顺时针方向的,即轮 A 沿顺时针方向转动,物 B 向下运动,物 C 向上运动,故我们以顺时针方向的运动作为系统运动的正方向.按角动量定理,运动过程中系统受到的冲量矩等于系统角动量的增量

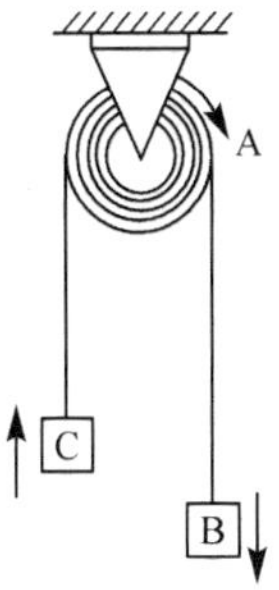

$$\int_0^t M \mathrm{d}t = L - L_0 \tag{1}$$

式中,左边为系统受到的合外力矩对轴 O 的冲量矩,由于轮 A 所受重力和轴的作用力对轴 O 的力矩为零,故只有两物体所受重力提供力矩,注意到两个重力矩的方向相反,故合力矩为

$$M = m_2 gr - m_3 gr = (m_2 - m_3)gr$$

合力矩在运动过程中的冲量矩为

$$\int_0^t M \mathrm{d}t = (m_2 - m_3)grt \tag{2}$$

图 3-27

式(1)右边为系统对轴 O 的角动量的增量.

$t = 0$ 时系统静止,角动量为

$$L_0 = 0 \tag{3}$$

到 t 时刻,A、B、C 三个物体均沿顺时针方向运动,角动量均为正.设此时轮 A 的角速度为 ω ,B 和 C 两物体的速率相同,设为 v ,则有

$$L = L_A + L_B + L_C = \frac{1}{2} m_1 r^2 \omega + m_2 vr + m_3 vr \tag{4}$$

把式(2)~式(4)代入式(1)有

$$(m_2 - m_3)grt = \frac{1}{2} m_1 r^2 \omega + m_2 vr + m_3 vr \tag{5}$$

由于系统为一连接体,两物体的速率与轮边缘的速率相同,即有

$$v = r\omega$$

把此式代入式(5)即可求得物体下落 t 时的速度

$$v = \frac{2(m_2 - m_3)gt}{m_1 + 2m_2 + 2m_3}$$

3.3.5　刚体定轴转动的综合应用

在一些刚体定轴转动问题中,会涉及角动量守恒定律、机械能守恒定律的综合应用.下面我们通过一些例题来予以说明.

例 3-16　如图 3-28 所示,一匀质木棒长度为 $l = 1\mathrm{m}$,质量为 $m_1 = 10\mathrm{kg}$,可绕其一端的光滑水平轴 O 在铅垂面内自由转动.初始时棒自然下垂,一质量为 $m_2 = 0.05\mathrm{kg}$ 的子弹沿水平方向以速度 v 击入棒下端(嵌入其中),求棒获得的角速度及最大上摆角.

解　子弹击入木棒的过程可以看成是绕轴做转动,因此在碰撞过程中可以将子弹和木棒作为一个共轴转动系统来讨论.子弹击入木棒的过程中,轴的支撑力及重力都不提供力矩(力臂为零),故系统对轴 O 的角动量守恒.击入前只有子弹有角动量

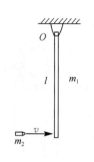

图 3-28　例 3-16 图

$$L_0 = m_2 v l$$

击入后设棒获得的角速度为 ω ,棒和子弹整体的转动惯量为

$$J = \frac{1}{3}m_1 l^2 + m_2 l^2 = 3.38 \text{ kg} \cdot \text{m}^2 \tag{1}$$

击入后系统的角动量为

$$L = J\omega$$

由角动量守恒定律有 $L_0 = L$,即

$$m_2 v l = J\omega$$

可解得棒的角速度

$$\omega = \frac{m_2 v l}{J} = 2.9 \text{ s}^{-1} \tag{2}$$

在棒上摆的过程中只有保守力重力做功,系统的机械能守恒. 以棒刚开始上摆时的状态作为棒和子弹重力势能的零点,则此时系统只有动能 $E_k = \frac{1}{2}J\omega^2$,其中 J 和 ω 见式(1)和式(2). 棒上摆到最大角度 θ 时动能为零,系统只有重力势能. 棒的重力势能为 $E_{p1} = m_1 g \cdot \frac{l}{2}(1-\cos\theta)$,子弹的重力势能为 $E_{p2} = m_2 g \cdot l(1-\cos\theta)$. 由机械能守恒定律有

$$\frac{1}{2}J\omega^2 = \frac{1}{2}m_1 gl(1-\cos\theta) + m_2 gl(1-\cos\theta)$$

可解得

$$\cos\theta = 1 - \frac{J\omega^2}{(m_1 + 2m_2)gl} = 0.701$$

最大上摆角为

$$\theta = 45.5°$$

☞【工程应用】☜

陀　螺　仪

绕一个支点高速转动的刚体称为陀螺. 通常所说的陀螺特指对称陀螺,它是一个质量均匀分布的、具有轴对称形状的刚体,其几何对称轴就是它的自转轴.

在一定的初始条件和一定的外力矩的作用下,陀螺会在不停自转的同时,还绕着另一个固定的转轴不停地旋转,这就是陀螺的旋进,又称为回转效应. 陀螺旋进是日常生活中常见的现象,许多人小时候都玩过的陀螺就是一例.

人们利用陀螺的力学性质所制成的各种功能的陀螺装置称为陀螺仪,它在科学、技术、军事等各个领域有着广泛的应用,如回转罗盘、定向指示仪、炮弹的翻转、地球在太阳引力矩作用下的旋进等.

1. 陀螺仪的结构

陀螺仪一般由转子、内外环和基座组成(图 3-29).通过轴承安装在内环上的转子做高速旋转.内环通过轴承与外环相连,外环又通过轴承与运动物体相连.转子相对于基座具有三个运动自由度,但转子实际上只能绕内环轴和外环轴转动,转子可自由转向任意方向.陀螺仪的转子一般就是电动机的转子.为了保证陀螺仪的性能良好,转子的角动量要尽可能大,为此电动机的转子放在定子的外部.此外,为使转子的转速不变而用同步电机作为陀螺电机.控制系统中的陀螺仪应有输出姿态角信号的角度传感器,图 3-29 中陀螺仪的两个输出轴内环轴和外环轴上均装有这种元件.为了使陀螺仪工作于某种特定状态,如要求陀螺仪保持水平基准,在内环轴和外环轴上应装力矩器,以便对陀螺仪加以约束或修正.

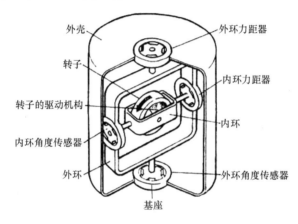

图 3-29 陀螺仪结构

2. 原理和特性

陀螺仪是利用惯性原理工作的.一个旋转物体的旋转轴所指的方向在不受外力影响时,是不会改变的.人们根据这个道理,用它来保持方向,制造出来的仪器就叫陀螺仪.我们骑自行车其实也是利用了这个原理.轮子转得越快越不容易倒,因为车轴有一股保持水平的力.陀螺仪在工作时要给它一个力,使它快速旋转起来,一般能达到每分钟几十万转,可以工作很长时间.然后用多种方法读取轴所指示的方向,并自动将数据信号传给控制系统.

陀螺仪有两个重要特性.①定轴性:高速旋转的转子具有力图保持其旋转轴在惯性空间内的方向稳定不变的特性.转子角动量矢量 H (图 3-30)是转子绕自转轴的转动惯量 J 和自

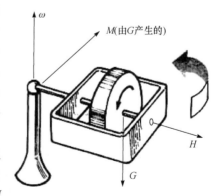

图 3-30 陀螺仪的进动

转角速度 ω 的乘积，即 $H=J\omega$.这里定轴性是指角动量矢量 H 力图保持指向不变.②进动性：在外力矩作用下，旋转的转子力图使其旋转轴沿最短的路径趋向外力矩的作用方向.图 3-30 中陀螺仪转子在重力 G 作用下不从支点掉下，而是以角速度 ω 绕垂线不断转动，这就是进动.进动角速度为 $\omega=\dfrac{M}{H}$，其中 M 为外加力矩，这里指重力产生的力矩.干扰力矩引起转子的进动角速度称为陀螺的漂移率，单位为度/时，是衡量陀螺仪性能的主要指标.

　　传统的惯性陀螺仪主要是指机械式的陀螺仪.机械式的陀螺仪对工艺结构的要求很高，结构复杂，它的精度受到了很多方面的制约.自 20 世纪 70 年代以来，提出了现代光纤陀螺仪的基本设想，到 80 年代以后，现代光纤陀螺仪得到了非常迅速的发展.由于光纤陀螺仪具有结构紧凑、灵敏度高、工作可靠等优点，所以目前光纤陀螺仪在很多领域已经取代了机械式的陀螺仪，成为现代导航仪器中的关键部件.现代光纤陀螺仪包括干涉式陀螺仪和谐振式陀螺仪两种，它们都是根据塞格尼克的理论发展起来的.塞格尼克理论的要点是这样的：当光束在一个环形的通道中前进时，如果环形通道本身具有一个转动速度，那么光线沿着通道转动的方向前进所需要的时间要比沿着这个通道转动相反的方向前进所需要的时间多.也就是说，当光学环路转动时，在不同的前进方向上，光学环路的光程相对于环路在静止时的光程都会产生变化.利用这种光程的变化，如果使不同方向上前进的光之间产生干涉来测量环路的转动速度，就可以制造出干涉式光纤陀螺仪；如果利用这种环路光程的变化来实现在环路中不断循环的光之间的干涉，也就是通过调整光纤环路的光的谐振频率进而测量环路的转动速度，就可以制造出谐振式的光纤陀螺仪.从这个简单的介绍可以看出，干涉式陀螺仪在实现干涉时的光程差较小，所以它所要求的光源可以有较大的频谱宽度，而谐振式的陀螺仪在实现干涉时光程差较大，所以它所要求的光源必须有很好的单色性.

　　和光纤陀螺仪同时发展的除了环式激光陀螺仪外，还有现代集成式的振动陀螺仪.集成式的振动陀螺仪具有更高的集成度，体积更小，也是现代陀螺仪的一个重要的发展方向.现代陀螺仪是一种能够精确地确定运动物体的方位的仪器，是现代航空、航海、航天和国防工业中广泛使用的一种惯性导航仪器.它的发展对一个国家的工业、国防和其他高科技的发展具有十分重要的战略意义.

习题 3

一、选择题

　　1.有两个半径相同、质量相同的细圆环，A 环质量分布均匀，B 环的质量分布不均匀，设它们对通过环心并与环面垂直的轴的转动惯量分别为 J_A 和 J_B，则应有（　　）.

　　A.$J_A>J_B$　　　　　B.$J_A<J_B$　　　　　C.$J_A=J_B$　　　　　D. 不能确定

　　2.一力矩 M 作用于飞轮上，使该轮得到角加速度 β_1，如撤去这一力矩，此轮的角加速度为 $-\beta_2$，则该轮的转动惯量为（　　）.

A. $\dfrac{M}{\beta_1}$ B. $\dfrac{M}{\beta_2}$ C. $\dfrac{M}{\beta_1+\beta_2}$ D. $\dfrac{M}{\beta_1-\beta_2}$

3. 一根长为 l, 质量为 m 的均匀细棒在地上竖立着. 如果让竖立着的棒以下端与地面接触处为轴倒下, 当上端接触地面时速率应为( ).

A. $\sqrt{6gl}$ B. $\sqrt{3gl}$ C. $\sqrt{2gl}$ D. $\sqrt{\dfrac{3g}{2l}}$

4. 下列有关角动量的说法正确的是( ).
A. 质点系的总动量为零, 总角动量一定零
B. 一质点做直线运动, 质点的角动量一定为零
C. 一质点做直线运动, 质点的角动量一定不变
D. 一质点做匀速直线运动, 质点的角动量一定不变

5. 一物体正在绕固定光滑轴自由转动, 下列说法正确的是( ).
A. 受热膨胀或遇冷收缩时, 角速度不变
B. 受热时角速度变小, 遇冷时角速度变大
C. 受热或遇冷时, 角速度均变大
D. 受热时角速度变大, 遇冷时角速度变小

6. 均匀细棒 OA 可绕通过其一端 O 而与棒垂直的水平固定光滑轴转动, 如图 3-31 所示, 今使棒从水平位置由静止开始自由下落, 在棒摆动到竖直位置的过程中, 下述说法哪一种是正确的( ).
A. 角速度从小到大, 角加速度从大到小
B. 角速度从小到大, 角加速度从小到大
C. 角速度从大到小, 角加速度从大到小
D. 角速度从大到小, 角加速度从小到大

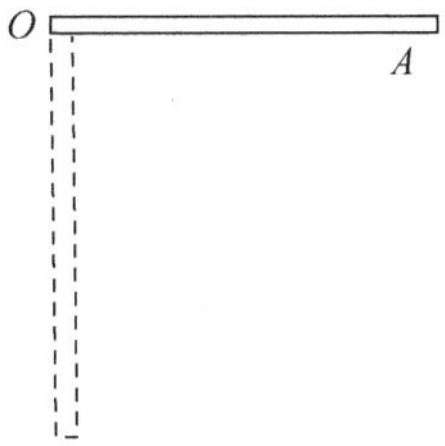

7. 刚体角动量守恒的充分而必要的条件是( ).
A. 刚体不受外力矩的作用
B. 刚体所受合外力矩为零
C. 刚体所受的合外力和合外力矩均为零
D. 刚体的转动惯量和角速度均保持不变

图 3-31 选择题 6

8. 一匀质圆盘状飞轮质量为 20kg, 半径为 30cm, 当它以每分钟 60 转的速率旋转时, 其动能为( ).

A. $16.2\pi^2$ J   B. $8.1\pi^2$ J   C. 8.1 J   D. $1.8\pi^2$ J

二、填空题

1. 某人站在匀速旋转的圆台中央, 两手各握一个哑铃, 双臂向两侧平伸与平台一起旋转. 当他把哑铃收到胸前时, 人哑铃和平台组成的系统转动角速度变_____; 转动动能变_____.

2. 半径为 0.2m, 质量为 1kg 的匀质圆盘, 可绕过圆心且垂直于盘的轴转动, 现有一变力 $F=0.1t$ (F 以 N 计, t 以 s 计) 沿切线方向作用在圆盘边缘上, 如果圆盘最初处于静止状态, 那么它在第 3s 末的角加速度为_____, 角速度为_____.

3. 一球体绕通过球心的竖直轴旋转, 转动惯量 $J=5\times10^{-2}$ kg·m². 从某一时刻开始, 有一个力作用在球体上, 使球按 $\theta=2+2t-t^2$ 旋转, 则从力开始作用到球体停止转动的时间为_____, 在这段时间内作用在球上的外力矩的大小为_____.

4. 均匀细杆可绕通过其一端且与杆垂直的水平固定光滑轴转动, 现在使杆从水平位置由静止

开始自由下落,在杆摆到竖直位置的过程中,角速度_____,角加速度_____.(填写"增大","减小"或"不变")

5.光滑水平桌面上有一小孔,孔中穿一轻绳,绳的一端拴一质量为 m 的小球,另一端用手拉住.若小球开始在光滑桌面上做半径为 R_1、速率为 v_1 的圆周运动,今用力 F 慢慢往下拉绳子,当圆周运动的半径减小到 R_2 时,则小球的速率为_____,力 F 做的功为_____.

6.一个做定轴转动的轮子,对轴的转动惯量是 $2kg \cdot m^2$,正以角速度 ω_0 匀速转动,现对轮子施加一个恒定的力矩 $-7m \cdot N$,经过 $8s$ 时轮子的角速度 $\omega = -\omega_0$,则轮子的角加速度 $\beta =$ _____,角速度 $\omega_0 =$ _____.

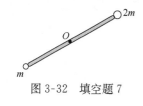

图 3-32 填空题 7

7.长为 l,质量可以忽略的直杆,两端分别固定有质量为 $2m$ 和 m 的小球,杆可以绕通过其中心 O 且与杆垂直的水平光滑固定轴在铅直平面内转动.开始杆与水平方向成某一角度,处于静止状态,如图 3-32所示.释放后杆绕 O 轴转动,则当杆转到水平位置时,该系统所受的合外力矩的大小 $M =$ _____,此时系统角加速度的大小 $\beta =$ _____.

三、计算题

1.长为 l,质量为 m 的匀质细杆,可在粗糙的水平桌面上绕中心转轴定轴转动,初始时的角速度为 ω_0,由于细杆与桌面的摩擦,经过时间 t 后杆静止,求摩擦力矩 $M_{阻}$.

2.如图 3-33 所示,有一匀质细杆长度为 l,质量为 m,可绕其一端的水平轴 O 在铅垂面内自由转动.当它自水平位置自由下摆到角位置 θ 时,求:

(1)细杆的角加速度;

(2)细杆的角速度;

(3)在此过程中,重力对细杆所做的功.

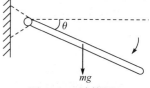

图 3-33 计算题 2

3.长为 L 的均质细杆可绕端点 O 固定水平光滑轴转动.把杆摆平后无初速释放,杆到竖直位置时刚好和光滑水平桌面上的小球相碰,如图 3-34 所示.球的质量与杆相同.设碰撞是弹性的,求碰后小球获得的速度.

4.长为 l,质量为 m_0 的细棒,可绕垂直于一端的水平轴自由转动.棒原来处于平衡状态.现有一质量为 m 的小球沿光滑水平面飞来,正好与棒下端相碰(设为完全弹性碰撞)使棒向上摆到 $\theta = 60°$处,如图 3-35 所示,求小球的初速度及碰撞瞬间棒中点的线速度.

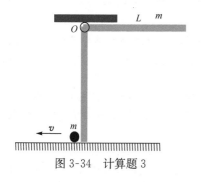

图 3-34 计算题 3

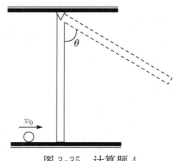

图 3-35 计算题 4

5. 一质量为 m_0，长为 l 的棒能绕通过 O 点的水平轴自由转动. 一质量为 m，速率为 v_0 的子弹从水平方向飞来，击中棒的中点且留在棒内，如图 3-36 所示，则棒中点的速度为多少？

6. 一轻绳绕于半径为 $r=0.2\text{m}$ 的飞轮边缘，现以恒力 $F=98\text{N}$ 拉绳的一端，使飞轮由静止开始加速转动，如图 3-37(a)所示. 已知飞轮的转动惯量为 $J=0.5\text{kg}\cdot\text{m}^2$，飞轮与绳之间的摩擦不计，求：(1)飞轮的角加速度；(2)绳子拉下 5m 时，飞轮的角速度和飞轮获得的动能；(3)动能和拉力 F 所做的功是否相等？为什么？(4)若将 $P=98\text{N}$ 的物体挂于绳端，如图 3-37(b)所示，试再回答上面三个问题.

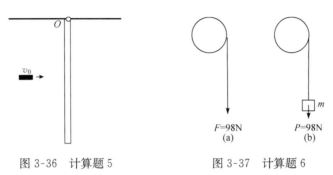

图 3-36　计算题 5　　　　　　　　图 3-37　计算题 6

第二篇　机械振动和机械波

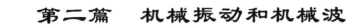

　　机械运动中,很普遍的两种运动形式就是振动和波动.狭义地说,通常将具有时间周期性的运动称为振动,但从更广泛的意义上说,任何复杂的非周期运动,可以分解为频率连续分布的无限多个简谐振动的叠加,它们也属于振动的研究范围.振动也不限于机械运动中的振动过程,分子热运动、电磁运动、晶体中原子的运动虽然遵循不同的运动规律,但是就其中的振动过程来说,具有共同的特征.一切物理量,包括非机械量的温度、电荷量、电场强度等在一定值附近反复变化的过程均是振动.因此振动是自然界及人类生产实践中经常发生的一种普遍运动形式,其基本规律不仅是光学、电学、声学等基础学科,也是机械、造船、建筑、地震、无线电等工程技术的重要基础知识.

　　振动状态在空间的传播形成波动,简称波.激发波动的振动系统称为波源.波是自然界广泛存在的一种运动形式,通常将波动分为两大类:一类是机械振动在介质中的传播,称为机械波,如水面波、声波等;另一类是变化的电磁场在空间的传播,如无线电波、光波等.

　　本篇分为两章,第4章将学习机械振动中最基本的内容,即简谐振动,第5章将学习机械波的基本概念和平面简谐波以及波的干涉等.

第4章

振动学基础

4.1 简谐振动方程

4.1.1 简谐振动

1. 振动的概念

所谓振动(或振荡)是指物理量在某一个数值附近来回往复的变化.

绝大多数物理量都能实现振动. 常见的是力学量振动,如位置、速度、加速度的振动,力、动量和能量等力学量的振动,统称为机械振动;常见的还有电磁学量的振动,如电流、电压、电功率、电磁场等电磁学量的振动,统称为电磁振荡. 物体在其平衡位置附近所进行的周期性往复运动称为机械振动. 机械振动比较直观,易于理解,在大学物理中我们主要讨论机械振动.

从振动的形式来看,有连续振动和非连续振动,有周期振动和非周期振动等,其中最简单、最基本的是简谐振动. 简谐振动的规律比较简单,而且可以证明,一切复杂的振动都可以看成是若干个简谐振动的合成,因而简谐振动就是所有振动的基础.

2. 简谐振动

如果一个物体对于平衡位置的位移(或角位移)按余弦函数(或正弦函数)的规律随时间变化,该物体的运动就是简谐振动.

例如,弹簧振子的无阻尼振动就是简谐振动. 如图 4-1 所示,一个轻质弹簧的一端固定,另一端连接一个可以在光滑水平桌面上自由运动的物体,若所有的摩擦都可以忽略,这就是一个无阻尼的弹簧振子. 在弹簧处于自然长度(既没有伸长也没有缩短)时,物体处于平衡位置 O,以 O 为原点,建立 Ox 坐标轴.

如果将物体移动到 $x = A$ 处,然后放开物体,由于弹簧被拉长,物体会受到指向平衡位置的回复力,在回复力作用下,物体向平衡位置运动,到达 O 点时回复力为零,但

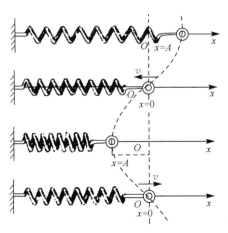

图 4-1 弹簧振子的简谐振动

物体由于惯性作用继续向左运动,最后到达 $x = A$ 处,停留瞬间后,由于受到向右的回复力作用,物体继续向右运动,到达 O 点后,由于惯性作用继续向右运动,直至到达 $x = A$,在 Ox 坐标轴上 O 点两侧做来回往复运动. 把物体当成质点来讨论,可以证明物体对于平衡位置的位移(如果选取平衡点为坐标轴的原点)x 将按余弦函数(或正弦函数)的规律随时间 t 变化,物体的这种振动就是简谐振动.

4.1.2 简谐振动方程

1. 简谐振动的运动学方程

根据简谐振动的定义,从运动学角度可得到描写简谐振动的数学表达式为

$$x = A\cos(\omega t + \varphi)$$

式中, A、ω 和 φ 为常量. 上式称为简谐振动的运动方程,简称为谐振方程(运动学方程).

2. 简谐振动曲线

简谐振动也可以用振动曲线来描述,称为谐振曲线,如图 4-2 所示. 以时间为横坐标,以位移为纵坐标,得出位移-时间曲线. 图中 $A = 0.02$ m,周期 $T = 0.4$ s.

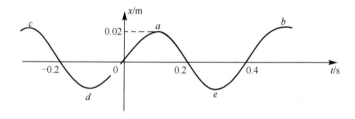

图 4-2   简谐振动的振动曲线

3. 简谐振动的微分方程

将简谐振动方程对时间微分两次,即得它的加速度与它对于平衡位置的位移的关系

$$a = \frac{\mathrm{d}^2 x}{\mathrm{d}t^2} = -\omega^2 x$$

可改写为

$$\frac{\mathrm{d}^2 x}{\mathrm{d}t^2} + \omega^2 x = 0$$

这是一个二阶线性齐次微分方程,称为简谐振动的微分方程,简称为谐振动微分方程. 按照微分方程理论,这个方程的通解就是

$$x = A\cos(\omega t + \varphi)$$

或

$$x = A\sin(\omega t + \varphi')$$

式中，A 和 φ 为积分常量. 本书采用余弦形式 $x = A\cos(\omega t + \varphi)$ 表示谐振动方程. 可见，满足谐振动微分方程 $\dfrac{\mathrm{d}^2 x}{\mathrm{d}t^2} + \omega^2 x = 0$ 的物理量是一个谐振量，它的运动就是简谐振动.

上式中物理量 x 可替换成其他物理量，如速度、加速度、角位移、角速度，甚至是电磁学量，如电流、电压、电场强度和磁感应强度，因此无论是什么物理量，只要满足谐振动微分方程，它的运动形式就是简谐振动.

4. 简谐振动的动力学特征

根据牛顿第二定律，质量为 m 的质点在 x 方向做简谐振动，它所受的合外力应该是

$$F = m\frac{\mathrm{d}^2 x}{\mathrm{d}t^2}$$

所以物体做简谐振动时，合力为

$$F = -m\omega^2 x$$

由于简谐振动的 m、ω 都是常量，所以可以说：做简谐振动的质点所受的合外力的大小与它对于平衡位置的位移成正比而方向相反. 我们把这样的力称为回复力. 这是简谐振动的一个重要特征，也叫动力学特征.

反过来，如果一个质点沿 x 方向运动，它受到的合外力为回复力，即

$$F = -kx$$

则由牛顿第二定律，可得

$$m\frac{\mathrm{d}^2 x}{\mathrm{d}t^2} = -kx$$

或

$$\frac{\mathrm{d}^2 x}{\mathrm{d}t^2} + \frac{k}{m}x = 0$$

令

$$\omega = \sqrt{\frac{k}{m}}$$

即有

$$\frac{\mathrm{d}^2 x}{\mathrm{d}t^2} + \omega^2 x = 0$$

这正是谐振微分方程，x 是一个谐振量，即

$$x = A\cos(\omega t + \varphi)$$

由此我们得到一个结论：若质点所受的合外力是回复力，则质点的运动是简谐振动，这可作为简谐振动的动力学定义. 简谐振动的 ω 由上式决定. 这意味着 ω 是由振动系统本身的力学性质（包括物体的质量和力的性质）所决定的，所以我们把 ω 称为振动系统的固有角频率.

4.1.3　描写简谐振动的物理量

根据简谐振动方程

$$x = A\cos(\omega t + \varphi)$$

我们可以看到决定物体简谐振动特征的物理量是 A、ω 和 φ，称为描写简谐振动的物理量.

1. 振幅

简谐振动方程中的 A 表示质点可能离开原点的最大距离，它给出了质点运动的范围. 这个量叫做振动的振幅. 由于振幅 A 是一个常量，因而简谐振动的全部变化都反映在余弦函数的变化之中. 以后会看到，振幅 A 由初始状态决定.

2. 角频率、周期、频率

简谐振动方程中的 ω 称为角频率. 表示在 2π 时间内物体所做的完全振动次数. 在国际单位制中，角频率 ω 的单位是 $\mathrm{rad \cdot s^{-1}}$.

余弦函数是周期函数，振动物体运动状态完全重复一次，称为物体进行了一次全振动. 物体进行一次全振动所经历的时间就叫振动的周期，以 T 表示. 在国际单位制中，周期 T 的单位是秒（s）.

从简谐振动方程看到周期一定满足如下公式：

$$x = A\cos(\omega t + \varphi) = A\cos\left[\omega(t + T) + \varphi\right]$$
$$2\pi = \omega T$$

得到

$$T = \frac{2\pi}{\omega}$$

这就是周期与角频率的关系.

单位时间内物体所做的全振动次数叫做简谐振动的频率，用 ν 表示. 显然它是周期 T 的倒数，即

$$\nu = \frac{1}{T}$$

在国际单位制中，频率 ν 的单位是赫兹（Hz）或秒$^{-1}$（$\mathrm{s^{-1}}$）. 也可以使用角频率表示为

$$\nu = \frac{\omega}{2\pi}$$

由于 ω 和 ν 成正比，所以把它称为振动的角频率. ω、T 和 ν 都描述简谐振动的周期性. 为了方便，我们把 ω、T 和 ν 的关系记作

$$\omega = 2\pi\nu = \frac{2\pi}{T}$$

显然，在 ω、T 和 ν 三个量中，只要其中一个已知，其余两个也就很容易得到.

对于给定的弹簧振子来说，ω 是由物体的质量 m 和弹簧的刚度系数 k 两个系统特征量来确定的. 而 m 和 k 是一定的，所以频率 $\nu = \dfrac{\omega}{2\pi} = \dfrac{1}{2\pi}\sqrt{\dfrac{k}{m}}$ 和周期 $T = \dfrac{2\pi}{\omega} = 2\pi\sqrt{\dfrac{m}{k}}$ 又称为固有频率和固有周期.

3. 相位、初相和相位差

在简谐振动方程中余弦函数中的变量 $(\omega t + \varphi)$ 称为振动的相位，记作

$$\Phi = \omega t + \varphi$$

简谐振动的状态仅随相位的变化而变化，因而相位是描述简谐振动的状态的物理量. 相位是一个非常重要的概念，所以要注意相位与时间一一对应，相位不同是指时间先后不同. 上式对时间求导，可得

$$\frac{\mathrm{d}\Phi}{\mathrm{d}t} = \frac{\mathrm{d}(\omega t + \varphi)}{\mathrm{d}t} = \omega$$

所以角频率表示相位变化的速率，是描述简谐振动状态变化快慢的物理量. 若 ω 是一个常量，表示相位是匀速变化的.

相位的一般表达式中的 φ 称为初相，即 $t = 0$ 时的相位. 初相描述简谐振动的初始状态. 在时间从 t_1 到 t_2 的过程中，相位从 $\Phi_1 = \omega t_1 + \varphi$ 变化到 $\Phi_2 = \omega t_2 + \varphi$，相位变化量

$$\Delta\Phi = \Phi_2 - \Phi_1$$

它和相应的时间变化 $\Delta t = t_2 - t_1$ 的关系为

$$\Delta\Phi = \omega\Delta t$$

其直观的物理意义是：相位变化等于相位变化的速率与变化的时间之积.

将上式进一步记作

$$\Delta\Phi = \omega\Delta t = \frac{2\pi}{T}\Delta t$$

此式表明，时间每过一个周期 $\Delta t = T$，则相位增加 $\Delta\Phi = 2\pi$. 相位差与时间差的关系还常常用于讨论两个振动的同步. 例如，有下列两个同频率的简谐振动：

$$x_1 = A_1\cos(\omega t + \varphi_1)$$
$$x_2 = A_2\cos(\omega t + \varphi_2)$$

它们的相位差（简称相差）为

$$\Delta\Phi = (\omega t + \varphi_2) - (\omega t + \varphi_1) = \varphi_2 - \varphi_1 = \Delta\varphi$$

相差描述同一时刻两个振动的状态差. 从上式可以看出，两个连续进行的同频率的简谐振动在任意时刻的相差都等于其初相差，与时间无关. 由相差的值可以分析各振动的步调是否相同.

如果 $\Delta\varphi = 0$（或者 2π 的整数倍），两振动质点将同时到达各自的极大值，同时越过原点并同时到达极小值，它们的步调始终相同. 对于这种情况，我们说二者同相.

如果 $\Delta\varphi = \pi$（或者 π 的奇数倍），两振动质点中的一个到达极大值时，另一个同时到达极小值，并且将同时越过原点，同时到达各自的另一个极值，它们的步调正好相反. 对于这种情况，我们说两者反相.

当 $\Delta\varphi$ 为其他值时，我们一般说两者不同相. 例如，对于下面两个简谐振动：

$$x_1 = A_1 \cos \omega t$$

$$x_2 = A_2 \cos\left(\omega t + \frac{\pi}{2}\right) = A_2 \cos\left[\omega\left(t + \frac{T}{4}\right)\right]$$

它们的相差为 $\Delta\varphi = \pi/2$，即 x_2 振动的相位始终要比 x_1 振动的相位大 $\pi/2$.

图 4-3 给出了这两个振动的振动曲线（为了便于讨论相位差，我们把两个振动的振幅设为相同，图中实线表示 x_1 振动，虚线表示 x_2 振动）. 从图中可以看出，在 $t=0$ 时，x_1 振动的相位为 0，x_2 振动的相位为 $\pi/2$，在 $t = T/4$ 时，x_1 振动的相位变为 $\pi/2$，而 x_2 振动的相位则变为 π. 对于这种情况，我们说 x_2 振动在相位上超前 x_1 振动 $\pi/2$，或说成是 x_1 振动落后于 x_2 振动 $\pi/2$，即两个振动比较，相位大的一个称为超前，相位小的一个称为落后. 从时间上看，我们可以说 x_2 振动超前 x_1 振动 $t = T/4$，即 x_1 振动必须要在 $t = T/4$ 后才能到达 x_2 振动现在的状态. 也就是说，两个振动比较，时间因子大的一个称为超前，时间因子小的一个称为落后. 两个同频率的简谐振动的相差 $\Delta\varphi$ 和时间差 Δt 的关系，仍然可以写为

$$\Delta\Phi = \omega\Delta t = \frac{2\pi}{T}\Delta t$$

表示一个振动的时间每超前一个周期，则它的相位超前 2π. 对于一个简谐振动，如果 A、ω 和 φ 都知道了，这个振动就完全清楚了. 因此，这三个量是描述简谐振动的三个特征量.

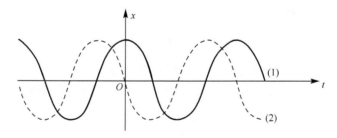

图 4-3 两个同频率简谐振动的振动曲线

4.1.4 简谐振动的速度与加速度

1. 简谐振动的速度与加速度

由谐振动方程，可求得任意时刻质点的振动速度和加速度

$$v = \frac{\mathrm{d}x}{\mathrm{d}t} = -\omega A \sin(\omega t + \varphi)$$

$$= \omega A \cos\left(\omega t + \varphi + \frac{\pi}{2}\right)$$

$$a = \frac{\mathrm{d}^2 x}{\mathrm{d}t^2} = -\omega^2 A \cos(\omega t + \varphi)$$

$$= \omega^2 A \cos(\omega t + \varphi + \pi)$$

广义地说,简谐振动的速度 v、加速度 a 都是简谐振动.它们振动的频率相同;它们的振幅分别为 A,$v_{\max} = \omega A$ 和 $a_{\max} = \omega^2 A$,即依次多一个因子 ω;它们的相位依次超前 $\pi/2$.它们的相互关系可用图 4-4 所示的曲线表示,为了突出相位,令振幅的大小相同.从图 4-4 中可以看出,它们的频率相同,相位依次超前 $\pi/2$,因而加速度和位移反相.和振动方程比较亦可以看出

$$a = \frac{\mathrm{d}^2 x}{\mathrm{d}t^2} = -\omega^2 x$$

这一关系式说明,简谐振动的加速度和位移的大小成正比而方向相反.

2. 振幅和初相与初始条件的关系

$t = 0$ 时的速度和位移称为初始条件.由简谐振动方程和其速度方程,我们有

$$x_0 = A \cos \varphi$$

$$v_0 = -\omega A \sin \varphi$$

所以

$$A = \sqrt{x_0^2 + \frac{v_0^2}{\omega^2}}$$

$$\varphi = \arctan\left(-\frac{v_0}{\omega x_0}\right)$$

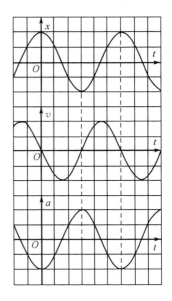

图 4-4　简谐振动的 x、v、a 随时间变化的关系曲线

上述关系式是振幅和初相与初始条件的关系.由此可知,只要初始条件确定,质点简谐振动的振幅和初相就是确定的.

4.2　简谐振动的旋转矢量表示法

简谐振动除了用谐振方程和谐振曲线来描述以外,还有一种很直观、很方便的描述方法,称为旋转矢量表示法.如图 4-5 所示,在一个平面上作一个 Ox 坐标轴,以原点 O 为起点作一个长度为 A 的矢量 $\boldsymbol{A}$,$\boldsymbol{A}$ 绕原点 O 以匀角速度 ω 沿逆时针方向旋转,

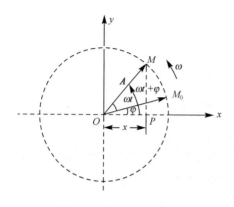

图 4-5　简谐振动的矢量图

称为旋转矢量，矢量端点在平面上将画出一个圆，称为参考圆. 设 $t=0$ 时矢量 A 与 x 轴的夹角，即初角位置为 φ，则任意 t 时 A 与 x 轴的夹角即角位置为 $\Phi=\omega t+\varphi$，矢量的端点 M 在 x 轴上投影点 P 的坐标为

$$x=A\cos(\omega t+\varphi)$$

这与简谐振动定义式完全相同. 由此可知，旋转矢量的端点在 x 轴上的投影的运动就是简谐振动. 显然，一个旋转矢量与一个简谐振动相对应，其对应关系是：旋转矢量的长度就是振动的振幅，因而旋转矢量又称为振幅矢量；矢量的角位置就是振动的相位，矢量的初角位置就是振动的初相，矢量的角位移就是振动相位的变化；矢量的角速度就是振动的角频率，即相位变化的速率；矢量旋转的周期和频率就是振动的周期和频率. 我们在讨论一个简谐振动时，用上述方法作一个旋转矢量来帮助分析，可以使运动的各个物理量表现得更直观，运动过程显示得更清晰，有利于问题的解决.

　　图 4-6 为 $t=0$ 时某两个振动的旋转矢量图，其中 A_1 是 x_1 振动对应的旋转矢量，A_2 是 x_2 振动对应的旋转矢量. 由于旋转矢量的角位置表示振动的相位，因而它们的夹角代表它们的相位差. 如果是两个同频率的简谐振动，则旋转矢量的角速度相同，

它们的相位差不随时间改变. 从图中可以看出，x_2 振动的相位（矢量的角位置）始终要比 x_1 振动的相位大 $\pi/2$，即超前 $\pi/2$. x_2 振动到达一个状态后，x_1 振动总要在 $T/4$ 后才能到达这个状态，即 x_2 振动超前 x_1 振动 $T/4$.

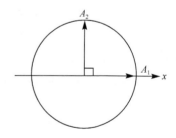

图 4-6　两个同频率简谐振动的旋转矢量图

　　由于 $x_1=A_1\cos\omega t=A_1\cos(\omega t+2\pi)$，所以也可以说是 x_1 振动超前 x_2 振动 $3\pi/2$. 为了表述的一致性，我们约定把 $|\Delta\Phi|$ 的值限定在 π 以内，对于上面的两个简谐振动，我们统一说成是 x_2 振动超前 x_1 振动 $\pi/2$，或说成是 x_1 振动落后于 x_2 振动 $\pi/2$. 而不是说 x_1 振动超前 x_2 振动 $3\pi/2$ 或 x_2 振动落后于 x_1 振动 $3\pi/2$.

　　例 4-1　一质点沿 x 轴做简谐振动，振幅为 A，周期为 T.

　　(1)当 $t=0$ 时，质点对平衡位置的位移为 $x_0=A/2$，质点向 x 轴正向方运动，求质点振动的初相；

　　(2)质点从 $x=0$ 处运动到 $x=A/2$ 处最少需要多少时间？

　　解　(1)当 $t=0$ 时，质点的位移 $x_0=A/2$，故 $t=0$ 时的矢量图中的旋转矢量应与 x 轴构成 $60°$ 角，即与 x 的夹角为 $\varphi=\pi/3$ 或 $\varphi=-\pi/3$，见图 4-7(a). 若 $\varphi=\pi/3$，

注意到矢量的转动方向是沿逆时针方向的,所以此时矢量端点 M 的投影正向 x 轴负方向运动,这不符合题意;若 $\varphi = -\pi/3$,此时矢量端点 M' 的投影正向 x 正方向运动,符合题意. 故质点振动的初相应为 $\varphi = -\pi/3$.

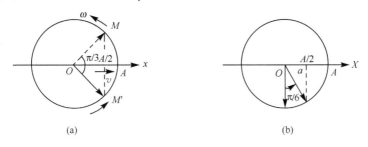

图 4-7 例 4-1 图

（2）质点从位移为 $x = 0$ 处运动到 $x = A/2$ 处的过程,在图 4-7(b)中即为质点从 O 点运动到 a 点的过程. 由于质点的运动不是匀速运动,所以运动时间在 x 轴上不能直接判断出来. 在矢量图中,质点从 $x = 0$ 处运动到 $x = A/2$ 处的过程,旋转矢量是从 $\varphi = -\pi/2$ 处转动到 $\varphi = -\pi/3$ 处,转过了 $\pi/6$ 的角度. 由于矢量的转动是匀角速转动,转动一周的时间是 T,故转过 $\pi/6$ 的时间应为 $T/12$,也就是质点从 $x = 0$ 处运动到 $x = A/2$ 处所需要的最短的时间.

例 4-2 一质点做简谐振动的振动曲线如图 4-8 所示,求质点的振动方程.

解 从图中可以直接看出质点振动的振幅为 $A = 2\text{cm}$.

在 $t = 0$ 时,质点的位移 $x_0 = A/2$,而质点的速度(曲线的斜率)为负值,可知质点振动的初相为 $\varphi = \pi/3$.

在 $t = 2\text{s}$ 时,质点的位移 $x_0 = A/2$,而质点的速度为正值,从矢量图分析可知,质点振动的相位应该为 $\varphi = 5\pi/3$（注意此处不能取 $\varphi = -\pi/3$,因为相位是随时间单调增加的）. 在 $t = 0$ 到 $t = 2\text{s}$ 的过程中,相位从 $\varphi = \pi/3$ 变化到 $\varphi = 5\pi/3$,经历的时间为 $\Delta t = 2\text{s}$,相位的改变量为 $\Delta\varphi = 4\pi/3$. 振动的角频率 ω,即相位变化的速率为

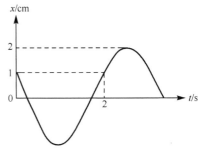

图 4-8 例 4-2 图

$$\omega = \frac{\Delta\Phi}{\Delta t} = \frac{2\pi}{3}$$

故质点的振动方程为

$$x = 2\cos\left(\frac{2\pi}{3}t + \frac{\pi}{3}\right) \quad (\text{cm})$$

例 4-3 一质点沿 x 轴做简谐振动,振幅 $A = 0.12\text{m}$,周期 $T = 2\text{s}$,当 $t = 0$ 时,质点对平衡位置的位移 $x_0 = 0.06\text{m}$,此时刻质点向 x 正向运动. 求:

(1)简谐振动的运动方程;

(2) $t = T/4$ 时,质点的位移、速度、加速度.

解 (1)取平衡位置为坐标原点,设位移表达式为

$$x = A\cos(\omega t + \varphi)$$

式中, $A = 0.12\text{m}$, $\omega = 2\pi/T = \pi\text{s}^{-1}$.下面我们用矢量图来求初相 φ .由初始条件, $t = 0$ 时, $x_0 = 0.06\text{m} = A/2$,质点向 x 正向运动,可画出如图 4-9(a)所示的旋转矢量的初始位置(图中略去了参考圆),从而得出 $\varphi = -\pi/3$.

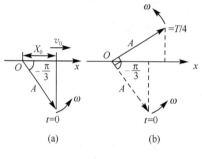

图 4-9 例 4-3 图

于是此简谐振动的运动方程为

$$x = 0.12\cos\left(\pi t - \frac{\pi}{3}\right)$$

(2)此简谐振动的速度为

$$v = -\omega A\sin(\omega t + \varphi) = -0.12\pi\sin\left(\pi t - \frac{\pi}{3}\right)$$

加速度为

$$a = -\omega^2 A\cos(\omega t + \varphi) = -0.12\pi^2\cos\left(\pi t - \frac{\pi}{3}\right)$$

将 $t = T/4 = 0.5\text{s}$ 分别代入谐振方程、速度和加速度的表达式可得质点在 $t = 0.5\text{s}$ 时的位移为

$$x = 0.104\text{m}$$

速度为

$$v = -0.188\text{m} \cdot \text{s}^{-1}$$

加速度为

$$a = -1.03\text{m} \cdot \text{s}^{-2}$$

此时刻旋转矢量的位置如图 4-9(b)所示.

4.3 简谐振动的能量

下面我们以弹簧振子为例来讨论简谐振动的能量.实际上,任何一个简谐振动的物体,由于它们受到的合外力为回复力 $F = -kx$,都相当于一个弹簧振子.不同的是,它们的 k 值不是刚度系数,而是其他由系统力学性质决定的常数.

利用简谐振动方程及其速度方程,可得任意时刻一个弹簧振子的弹性势能和动能

$$E_p = \frac{1}{2}kx^2 = \frac{1}{2}kA^2\cos^2(\omega t + \varphi)$$

$$E_k = \frac{1}{2}mv^2 = \frac{1}{2}m\omega^2 A^2\sin^2(\omega t + \varphi)$$

由

$$\omega^2 = \frac{k}{m}$$

可得到

$$E_k = \frac{1}{2}kA^2\sin^2(\omega t + \varphi)$$

因此,弹簧振子的机械能为

$$E = E_k + E_p = \frac{1}{2}kA^2$$

可见弹簧振子的机械能不随时间改变,即能量守恒.这是由于无阻尼自由振动的弹簧振子是一个孤立系统,在振动过程中没有外力对它做功.

　　上面的结果还表明弹簧振子的总能量和振幅的平方成正比,这一点对其他的简谐振动系统也是正确的.这意味着振幅不仅描述简谐振动的运动范围,还反映振动系统能量的大小.

　　把动能和势能的表达式改写为

$$E_p = \frac{1}{2}kA^2\cos^2(\omega t + \varphi) = \frac{1}{4}kA^2[1 + \cos 2(\omega t + \varphi)]$$

$$E_k = \frac{1}{2}kA^2\sin^2(\omega t + \varphi) = \frac{1}{4}kA^2[1 - \cos 2(\omega t + \varphi)]$$

可见弹簧振子做简谐振动时的动能和势能都在谐振,见图 4-10.它们的平衡点在系统机械能一半的地方,即 $\frac{E}{2} = \frac{1}{4}kA^2$ 处,能量的振幅亦为 $\frac{E}{2} = \frac{1}{4}kA^2$.动能和势能谐振的频率均为位移振动频率的两倍,它们振动的相位相反,因而它们的总和,即机械能守恒.

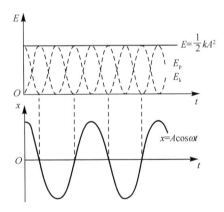

图 4-10　弹簧振子的能量

　　例 4-4　一个弹簧振子沿 x 轴做简谐振动,已知弹簧的刚度系数为 $k = 15.0\text{N} \cdot \text{m}^{-1}$,物体质量为 $m = 0.1\text{kg}$,在 $t = 0$ 时物体相对平衡位置的位移为 $x_0 = 0.05\text{m}$,速度为 $v_0 = -0.82\text{m} \cdot \text{s}^{-1}$.写出此简谐振动的表达式.

　　解　要写出此简谐振动的表达式,需要知道它的三个特征量 A、ω 和 φ,角频率 ω 取决于系统本身的性质,由

$$\omega = \sqrt{\frac{k}{m}} = \sqrt{\frac{15}{0.1}} \approx 12.2(\text{s}^{-1})$$

A 和 φ 由初始条件决定,再由

$$A = \sqrt{x_0{}^2 + \frac{v_0^2}{\omega^2}} = 8.38 \times 10^{-2}\text{m}$$

和

$$\varphi = \arctan\left(-\frac{v_0}{\omega x_0}\right) = \arctan 1.34 = 0.93\text{rad} \ \text{或} -2.21\text{rad}$$

由于 $x_0 = A\cos\varphi = 0.05\text{m} > 0$,所以取 $\varphi = 0.93\text{rad}$,于是,以平衡位置为原点所求简谐振动的表达式应为

$$x = 8.38 \times 10^{-2}\cos(12.2t + 0.93)$$

例 4-5　一匀质细杆的长度为 l,质量为 m,可绕其一端的轴 O 在铅垂面内自由转动,如图 4-11 所示.求杆做微小振动时的周期.

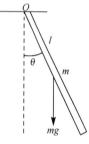

解　细杆所受的合外力矩是重力矩.如图 4-11 所示,在细杆偏离平衡位置为 θ 角时(设逆时针方向为正方向),杆受重力矩为

$$M = -\frac{1}{2}mgl\sin\theta$$

式中,负号表示重力矩的方向与角位移的方向相反.对于微振,θ 很小,可以认为 $\sin\theta = \theta$,所以

$$M = -\frac{1}{2}mgl\theta = -k\theta$$

式中

图 4-11　例 4-5 图

$$k = \frac{1}{2}mgl$$

可见杆受到的力矩为正比回复力矩,故杆的振动为简谐振动.

细杆绕 O 轴转动的转动惯量为

$$J = \frac{1}{3}ml^2$$

则细杆微小振动的周期为

$$T = 2\pi\sqrt{\frac{J}{k}}$$

即

$$T = 2\pi\sqrt{\frac{J}{k}} = 2\pi\sqrt{\frac{ml^2/3}{mgl/2}} = 2\pi\sqrt{\frac{2l}{3g}}$$

例 4-6　弹簧振子的刚度系数为 k,质量为 m,可沿 x 轴做简谐振动,刚开始时振子静止在平衡点 O.用恒定的外力 $F = ka$ 沿 x 轴正方向拉动振子到 $x = a$ 处放手,其中 a 为一正常量.以放手时作为时间零点,求振子的运动方程.

解　要得到振子的运动方程,需要确定它的三个特征量 A、ω 和 φ,其中角频率取决于弹簧振子的自身的性质 $\omega = \sqrt{\dfrac{k}{m}}$. 下面我们用功能关系来分析它的振幅. 按功能原理,弹簧振子的能量等于外力做的功,故有

$$E = \frac{1}{2}kA^2 = Fa = ka^2$$

由此式可解得振动的振幅为

$$A = \sqrt{2}a$$

放手时振子的位移 $x = a = A/\sqrt{2}$,且速度为正,由旋转矢量图容易判断,此时振子的相位为 $\varphi = -\pi/4$. 按题意,此即振动的初相.

故弹簧振子的运动方程为

$$x = \sqrt{2}a\cos\left(\sqrt{\frac{k}{m}}t - \frac{\pi}{4}\right)$$

4.4　简谐振动的合成

4.4.1　两个同方向、同频率简谐振动的合成

振动的合成是运动叠加原理在振动中的表现. 在实际问题中,振动的合成是经常发生的事情. 例如,当两列声波同时传到空间某一点时,该处质点的运动就是两个振动的合成. 一般的振动合成问题比较复杂,下面我们先讨论振动方向和振动频率都相同的两个简谐振动的合成,这在后面讨论波的干涉时十分重要.

设两个振动都发生在 x 方向,振动的频率均为 ω,振动方程分别为

$$x_1 = A_1\cos(\omega t + \varphi_1)$$
$$x_2 = A_2\cos(\omega t + \varphi_2)$$

式中,A_1、A_2 和 φ_1、φ_2 分别为两个振动的振幅和初相. 按运动的叠加原理,在任意时刻合振动的位移为

$$x = x_1 + x_2$$

以上合成的计算可以用三角函数公式求得结果,但是利用振动的矢量图进行分析可以更直观、更简捷地得出结论.

如图 4-12 所示,$\boldsymbol{A}_1$ 和 $\boldsymbol{A}_2$ 分别表示简谐振动 x_1 和 x_2 的旋转矢量,如前所述,它们在 x 轴上投影的坐标即表示简谐振动 x_1 和 x_2,我们要求它们的和 $x_1 + x_2$. 作 $\boldsymbol{A}_1$ 和 $\boldsymbol{A}_2$ 的合矢量 $\boldsymbol{A}$,矢量 $\boldsymbol{A}$ 的端点在 x 轴上投影的坐标是 $x = x_1 + x_2$,这正好是我们要求的合振动的位移. 为了求矢量 $\boldsymbol{A}$ 的端点在 x 轴上投影的坐标,我们首先分析 A 的变化规律. 由于两个振动的角频率相同,即 $\boldsymbol{A}_1$、$\boldsymbol{A}_2$ 以相同的角速度 ω 匀速旋转,所以在旋转过程中图中平行四边形的形状保持不变,因而合矢量 $\boldsymbol{A}$ 的长度 A 保持不变,并以

同一角速度 ω 匀速旋转.因此我们断定,合矢量 A 也是一个旋转矢量.矢量 A 的端点在 x 轴上的投影坐标可表示为

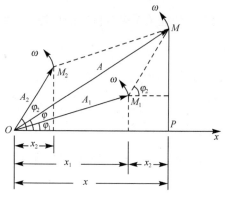

$$x = A\cos(\omega t + \varphi)$$

即合振动也是简谐振动.合振动的振幅 A 等于合矢量 A 的长度,合振动的初相 φ 就是合矢量的初角位置.在图 4-12 的 $\triangle OMM_1$ 中用余弦定理可求得合振幅为

$$A = \sqrt{A_1{}^2 + A_2{}^2 + 2A_1A_2\cos\Delta\Phi}$$

式中

$$\Delta\Phi = \varphi_2 - \varphi_1$$

为两个同频率振动的相差.由直角 $\triangle OMP$ 可以求得合振动的初相 φ 满足

图 4-12　两个同频率简谐振动合成的矢量图

$$\tan\varphi = \frac{A_1\sin\varphi_1 + A_2\sin\varphi_2}{A_1\cos\varphi_1 + A_2\cos\varphi_2}$$

φ 角的象限可以通过振动的矢量图直接判定.

对于两个振幅确定的分振动,合振幅随它们的相差 $\Delta\Phi = \varphi_2 - \varphi_1$ 而变.特别地,如果两个分振动同相,$\Delta\Phi = 2k\pi, k = 0, \pm 1, \pm 2, \cdots$,则得

$$A = \sqrt{A_1^2 + A_2^2 + 2A_1A_2} = A_1 + A_2$$

这时合振幅达到最大,称两个振动相互加强.

如果两个分振动反相,$\Delta\Phi = (2k+1)\pi, k = 0, \pm 1, \pm 2, \cdots$,则得

$$A = \sqrt{A_1^2 + A_2^2 - 2A_1A_2} = |A_1 - A_2|$$

这时合振幅最小,称两个振动相互抵消.在实际问题中,还常常有 $A_1 = A_2$ 的情况,此时合振幅 $A = 0$,说明两个同幅反相的振动合成的结果将使质点保持静止状态.

例 4-7　有一个质点参与两个简谐振动,第一个分振动为 $x_1 = 0.3\cos\omega t$,合振动为 $x = 0.4\sin\omega t$,求第二个分振动.

解　把合振动改写为

$$x = 0.4\cos\left(\omega t - \frac{\pi}{2}\right)$$

$t = 0$ 时振动合成的矢量图见图 4-13.由于图中的直角 $\triangle OPQ$ 正好满足"勾三股四弦五"的条件,于是可直接由勾股定理得到第二个分振动的振幅,即它的旋转矢量 A_2 的长度为 $A_2 = 0.5$.亦可直接得到第二个分振动的初相位,即旋转矢量 A_2 与 x 轴的夹角 $\varphi_2 = -90° - 37° = -127°$,故第二个分振动为

$$x_2 = 0.5\cos(\omega t - 127°)$$

例 4-8　求简谐振动的合振动 $x = \sum_{k=0}^{4} a\cos\left(\omega t + \frac{k\pi}{4}\right)$.

解　图 4-14 是 5 个同方向、同频率的简谐振动的合振动在 $t=0$ 时合成的矢量图. 此处采用多边形求和的方法，从图中可以看出，合振动的振幅为 $A=(1+\sqrt{2})a$，合振动的初相为 $\varphi=\dfrac{\pi}{2}$，故合振动为

$$x=(1+\sqrt{2})a\cos\left(\omega t+\frac{\pi}{2}\right)$$

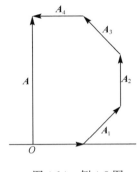

图 4-13　例 4-7 图　　　　　　　　　图 4-14　例 4-8 图

4.4.2　两个同方向、不同频率简谐振动的合成

如果两个同方向简谐振动的频率并不相同，则在矢量图示法中，A_1 和 A_2 的转动速度也不相同. 这样，A_1 和 A_2 之间的相位差将随着时间而改变. 这时，和矢量 A 的长度和角速度都将随时间而改变. 和矢量 A 所代表的合振动虽然仍与原来振动的方向相同，但不再是简谐振动，而是比较复杂的运动. 研究频率相近的两个振动的情况，实际上颇为重要. 这时，合振动具有特殊的性质，合振动的振幅随时间发生周期性的变化，这种现象称为拍. 我们可以用演示实验来证实这种现象. 取两支频率相同的音叉，在一个音叉上套一个小铁圈，使它的频率有很小的变化. 如果分别敲击这两支音叉，我们听到的声强是均匀的；如果同时敲击这两支音叉，听到"嗡""嗡""嗡"……的声音，反映出合振动的振幅存在时强时弱的周期性变化. 这就是拍的现象.

我们把这两个简谐振动（设它们的角频率很接近，分别为 ω_1 和 ω_2，且 $\omega_2>\omega_1$，而初相相同）的振动方程写为

$$x_1=A_1\cos(\omega_1 t+\varphi_0)$$
$$x_2=A_2\cos(\omega_2 t+\varphi_0)$$

根据运动叠加原理，两者的合振动是

$$x=x_1+x_2=A_1\cos(\omega_1 t+\varphi_0)+A_2\cos(\omega_2 t+\varphi_0)$$

为方便计算，设两者的振幅相等，即令 $A_1=A_2=A$，则上式可写成

$$x=2A\cos\left(\frac{\omega_2-\omega_1}{2}t\right)\cos\left(\frac{\omega_2+\omega_1}{2}t+\varphi_0\right)$$

在 $\omega_2 - \omega_1$ 远小于 ω_1 或 ω_2 的情况下，式中第一项因子随时间作缓慢地变化，第二项因子是角频率近于 ω_1 或 ω_2 的简谐函数，因此合成运动可近似看成是角频率为 $\dfrac{\omega_2 + \omega_1}{2} \approx \omega_1 \approx \omega_2$、振幅为 $\left| 2A\cos\left(\dfrac{\omega_2 - \omega_1}{2}t\right) \right|$ 的简谐振动。由于振幅的缓慢变化是周期性的，所以振动出现时强时弱的拍的现象。

图 4-15 给出两个分振动以及合振动的图形。从图中看出，合振动的振幅作缓慢的变化。由于振幅总是正值，而余弦函数的绝对值以 π 为周期，因而振幅变化周期 τ 可由 $\left| \dfrac{\omega_2 - \omega_1}{2\pi} \right| \tau = \pi$ 决定，故振幅变化的频率即拍频

$$\nu_{拍} = \frac{1}{\tau} = \left| \frac{\omega_2 - \omega_1}{2\pi} \right| = |\nu_2 - \nu_1|$$

拍频的数值等于两个振动频率之差。

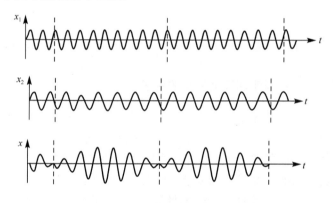

图 4-15　拍的形成

拍现象在技术上有重要应用。例如，管乐器中的双簧管就是利用两个簧片振动频率的微小差别产生颤动的拍音；调整乐器时，使它和标准音叉出现的拍音消失来校准乐器；还可以用来测量频率：如果已知一个高频振动频率，使它和另一频率相近但未知的振动叠加，测量合成振动的拍频，就可以求出未知的频率。拍现象常用于汽车速度监视器、地面卫星跟踪等。此外，在各种电子学测量仪器中，也常常用到拍现象。

4.4.3　两个相互垂直同频率简谐振动的合成

如果一质点同时参与两个不同方向的振动，质点的位移是这两个振动的位移的矢量和。在一般情形下，质点将在平面上做曲线运动。质点的轨道可有各种形状。轨道的形状由两个振动的周期、振幅和相位差决定。

下面讨论两个相互垂直、同频率的简谐振动的合成. 设两个简谐振动分别在 x 轴和 y 轴上进行, 振动表达式分别为

$$x = A_1\cos(\omega t + \varphi_{10})$$
$$y = A_2\cos(\omega t + \varphi_{20})$$

式中, ω 为两个振动的角频率; A_1、A_2 和 φ_{10}、φ_{20} 分别为两振动的振幅和初相位. 在任一时刻 t, 质点的位置是 (x,y), t 改变时, (x,y) 也改变. 所以上述两个方程就是用参量 t 来表示质点运动轨道的参量方程. 如果把参量 t 消去, 就得到轨道的直角坐标方程

$$\frac{x^2}{A_1^2} + \frac{y^2}{A_2^2} - 2\frac{xy}{A_1A_2}\cos(\varphi_{20} - \varphi_{10}) = \sin^2(\varphi_{20} - \varphi_{10})$$

一般情况下, 上述方程是椭圆方程. 下面分析几种特殊情形.

(1) $\varphi_{20} - \varphi_{10} = 0$, 即两振动同相. 在这种情况下, 直角坐标方程变为

$$\left(\frac{x}{A_1} - \frac{y}{A_2}\right)^2 = 0$$

亦即

$$\frac{x}{A_1} = \frac{y}{A_2}$$

因此, 质点的轨道是一条直线, 此直线通过坐标原点, 斜率为这两个振动振幅之比 $\dfrac{A_2}{A_1}$ (图 4-16(a)).

(2) $\varphi_{20} - \varphi_{10} = \pi$, 即两振动反相, 就有

$$y = -\frac{A_2}{A_1}x$$

因此, 质点的轨道是一条直线, 此直线通过坐标原点, 斜率为这两个振动振幅之比 $-\dfrac{A_2}{A_1}$ (图 4-16(b)).

(3) $\varphi_{20} - \varphi_{10} = \dfrac{\pi}{2}$ 时, 就有

$$\frac{x^2}{A_1^2} + \frac{y^2}{A_2^2} = 1$$

即质点运动的轨道是以坐标轴为主轴的椭圆(图 4-16(c)).

(4) $\varphi_{20} - \varphi_{10} = -\dfrac{\pi}{2}$ 时, 即质点运动的轨道是以坐标轴为主轴的椭圆, 但运动方向与上例相反(图 4-16(d)).

(5) 当两个等幅 ($A_1 = A_2$) 的振动相位差为 $\varphi_{20} - \varphi_{10} = \pm\dfrac{\pi}{2}$ 时, 椭圆将变为圆 (图 4-16(e)和(f)).

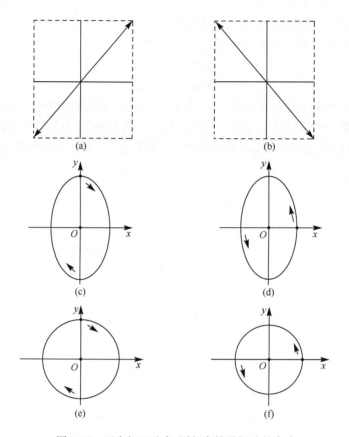

图 4-16　两个相互垂直、同频率简谐振动的合成

以上讨论也说明：一个沿直线的简谐振动、匀速圆周运动和一些椭圆运动都可以分解成两个相互垂直的简谐振动. 通过了解这些例子，可使我们对运动叠加原理的认识更加深刻.

4. 4. 4　两个相互垂直、不同频率简谐振动的合成

下面讨论两个相互垂直、不同频率的简谐振动的合成. 设两个简谐振动分别在 x 轴和 y 轴上进行，振动表达式分别为

$$x = A_1 \cos (\omega_1 t + \varphi_{10})$$
$$y = A_2 \cos (\omega_2 t + \varphi_{20})$$

因此这两个振动的相位差为 $(\omega_2 - \omega_1)t + (\varphi_{20} - \varphi_{10})$，它不是定值，而是随时间变化的. 所以，一般说来质点的轨道不能形成稳定的图案，合振动的情况十分复杂.

图 4-17 给出几幅典型的李萨如图形.

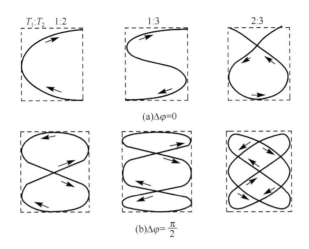

图 4-17 具有简单频率比、不同初相差的李萨如图形

4.5 阻尼振动 受迫振动 共振

4.5.1 阻尼振动

前面所讨论的简谐振动,振动都是在没有阻力作用下进行的,是一种理想化振动,振幅不随时间变化,也就是说,这种振动一旦发生,就能永不停息地以不变的振幅振动下去,整个过程中总能量保持不变. 一个振动物体不受任何阻力的影响,只在回复力作用下的振动,称为无阻尼自由振动. 然而任何真实物理系统的振动,都存在阻力. 在阻力作用下,振动系统所具有的能量将在振动过程中逐渐减少,最终能量耗尽,振动停止. 我们把在回复力和阻力作用下的振动称为阻尼振动.

阻尼振动能量损失的原因通常有两种:一种是由于介质对振动物体的摩擦阻力,振动系统的能量逐渐转变为热运动的能量,叫摩擦阻尼;另一种是由振动物体引起邻近质点的振动,系统的能量逐渐向四周辐射出去,转变为波动的能量,叫辐射阻尼. 例如,音叉的振动不仅因为摩擦而损失能量,同时也因辐射声波而减少能量. 摩擦阻尼与辐射阻尼对振动系统的作用虽然不同,但由于能量的减少而对振动的影响效果是相同的,所以常把辐射阻尼当成某种等效的摩擦阻尼来处理. 下面我们仅考虑摩擦阻尼这一简单情况,在物体速度不太大时,阻力与速度大小成正比,方向总是和速度相反,即

$$F_{\mathrm{f}} = -\gamma v = -\gamma \frac{\mathrm{d}x}{\mathrm{d}t}$$

式中,γ 称为阻力系数,它的大小由物体的形状、大小和介质的性质决定.

设振动物体的质量为 m,在弹性力和阻力作用下运动,则物体的运动方程为

$$m \frac{\mathrm{d}^2 x}{\mathrm{d}t^2} = -kx - \gamma \frac{\mathrm{d}x}{\mathrm{d}t}$$

令 $\dfrac{k}{m} = \omega_0^2$，$\dfrac{\gamma}{m} = 2\beta$，这里 ω_0 为无阻尼时振子的固有角频率，β 为阻尼因子，代入运动方程得

$$\frac{\mathrm{d}^2 x}{\mathrm{d}t^2} + 2\beta\frac{\mathrm{d}x}{\mathrm{d}t} + \omega_0^2 x = 0$$

在 $\beta < \omega_0$ 的条件下，即阻尼较小的情况，这个方程的解为

$$x = A_0 \mathrm{e}^{-\beta t} \cos(\omega' t + \varphi_0')$$

式中，$\omega' = \sqrt{\omega_0^2 - \beta^2}$，$A_0$ 和 φ_0' 为积分常数，可由初始条件决定. 图 4-18 是弱阻尼振动的位移-时间曲线. 从图中可以看到，在一个位移极大值之后，隔一段固定的时间，就出现下一个较小的极大值，因为位移不能在每一周期后恢复原值，所以严格来说，阻尼振动不是周期振动，我们常把阻尼振动叫做准周期性运动.

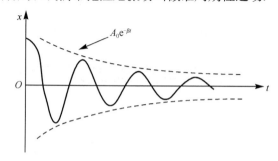

图 4-18　弱阻尼振动的位移与时间的关系

若 $\beta = \omega_0$，运动方程的解为

$$x = (A + Bt)\mathrm{e}^{-\beta t}$$

式中，A、B 为常数. 这种阻尼称为临界阻尼. 在此情况下，质点随着时间的增大而趋向于平衡位置. 但是质点的运动完全是非周期的，已经不再具有来回往复的特点. 处于临界阻尼的振动系统受到一个突然的冲击作用而偏离平衡状态时，退回到零点所需的时间是最小的，这个事实对于设计冲击电流计一类的记录仪器是很重要的.

若 $\beta > \omega_0$，阻尼比较大，称为过阻尼. 运动方程的解为

$$x = \mathrm{e}^{-\beta t}\left(A_1 \mathrm{e}^{\sqrt{\beta^2 - \omega_0^2}\, t} + A_2 \mathrm{e}^{-\sqrt{\beta^2 - \omega_0^2}\, t}\right)\mathrm{e}^{-\beta t}$$

式中，A_1 和 A_2 为常数. 在这种情况下，运动已不再具有振动特征.

在实际生产中，可以根据不同的需求，用不同的方法来控制阻尼的大小. 例如，各类机器为了减振、防振，都要加大振动时的摩擦阻尼；各种声源、乐器，总是希望它辐射足够大的声能，这就要加大它的辐射阻尼，各种弦乐器上的空气箱就能起到这种作用. 有时还需要利用临界阻尼，如在灵敏电流计等精密仪表中，为使人们能较快地和较准确地进行读数测量，常使电流计的偏转系统在临界阻尼状态下工作.

4.5.2　受迫振动

摩擦阻尼总是客观存在的,只能减少而不能完全消除它,所以实际的振动物体如果没有能量的不断补充,振动最后总要停止下来的. 在实践中,为了获得稳定的振动,通常是对振动系统作用一个周期性的外力. 物体在周期性外力的持续作用下发生的振动称为受迫振动. 这种周期性的外力称为驱动力. 许多实际的振动都属于受迫振动.

为简单起见,假设驱动力具有如下形式:

$$F = F_0 \cos \omega t$$

式中,F_0 为驱动力的幅值,ω 为驱动力的角频率. 物体在弹性力、阻力和驱动力的作用下,其运动方程为

$$m \frac{\mathrm{d}^2 x}{\mathrm{d}t^2} = -kx - \gamma \frac{\mathrm{d}x}{\mathrm{d}t} + F_0 \cos \omega t$$

令 $\dfrac{k}{m} = \omega_0^2$,$\dfrac{\gamma}{m} = 2\beta$,上式可写成

$$\frac{\mathrm{d}^2 x}{\mathrm{d}t^2} + 2\beta \frac{\mathrm{d}x}{\mathrm{d}t} + \omega_0^2 x = \frac{F_0}{m} \cos \omega t$$

在阻尼较小的情况下,上述方程的解为

$$x = A_0 \mathrm{e}^{-\beta t} \cos \left(\sqrt{\omega_0^2 - \beta^2}\, t + \varphi_0' \right) + A \cos (\omega t + \varphi_0)$$

此解表示,在驱动力开始作用的阶段,系统的振动是非常复杂的,可以看成是两个振动合成的,一个振动由上式的第一项表示,它是一个减幅的振动;另一个振动由上式的第二项表示,它是一个振幅不变的振动. 经过一段时间后,第一项分振动将减弱到可以忽略不计,余下的就是受迫振动达到稳定状态后的等幅振动,其表达式为

$$x = A \cos (\omega t + \varphi_0)$$

根据理论计算,可得

$$A = \frac{F_0}{m \sqrt{(\omega_0^2 - \omega^2)^2 + 4\beta^2 \omega^2}}$$

$$\tan \varphi_0 = -\frac{2\beta \omega}{\omega_0^2 - \omega^2}$$

在稳态时,速度为

$$v = \frac{\mathrm{d}x}{\mathrm{d}t} = v_{\mathrm{m}} \cos \left(\omega t + \varphi_0 + \frac{\pi}{2} \right)$$

式中

$$v_{\mathrm{m}} = \frac{\omega F_0}{m \sqrt{(\omega_0^2 - \omega^2)^2 + 4\beta^2 \omega^2}}$$

4.5.3 共振

对于一定的振动系统,如果驱动力的幅值一定,则受迫振动稳定态时的位移振幅随驱动力的频率而改变. 按 $A = \dfrac{F_0}{m\sqrt{(\omega_0^2 - \omega^2)^2 + 4\beta^2\omega^2}}$,可以画出不同阻尼时位移振幅和外力频率之间的关系曲线(图 4-19). 从图中可以看出,当驱动力的角频率为某个特定值时,位移振幅达到最大值,我们把这种位移振幅达到最大值的现象叫做位移共振.

受迫振动的速度在一定条件下也可发生共振,叫做速度共振. 速度公式对 ω 求导数,并令 $\dfrac{\mathrm{d}v_m}{\mathrm{d}\omega} = 0$,可求得共振频率为

$$\omega_{共振} = \omega_0$$

这表明当驱动力的频率等于系统固有频率 ω_0 时,速度幅值达到最大值. 在给定幅值的周期性外力作用下,振动时的阻尼越小,速度幅值的极大值越大,共振曲线就越尖锐(图 4-20).

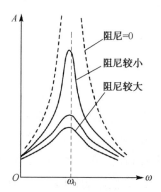 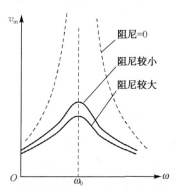

图 4-19 受迫振动的位移振幅与外力频率的关系   图 4-20 受迫振动的速度幅值与外力频率的关系

共振现象极为普遍,在声、光、无线电、原子物理及核物理以及工程技术领域中都会遇到. 共振现象有其有利的一面,但也可引起损害.

☞【工程应用】☞

共振现象及其应用

一、共振现象

任何物体产生振动后,由于其本身的构成、大小、形状等物理特性,原先以多种频率开始的振动,渐渐会固定在某一频率上振动,这个频率叫做该物体的固有频率. 当人们从外界再给这个物体加上一个策动力时,如果策动力的频率与该物体的固有频

率正好相同,物体振动的振幅达到最大,这种现象叫做共振.共振在声学中亦称"共鸣",它指的是物体因共振而发声的现象,如两个频率相同的音叉靠近,其中一个振动发声时,另一个也会发声.在电学中,振荡电路的共振现象称为谐振.一般来说,一个系统有多个共振频率,在这些频率上振动比较容易,在其他频率上振动比较困难.物体产生共振时,由于它能从外界的策动源处取得最多的能量,往往会产生一些意想不到的后果.产生共振的重要条件之一,就是要有弹性,而且一个物体受外来的频率作用时,它的频率要与后者的频率相同或基本相近.从总体上来看,宇宙的大多数物质是有弹性的,大到行星小到原子,几乎都能以一个或多个固有频率来振动.

共振技术普遍应用于机械、化学、力学、电磁学、光学及分子、原子物理学、工程技术等几乎所有的科技领域.如音响设备中扬声器纸盆的振动,各种弦乐器中音腔在共鸣箱中的振动等利用了力学共振;电磁波的接收和发射利用了电磁共振;激光的产生利用了光学共振;医疗技术中则利用了已经非常普及的核磁共振等.21世纪初正在蓬勃发展的信息技术、基因科学、纳米材料、航天科技中,更是大量运用了共振技术,而且随着科学的发展,可以预见,共振将会对社会产生更加巨大的影响.

二、共振的物理原理

共振是受迫振动的一个特例.

1. 受迫振动

对于非保守系统,如果要维持振动得以继续,外界必须补充能量,补充能量的驱动力为周期性力,则物体在周期性外力的持续作用下发生的振动称为受迫振动.设周期力为

$$f_{\text{驱}} = F\cos\omega t$$

式中,F、ω分别为驱动力的幅值和角频率.它的运动方程为

$$\frac{\mathrm{d}^2 s}{\mathrm{d}t^2} + 2\beta\frac{\mathrm{d}s}{\mathrm{d}t} + \omega_0^2 s = \frac{F}{m}\cos\omega t \tag{4-1}$$

式中,β、ω_0分别为阻尼因子和固有角频率.式(4-1)的定态解为

$$s(t) = A\cos(\omega t + \varphi)$$

则受迫振动的位移振幅为

$$A = \frac{F}{m}\frac{1}{\sqrt{(\omega_0^2 - \omega^2)^2 + 4\beta^2\omega^2}} \tag{4-2}$$

位移与驱动力的相位差为

$$\varphi = \arctan\frac{-2\beta\omega}{\omega_0^2 - \omega^2}$$

受迫振动的频率等于驱动力的频率.它的振幅、位移与驱动力的相位差由ω_0、ω、$\frac{F}{m}$等因素决定.

2. 位移共振

受迫振动的位移振幅为式(4-2)，以 A 为纵坐标，ω 为横坐标作一曲线，称为位移-频率响应曲线（图 4-21）。由图可见，当外加频率改变时，位移振幅 A 随之改变，且有一最大值，阻尼因子 β 越小，峰值越尖锐，这种现象叫做位移共振。

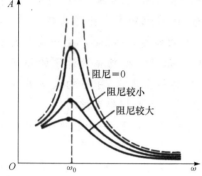

图 4-21 位移振幅与外力频率的关系

位移振幅也就越大，见图 4-21。

由 $\dfrac{dA}{d\omega}=0$，求得位移共振频率为

$$\omega=\sqrt{\omega_0^2-2\beta^2}$$

共振时位移振幅为

$$A_{极大}=\dfrac{F}{2m\beta\sqrt{\omega_0^2-\beta^2}} \tag{4-3}$$

可见位移共振时，β 越小，$\omega_{共振}$ 越接近 ω_0，共振位移振幅也就越大，见图 4-21。

3. 速度共振

受迫振动的速度振幅为

$$\upsilon=\dfrac{F\omega}{m\sqrt{(\omega_0^2-\omega^2)^2+4\beta^2\omega^2}} \tag{4-4}$$

速度振幅 υ 随 ω_0 的改变而改变，且有一极大值，这种现象称为速度共振。

由 $\dfrac{d\upsilon}{d\omega_0}=0$，求得速度共振频率 $\omega=\omega_0$，共振时，速度振幅为

$$\upsilon_m=\dfrac{F}{2m\beta}$$

速度共振频率 $\omega=\omega_0$ 不随 β 而变。振动时的阻尼越小，速度幅值的极大值越大。

由于速度振动的相位超前位移振动的相位 $\dfrac{\pi}{2}$，故速度振动与强迫力同相位，因此，策动力总是对系统做正功，系统得到持续的能量补充，所以产生共振。

4. 加速度共振

系统做受迫振动时，其加速度振幅为

$$a_m=\dfrac{m\omega^2}{\sqrt{(\omega_0^2-\omega^2)^2+4\beta^2\omega^2}} \tag{4-5}$$

由 $\dfrac{da_m}{d\omega}=0$ 得 $\omega=\dfrac{\omega_0^2}{\sqrt{\omega_0^2-2\beta^2}}>\omega_0$ 时，a_m 有极大值。

三种共振都有很大的振幅，其中位移共振的振幅最大。

三、共振应用实例

1. 共振创造了宇宙

共振现象可以说是一种宇宙间最普遍和最频繁的自然现象之一，所以在某种程

度上甚至可以这么说,是共振产生了宇宙和世间万物,没有共振就没有世界.

天体物理学家普遍认为,宇宙的起源是"大爆炸",而促使大爆炸产生的根本原因之一,便是共振.当宇宙还处于混沌的奇点时,里面就开始产生了振荡.最初的时候,这种振荡是非常微弱的.当振荡的频率越来越高,越来越强,就引起了共振.最后,在共振和膨胀的共同作用下,导致了一阵惊天动地的轰然巨响,宇宙在瞬间急剧膨胀、扩张,然后就产生了日月星辰,于是,在地球上便有了日月经天、江河行地,也有了植物蓬勃生长、动物飞翔腾跃.

共振不仅创造出了宏观的宇宙,而且微观物质世界的产生也与共振有着密不可分的关系.从电磁波谱看,微观世界中的原子核、电子、光子等物质运动的能量都是以波动的形式传递的.宇宙诞生初期的化学元素,也可以说是通过共振合成和产生的.有一些非常微小粒子在共振的作用之下,在 100 万亿分之一秒的瞬间互相结合起来,于是新的化学元素便产生了.因为宇宙中这些粒子的生成与共振有着如此密切的关系,所以粒子物理学家经常把粒子称为"共振体".

2. 生物中的共振

共振是宇宙间一切物质运动的普遍规律,普遍存在于人及其他的生物中.人的呼吸、心跳、血液循环等都有其固有频率,人的大脑进行思维活动时产生的脑电波也会发生共振现象.我们喉咙间发出的每个颤动,都是因为与空气产生了共振,形成了一个个音节,构成一句句语言.

共振现象在其他动物身上也同样普遍地存在着.如蝉儿发出的"知了"声,蟋蟀和蝈蝈发出的叫声,都是借助了共振的原理,靠摩擦身体的某一部位与空气产生共鸣而发声.

现在瘦身技术越来越受到人们的青睐.共振溶脂是目前流行的溶脂减肥技术,它采用共振原理,在电脑模糊程序控制下,产生和脂肪细胞固有频率相同的共振波,这种共振波选择性地破碎脂肪细胞,使其呈液态,而不与皮肤、血管及神经组织发生共振,因而不损伤脂肪周围组织.医生在手术前会根据人体的美学标准为患者进行全方位的设计,在吸脂的同时进行身体塑型,精心雕琢身体的每个部位,以达到患者满意的减肥瘦身效果.

3. 共振吸收

我们知道,紫外线是太阳发出的一种射线,人类及各种生物若遭受过量的紫外线会使生物的机能遭到严重的破坏.然而大气层中的臭氧层,借助于共振的威力,阻止了紫外线的长驱直入.当紫外线经过大气层时,臭氧层的振动频率恰恰能与紫外线产生共振,因而就使这种振动吸收了大部分的紫外线,使我们不被射线伤害.紫外线虽然经过臭氧层的堵截围追,但仍有少部分紫外线能够成功地突破大气层,到达地球表面.这部分紫外线经过地球吸收后,能量减少,变为红外线,扩散回大气中.而红外线的热量又恰好能和二氧化碳产生共振,被共振吸收在大气层中,使地球维持在适当的温度,给地球生命创造出一个冷热适宜的生长环境.

我们所熟知的植物的光合作用,亦是叶绿素与某些可见光共振,才能吸收阳光,产生氧气与养分. 所以如果没有共振，植物便不能生长，人类和许多动物就会因此失去食物的来源.

4. 乐器中的共振

唐朝的时候，洛阳的一座寺院里发生了一件怪事. 寺院的房间里有一口铜铸的磬，没人敲它，却常常自己"嗡嗡"地响起来. 查其原因，发现这口磬和饭堂的一口大钟在发声时，每秒钟的振动次数——频率正好相同. 每当小和尚敲响大钟时，大钟的振动使得周围的空气也随着振动起来，当声波传到老和尚房内的磬上时，由于磬的频率与声波频率相同，磬也跟着振动起来，发出了"嗡嗡"的响声. 这就是共振现象，也叫共鸣. 共鸣的用处也非常多，如胡琴、扬琴、琵琶、提琴、钢琴等乐器都有形状、大小不一的共鸣箱，当你兴致勃勃地弹奏这些乐器时，琴弦的振动通过共鸣箱中空气的共鸣，使发出来的琴声不仅响亮，而且音乐丰满、悠扬动听. 专家研究认为，音乐的频率、节奏和有规律的声波振动是一种物理能量，而适度的物理能量会引起人体组织细胞发生和谐共振现象，这种声波引起的共振现象，会直接影响人的脑电波、心率、呼吸节奏等，使细胞体产生轻度共振，使人有一种舒适、安逸感，音律的变化使人的身体有一种充实、流畅的感觉.

5. 工程技术中的共振

随着科技的发展和对共振研究的深入，共振在我们的社会和生活中"振荡"得更为频繁了. 如无线电中的电谐振等，就是使系统固有频率与驱动力的频率相同，发生共振. 我们在建筑工地经常可以看到，建筑工人在浇灌混凝土的墙壁或地板时，为了提高质量，总是一边灌混凝土，一边用振荡器进行振荡，使混凝土之间由于振荡的作用而变得更紧密、更结实. 此外，粉碎机、测振仪、电振泵、测速仪等，也都是利用共振现象进行工作的.

有一种共振性的消声器，由开有许多小孔的孔板和空腔所构成. 当传来的噪声频率与共振器的固有频率相同时，就会跟小孔内空气柱产生剧烈共振. 这样，声音能在共振时转变为热能，使大部分噪声被吸收掉. 收音机的调谐也是利用共振来接收某一频率的电台广播. 生活中常用的微波炉的加热原理也是利用共振加热的.

粒子加速器也运用了共振原理. 在粒子物理中，每一种能量都有对应的频率，反之亦然，这是很自然的物质互补原理，既有波又有粒子的特性. 物质因为具有波的性质，也就有了频率. 粒子加速器就是运用了共振原理，把许多小小的"波纹"叠加起来，结果变成很大的"波峰"，可把电子或质子推到近于光速，在高速的相撞下产生新粒子.

四、共振的危害与消除

任何事物都有两面性，共振并非完全都是有利的，也有着非常巨大的危害性. 人们最为熟知的一个例子：19世纪中叶，法国昂热市一座102m长的大桥上有一队士兵经过. 当他们在指挥官的口令下迈着整齐的步伐过桥时，桥梁突然断裂，造成226名官兵和行人丧生.究其原因是共振造成的.当大队士兵迈正步走的频率正好与大桥的固有频率一致时,桥的振动加强,当它的振幅达到最大以至超过桥梁的抗压力时,桥就断了.因此,大队人马过桥时,要改齐走为便步走.

在我国西北一带,山头终年积雪.往往一次偶然的大吼声,厚厚的雪层就会因为共振而崩塌下来,因此攀登雪山的队员不能大声说话.

给人类带来重大伤亡和财产损失的地震,其中亦有共振的结果.当地壳里的某一板块发生断裂时,产生的波动频率传到地面上,与建筑物产生强烈的共振,造成了屋毁人亡的惨剧.

对人危害程度尤为厉害的是次声波所产生的共振.次声波是一种每秒钟振动很少且人耳听不到的声波.次声波的声波频率很低,波长却很长,不易衰减.海浪咆哮、雷鸣电闪、飞机飞行和我们身边的小型动力设备(如鼓风机、电风扇、车辆发动机等)都可以产生次声波.次声如果和周围物体发生共振,能放出相当大的能量,如 4~8Hz 的次声能在人的腹腔里产生共振,可使心脏出现强烈共振和肺壁受损.

实际上,共振的危害程度和范围远远不止于此.例如,持续发出的某种频率的声音会使玻璃杯破碎;机器的运转可以因共振而损坏机座;行驶着的汽车,如果轮转周期正好与弹簧的固有节奏同步,所产生的共振就能导致汽车失去控制,从而造成车毁人亡.

人类也在其技术中试图避免共振危害.防止共振的最好的方法是改变物体的固有频率,使之与外来作用力的频率相差越大越好.人们经过实践,总结出许多消除共振的办法.例如,人们在电影院、播音室等对隔音要求很高的地方,常常采用加装海绵、塑料泡沫或布帘的办法,使声音的频率在碰到这些柔软的物体时,不能与它们产生共振,而是被它们吸收掉.又如,电动机要安装在水泥浇注的地基上,与大地牢牢相连,或要安装在很重的底盘上,使基础部分的固有频率增加,以增大与电机的振动频率之差来防止基础的振动.另外,还可以用消声器使大街上连绵不断的噪声被吸收掉一部分.

总之,要将共振充分运用到各个科学领域,还要防止共振现象给生活、工作、环境带来危害.

习题4

一、选择题

1.某质点按余弦规律振动,它的 x-t 曲线如图 4-22 所示,那么该质点的振动初相位为(   ).

A. 0　　　　B. $\frac{\pi}{2}$　　　　C. $-\frac{\pi}{2}$　　　　D. π

2.摆球质量为 m,摆长为 l 的单摆,当其做角谐振动时,从正向最大偏移位置运动到正向角位移一半处,所需的最短时间是(   ).

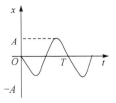

图 4-22　选择题 1

A. $\dfrac{\pi}{3}\sqrt{\dfrac{l}{g}}$ 　　　B. $\dfrac{\pi}{4}\sqrt{\dfrac{l}{g}}$ 　　　C. $\dfrac{2\pi}{3}\sqrt{\dfrac{l}{g}}$　　　D. $\dfrac{2\pi}{9}\sqrt{\dfrac{l}{g}}$

3. 对一个做简谐振动的物体，下面哪种说法是正确的（　　）.

A. 物体处在运动正方向的端点时，速度和加速度都达到最大值

B. 物体位于平衡位置且向负方向运动时，速度和加速度都为零

C. 物体位于平衡位置且向正方向运动时，速度最大，加速度为零

D. 物体处在负方向的端点时，速度最大，加速度为零

4. 两个同方向、同频率、等振幅的简谐振动合成后振幅仍为 A，则这两个分振动的相位差为（　　）.

A. 60°　　　B. 90°　　　C. 120°　　　D. 180°

5. 用余弦函数描述简谐振子的振动，若其速度-时间

（v-t）关系曲线如图 4-23 所示，则振动的初相位为（　　）.

A. $\pi/6$　　　　　　　　　　B. $\pi/3$

C. $\pi/2$　　　　　　　　　　D. $2\pi/3$

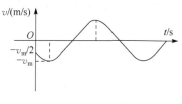

6. 一质点以周期 T 做谐振动，试从下列所给数值中找出质点由平衡位置到最大位移一半处的时间为（　　）.

A. $T/4$　　　　　　　　　　B. $T/6$

C. $T/8$　　　　　　　　　　D. $T/12$

图 4-23　选择题 5

二、计算题

1. 一个沿 x 轴做简谐振动的弹簧振子，振幅为 A，周期为 T，其振动方程用余弦函数表示. 如 $t=0$ 时，质点的状态分别是：(1) $x_0=-A$；(2) 过平衡位置向正向运动；(3) $x_0=A/2$ 且向负向运动；(4) $x_0=\dfrac{A}{\sqrt{2}}$ 且向负向运动. 试求以上四种情况的振动方程.

2. 一个质量为 0.20kg 的质点做简谐振动，其振动方程为 $x=0.6\sin\left(5t-\dfrac{\pi}{2}\right)$（$x$ 以 m 计，t 以 s 计）. 求：(1) 该振动的振幅和周期；(2) 该质点的初始位置和始速度；(3) 质点在最大位移一半处且向 x 轴正向运动的时刻，它所受的力、速度和加速度.

3. 两质点做同频率、同振幅的简谐运动. 第一个质点的运动方程为 $x_1=A\cos(\omega t+\varphi_0)$，当第一个质点自振动正方向回到平衡位置时，第二个质点恰好在振动正方向的端点. 试用旋转矢量图表示它们，并求第二个质点的运动方程及它们的相位差.

4. 已知两谐振子的 v-t 曲线，如图 4-24 所示. 它们是同方向、同频率的谐振动. 求：(1) 这两个谐振动的振动方程；(2) 它们的合振动方程.

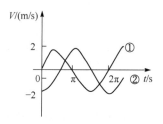

图 4-24　计算题 4

第5章

波动学基础

5.1 机 械 波

5.1.1 机械波的产生与传播

1.机械波产生的条件

波动是振动的传播过程,简称波.波动是物质运动的一种很普遍的形式.波动可分为两大类:一类是机械波,即机械振动在介质中的传播过程,如声波、水波等;另一类是电磁波,即变化电场和变化磁场在空间的传播过程,如光波、无线电波等.机械波与电磁波都具有波动的共同特征,但本质上不同.本章将讨论机械波的特征和基本规律.要产生机械波,首先要有一个振动的物体,即波的激发源,称为波源.波源的外面还得有能够传播这种机械振动的介质.形成机械波必须要求介质有弹性,没有弹性或完全刚性的介质内是不能形成机械波的.在弹性介质中,各质点间是以弹性力互相联系的.通过弹性力,各质点陆续介入振动,使振动的状态向外传播出去,形成波动.由此可见,波源和弹性介质是机械波产生的两个必要条件.如人发声时,人的声带就会发生振动,声带就是波源,空气就是传递声音的介质.

2.机械波的传播

我们以绳中产生的波为例来分析一个简单的、理想的模型,看机械波是如何由波源产生并在介质中传播的.如图 5-1 所示,一根绳子沿 x 轴放置,绳子的左端 O 点有一个波源,它在进行简谐振动.波源带动绳子,就有波不断从 O 点生成并沿 x 轴向前传播.波的图形称为波形,对于机械波来说,波的传播过程也就是波形推进的过程.波的传播速度称为波速,观察表明,波在绳子上是匀速传播的.随着时间的延续,可以看到,波源随时间的余弦振动在空间被匀速地展开,也生成一条余弦曲线,曲线沿着波的传播方向不断向前平移.

在波的讨论中,有一点应该注意,就是要把波的传播速度和质点的振动速度区分开来.在图中可以看出,波速是振动状态传播的速度,波一直向前传播;而波动中介质质点的振动速度是质点的运动速度,是往复变化的,质点在平衡位置附近来回运动而并不随波逐流.

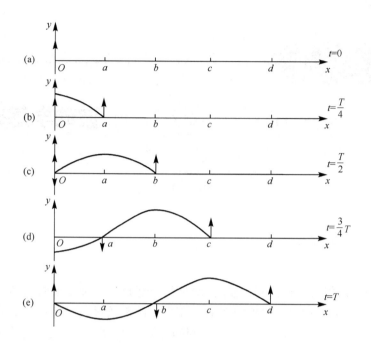

图 5-1　机械波的形成与传播

下面来定量地讨论这个模型. 我们用 x 表示波动中各质点的平衡位置, 用 y 表示它们振动的位移. 于是, 图 5-1 中 O 点的振动方程为

$$y_0 = A\cos\left(\omega t - \frac{\pi}{2}\right)$$

$t=0$ 时（见图 5-1(a)）, O 点的相位是 $-\pi/2$, 它处在平衡位置, 且向正方向运动. 到 $t = T/4$ 时, O 点的相位变为 0, 它的位移为正最大. 此时 O 点的下一个考察点 a 处在平衡位置, 且向正方向运动, 相位为 $-\pi/2$, 这正是 $t = 0$ 时 O 点的相位. 到 $t = T/2$ 时, O 点的相位为 $\pi/2$, 它处在平衡位置, 且向负方向运动. 此时 a 点的相位为 0, a 点下一个考察点 b 的相位为 $-\pi/2$. 直到 $t = T$ 时, 从 O 点开始, 沿传播的方向看过去, a, b, c, d 各点的相位依次为 $3\pi/2, \pi, \pi/2, 0, -\pi/2$, 是由近及远依次落后的.

5.1.2　机械波的特征

从图 5-1 中我们可以看出简谐波的传播有如下两个基本特点：

(1) 各质点振动的周期与波源相同, 都等于 T, 也就是说它们在进行同频率振动.

(2) 如果在同一时刻（如 $t = T$ 时刻）考察各点的相位, 振动的相位是从波源开始由近及远依次落后的. 我们在不同的时刻考察同一个相位, 如相位 $-\pi/2$, 从图 5-1 中可以看到, $t = 0$ 时它在 O 点, $t = T/4$ 时到达 a 点, 然后才到达 b, c, d 点, 是在由近及远地向前推进, 这就是波的传播概念. 波的传播实质上是相位的传播, 是在描述波动中各质点之间相位的关系. 它是波动中最基本的概念之一.

5.1.3　横波与纵波

　　按照波的传播方向和质点振动的方向之间的关系, 我们可以把波分为横波和纵波两种类型. 在波动中, 如果质点振动的方向和波的传播方向相互垂直, 这种波称为横波. 前面所说的绳波就是横波, 横波的图像是峰和谷相间的图形. 如果在波动中, 质点的振动方向和波的传播方向相互平行, 这种波称为纵波. 如图 5-2 所示, 将一根弹簧水平放置, 扰动弹簧的左端使其沿水平方向左右振动, 就可以看到这种振动状态沿着弹簧向右传播. 纵波的图像是疏密相间的图形. 例如, 在空气中传播的声波也是纵波.

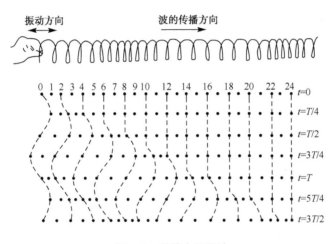

图 5-2　弹簧中的纵波

5.1.4　描写波的物理量

　　1. 波速

　　波的传播实际上是振动状态, 即相位的传播, 因而, 波速实际上指的是相位的传播速度, 即相速度 (相速), 即在介质中波源的振动在单位时间内传递的距离. 波速取决于波所处介质的特性. 例如, 在固体中, 纵波和横波的传播速度可分别用下列两式计算:

$$u = \sqrt{\frac{Y}{\rho}} \quad （纵波）$$

$$u = \sqrt{\frac{G}{\rho}} \quad （横波）$$

式中, G 和 Y 分别为介质的切变模量和杨氏模量, ρ 为介质的质量密度.

柔软绳索和弦线中传播的横波的速度为

$$u = \sqrt{\frac{F}{\mu}}$$

式中，F 为绳索或弦线中的张力，μ 为绳索或弦线单位长度的质量.

液体和气体只有体变弹性，液体和气体中不可能发生切变，所以不可能传播横波. 液体和气体中只能传播与体变有关的弹性纵波. 理论证明在液体和气体中纵波传播速度为

$$u = \sqrt{\frac{B}{\rho}}$$

式中，B 为介质的体变弹性模量，ρ 为介质的质量密度. 对于理想气体，根据分子动理论和热力学，可推出声速公式

$$u = \sqrt{\frac{\gamma p}{\rho}} = \sqrt{\frac{\gamma RT}{M_m}}$$

式中，M_m 为气体的摩尔质量，γ 为气体的比热容比，p 为气体的压强，T 为热力学温度，R 为摩尔气体常量.

2. 振幅（波幅）

波在形成后，各个质元振动的振幅叫做波的振幅或波幅. 除平面波外，介质中各处的波幅一般是不相等的.

3. 波长和频率

简谐波传播时，其图像是周期性的，我们把波的同一传播线上两个相邻的同相点（相位差为 2π）之间的距离称为波的波长，用 λ 表示. 由此我们可以判定，相距为整数个波长的两点的振动肯定是同相的（相位差为 $N\,2\pi$）. 两个相邻的同相点之间的这一段波称为一个完整波，因而波长也即一个完整波的长度. 波长描述波的空间周期性. 在横波的情况下，波长 λ 等于两相邻波峰或两相邻波谷之间的距离；而在纵波情形下，波长 λ 等于两相邻密部或两相邻疏部中心之间的距离.

一个完整波通过介质中一点所需的时间，叫做波的周期，用 T 表示. 一个完整波通过这一点的过程中，该处的质点将进行一次全振动，所以波的周期就是该质点的振动周期，也就是波动中介质的所有质点振动的周期. 容易知道，波速 u、波长和 λ 周期 T 三者之间有如下的简单关系：

$$u = \frac{\lambda}{T}$$

周期的倒数称为波的频率，用 ν 表示. 频率表示单位时间通过介质中一点的完整波的数目，或波动中介质质点的振动频率，由于 $\nu = \dfrac{1}{T}$，所以

$$u = \frac{\lambda}{T} = \nu\lambda$$

这是最常见的波速、波长和频率之间的基本关系式. 它的物理意义是明显的，即 1s 内

通过波线上一点的完整波的数目乘上每个完整波的长度,就等于波向前推进的速度,也就是波的传播速度(图 5-3).

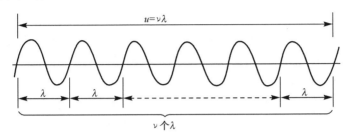

图 5-3　波长、频率和波速的关系

4. 波阵面和波射线

我们把波动过程中介质中振动相位相同的点连成的面称为波阵面,简称波面,把波面中走在最前面的那个波面称为波前.由于波面上各点的相位相同,所以波面是同相面.波面是平面的波称为平面波(图 5-4(a)),波面是球面的波称为球面波(图 5-4(b)).

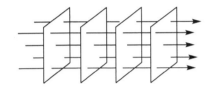
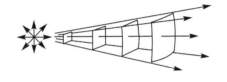

(a)平面波的波阵面和波线　　　　　　　(b)球面波的波阵面和波线(只画出了球面波的一部分)

图 5-4　平面波和球面波的波阵面与波线

描述波的传播方向的有向曲线称为波射线,简称波线.在各向同性的介质中,波线总是与波面垂直,且指向振动相位降落的方向.所以,平面波的波线是垂直于波阵面的平行直线,球面波的波线是以波源为中心沿半径方向的直线,沿半径向外传播的称为发散波,沿半径向球心传播的称为会聚波.

5.2　平面简谐波

5.2.1　平面简谐波的波函数

1. 什么是波函数

在波动中,每一个质点都在进行振动,对一个波的完整描述,应该是给出波动中任一质点的振动方程,称为波动方程(或波函数).我们知道,简谐波(余弦波或正弦波)是最基本的波,特别是平面简谐波,它的规律更为简单.我们先讨论平面简谐波在理想的无吸收的均匀无限大介质中传播时的波动方程.

2.平面简谐波的特点

我们知道,平面简谐波传播时,介质中各质点的振动频率相同.对于在无吸收的均匀介质中传播的平面波,各质点的振幅也相等,因而介质中各质点的振动仅相位不同,表现为相位沿波的传播方向依次落后,因此我们将重点讨论相位.根据波阵面的定义我们知道,在任一时刻处在同一波阵面上的各点有相同的相位,因而有相同的位移.因此,只要知道了任意一条波线上波的传播规律,就可以知道整个平面波的传播规律.

设平面简谐波的周期为 T,波长为 λ,波速为 u,对于波线上的两点,如图 5-5 所示,若 B 点比 A 点距离波源要远 l,l 称为 A、B 之间的波程,就是波由 A 点到 B 点所经历的路程.一个振动状态从 A 点传到 B 点需要一段时间 $\Delta t = l/u$,即 A 点的振动到达某一状态后,要过 Δt 才到达 B 点这个状态.也就是说,B 点的振动要比 A 点在时间上落后

$$\Delta t = \frac{l}{u} = \frac{l}{\lambda} T$$

由于 A 点和 B 点在进行同频率的简谐振动,按前面讨论过的两个同频率振动的相位差和时间差的关系,我们可以得到 A 点和 B 点的相位差

$$\Delta \Phi = \omega \Delta t = \frac{2\pi}{T} \Delta t = 2\pi \frac{l}{\lambda}$$

这表示 B 点距离波源比 A 点每远一个 λ,相位落后一个 2π.从上式我们容易判断,同一波线上的两点,若它们的距离为 λ 的整数倍,则它们的振动同相;若它们的距离为 λ 的半整数倍,则它们的振动反相.

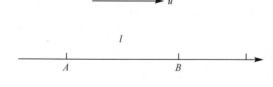

图 5-5　平面简谐波的波程和相位差

3.平面简谐波的波动方程

下面我们通过对相位的分析给出平面简谐波的波动方程.如图 5-6 所示,设有一列平面简谐波沿 x 轴的正方向传播,波速为 u.取任意一条波线为 x 轴,设 O 为 x 轴的原点.假定 O 点处(即 $x = 0$ 处)质点的振动方程为

$$y_0(t) = A\cos(\omega t + \varphi)$$

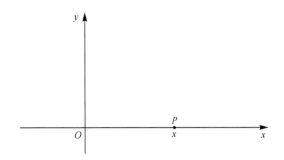

图 5-6 推导波动方程用图

现在考察波线上任意一点 P 的振动,设该点的坐标为 x. 如上所述,P 点和 O 点振动的振幅和频率相同,而 P 点振动的相位比 O 点落后,O 到 P 点的波程为 x,则 P 点的振动在时间上比 O 点落后 $\Delta t = \dfrac{x}{u}$,故 P 点的振动为

$$y(t) = A\cos\left[\omega\left(t - \frac{x}{u}\right) + \varphi\right]$$

也可以通过相位差来进行推导,P 点的振动相位比 O 点落后 $\Delta\Phi = 2\pi\dfrac{x}{\lambda}$,故 P 点的振动为

$$y(x,t) = A\cos\left(\omega t - 2\pi\frac{x}{\lambda} + \varphi\right)$$

不难验证,以上两个方程实际上是同一个振动两种不同的表述. 它们都表示波线上(坐标为 x)任一点处质点的振动方程,这正是我们希望得到的沿 x 轴方向前进的平面简谐波的波动方程.

4. 波函数的讨论

1) 波的传播方向与波函数

在图 5-6 中,P 点的坐标 x 为正值,如果 x 为负值,P 点的相位应该比 O 点超前. 把 x 代入波函数中,由于 x 是负值,表示 P 点的相位确实比 O 点超前,可见方程的形式不会因考察点的位置而改变.

在上面的讨论中,我们假设波是沿着 x 轴正向传播的,这称为正行波. 若波逆着 x 轴传播(反行波),则图 5-6 中的 P 点的相位应比 O 点超前,我们规定波速 u 始终取正值(速率),因而波函数表达式中 x 前面的负号应改为正号,因而简谐波的波动方程的一般形式(通式)为

$$y(x,t) = A\cos\left[\omega\left(t \mp \frac{x}{u}\right) + \varphi\right]$$

式中,负号对应于正行波,正号对应于反行波,φ 为原点初相.

2) 波函数的其他形式

利用关系式 $\omega = \dfrac{2\pi}{T} = 2\pi\nu$ 和 $uT = \lambda$,可以将平面简谐波方程改写成

$$y(x,t) = A\cos\left(\omega t \mp 2\pi \frac{x}{\lambda} + \varphi\right)$$

$$y(x,t) = A\cos\left[2\pi\left(\frac{t}{T} \mp \frac{x}{\lambda}\right) + \varphi\right]$$

我们讨论平面简谐波的时候，为了简单，往往直接把波的传播方向作为 x 轴的方向，因而波动方程中 x 前面的符号就是负号. 如果再取原点振动的位移到达正最大的时候作为计时起点，则原点初相为零. 于是波动方程化为比较简单的形式

$$y(x,t) = A\cos\omega\left(t - \frac{x}{u}\right)$$

或

$$y(x,t) = A\cos 2\pi\left(\frac{t}{T} - \frac{x}{\lambda}\right)$$

这是波动方程常用的形式.

3）振动曲线与波形曲线

为了弄清楚波动方程的物理意义，我们作进一步的分析. 在波动方程中含有 x 和 t 两个自变量，如果 x 给定（即考察该处的质点），那么位移 y 就只是 t 的周期函数，这时方程表示 x 处质点在各不同时刻的位移，也就是该质点的振动方程，方程的曲线就是该质点的振动曲线. 图 5-7(a)中给出的是一列简谐波在 $x=0$ 处质点的振动曲线. 如果波动方程中的 t 给定，那么位移 y 将只是 x 的周期函数，这时方程给出的是 t 时刻波线上各个不同质点的位移. 波动中某一时刻不同质点的位移曲线称为该时刻波的波形曲线，因而 t 给定时，方程就是该时刻的波形方程. 图 5-7(b)中给出的是 $t=0$ 时一列沿 x 方向传播的简谐波的波形曲线. 无论是横波还是纵波，它们的波形曲线在形式上没有区别，不过横波的位移指的是横向位移，表现的是峰谷相间的图形；纵波的位移指的是纵向位移，表现的是疏密相间的图形. 在一般情况下，波动方程中的 x 和 t 都是变量. 这时波动方程具有最完整的含义，表示波动中任一质点的振动规律：波动中任一质点的相位随时间变化，每过一个周期 T 相位增加 2π，任一时刻各质点的相位随空间变化，距离波源每远一个波长 λ，相位落后一个 2π.

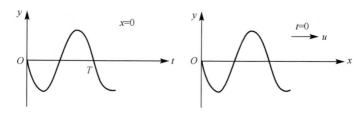

(a)$x=0$ 处质点的振动曲线　　　　　　(b)$t=0$ 时简谐波的波形曲线

图 5-7　振动曲线和波形曲线

还应该注意波动方程、振动方程和波形方程在形式上的明显区别,以免引起概念上的混淆.波动方程描述波动中任一质点的振动规律,它有两个自变量,其函数形式表现为 $y = y(x,t)$;振动方程描述某一点的运动,只有一个自变量 t,其函数形式表现为 $y = y(t)$;波形方程描述某一时刻各质点的位移,也只有一个自变量,其函数形式表现为 $y = y(x)$.反映在曲线表示上,要注意振动曲线和波形曲线的区别,振动曲线是 y-t 而波形曲线是 y-x.振动曲线的(时间)周期是 T,波形曲线的(空间)周期是波长 λ.在振动曲线中质点的相位随时间逐步增加,而在波形曲线中质点的相位是沿波的传播方向逐点减少.

4)波形曲线的平移表示波的传播

不同时刻的波形曲线记录的是不同时刻各质点的位移图形,就像该时刻波的照片.而波动的图形是动态的,犹如这些照片的连续放映,表现为波形沿着波线以波速 u 向前推进,每一个周期 T 走一个波长 λ.在波动的分析中应用这样的形象模型,常常能较为直观地得出正确的判断.

5. 波动过程中质点的振动速度与加速度

介质中任一质点的振动速度,可由波动方程表示.把 x 看成定值,将 y 对 t 求导数(偏导数)即可得到振动速度,记作 $\partial y/\partial t$.以常用的波函数为例,质点的振动速度为

$$v = \frac{\partial y}{\partial t} = -A\omega\sin\omega\left(t - \frac{x}{u}\right)$$

质点的加速度为 y 对 t 的二阶偏导数

$$a = \frac{\partial^2 y}{\partial t^2} = -A\omega^2\cos\omega\left(t - \frac{x}{u}\right)$$

由此可知介质中各质点的振动速度和加速度都是变化的.

5.2.2 平面简谐波波函数的求解举例

例 5-1 设某一时刻绳上横波的波形曲线如图 5-8 所示,水平箭头表示该波的传播方向.试分别用小箭头标明图中 A,B,C,D,E,F,G,H,I 各质点在该时刻的运动方向,并画出经过 $1/4$ 周期后的波形曲线.

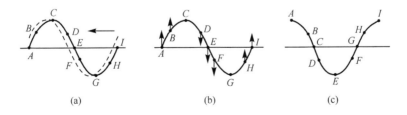

图 5-8 例 5-1 图

解 在波的传播过程中,各个质点只在自己的平衡位置附近振动,并不会随波前进.在横波的情形中,质点的振动方向总是和波的传播方向相垂直.在图 5-8(a)中,质点 C 处于正的最大位移处,质点 G 则处于负的最大位移处,这时它们的速度为零.根据图中的波动传播方向,可以设想出下一时刻的波形曲线,见图 5-8(a)中的虚线,因而可判断各质点的运动方向.如图 5-8(b)所示,质点 A,B,H,I 向上运动,质点 D,E,F 向下运动.

由于波形每一个周期向前推进一个波长,所以经过 $T/4$ 后的波形曲线应比图 5-8(a)所示的波形曲线向左平移 $\lambda/4$,如图 5-8(c)所示.

通过作下一时刻的波形曲线来判断质点速度的方向是常用的方法,但也容易造成误解.例如,图 5-8(a)中的虚线可能会使人误认为 C 点的速度向下而 G 点的速度向上,实际上此时它们的位移都正好达到极值,它们的速度都为零.

例 5-2 有平面简谐波沿 x 轴正方向传播,波长为 λ,如图 5-9 所示.如果 x 轴上坐标为 x_0 处质点的振动方程为 $y_{x_0} = A\cos(\omega t + \varphi_0)$,试求:

(1)波动方程;

(2)原点处质点的振动方程;

(3)原点处质点的速度和加速度.

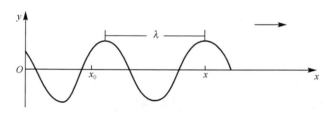

图 5-9 例 5-2 图

解 (1)如图 5-9 所示,设考察点为 x 轴上任意一点,坐标为 x.从 x_0 到 x 的波程为 $x-x_0$,按相位落后的关系,x 处质点的振动相位比 x_0 质点落后 $\dfrac{2\pi}{\lambda}(x-x_0)$,故 x 轴上任意一点的振动方程,即波动方程为

$$y = A\cos\left(\omega t - 2\pi\frac{x-x_0}{\lambda} + \varphi_0\right) \tag{1}$$

(2)把 $x=0$ 代入式(1),即得原点处质点的振动方程

$$y_0 = A\cos\left(\omega t + 2\pi\frac{x_0}{\lambda} + \varphi_0\right)$$

(3)原点处质点的速度为

$$v_0 = \frac{\partial y_0}{\partial t} = -\omega A\sin\left(\omega t + 2\pi\frac{x_0}{\lambda} + \varphi_0\right)$$

加速度为

$$a_0 = \frac{\partial^2 y_0}{\partial t^2} = -\omega^2 A \cos\left(\omega t + 2\pi \frac{x_0}{\lambda} + \varphi_0\right)$$

例 5-3　一简谐波逆 x 轴传播,波速为 $u=8.0\mathrm{m \cdot s^{-1}}$. 设 $t=0$ 时的波形曲线如图 5-10 所示. 求:(1)原点处质点的振动方程;(2)简谐波的波动方程;(3) $t=\frac{3}{4}T$ 时的波形曲线.

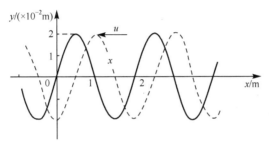

图 5-10　例 5-3 图

解　(1)由波形曲线图可看出,波的振幅为 $A=0.02\mathrm{m}$,波长为 $\lambda=2.0$,故波的频率为 $f=\frac{u}{\lambda}=\frac{8}{2}=4\,\mathrm{Hz}$,角频率为 $\omega=2\pi f=8\pi\mathrm{s^{-1}}$. 从图中还可以看出,$t=0$ 时原点处质点的位移为零,速度为正值,可知原点振动的初相为 $-\pi/2$,故原点处质点的振动方程为

$$y_0 = 0.02\cos\left(8\pi t - \frac{\pi}{2}\right)$$

(2)设 x 轴上任意一点的坐标为 x,从该点到原点的波程为 x,按相位落后与距离的关系,x 处质点振动的时间比原点处质点超前 $\frac{x}{u}=\frac{x}{8}$,故 x 轴上任意一点的振动方程,即波动方程为

$$y = 0.02\cos\left[8\pi\left(t + \frac{x}{8}\right) - \frac{\pi}{2}\right]$$

(3)经过 $3T/4$ 后波形曲线应比图中的波形曲线向左平移 $3\lambda/4$,也相当于向右平移 $\lambda/4$,如图 5-10 中虚线所示.

我们看到,如果知道了某一个质点的谐振方程,通过相位(或时间)超前或落后的概念很容易得到谐波方程.

例 5-4　有平面简谐波沿 x 轴正方向传播,波长为 λ,周期为 T. 如果 x 轴上坐标为 x_0 处的质点 t_0 时在平衡位置且正在向负方向运动,试求简谐波的波动方程.

解　按题意可知,x_0 处质点在 t_0 时的振动的相位为 $\pi/2$. 由于 x_0 处质点振动的相位每过一个 T 要增加 2π,所以 x_0 处质点在任意 t 时的振动相位为 $\frac{\pi}{2} + 2\pi \frac{t-t_0}{T}$,故

x_0 处质点的振动方程为

$$y_0 = A\cos\left(2\pi\frac{t-t_0}{T}+\frac{\pi}{2}\right)$$

从 x_0 到坐标为 x 的任意一点的波程为 $x-x_0$,按相位落后与距离的关系,x 处质点的振动相位比 x_0 质点落后 $2\pi\dfrac{x-x_0}{\lambda}$,故 x 点的振动方程,即波动方程为

$$y = A\cos\left(2\pi\frac{t-t_0}{T}-2\pi\frac{x-x_0}{\lambda}+\frac{\pi}{2}\right)$$

我们也可以通过简谐波的通式 $y(x,t) = A\cos\left[2\pi\left(\dfrac{t}{T}\mp\dfrac{x}{\lambda}\right)+\varphi\right]$,用拟合的方法求出波动方程. 注意到对于正行波,$x$ 前面应该取负号,我们设波动方程为

$$y(x,t) = A\cos\left[2\pi\left(\frac{t}{T}-\frac{x}{\lambda}\right)+\varphi\right]$$

按题意,x_0 处质点在 t_0 时振动的相位为 $\pi/2$,即

$$2\pi\left(\frac{t_0}{T}-\frac{x_0}{\lambda}\right)+\varphi = \frac{\pi}{2}$$

于是得到

$$\varphi = \frac{\pi}{2}-2\pi\left(\frac{t_0}{T}-\frac{x_0}{\lambda}\right)$$

代入通式即得波函数

$$y(x,t) = A\cos\left[2\pi\left(\frac{t}{T}-\frac{x}{\lambda}\right)+\frac{\pi}{2}-2\pi\left(\frac{t_0}{T}-\frac{x_0}{\lambda}\right)\right]$$

$$= A\cos\left(2\pi\frac{t-t_0}{T}-2\pi\frac{x-x_0}{\lambda}+\frac{\pi}{2}\right)$$

用简谐波的通式通过拟合来求波动方程是一个很简洁的方法,在数学上相当于由通解求定解的过程. 由于通式中已包含了波动方程的全部物理思想,所以可以很直接地通过对比得到需要的结果.

5.3 波的能量 能流

5.3.1 波的能量

当弹性波在介质中传播时,介质中的质元在平衡位置附近振动,因而具有动能,同时该处的介质也将产生形变,因而也具有势能. 波动传播时,介质由近及远地开始振动,能量也源源不断地向外传播. 波在传播中携带着能量,能量随同波一起传播,这是波动的重要特征. 在本部分中,我们以平面简谐纵波在棒中传播的特殊情况为例,对能量的传播作简单说明.

在棒中任取长度为 Δx,截面为 S,体积为 $\Delta V = S\Delta x$ 的体积元. 体积元的质量为

$\Delta m = \rho \Delta V$, ρ 为棒的质量体密度,在不引起混淆的时候,我们也常把它简称为质元. 当波动传播到这个质元时,此质元将具有动能 W_k 和弹性势能 W_p,设棒中平面简谐波的表达式为

$$y(x,t) = A\cos\omega\left(t - \frac{x}{u}\right)$$

质元的动能是

$$W_k = \frac{1}{2}(\Delta m)v^2 = \frac{1}{2}\rho(\Delta V)v^2$$

由于质元的振动速度为

$$v = \frac{\partial y}{\partial t} = -A\omega\sin\omega\left(t - \frac{x}{u}\right)$$

代入上式即得

$$W_k = \frac{1}{2}\rho(\Delta V)A^2\omega^2\sin^2\omega\left(t - \frac{x}{u}\right)$$

对质元势能的分析要复杂一些,可以证明(过程可以参考相关书籍)质元的动能和势能相等,即有

$$W_k = W_p = \frac{1}{2}\rho(\Delta V)A^2\omega^2\sin^2\omega\left(t - \frac{x}{u}\right)$$

而质元的总机械能 W 即波能为

$$W = W_k + W_p = \rho(\Delta V)A^2\omega^2\sin^2\omega\left(t - \frac{x}{u}\right)$$

波能表现出特殊的规律,即它的任何一个质元的动能和势能相等,它们同时达到最大,同时为零,是一种同相的关系. 其必然结论是质元的机械能不守恒. 在简谐振动中,谐振子的动能最大时势能最小,势能最大时动能最小,二者相位相反,因而机械能守恒. 在简谐波中每一个质元都在进行简谐振动,为什么它的动能和势能会始终相等,且机械能不守恒呢? 首先,波动中的质元的模型和谐振子的模型不同. 以弹簧振子为例,弹簧振子的动能集中在没有弹性的小球上,势能却集中在没有质量的弹簧上,而波动中的质元却既有质量又有弹性,动能和势能都集中在它的身上. 如果把质元当成小球,把旁边的其他质元当成弹簧,则模型本身就有误了. 其次,它们运动的外在条件不同. 我们前面讨论的谐振子是孤立系统,没有外力对它做功,因而它的机械能守恒. 而波动中的任何一个质元都不是孤立的,在波传播的过程中,质元的前后两个截面上都有外力做功,而且两个外力还有相位差,即功率不相同. 当输入大于输出时,质元的机械能增加,当输出大于输入时,质元的机械能减少. 由于波动的周期性,这种增加和减少也具有周期性,因而质元的机械能也呈周期性变化,而不是一个守恒量.

进一步讲,与势能相关的是介质的相对形变,质元的势能与相对形变的平方成正比. 质元的长度是 Δx,伸长 Δy,因而质元的相对形变为 $\Delta y/\Delta x$. 借助于波形曲线(图 5-11)不难看出:在 P 点,速度为零,质元的动能为零,同时曲线斜率 $\Delta y/\Delta x$ 也为

零,即相对形变为零,所以质元的弹性势能也为零;在 Q 处,速度最大,动能最大,同时波形曲线较陡,$\Delta y/\Delta x$ 有最大值,所以弹性势能也最大.可见质元的动能和势能确实是同相的.

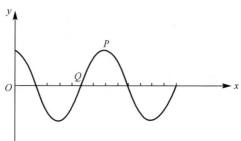

图 5-11　波传播时的体积元的变形

质元的动能和势能相等,机械能随时间在零和最大值之间周期性地变化着,这说明它在不断地接收和放出能量.波动之所以能传播能量,就是由于它能够交换能量,而孤立的振动系统是不传播能量的.

介质中单位体积的波动能量,称为波的能量密度,用 w 表示,有

$$w = \frac{W}{\Delta V} = \rho A^2 \omega^2 \sin^2 \omega\left(t - \frac{x}{u}\right)$$

波的能量密度是随时间迅速变化的,从传输能量的角度出发,我们通常关心的是它的时间平均值,即在一个周期内的平均值.因为正弦函数的平方在一个周期内的平均值为 $1/2$,所以波的平均能量密度为

$$\bar{w} = \frac{1}{2}\rho A^2 \omega^2$$

虽然这一公式是从平面简谐波的纵波的特殊情况导出的,但是可以证明,这个结论对于所有的简谐波都适用.

5.3.2　波的能流

在波动中,波到达的地方,质元开始振动并拥有能量.可见能量是随着波动在介质中传播的.可以引入能流的概念,定量地描述能量在介质中的传播.

1. 能流的概念

我们把单位时间内通过介质中某面积的能量称为通过该面积的能流,表示为

$$P = \frac{\mathrm{d}W}{\mathrm{d}t}$$

2. 能流密度的定义

能流对于能量传输的描述是粗略的,下面介绍能流密度的定义.通过与波动传播方向垂直的单位面积的能流,称为能流密度,表示为

$$I = \frac{\mathrm{d}P}{\mathrm{d}S} = \frac{\mathrm{d}W}{\mathrm{d}t \cdot \mathrm{d}S}$$

即能流密度为单位时间通过单位垂面的波能.

　　3. 能流密度与能量传播速度的关系

　　现在推导能流密度与能量传播速度的关系. 在介质中垂直于波速 u 取面积 $\mathrm{d}S$, 沿波线取 $\mathrm{d}l$, 构成一个立方体, 体积为 $\mathrm{d}V = \mathrm{d}S \cdot \mathrm{d}l$, $\mathrm{d}V$ 内的波能密度可以认为是均匀的, 故 $\mathrm{d}V$ 内的波能为 $\mathrm{d}W = w\mathrm{d}V = w\mathrm{d}S \cdot \mathrm{d}l$. 这些波能将在 $\mathrm{d}t = \mathrm{d}l/u$ 的时间内通过 $\mathrm{d}S$, 故在该处波的能流密度为

$$I = \frac{\mathrm{d}W}{\mathrm{d}t \cdot \mathrm{d}S} = \frac{w\mathrm{d}S \cdot \mathrm{d}l}{\mathrm{d}t \cdot \mathrm{d}S}$$

由于 $\mathrm{d}l/\mathrm{d}t = u$, 我们得到波的能流密度 $I = wu$. 把能流密度定义为一个矢量, 记作 $\boldsymbol{I}$, 其方向就是能量传播的方向, 即波速 $\boldsymbol{u}$ 的方向, 于是有波的能流密度公式

$$\boldsymbol{I} = w\boldsymbol{u}$$

即能流密度等于能量密度乘以能量的传播速度. 这种关系是具有普遍意义的, 如在电流的知识点中我们学过的电流密度等于电荷密度乘以电荷运动速度.

　　4. 波的强度

　　平均能流密度, 即波的强度(简称波强)定义为能流密度的时间平均值

$$\boldsymbol{I} = \overline{w}\boldsymbol{u}$$

式中, $\overline{w}$ 为波的平均能量密度. 对于简谐波 $\overline{w} = \frac{1}{2}\rho A^2 \omega^2$, 代入上式得到波强的大小

$$\overline{I} = \overline{w}u = \frac{1}{2}\rho u A^2 \omega^2$$

式中, ρu 是实际应用中经常遇到的一个表征介质特性的常量, 称为介质的特性阻抗. 上式表明, 弹性介质中简谐波的强度与介质的特性阻抗成正比, 还正比于振幅的二次方, 正比于频率的二次方. 在国际单位制中, 波强的单位为 $\mathrm{W} \cdot \mathrm{m}^{-2}$.

　　5. 能流与能流密度的关系

　　按照能流密度的定义, 通过与波传播方向垂直的面元 $\mathrm{d}S$ 的波的能流为 $\mathrm{d}P = I\mathrm{d}S$. 如果面元不与波速的方向垂直, 设面元的法线方向与波的传播方向夹角为 α, 则通过面元的波的能流为 $\mathrm{d}P = I\mathrm{d}S\cos\alpha = \boldsymbol{I} \cdot \mathrm{d}\boldsymbol{S}$, 故通过任意曲面的波的能流为

$$P = \int_S \mathrm{d}P = \int_S \boldsymbol{I} \cdot \mathrm{d}\boldsymbol{S}$$

即通过曲面的能流为能流密度在曲面上的积分, 对上式取时间平均值得到波的平均能流公式为

$$\overline{P} = \int_S \mathrm{d}\overline{P} = \int_S \overline{\boldsymbol{I}} \cdot \mathrm{d}\boldsymbol{S}$$

如果波的能流密度与曲面垂直且大小不变,则通过曲面的平均能流为

$$P = \overline{I}S$$

6. 平面简谐波振幅不变

设有一平面简谐波以波速 u 在均匀介质中传播,在垂直于传播方向上取两个平面,面积都等于 S,并且通过第一个平面的波线也通过第二个平面(图 5-12). 设 A_1 和 A_2 分别表示平面波在这两个平面处的振幅,由平均能流密度公式可知,通过这两个平面的平均能流分别为

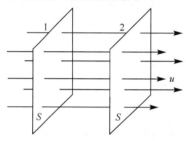

$$\overline{P}_1 = \overline{I}_1 S = \overline{w}_1 uS = \frac{1}{2}\rho A_1^2 \omega^2 uS$$

$$\overline{P}_2 = \overline{I}_2 S = \overline{w}_2 uS = \frac{1}{2}\rho A_2^2 \omega^2 uS$$

如果介质不吸收波的能量,按能量守恒的观点,应有 $\overline{P}_1 = \overline{P}_2$,因而有 $A_1 = A_2$,即通过这两个平面的平面波的振幅相等. 前面我们在推导平面谐波方程时曾谈到,对于在无吸收的均匀介质中传播的平面波,各质点的振幅相等,此处我们给出了振幅保持不变的理由,这实际上是能量守恒在波动现象中的一个必然结论.

图 5-12 平面波的能流

7. 球面波振幅的变化关系

对于球面波在均匀介质中传播的情况,见图 5-13,可在距离波源为 r 处取一个球面,面积为 $S = 4\pi r^2$. 如果球面波的传播是各向同性的,通过球面的平均能流应为

$$P = \overline{I}S = \overline{I} \cdot 4\pi r^2 = \frac{1}{2}\rho A^2 \omega^2 u 4\pi r^2$$

在介质不吸收波的能量的条件下,通过所有球面的平均能流应相等,得到

$$Ar = 常量$$

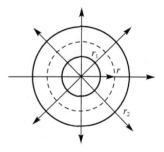

即振幅和离开波源的距离成反比. 若距离波源为 r_1 和 r_2 的两点波的振幅分别为 A_1 和 A_2,则有

$$\frac{A_1}{A_2} = \frac{r_2}{r_1}$$

图 5-13 球面波的能流

如果球面波在距离球心 r_0 处的振动为 $\xi = A_0 \cos \omega(t + \varphi_0)$,则在任意 r 处的振幅为 $A = A_0 \dfrac{r}{r_0}$. 由于从 r_0 处到 r 处的波程为 $r - r_0$,因此 r 处质点的振动的时间要比 r_0 处落后 $\dfrac{r - r_0}{u}$,故 r 处质点的振动方程,即球面简谐波方程为

$$\xi = A_0 \frac{r_0}{r} \cos \omega \left(t - \frac{r - r_0}{u} + \varphi_0 \right)$$

例 5-5　用聚焦超声波的方法,可以在液体中产生强度达 $120\text{kW}\cdot\text{cm}^{-2}$ 的超声波.设波源做简谐振动,频率为 500kHz,水的密度为 $10^3\,\text{kg}\cdot\text{m}^{-3}$,声速为 $1500\text{m}\cdot\text{s}^{-1}$,求这时液体质点的位移振幅、速度振幅和加速度振幅.

解　因波强 $I=\dfrac{1}{2}\rho uA^2\omega^2$,所以

$$A=\frac{1}{\omega}\sqrt{\frac{2I}{\rho u}}=\frac{1}{2\pi\times 5\times 10^5}\sqrt{\frac{2\times 120\times 10^7}{1\times 10^3\times 1.5\times 10^3}}\approx 1.27\times 10^{-5}(\text{m})$$

$$v_{\text{m}}=A\omega=2\pi\times 500\times 10^3\times 1.27\times 10^{-5}\approx 40(\text{m}\cdot\text{s}^{-1})$$

$$a_{\text{m}}=A\omega^2=(2\pi\times 500\times 10^3)^2\times 1.27\times 10^{-5}\approx 1.25\times 10^8(\text{m}\cdot\text{s}^{-2})$$

可见液体中声振动的振幅是极小的,但高频超声波的加速度振幅却可以很大.上述结果中的加速度振幅约为重力加速度的 1.28×10^7 倍,这意味着介质的质元受到的作用力要比重力大 7 个数量级.可见超声波的机械作用是很强的,在机械加工、粉碎技术、清除垢污等方面有广阔的应用前景.

5.4　惠更斯原理　波的反射与折射

5.4.1　惠更斯原理

我们在前面谈到,波的传播依赖于介质中各质点之间的相互作用.距离波源近的质点的振动将引起邻近的较远的质点振动,较远质点的振动又会引起邻近的更远的质点振动,这表明波动中的相互作用是通过各质点的直接接触来实现的.按照这个观点,波传播的时候,介质中任何一点后面的波都可以看成由这些点对其后各点的作用而产生的.也就是说,介质中任何一点相对于其后面的点来说都可以看成波的源.例如,我们可以在水面上激起一列平行波(图 5-14),在波的前方设置一个障碍物,障碍物上留有一个小孔.这时,我们可以清楚地看到,水波将激起小孔中水面的振动,而小孔水面的振动又会在障碍物的后面激起一列圆形的波.显然,对于障碍物后面的波来说,小孔就是波源,波是从小孔发出来的.

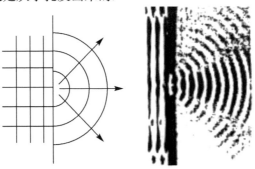

图 5-14　障碍物的小孔成为新的波源

惠更斯(C. Huygens)总结了上述现象,提出了波的传播规律:在波的传播过程中,波阵面(波前)上的每一点都可以看成发射子波的波源,其后的任一时刻,这些子波的包迹就成为新的波阵面,这就是惠更斯原理.惠更斯原理适用于任何波动过程,无论是机械波或是电磁波.根据这一原理所提供的方法,只要知道某一时刻的波阵面,就可用几何作图方法来确定下一时刻的波阵面.在各向同性介质中,只要知道了波阵面的形状,就可以按照波射线与波阵面垂直的规律作出波射线来.因而惠更斯原理在很大程度上解决了波的传播方向问题.图 5-15 是用惠更斯原理描绘的球面波和平面波的传播过程,其中,S_1 为某一时刻 t 的波阵面,S_1 上的每一点发出的球面子波,经过 Δt 时间后形成半径为 $u\Delta t$ 的球面,在波的前进方向上,这些子波的包迹 S_2 就成为 $t+\Delta t$ 时刻的新波阵面.根据惠更斯原理作图,还可以简洁地说明波在传播中发生的衍射、反射和折射等现象.

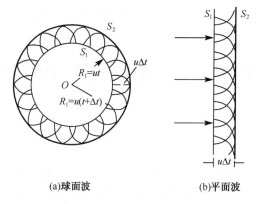

(a)球面波   (b)平面波

图 5-15   用惠更斯原理作新的波阵面

5.4.2   波的反射与折射

1. 波的反射定律

当波从一种介质传向另一种介质时,在介质的分界面上要发生反射和折射现象,波的传播方向也随之改变.根据实验结果,可以得到波的反射定律和折射定律.下面我们先用惠更斯原理来推导反射定律.

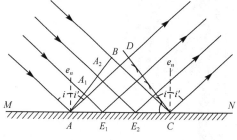

图 5-16   波的反射

在图 5-16 中,一列平面波向两种介质的分界面 MN 传播,入射波的波阵面和介质的分界面均与图面垂直.设 $t=0$ 时,入射波的波阵面与图面的交线到达 AB 所在位置,此时波阵面上的 A 点先到达分界面.随后,波阵面上的 $A_1,A_2,\cdots$ 各点陆续到达分界面上 $E_1,E_2,\cdots$ 各点,直到 $t=t_0$ 时,B 点到达 C 点.为了使图形简洁,我们只在波阵面上作出了 A、A_1、A_2 和 B 四个点作为示意.

入射波到达分界面上的各点作为反射波的子波源发出子波,设图中四条波线的间距相等,并以 u 表示介质中的波速,当 $t=t_0$ 时,从 A、E_1、E_2 各点发射的反射波的子波面均为半球面,与图面的交线是圆弧,半径分别为 ut_0,$\dfrac{2ut_0}{3}$,$\dfrac{ut_0}{3}$. 这些圆弧的包迹是通过 C 点并与这些圆弧相切的直线 CD,因而当 $t=t_0$ 时,反射波的波阵面为经过 CD 并与图面垂直的平面. 图中与波阵面 AB 垂直的射线,是入射波的波射线,称为入射线. 与波阵面 CD 垂直的射线,是反射波的波射线,称为反射线. 用 e_n 表示分界面的法线方向,入射线与法线的夹角 i 称为入射角,反射线与法线的夹角 i' 称为反射角. 从图中可以看出,直角 $\triangle BAC$ 和直角 $\triangle DCA$ 是全等的. 因此 $\angle BAC=\angle DCA$,所以 $i=i'$ 即入射角等于反射角. 从图中还可以看出,入射线、反射线和分界面的法线均在同一平面内. 以上两个结论称为波的反射定律.

2. 波的折射定律

当波从一种介质进入另一种介质时,在分界面上还要发生折射现象. 用 u_1 表示波在第一种介质中的波速,u_2 表示波在第二种介质中的波速,MN 为两种介质的分界面(图 5-17). 入射的情况与推导反射定律时的分析相同,入射波到达分界面上的各点 A、E_1、E_2 仍然是子波的波源. 但折射是在第二种介质中进行的,所以子波的波速应为 u_2,因此在 $t=t_0$ 时,从 A、E_1、E_2 各点发出的折射波的子波与图面的交线分别为半径等于 u_2t_0、$\dfrac{2u_2t_0}{3}$、$\dfrac{u_2t_0}{3}$ 的圆弧. 这些圆弧的包迹是通

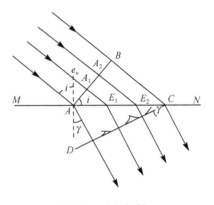

图 5-17 波的折射

过 C 点并与这些圆弧相切的直线 CD,因而 $t=t_0$ 时折射波的波阵面是通过 CD 并与图面垂直的平面. 与该平面垂直的射线是折射波的波射线,称为折射线. 折射线与分界面的法线 e_n 的夹角 γ 称为折射角.

从图 5-17 中可以看出,$\angle BAC=i$,$\angle ACD=\gamma$,而 $BC=u_1t_0=AC\sin i$,$AD=u_2t_0=AC\sin\gamma$,两式相除,得到

$$\frac{\sin i}{\sin\gamma}=\frac{u_1}{u_2}=n_{21}$$

此式表明,入射角与折射角的正弦之比等于波在第一、二两种介质中的波速之比,比值 n_{21} 称为第二介质对于第一介质的相对折射率. 从图中可以看出,入射线、折射线和分界面的法线均在同一平面内. 以上两个结论称为波的折射定律.

5.5　波的叠加与干涉

5.5.1　波的叠加原理

如果有几列波在空间相遇，那么每一列波都将独立地保持自己原有的特性（频率、波长、振动方向、传播方向），并不会因其他波的存在而改变，这称为波传播的独立性。而任一点的振动为各列波单独在该点引起振动的合振动，这一规律称为波的叠加原理。波的叠加原理实际上是运动叠加原理在波动中的表现。

在几个人同时讲话时，我们能够听到每个人的声音，这就是声波的独立性的例子。天空中同时有许多无线电波在传播，我们能接收到某一电台的广播，这是电磁波传播的独立性的例子。

5.5.2　波的干涉与相干波

1. 干涉、相干波的概念

一般来说，任意的几列简谐波在空间相遇时，叠加的情形是很复杂的，它们可以合成多种形式的波动。下面我们只讨论波的叠加中一种既简单而又重要的情形，即两列频率相同、振动方向相同、相位差恒定的简谐波的叠加。这种波的叠加会使空间某些点处的振动始终加强，而另一些点处的振动始终减弱，呈现规律性分布，这种现象称为干涉现象。能产生干涉现象的波称为相干波，相应的波源称为相干波源。同频率、同振动方向、恒相差称为相干条件。

2. 波程与波程差

设有两个相干波源 S_1、S_2 的振动分别为

$$y_{S_1} = A_{S_1} \cos(\omega t + \varphi_1)$$
$$y_{S_2} = A_{S_2} \cos(\omega t + \varphi_2)$$

它们发出的两列相干波在空间某 P 点（称为干涉点）相遇，如图 5-18 所示，两列波在该点引起的分振动为

$$y_1 = A_1 \cos\left(\omega t + \varphi_1 - \frac{2\pi r_1}{\lambda}\right)$$

$$y_2 = A_2 \cos\left(\omega t + \varphi_2 - \frac{2\pi r_2}{\lambda}\right)$$

式中，A_1 和 A_2 为两列波在干涉点引起振动的振幅，若不考虑波的吸收，对于平面波，波的振幅等于波源的振幅，对于球面波，要考虑振幅随距离的增加而减小的规律，这里我们只考虑平面波；φ_1 和 φ_2 为两个相干波源的初相位，并且 $\varphi_2 - \varphi_1$ 是恒定的；r_1 和 r_2 为两个波源到干涉点的波程；λ 为两列相干波的波长。

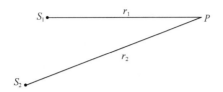

图 5-18　讨论波的干涉用图

根据叠加原理,干涉点的合振动为

$$y = y_1 + y_2 = A\cos(\omega t + \varphi)$$

式中,合振动的振幅为

$$A = \sqrt{A_1^2 + A_2^2 + 2A_1 A_2 \cos\Delta\varphi}$$

式中

$$\Delta\varphi = \varphi_2 - \varphi_1 - 2\pi\frac{r_2 - r_1}{\lambda}$$

为两列相干波在干涉点引起的振动的相位差. 式中的初相位 φ 满足

$$\tan\varphi = \frac{A_1\sin\left(\varphi_1 - \dfrac{2\pi r_1}{\lambda}\right) + A_2\sin\left(\varphi_2 - \dfrac{2\pi r_2}{\lambda}\right)}{A_1\cos\left(\varphi_1 - \dfrac{2\pi r_1}{\lambda}\right) + A_2\cos\left(\varphi_2 - \dfrac{2\pi r_2}{\lambda}\right)}$$

由上式可知,两列相干波在空间任一定点的相位差 $\Delta\varphi$ 是一个恒量,因而每一点的合振幅 A 也是恒量. 对于不同的干涉点,它们到波源的波程差 $r_2 - r_1$ 一般并不相同,因而两列波的相位差 $\Delta\varphi$ 不同,振动的合振幅也不同.

5.5.3　干涉极值条件及其应用

1. 以相位差表示的干涉极值条件

若干涉点的相位差满足

$$\Delta\varphi = \varphi_2 - \varphi_1 - 2\pi\frac{r_2 - r_1}{\lambda} = 2k\pi, \quad k = 0, \pm1, \pm2, \cdots$$

则该点的合振幅达到极大, $A = A_1 + A_2$,称为干涉极大点;若满足

$$\Delta\varphi = \varphi_2 - \varphi_1 - 2\pi\frac{r_2 - r_1}{\lambda} = (2k+1)\pi, \quad k = 0, \pm1, \pm2, \cdots$$

则该点的合振幅为极小, $A = |A_1 - A_2|$,称为干涉极小点. 在很多实验中 $A_1 = A_2$,即两波的振幅相等,此时干涉极大点的振幅 $A = 2A_1$,干涉极小点的振幅 $A = 0$,称为干涉静止点. 上述公式就是以相位差表示的干涉极值条件.

2. 以波程差表示的干涉极值条件

在实际问题中,两个相干源常常是由同一个振源驱动的,这时两个波源的相位相同 $\varphi_1 = \varphi_2$. 对于同相位的相干波源,干涉的极值条件可简化为

$$\delta = r_1 - r_2 = k\lambda, \ k = 0, \pm 1, \pm 2, \cdots \text{ 时}, \ A = A_1 + A_2 \ (\text{合振幅极大})$$

$$\delta = r_1 - r_2 = \left(k + \frac{1}{2}\right)\lambda, \ k = 0, \pm 1, \pm 2, \cdots \text{ 时}, \ A = |A_1 - A_2| \ (\text{合振幅极小})$$

式中，$\delta = r_1 - r_2$ 表示从波源 S_1 和 S_2 发出的两列相干波到干涉点的波程差. 上式说明，若两相干波源为同相源，当两列波干涉的时候，在波程差等于波长的整数倍的各点，振幅极大；在波程差等于半波长的奇数倍的各点，振幅极小.

由于波的强度正比于振幅的平方，即 $I = \frac{1}{2}\rho u A^2 \omega^2$，所以两列波叠加后的强度为

$$I = I_1 + I_2 + 2\sqrt{I_1 I_2}\cos\Delta\varphi$$

由此可见，波干涉的强度随着两列相干波在空间各点相位差的不同而不同，有些地方加强了（$I > I_1 + I_2$），有些地方减弱了（$I < I_1 + I_2$）. 如果有 $I_1 = I_2$（即 $A_1 = A_2$），那么叠加后波的强度为

$$I = 2I_1(1 + \cos\Delta\varphi) = 4I_1\cos^2\frac{\Delta\varphi}{2}$$

当 $\Delta\varphi = 2k\pi (k = 0, \pm 1, \pm 2, \cdots)$ 时，这些位置波的强度极大，等于单个波强度的 4 倍（$I = 4I_1$）；当 $\Delta\varphi = (2k+1)\pi (k = 0, \pm 1, \pm 2, \cdots)$ 时，波的强度为零（$I = 0$）. 叠加后波的强度 I 随相位差 $\Delta\varphi$ 变化的情况如图 5-19 所示.

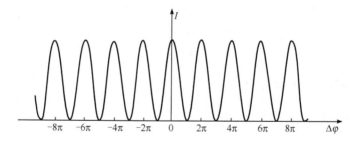

图 5-19　干涉现象的强度分布

波的干涉可用水波演示，见图 5-20(a). 两个相干源由同一个振源驱动，它们在水面上不停地拍打水面，产生水波，在水面上产生干涉现象. 图 5-20(b)是干涉的示意图，S_1 和 S_2 是两个同相位的相干源，两列相干波的波峰用实线圆弧表示，波谷用虚线圆弧表示，两相邻波峰或波谷之间的距离是一个波长. 干涉加强和减弱的地方已在图中标出，呈线状分布，称为干涉条纹. 按照干涉极值条件，干涉条纹到两个相干源的距离之差为常数，应该是一组双曲线. 例如，在 S_1 和 S_2 的中垂线上 $\delta = 0$，出现极大干涉，称为 0 级极大. 在干涉极大的地方肯定是两列相干波的波峰相遇或波谷相遇（振动同相）的地方，而干涉极小的地方肯定是两列相干波的波峰和波谷相遇（振动反相）的地方. 在图(a)中，干涉极大的地方是振动激烈的地方，表现为明暗反差显著，干涉极小的地方是振动平缓的地方，表现为明暗反差模糊.

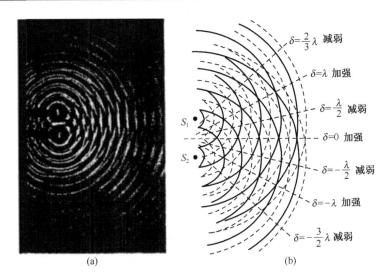

(a)　　　　　　　　　　　　　　　　(b)

图 5-20　水波干涉现象

干涉现象是波动最重要的特征之一,它对于光学、声学、电磁学等都非常重要,对于近代物理学的发展也有重大的作用.

5.5.4　驻波

1. 驻波现象

驻波是一种特殊的干涉现象,在日常生活和工程技术中都经常发生. 当小提琴或笛子发出稳定的音调时,在琴弦上或笛腔中是声音的驻波在振荡;当激光器发光时,在工作物质中是光的驻波在振荡.

驻波可用图 5-21 所示的装置来演示. 左边放一电音叉 A,音叉末端系一水平的细绳 AB,B 处有一尖劈,可左右移动以调节 AB 间的距离. 细绳绕过滑轮 P 后,末端悬一重物 m,使绳上产生张力. 音叉振动时,细绳随之振动,调节尖劈的位置使振动稳定,结果形成图 5-21 所示的波动状态.

图 5-21　驻波实验

2. 驻波的特点、波腹与波节

从图 5-21 中可以看出驻波的一些重要特点. 驻波中的每一点都在振动,但它们的振幅不同. 有的点振幅达到极大,称为波腹,有的点振幅为零(干涉静止点),称为波节,波腹和波节均等间距排列. 按波节的位置可以把驻波分成若干段,如果把驻波用摄像机拍下来再慢放出来,可以看到驻波各质点的振动相位的特点. 每一段内质点振动的振幅虽然不同,但它们的相位相同,它们同时到达各自正的最大位置,然后同时沿同一方向经过平衡位置，并同时到达负的最大位置。相邻的两段质点的振动相位相反，一段的质点到达正最大位置时，另一段的质点却到达负最大位置，并同时沿相反的方向经过平衡位置。也就是说，驻波的相位在一段之内完全相同，在两段之间却突变一个 π。简言之，即同段同相，邻段反相，只有相位突变，没有相位传播。在驻波的图像上完全看不见前述行波的相位传播的特点，而是整个的一个"原地踏步"的图形，故称其为驻波。

3. 驻波的理论解释

通过图 5-21 所示的装置我们可以分析驻波的生成条件。电音叉振动时，绳上产生行波（横波）向右传播，到达 B 点时发生反射，反射波向左传播并与入射波叠加。由于入射波和反射波满足同频率、同振动方向、恒相差的相干条件，于是在绳上发生干涉现象。机械波在质地不同的介质之间反射率很高，常常在 99% 以上，所以反射波振幅和入射波振幅相同，因而干涉的合振幅的最大值为入射波振幅的两倍（波腹），最小为零（波节）。所以我们说，驻波是两列同振幅、反方向传播的相干波叠加的结果。这就是驻波的理论解释。

我们使用图 5-22 对驻波的形成和理论做进一步的说明。图中虚线表示向右传播的波，细实线表示向左传播的波，粗实线表示合成的波。图中画出了这两列波以及它们合成的驻波在 $t=0, T/8, T/4, 3T/8, T/2$ 各时刻的波形。从图中可以看到，不论什么时刻，合成波在波节的位置（图中以"N"表示）总是不动的，在两波节之间同一段上所有的点，振动相位都相同，各段的中点振幅最大（图中用"L"表示），这就是波腹；相邻两分段上各点的振动相位相反。这些结论均与实验事实一致。

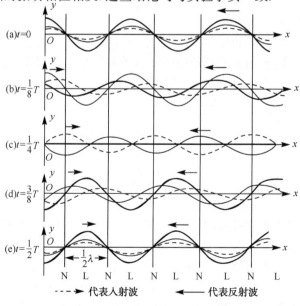

图 5-22　驻波的形成

4. 驻波方程

下面我们根据驻波的理论解释,对驻波的特性给以定量的分析. 设有两列同振幅、反方向传播的相干波在 x 轴上传播. 为了方便,在它们的波形曲线正好重合的时候,把位移极大的某一点取作坐标原点,并开始计时. 于是,两列波的原点初相均为零,它们的波动方程分别为

$$y_1 = A\cos 2\pi\left(\frac{t}{T} - \frac{x}{\lambda}\right)$$

$$y_2 = A\cos 2\pi\left(\frac{t}{T} + \frac{x}{\lambda}\right)$$

由于两列波的振幅相同,我们用和差化积公式来计算合成的结果非常简便,即

$$y = y_1 + y_2 = A\left[\cos 2\pi\left(\frac{t}{T} - \frac{x}{\lambda}\right) + \cos 2\pi\left(\frac{t}{T} + \frac{x}{\lambda}\right)\right]$$

$$= \left(2A\cos\frac{2\pi x}{\lambda}\right)\cos\frac{2\pi t}{T}$$

上式称为驻波方程,它蕴藏着驻波的所有特点. 从上式可以看出,合成以后各点都在做同频率的简谐振动,每一点的振幅为 $\left|2A\cos\frac{2\pi}{\lambda}x\right|$,这表示驻波的振幅与位置有关. 振幅最大值发生在 $\left|\cos\frac{2\pi}{\lambda}x\right| = 1$ 的点,因此波腹的位置可由

$$\frac{2\pi}{\lambda}x = k\pi, \quad k = 0, \pm 1, \pm 2, \cdots$$

求出,即

$$x = k\frac{\lambda}{2}, \quad k = 0, \pm 1, \pm 2, \cdots$$

这就是波腹的位置. 波腹就是驻波中的干涉极大点,该点的振幅为 $2A$. 相邻的两个波腹间的距离为

$$\Delta x = x_{k+1} - x_k = \frac{\lambda}{2}$$

它们是等间距的. 同样,振幅的最小值发生在 $\left|\cos\frac{2\pi}{\lambda}x\right| = 0$ 的点,因此,波节的位置可由

$$\frac{2\pi}{\lambda}x = (2k+1)\frac{\pi}{2}, \quad k = 0, \pm 1, \pm 2, \cdots$$

来决定,即

$$x = (2k+1)\frac{\lambda}{4}, \quad k = 0, \pm 1, \pm 2, \cdots$$

这就是波节的位置. 波节就是驻波的干涉极小点,即干涉静止点. 相邻的两个波节之间的距离也是 $\lambda/2$,可见在驻波中相邻的两个波腹或波节相互之间的距离均为

$$\Delta x = \frac{\lambda}{2}$$

而相邻的一个波腹和一个波节之间的距离为 $\Delta x = \frac{\lambda}{4}$.

下面我们分析驻波中各点的相位关系. 由于驻波中各点在进行同频率振动, 它们之间的相位差不随时间改变. 也就是说, 我们考察某一时刻各点的相位差, 就可以代表任一时刻的相位差. 取 $t=0$ 时的状态来分析, 此时 $\cos \frac{2\pi t}{T} = 1$ 为最大, 驻波方程可以化为

$$y = 2A\cos \frac{2\pi x}{\lambda}\cos \frac{2\pi t}{T} = 2A\cos \frac{2\pi x}{\lambda}$$

此时驻波的波形曲线如图 5-23 所示. 我们看到, 在 $x = -\frac{\lambda}{4}$ 和 $x = \frac{\lambda}{4}$ 两个波节之间, 尽管各点的振幅不同, 但它们的振动都到达正的最大值, 因而它们振动的相位相同. 在 $x = \frac{\lambda}{4}$ 和 $x = \frac{3\lambda}{4}$ 两个波节之间, 各点振动都到达负的最大值, 所以它们振动的相位相反. 于是我们可以得出同段同相、邻段反相的结论. 显然, 在驻波中没有振动状态定向传播的现象, 这是一种特殊的干涉现象.

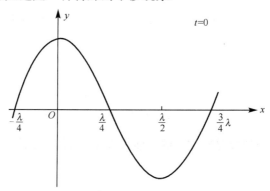

图 5-23　驻波的相位分析

让我们进一步考察驻波的能量. 以细绳上的驻波为例来讨论这个问题, 当介质中各质点的位移达到最大值时, 其速度为零, 即动能为零. 这时介质的弹性形变最大, 驻波上质元的全部能量都是势能. 由于在波节附近的相对形变最大, 所以势能最大; 而在波腹附近的相对形变为零, 所以势能为零. 此时驻波的能量以势能的形式集中在波节附近.

当驻波上所有质点同时到达平衡位置时, 介质的形变为零, 所以势能为零, 驻波的全部能量都是动能. 这时在波腹处的质点的速度最大, 动能最大; 而在波节处质点的速度为零, 动能为零. 此时驻波的能量以动能的形式集中在波腹附近.

由此可见,介质在振动过程中,驻波的动能和势能不断地转换.在转换过程中,能量不断地由波腹附近转移到波节附近,再由波节附近转移到波腹附近.也就是说在驻波中能流是来回振荡的,没有能量的定向传播.

5. 半波损失

实际上要生成一个驻波,用两个独立的波源激发两列同振幅、传播方向相反的相干波来进行叠加是很难做到的,通常都是通过反射来形成驻波,就像图 5-24 所示的实验那样.入射波在 B 点反射并生成反射波,反射波和入射波叠加生成驻波.B 点是一个特殊的点,对于入射波它是最后一点,称为入射点,对于反射波它是最开始的一点,称为反射点.入射波和反射波在 B 点的叠加,实际上就是入射点振动和反射点振动的叠加.如果我们简单地认为反射点的振动就是入射点的振动,那么在该点实现的就是两个完全相同的振动的叠加,理应形成波腹.但在图 5-24 中,B 点是固定不动的,在该处形成的是驻波的一个波节.要形成波节,反射点的振动必须与入射点的振动相位相反.这意味着反射波在反射的时候,突然发生了相位突变,变化了一个 π,最终的结果是形成了波节.在谐波方程中,通常是用波程来计算两点之间的相位差,如果在波程中我们扣除半个波长 $\frac{\lambda}{2}$,则相当于把相位差改变了一个 π,所以这个 π 的相位突变一般等效地称为"半波损失".发生半波损失时入射波和反射波叠加的波形曲线见图 5-24(a),其中虚线表示入射波,点虚线表示反射波,实线表示合成的驻波.注意到入射点和反射点的相位是始终相反的.

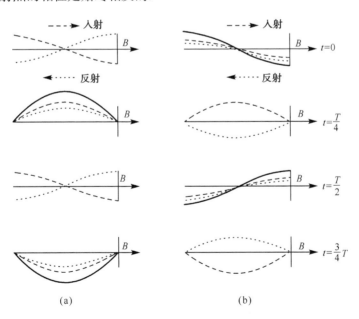

图 5-24　半波损失

   并不是所有的反射点都会形成波节. 实验表明,当波在介质中传播并在界面反射时,在两种介质的分界面处究竟出现波节还是波腹,取决于两种介质的性质以及入射角的大小. 在波的能量密度知识点中,我们介绍过介质的特性阻抗 ρu,它是介质的密度 ρ 与波速 u 的乘积. 两种介质相比较,特性阻抗较大的介质称为波密介质,特性阻抗较小的介质称为波疏介质. 在实验中发现,在波垂直入射界面的情况下,如果波是从波疏介质入射到波密介质界面而反射,反射点将出现波节;如果波是从波密介质入射到波疏介质界面,反射点将出现波腹. 也就是说,仅仅在前一种情况下,即由波疏介质入射到波密介质界面并反射时,才发生半波损失,即发生相位 π 的突变;在后一种情况下,入射点和反射点的相位是相同的. 没有半波损失时入射波和反射波叠加的波形曲线见图 5-24(b).

   半波损失也即相位突变问题不仅在机械波反射时存在,在电磁波包括光波反射时也存在. 对于光波,我们把折射率 n 较大的介质称为光密介质,折射率 n 较小的介质称为光疏介质,当光从光疏介质入射到光密介质,在其表面反射时,在反射点也有半波损失. 以后在光学中还将反复讨论这个问题.

   6. 弦线上的驻波

   在实际应用中,常用波在两个反射壁之间来回反射形成驻波. 例如,在弦振动实验中,弦线的两端拉紧固定,拨动弦线时,波经两端反射,形成两列反向传播的波,叠加后就能形成驻波. 由于在两个固定端必须是波节,因而要形成稳定的驻波,弦长 L 必须是半波长 $\frac{\lambda}{2}$ 的整数倍,即

$$L = n\frac{\lambda}{2}, \quad n = 1, 2, 3, \cdots$$

从上式可以看出,如果弦长是固定的,波长就不能是任意的,只能是

$$\lambda_n = \frac{2L}{n}, \quad n = 1, 2, 3, \cdots$$

由于波速 $u = \lambda f$,因而波的频率也不能是随意的,只能取

$$f_n = n\frac{u}{2L}, \quad n = 1, 2, 3, \cdots$$

这说明,只有波长(或频率)满足上述条件的波才能在弦上形成驻波. 其中与 $n=1$ 对应的频率称为基频,其他频率依次称为二次、三次……谐频(对声驻波则称为基音和泛音). 各种允许频率所对应的驻波模式(即简谐振动方式)即为简正模式,相应的频率为简正频率. 简正频率由驻波系统的结构决定,称为系统的固有频率(和谐振子不同,一个驻波系统有多个固有频率).

   例 5-6   在 x 轴上有两个波源,S_1 的位置在 $x_1 = 0$ 处,S_2 的位置在 $x_2 = 5$ 处,它们的振幅均为 a,S_1 的相位比 S_2 超前 $\pi/2$. 假设每个波源都向 x 轴的正方向和负方向发出简谐波,每列波都可以传播到无穷远处,波长为 $\lambda = 4$.

(1)求 $x<0$ 区间的合成波的振幅;

(2)求 $x>5$ 区间合成波的振幅;

(3)求 $0<x<5$ 区间形成的驻波的波腹和波节的位置.

解　(1)在 $x<0$ 区间,如图 5-25 所示,两个波源 S_1 和 S_2 发出的反行波相互干涉形成反行波,设考察点 P 的坐标为任意 x,S_1 和 S_2 到 P 点的波程差为 $r_2-r_1=5$,与 x 无关.按干涉极值公式,在 P 点干涉的相位差是

$$\Delta\varphi=\varphi_2-\varphi_1-2\pi\frac{r_2-r_1}{\lambda}=-\frac{\pi}{2}-2\pi\frac{5}{4}=-3\pi$$

与 P 点的位置无关,则该区间的合振幅应为极小值,即两列波振幅之差.由于两列波的振幅相等,故合振幅为

$$A=0$$

即在 $x<0$ 区间,两列波因干涉而完全抵消.

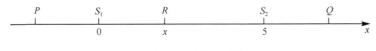

图 5-25　例 5-6 图

(2)在 $x>5$ 区间,如图 5-25 所示,两波源发出的正行波干涉形成正行波,设考察点 Q 的坐标为任意的 x,S_1 和 S_2 到 Q 点的波程差 $r_2-r_1=-5$,干涉的相位差为

$$\Delta\varphi=\varphi_2-\varphi_1-2\pi\frac{r_2-r_1}{\lambda}=-\frac{\pi}{2}-2\pi\frac{-5}{4}=2\pi$$

按干涉极值公式,该区间的合振幅为极大,即两列波振幅之和

$$A=2a$$

(3)在 $0<x<5$ 区间,如图 5-25 所示,S_1 发出的正行波与 S_2 发出的反行波干涉形成驻波,设考察点 R 的坐标为任意 x,S_1 和 S_2 到 R 点的波程差为

$$r_2-r_1=(5-x)-x=5-2x$$

相位差为

$$\Delta\varphi=\varphi_2-\varphi_1-2\pi\frac{r_2-r_1}{\lambda}=-\frac{\pi}{2}-2\pi\frac{5-2x}{4}=-3\pi+\pi x$$

与 R 点的位置有关.

对于波腹(干涉极大点),按干涉极值公式,应有

$$\Delta\varphi=-3\pi+\pi x=2k\pi$$

故波腹位置为 $x=2k+3$,为奇数,在 $0<x<5$ 区间,取 $x=1,3$ 两点.

对于波节,应有

$$\Delta\varphi-3\pi+\pi x=(2k+1)\pi$$

即波腹位置为 $x=2k+4$,为偶数,在 $0<x<5$ 区间,取 $x=2,4$ 两点.

例 5-7　在 x 轴的原点处有一波源,振动方程为 $y_0=A\cos(\omega t+\varphi)$,发出的波沿 x 轴正方向传播,波长为 λ,波在 $x=x_0$(正值)处被一刚性壁反射,求:

(1)入射波方程；

(2)入射点振动方程；

(3)反射点振动方程；

(4)反射波方程；

(5)驻波方程；

(6)全部波节和波腹的位置.

解　(1)波源发出的正行波即是入射波，见图 5-26，从波源到 x 轴上坐标为 x 处质点的波程为 x ，所以入射波在 x 处振动的相位比波源落后 $\dfrac{2\pi}{\lambda}x$ ，故入射波方程为

$$y_1 = A\cos\left(\omega t - 2\pi\frac{x}{\lambda} + \varphi\right)$$

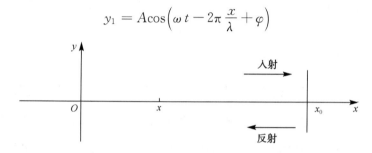

图 5-26　例 5-7 图

(2)入射点振动方程可直接由入射波方程得到，即

$$y_{1x_0} = A\cos\left(\omega t - 2\pi\frac{x_0}{\lambda} + \varphi\right)$$

(3)反射点为刚性壁，理解为波密介质，因而反射点有相位突变，反射点振动与入射点振动有相位差 π，所以反射点振动方程为

$$y_{2x_0} = A\cos\left(\omega t - 2\pi\frac{x_0}{\lambda} + \pi + \varphi\right)$$

(4)从反射点到 x 处的波程为 $x_0 - x$ ，因而反射波在 x 处引起的振动比反射点的相位落后 $2\pi\dfrac{x_0 - x}{\lambda}$ ，所以反射波方程为

$$y_2 = A\cos\left(\omega t - 2\pi\frac{x_0}{\lambda} - 2\pi\frac{x_0 - x}{\lambda} + \pi + \varphi\right) = A\cos\left(\omega t + 2\pi\frac{x - 2x_0}{\lambda} + \pi + \varphi\right)$$

注意反射波是反行波，所以 x 的符号是正号.

反射波方程也可以直接从波源的振动方程，即从总的相位差得到. 现在把入射和反射合并为一个过程来处理，波从波源出发，先正行到 x_0 处，然后反行到 x 处，波程总共为 $2x_0 - x$. 考虑到反射点有半波损失（相位突变），波程应修正为 $2x_0 - x - \dfrac{\lambda}{2}$ ，因而反射波在 x 处的振动相位要比波源落后 $2\pi\dfrac{2x_0 - x - \lambda/2}{\lambda}$ ，所以反射波方程应为

$$y_2 = A\cos\left(\omega t - 2\pi \frac{x_0 - x - \lambda/2}{\lambda} + \varphi\right) = A\cos\left(\omega t + 2\pi \frac{x - 2x_0}{\lambda} + \pi + \varphi\right)$$

（5）驻波方程可由入射波方程与反射波方程叠加而得

$$y = y_1 + y_2$$

$$= A\cos\left(\omega t - 2\pi \frac{x}{\lambda} + \varphi\right) + A\cos\left(\omega t + 2\pi \frac{x - 2x_0}{\lambda} + \pi + \varphi\right)$$

$$= 2A\cos\left(2\pi \frac{x - x_0}{\lambda} + \frac{\pi}{2}\right)\cos\left(\omega t - 2\pi \frac{x_0}{\lambda} + \frac{\pi}{2} + \varphi\right)$$

（6）波腹和波节的位置可以从驻波方程的振幅因子求出，但最简单的方法是通过反射点的性质来确定反射点是波腹还是波节，然后按照波腹和波节的排列规律来找出全部波腹、波节位置. 前面已经分析过，由于反射壁是刚性壁，反射有半波损失，所以反射点肯定是波节. 既然 $x = x_0$ 处是波节，再根据相邻波节距离为 $\lambda/2$ 的规律，我们得到全部波节的位置是

$$x = x_0 - k\frac{\lambda}{2}, \quad k = 0,1,2,3,\cdots$$

由于相邻的波腹和波节相距 $\lambda/4$，所以全部波腹的位置是

$$x = x_0 - \frac{\lambda}{4} - k\frac{\lambda}{2}, \quad k = 0,1,2,3,\cdots$$

5.6　声波　超声波　次声波

5.6.1　声波

19 世纪早期，人们通过一些实验，终于弄清楚人类所发声的频率局限于一定的范围，人类不仅自身发不出频率特低或频率特高的声音，而且也听不到这些声音. 能引起人听觉的频率为 $20 \sim 20000\,\mathrm{Hz}$ 的称为可闻声波，简称声波频率低于 $20\,\mathrm{Hz}$ 的声波，人耳听不到，称为次声波；高于 $20000\,\mathrm{Hz}$ 的声波，人耳也听不到，称为超声波.

描述声波的强弱常用声压和声强两个物理量.

介质中有声波传播时的压力与无声波时的静压力之间有一差值，这一差值称为声压. 声波是疏密波，在稀疏区域，实际压力小于原来的静压力，声压为负值；在稠密区域，实际压力大于原来静压力，声压为正值. 显然，由于介质中各点的声振动是周期性变化的，所以声压也在做周期性变化. 对于平面余弦波来说，可以证明声压为

$$P = -\rho u \omega A \sin \omega\left(t - \frac{x}{u}\right)$$

式中，ρ 为介质的密度，u 为声速，ω 为圆频率，A 为声振动的振幅. 因此，声压的振幅为

$$P_{\mathrm{m}} = \rho u \omega A$$

声强是声波的平均能流密度，根据上式，声强为

$$I = \frac{1}{2}\rho u A^2 \omega^2 = \frac{1}{2}\frac{P_m^2}{\rho u}$$

由上式可知，声强与频率的平方和振幅的平方成正比. 声波的频率高，声强大，而且高频率波易于聚焦，可以在焦点处获得极大的声强. 目前用聚焦的方法获得超声波的最大声强已达 $10^8 \text{W} \cdot \text{m}^{-2}$，是炮声声强的 10^9 倍，这样大的声强可以使人震耳欲聋.

引起人的听觉的声波，不仅有一定的频率范围，还有一定的声强范围. 能够引起人的听觉的声强范围在 $10^{-12} \sim 1\text{W} \cdot \text{m}^{-2}$. 声强太小，不能引起听觉，声强太大，将引起痛觉.

由于可闻声强的数量级相差悬殊，通常用声强来描述声波的强弱，声强级 L 为

$$L = 10\lg\frac{I}{I_0}$$

单位是 B(贝[尔]). 由于 B 这一单位太大，所以通常用 dB(分贝)作单位，1B＝20dB. 声强响度是人对声音强度的主观感觉，它与声强级有一定的关系，声强级越大，人感觉越响. 炮声的声强级约为 120dB，通常谈话的声音约为 60dB.

声波可以由振动的弦线(如提琴弦线、人的声带等)、振动的空气柱(如风琴管、单簧管等)、振动的板与振动的膜(如鼓、扬声器等)产生. 近似周期性或者少数几个近似周期性的波合成的声波，当强度不太大时，会引起悦耳的乐声；波形不是周期性的，或者由个数很多的周期波合成的声波，听起来是噪声.

5.6.2 超声波

超声波是很普通的声音，只是它的频率高一些，由于人耳的生理结构，对于这种高频率的"声音"是听不到的. 但是，超声波的高频率却给超声带来一些附加的、派生的性能，并带来一些超常的本领. 例如，超声容易形成窄小的声束，能够发出一束声，而且可以规定这束声的发射方向，这样就很容易判断哪个方向有回声，有回声的方向就有障碍物. 白鳍豚就是利用发射超声来探路、觅食和避敌的. 另外，自然界中的蝙蝠、老鼠、蚱蜢、蝗虫等也跟超声有缘，都能发射和利用超声，其中蝙蝠的超声定位原理被广泛应用于现代雷达中.

超声波一般用具有磁致伸缩或压电效应的晶体的振动产生，具有如下特征.

(1)超声波频率高、波长短，容易聚成细波束，具有很好的直线定向传播的特性. 发射的超声波频率越高，方向性就越好，导向能力越强. 例如，蝙蝠可发射频率 80kHz 的超声波，它的耳朵可接收到从 0.1mm 的金属丝反射回来的波.

(2)高频的超声波具有较大的功率. 近代超声波技术能够产生几千瓦的功率，如用聚焦超声波的方法，可以在液体中产生声强达 120kW $\cdot$ cm^{-2} 的大幅度超声波. 另外，利用声聚焦透镜，还能在局部得到更大功率的超声波束，这种超声波振动的作用力很大，可用来对硬性材料进行超声波加工.

（3）超声波与目标或障碍物相遇时,衍射作用小,发射波束扩散也小,便于接收以探测目标.

（4）超声波是一种弹性振动的机械波,可进入任何弹性介质材料,不论气体、液体或固体,包括人体,而且不受材料的导电性、导热性、透光性等影响.这些特点使超声波检测具有广泛应用.

（5）超声波在物体中的传播与介质材料的弹性密切相关.超声波在传播过程中遇到介质弹性情况发生变化时,会在界面处产生波的反射和透射.医学上所用的 B 超正是通过测量这种发射的超声波来了解人体内脏器官的病变情况,具有无损伤、断层检测的优点.

（6）超声波在固体、液体中传播时衰减很小.超声波在空气中衰减较快,而在固体、液体中衰减较慢.例如,5kHz 的超声波透过约 5cm 的空气后声强衰减 1%,而透过 1m 多的钢材才衰减 1%,可见,高频超声波很难透过气体,但极容易透过固体,这正好与电磁波相反.因此,在海洋中应用超声波最为适宜.人们通常用它探测水下目标,如侦察潜艇、海底暗礁和寻找鱼群等.

5.6.3　次声波

次声波又称亚声波,一般指频率在 $10^{-4} \sim 20 \mathrm{Hz}$ 的机械波,人耳听不到.在大自然的许多活动中,常可接收到次声波的信息,如火山爆发、地震、陨石落地、磁暴等自然活动中,都有次声波发生.次声波可以把自然信息传播得很远,所经历的时间也很长.次声波的频率低,衰减极小,可以远距离传播,在大地中传播几千米后,吸收还不到万分之几分贝.次声波的研究和应用受到越来越多的重视,已经成为研究地球、海洋、大气等大规模运动的有力工具.

☞【工程应用】☜

多普勒效应及其应用

一、多普勒效应

多普勒效应是重要的物理概念.多普勒效应是波源和观察者有相对运动时观察者接收到的波的频率与波源发出频率不同的现象.这一现象最初是由奥地利物理学家多普勒发现的,是为纪念他而命名的.他于 1842 年首先提出了这一理论,并被天文学家用来测量恒星的视向速度,现已广泛应用于各种技术中.

远方疾驶过来的火车鸣笛声变得尖细（即频率变高,波长变短）,而离我们而去的火车鸣笛声变得低沉（即频率变低,波长变长）,就是多普勒效应的现象.同样现象也发生在汽车鸣响与火车的敲钟声.把声波视为有规律间隔发射的脉冲,可以想象,若你每走一步,便发射了一个脉冲,那么在你之前的每一个脉冲都比你站立不动时更接近你自己,而在你后面的声源则比原来不动时远了一步.或者说,在你之前的脉冲频率比平常变高,而在你之后的脉冲频率比平常变低了.

多普勒效应不仅适用于声波,也适用于所有类型的波,包括光波、电磁波.科学家哈勃使用多普勒效应得出宇宙正在膨胀的结论.他发现远处银河系的光线频率在变高,即移向光谱的红端,这就是红色多普勒频移,或称红移.若银河系正移向他,就称为蓝移.

1.声波的多普勒效应

对于确定的介质,波的传播速度是一个定值,所以,当波在某一确定的介质中传播时,波长λ与周期成正比(与频率成反比).即波的频率越高,周期越小,其波长越短;反之,波的频率越低,周期越大,其波长越长.

设火车以恒定速度驶近时,汽笛发出的声波在传播时的规律,其结果是声波的波长缩短,好像波被压缩了,因此在一定时间间隔内传播的波数就增加了,这就是观察者会感受到声调变高的原因;相反,当火车驶向远方时,声波的波长变大,好像波被拉伸了,因此声音听起来就显得低沉.

设 v_0 为观察者相对于介质的速度,v_s 为波源相对于介质的速度,f 表示波源的固有频率,u 表示波在静止介质中的传播速度,则观察者接收到的声频 f' 为

$$f' = \frac{u + v_0}{u - v_s} f \tag{5-1}$$

当观察者朝波源运动时,v_0 取正号;当观察者背离波源(即顺着波源)运动时,v_0 取负号.当波源朝观察者运动时,v_s 取负号;当波源背离观察者运动时,v_s 取正号.从上式可知,当观察者与声源相互靠近时,$f' > f$;当观察者与声源相互远离时,$f' < f$.

2.光波的多普勒效应

光波的多普勒效应,又称为多普勒-斐索效应.因为法国物理学家斐索在1848年独立地对来自恒星的波长偏移做了解释,给出了利用这种效应测量恒星相对速度的办法.光波与声波的不同之处在于,光波频率的变化使人感觉到是颜色的变化.如果恒星远离我们而去,则光的谱线就向红光方向移动,称为红移;如果恒星朝向我们运动,光的谱线就向紫光方向移动,称为蓝移.

根据光源的移动速度,我们可以计算出光在频谱中的偏移量;反之,根据光在频谱中的偏移量,我们也可以计算出光源相对我们的移动速度.

二、多普勒效应的应用

1.雷达测速仪

由于雷达接收的是电磁波,相对论告诉我们,无论观察者与波源哪一个运动,雷达测到电磁波的速度永远是常数 c ,接收频率与发射频率满足以下关系:

$$\nu = \frac{c+u}{c-u}\nu_0 \qquad (5\text{-}2)$$

当目标和雷达之间存在相对位置运动时,目标回波的频率就会发生改变,频率的改变量称为多普勒平移.于是接收频率与发射频率之差为

$$\Delta\nu = \nu - \nu_0 = \frac{2u}{c-u} \cdot \nu_0 \qquad (5\text{-}3)$$

由于 $c \gg u$,以及考虑到飞行体的飞行方向与它和雷达天线的连线成一个 θ 角,则上式变为

$$\Delta\nu = \left(\frac{2u}{c}\cos\theta\right)\nu_0$$

由此解出速度为

$$u = \frac{c\Delta\nu}{2\nu_0\cos\theta} = \frac{\lambda_0\Delta\nu}{2\cos\theta} \qquad (5\text{-}4)$$

式中, λ_0 为雷达波的波长, $\Delta\nu$ 为接收频率与发射频率之差.

由此可见,只要测出反射波与发射波的频率之差,便可测得目标物的速度.

检查机动车速度的雷达测速仪也利用了多普勒效应.交通警向行进中的车辆发射频率已知的电磁波,通常是红外线,同时测量反射波的频率,根据反射波频率变化的多少就能知道车辆的速度.装有多普勒测速仪的警车有时就停在公路旁,在测速的同时把车辆牌号拍摄下来,并把测得的速度自动打印在照片上.

2. 多普勒效应在医学上的应用

在临床上,多普勒效应的应用也不断增多,近年来迅速发展起来的超声脉冲多普勒检查仪,当声源或反射界面移动时,比如当红细胞流经心脏大血管时,从其表面散射的声音频率发生改变,由频率偏移可以知道血流的方向和速度,如红细胞朝向探头,根据多普勒原理,反射的声频则提高,如红细胞离开探头,反射的声频则降低.

我们知道,血液里有红细胞,血液流动时红细胞也流动.当有超声辐射红细胞时,红细胞会反射超声.当超声波被流动的红细胞反射时,接收到的反射波频率与入射频率不一样,有频移现象,而频率变化的大小依赖于反射体(血流)运动的快慢.如图 5-27 所示,若由超声发射探头(换能器)发射的频率为 ν_1 的超声波,被流动的血流反射后,由超声接收探头接收到的超声波频率为 ν_2,血流速度为 V,在实际应用中,一般将图中的超声发射探头与超声接收探头靠得很近,认为 $\theta_1 \approx \theta_2 \approx \theta$,则 θ 为超声束与血流运动方向的夹角,超声波在人体组织中传播的平均速率为 u,则多普勒频移为

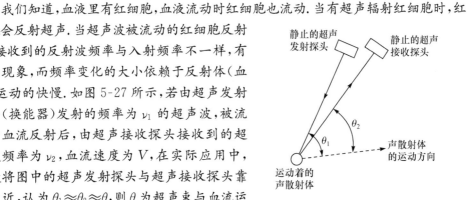

图 5-27　用超声多普勒效应检查血管内的血流情况

$$\Delta\nu = \nu_2 - \nu_1 = \frac{2\nu_1 V}{u}\cos\theta$$

从上式可以看出，$\Delta\nu$ 不仅与 V 成正比，而且与 $\cos\theta$ 成正比. 如果 θ 在 $0° \sim 90°$，即血流方向朝向探头，$\Delta\nu$ 为正；如果 θ 在 $90° \sim 180°$，即血流方向是背离探头，$\Delta\nu$ 为负. 根据这个关系，人们设计实现了一种非常生动的显示方法，显示出血流的大体方向和大体速度及平稳性. 在实际应用中是利用测试到的 $\Delta\nu$ 来推算出血流速度 V，即

$$V = \frac{u}{2\nu_1\cos\theta}\Delta\nu$$

实际测量的频移 $\Delta\nu$ 与入射频率 ν_1 之比为 $10^{-4} \sim 10^{-6}$，可见要求测量仪器有较好的灵敏度，若 $u = 1500\text{m/s}$，可得到血流速度 V 为 $10^{-1} \sim 10^{-3}\text{m/s}$.

在人体中多普勒效应不只出现在血管或心脏中的血流中，在任何运动着的器官中都存在. 应用超声多普勒效应，可以研究心脏的运动，测量胎儿的心音等，以监护胎儿的健康发育.

3. 宇宙学研究中的多普勒现象

20 世纪 20 年代，美国天文学家斯莱弗在研究远处的旋涡星云发出的光谱时，首先发现了光谱的红移，认识到了旋涡星云正快速远离地球而去. 1929 年哈勃根据光谱红移总结出著名的哈勃定律：星系的远离速度 v 与距地球的距离 r 成正比，即 $v = Hr$，H 为哈勃常数. 根据哈勃定律和后来更多天体红移的测定，人们相信宇宙在长时间内一直在膨胀，物质密度一直在变小. 由此推知，宇宙结构在某一时刻前是不存在的，它只能是演化的产物. 因而 1948 年伽莫夫和他的同事们提出了大爆炸宇宙模型. 20 世纪 60 年代以来，大爆炸宇宙模型逐渐被广泛接受，被天文学家称为宇宙的标准模型.

多普勒-斐索效应使人们对距地球任意远的天体运动的研究成为可能，只要分析接收到的光的频谱就可以. 1868 年，英国天文学家 W. 哈金斯用这种办法测量了天狼星的视向速度（即物体远离我们而去的速度），得出了 46km/s 的速度值.

4. 移动通信中的多普勒效应

在移动通信中，当移动台移向基站时，频率变高，远离基站时，频率变低，所以我们在移动通信中要充分考虑多普勒效应. 当然，由于在日常生活中移动速度的局限，不可能带来十分大的频率偏移，但在卫星移动通信中，当飞机移向卫星时，频率变高，远离卫星时，频率变低，而且由于飞机的速度十分快，所以我们在卫星移动通信中要充分考虑多普勒效应. 为了避免这种影响造成通信中的问题，我们不得不在技术上加以各种考虑，也加大了移动通信的复杂性.

习题 5

一、选择题

1. 简谐波在介质中传播的速度大小取决于( ).

A. 波源的频率　　　　　　　　　　　　B. 介质的性质

C. 波源的频率和介质的性质　　　　　　D. 波源的能量

2. 波速为 $4\mathrm{m\cdot s^{-1}}$ 的平面简谐波沿 x 轴的负方向传播. 如果这列波使位于原点的质元做 $y=3\cos\dfrac{\pi}{2}t(\mathrm{cm})$ 的振动,那么位于 $x=4\mathrm{m}$ 处质元的振动方程应为( ).

A. $y=3\cos\dfrac{\pi}{2}t(\mathrm{cm})$　　　　　　　B. $y=-3\cos\dfrac{\pi}{2}t(\mathrm{cm})$

C. $y=3\sin\dfrac{\pi}{2}t(\mathrm{cm})$　　　　　　　D. $y=-3\sin\dfrac{\pi}{2}t(\mathrm{cm})$

3. 一简谐波沿 x 轴正方向传播,图 5-28 为 $t=T/4$ 时的波形曲线.若振动以余弦函数表示,且各点振动的初相位取 $-\pi$ 到 π 之间的值,求 0、1、2、3 点的初相位( ).

A. $\varphi_0=\pi,\varphi_1=\pi/2,\varphi_2=0,\varphi_3=-\pi/2$　　　　B. $\varphi_0=\pi/2,\varphi_1=\pi,\varphi_2=0,\varphi_3=-\pi/2$

C. $\varphi_0=\pi,\varphi_1=\pi/2,\varphi_2=\pi,\varphi_3=\pi/2$　　　　D. $\varphi_0=0,\varphi_1=\pi/2,\varphi_2=\pi,\varphi_3=-\pi/2$

4. 图 5-29 为一平面简谐波在 $t=0$ 时刻的波形图,设此简谐波的频率为 250Hz,若波沿 x 轴负方向传播,该波的波动方程为( ).

A. $y=A\cos[2\pi(250t+x/200)+\pi/4]$　　　B. $y=A\cos[2\pi(250t+x/200)+\pi/2]$

C. $y=A\cos[2\pi(250t+x/100)+\pi/4]$　　　D. $y=A\cos[2\pi(250t+x/100)+\pi/2]$

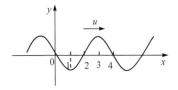

图 5-28　选择题 3

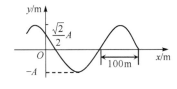

图 5-29　选择题 4

二、填空题

1. 图 5-30 为一传播速度为 $u=10\mathrm{m\cdot s^{-1}}$ 的平面简谐波在 $t=0$ 时的波形图,则在 $t=1.5\mathrm{s}$ 时 A 处的质点的振动速度的大小为_____,A 处的质点的振动速度方向是_____,A 处的质点的振动加速度的大小为_____.

2. 一平面简谐波沿 x 轴负方向以 $u=2\mathrm{m\cdot s^{-1}}$ 的速度传播.原点的振动曲线如图 5-31 所示,则这列平面简谐波的波动方程为_____,在 $x=4\mathrm{m}$ 处质点的振动方程为_____.

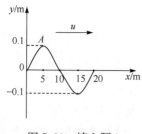

图 5-30　填空题 1

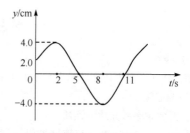

图 5-31　填空题 2

三、计算题

1.某平面简谐波在 $t=0$ 时的波形图和原点($x=0$ 处)的振动曲线,如图 5-32(a)和(b)所示,求此平面波的波动方程.

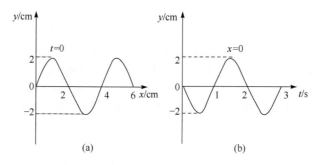

(a)　　　　　　　　　　　(b)

图 5-32　计算题 1

2.一平面波在介质中以速度 $u=20\mathrm{m}\cdot\mathrm{s}^{-1}$ 沿 x 轴负方向传播,如图 5-33 所示.已知 a 点的振动方程为 $y_a=3\cos4\pi t$,t 的单位为 s,y_a 的单位为 m.求:(1)以 a 为坐标原点写出波动方程;(2)以距 a 点 5m 处的 b 点为坐标原点,写出波动方程.

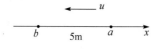

图 5-33　计算题 2

3.一平面简谐波沿 Ox 轴正方向传播,波的表达式为 $y=A\cos2\pi(\nu t-x/\lambda)$,而另一平面简谐波沿 Ox 轴负方向传播,波的表达式为 $y=2A\cos2\pi(\nu t+x/\lambda)$ 求:(1)$x=\lambda/4$ 处介质质点的合振动方程;(2)$x=\lambda/4$ 处介质质点的速度表达式.

第三篇　波动光学

光学是研究光的现象、光的本性和光与物质相互作用的学科,是物理学的一个重要分支.人们最初是从物体成像的研究中形成了光线的概念,并根据光线沿直线传播的现象总结出光的直线传播定律、反射定律和折射定律等,从而逐步形成了几何光学.但人们对光的本性问题的认识却经历了很长时间.人们通过对光的干涉、衍射、偏振现象的研究,认识到光是一种电磁波,从而形成了波动光学.20世纪初,人们从热辐射、光电效应、光压以及光的化学作用等方面认识了光的波粒二象性,光是具有一定频率和波长的光子流.光的波粒二象性的确立,激发了人们从微观上研究光与物质相互作用,从而形成了量子光学.20世纪60年代激光的发现,使光学的发展又获得了新的活力.激光技术与相关学科相结合,导致了光全息、光信息处理、光纤等技术的飞速发展.非线性光学、傅里叶光学等现代光学分支逐渐形成,带动了物理学及其相关技术的发展.

本篇只讨论波动光学,即研究光的干涉、衍射、偏振现象及其规律.

第6章

光 的 干 涉

6.1 光源 光的单色性和相干性

光源 发射光波的物体,称为光源. 光源有普通光源和激光光源之分. 本章重点讨论普通光源. 太阳、白炽灯、各种气体放电管等都属普通光源. 普通光源发光的机制是大量原子从高能级向低能级自发跃迁的过程. 原子、分子在吸收能量后处于一种不稳定的激发态, 即使没有任何外界作用, 它们也会自发地回到低激发态或基态, 同时向外发出光波. 普通光源发光的特点是: 每个原子或分子发出的是持续时间不超过 10^{-8} s 的波列, 并且原子的激发和辐射是随机的, 彼此独立, 没有必然联系, 即原子所发出的光的频率、振动方向和初相也各不相同. 而光波和机械波一样, 两列波产生干涉现象必须满足下列相干条件: 两列光波频率相同, 两光矢量振动方向相同, 两列波传至空间某点时的位相差恒定. 普通光源发出的光一般不能满足相干条件, 也就是说, 两个普通光源发出的光一般不能产生干涉现象.

光的相干性 光波是电磁波. 光在真空中的传播速度 c 约为 3×10^8 m · s^{-1}, 可见光在真空中的波长为 $400 \sim 760$ nm, 对应的频率范围为 $7.5 \times 10^{14} \sim 3.9 \times 10^{14}$ Hz. 光波是电场和磁场相互激发产生的电磁波, 电场和磁场的场量分别用电场强度 E 和磁场强度 H 描述. 由于在人的视觉以及光化学反应中, 产生感光作用与生理作用的主要是电场强度 E, 所以通常把电场强度 E 作为光的代表, 称为光矢量. 把电场强度 E 的振动称为光振动.

设两列相干光在空间某点 P 的光矢量 E_1 和 E_2 的数值分别为

$$E_1 = E_{10} \cos(\omega t + \varphi_{10}) \tag{6-1}$$

$$E_2 = E_{20} \cos(\omega t + \varphi_{20}) \tag{6-2}$$

在干涉点 P 叠加后的光矢量的振幅为

$$E_0 = \sqrt{E_{10}^2 + E_{20}^2 + 2E_{10}E_{20}\cos\Delta\varphi} \tag{6-3}$$

式中, E_{10}、E_{20}、E_0 分别为两束相干光在 P 点产生的振幅和叠加后光的振幅, $\Delta\varphi$ 为两束相干光在 P 点的相位差. 在光学中, 用光强来描述光的强弱. 把上式平方有

$$E_0^2 = E_{10}^2 + E_{20}^2 + 2E_{10}E_{20}\cos\Delta\varphi$$

由于光强正比于光振幅的平方, 即 $I \propto E_0^2$ (当讨论相对强度时, $I = E_0^2$), 于是两束相干光叠加后的光强和原来两束光强度的关系为

$$I = I_1 + I_2 + 2\sqrt{I_1 I_2}\cos\Delta\varphi \tag{6-4}$$

与机械波类似，当两束相干光在真空中产生干涉现象时，相位差与波程差的关系是

$$\Delta\varphi = \frac{2\pi}{\lambda}\delta \tag{6-5}$$

所以，当相位差 $\Delta\varphi = 2k\pi$ 或波程差 $\delta = k\lambda (k = 0, \pm1, \pm2, \cdots)$ 时，合成光强达到极大，称为干涉加强（或干涉相长）；当相位差 $\Delta\varphi = (2k+1)\pi$ 或波程差 $\delta = (2k+1)\lambda/2 (k = 0, \pm1, \pm2, \cdots)$ 时，光强为极小，称为干涉减弱（或干涉相消）。这就是光干涉的极值条件。

在光学实验中，两束相干光的强度通常相等，即 $I_1 = I_2$，此时干涉光强为

$$I = 2I_1(1 + \cos\Delta\varphi) = 4I_1\cos^2\frac{\Delta\varphi}{2} \tag{6-6}$$

光强随相位差变化的规律，如图 6-1 所示。

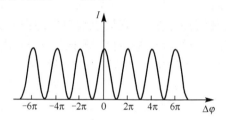

图 6-1　两束相干光干涉的光强分布

由于普通光源发出的光一般不满足相干条件，怎样用普通光源发出的光实现光的干涉呢？其基本思想是"一分为二"，即将光源发出的各个光波列分解成两个子光波列，然后让两个子光波列在同一个区域相遇而发生干涉。由于在相遇区域内的两个子光波列是从同一个光波列分解出来的，它们的频率和振动方向完全相同，而在相遇地点的相位差取决于两个子光波列分开后的路程和介质，如果这两个因素不变，干涉图样就是稳定的。所以，从同一光波分解出来的子波形成的光束就是相干光。

分解波列有两种方法。

（1）分波阵面法。从一个光源发出的光波波阵面上分离出两部分，使它们通过不同的光学系统后在空间相遇就能发生干涉。例如，杨氏双缝干涉实验就是采用此方法。

（2）分振幅法。利用透明薄膜的上、下两个表面，对入射光进行反射和折射，将入射光分解为振幅不同的若干部分，使它们在空间相遇发生干涉。薄膜干涉和迈克耳孙干涉仪都是采用这种方法。

在自然界以及日常生活中，可以观察到很多光的干涉现象。例如，水面上的油膜在阳光的照射下呈现出五彩缤纷的美丽图样，肥皂泡在阳光下也显出五光十色的彩纹，这些都是光在薄膜上干涉所产生的干涉图样。

6.2　双缝干涉

杨氏双缝干涉　托马斯·杨在 1801 年首先用实验方法实现了光的干涉. 他让太阳光通过一狭缝, 再通过离缝一段距离的两条狭缝, 在两狭缝后面的屏幕上得到干涉图样. 实验装置如图 6-2 所示.

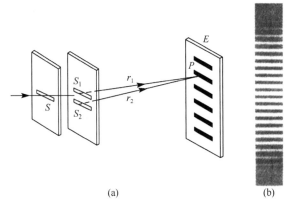

(a)　　　　　　　(b)

图 6-2　杨氏双缝干涉

在杨氏双缝实验中, 用单色平行光照射一窄缝 S, 窄缝相当于一个线光源. S 后放有与 S 平行且对称的两平行的狭缝 S_1 和 S_2, 两缝之间的距离很小(0.1mm 数量级). 两窄缝处在 S 发出光波的同一波阵面上, 构成一对初相位相同的等强度的相干光源. 它们发出的相干光在两缝后面的空间相干叠加. 在双缝的后面放一个观察屏 E, 可以在屏幕上观察到明暗相间的对称的干涉条纹. 这些条纹都与狭缝平行, 条纹间的距离相等.

设 S_1 与 S_2 的距离为 d, 双缝到屏幕 E 的垂直距离为 D, 垂足为原点 O. 如图 6-3 所示, 建立坐标轴 x, 在轴上任取一点 $P(OP=x)$, P 点距 S_1 和 S_2 分别为 r_1 和 r_2. 从 S_1 和 S_2 所发出的光到达 P 点处的波程差为

$$\delta = r_2 - r_1 \tag{6-7}$$

由图可知

$$r_1^2 = D^2 + \left(x - \frac{d}{2}\right)^2, \quad r_2^2 = D^2 + \left(x + \frac{d}{2}\right)^2$$

所以

$$r_2^2 - r_1^2 = (r_2 - r_1)(r_2 + r_1) = 2dx$$

一般情况下, $D \gg d$, $r_1 + r_2 \approx 2D$, 则由上式得

$$\delta = r_2 - r_1 = \frac{d}{D}x$$

设单色光的波长为 λ, 干涉加强(明条纹)的条件为

$$\delta=\frac{d}{D}x=k\lambda$$

或

$$x=k\frac{D}{d}\lambda,\quad k=0,\pm1,\pm2,\cdots \tag{6-8}$$

为明条纹中心位置. 当 $k=0$ 时, $x=0$, 表明 O 点为明条纹的中心, 称为中央明条纹. 在 O 点两侧, 与 $k=\pm1,\pm2,\cdots$ 相对应的 $x=\pm\frac{D\lambda}{d},\pm2\frac{D\lambda}{d},\cdots$ 处的明条纹, 分别称为第一级明条纹、第二级明条纹……

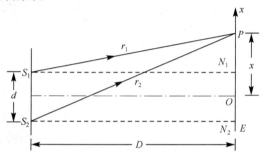

图 6-3　干涉条纹计算用图

干涉减弱（暗条纹）的条件为

$$\delta=\frac{d}{D}x=(2k+1)\frac{\lambda}{2} \tag{6-9}$$

或

$$x=(2k+1)\frac{D}{d}\frac{\lambda}{2},\quad k=0,\pm1,\pm2,\cdots \tag{6-10}$$

与 $k=0,\pm1,\pm2,\cdots$ 相对应的 $x=\pm\frac{D}{2d}\lambda、\pm\frac{3D}{2d}\lambda$ 分别称为第零级暗条纹、第一级暗条纹……显然, 明暗条纹间隔排列, 相邻两明条纹（或暗条纹）中心间的距离 Δx 为

$$\Delta x=\frac{D}{d}\lambda \tag{6-11}$$

称为条纹间距. 而相邻明、暗条纹中心之间的距离为 $\frac{D\lambda}{2d}$, 表明干涉条纹关于中心对称, 且等距离分布.

由式(6-11)可知, 当 d,D 一定时, Δx 与波长 λ 成正比, 即条纹位置及间隔将随波长而变. 如果用白光入射, 中央仍为白色, 其他区域由内向外则形成由紫到红的彩色光谱.

例 6-1　在杨氏双缝干涉实验中, 设两缝间的距离为 $d=0.02\text{cm}$, 屏与缝之间距离为 $D=100\text{cm}$, 试求：

(1)以波长为 $5890\times10^{-10}\text{m}$ 的单色光照射, 第 10 级明条纹离开中央明条纹的距离；

（2）第 10 级干涉明条纹的宽度；

（3）以白色光照射时，屏幕上出现彩色干涉条纹，求第 2 级光谱的宽度．

解　（1）明条纹的光程差满足 $d\dfrac{x}{D}=k\lambda$，则任一级明条纹离开中央明纹的距离为

$x=k\dfrac{D}{d}\lambda$，取 $k=10$，所以

$$x_{10}=k_{10}\frac{D}{d}\lambda=10\times\frac{100\times10^{-2}}{0.02\times10^{-2}}\times5890\times10^{-10}=2.945\times10^{-2}(\text{m})$$

（2）第 10 级明条纹的宽度，即为第 9 级和第 10 级暗条纹之间的距离，由暗条纹公式可知

$$d\frac{x}{D}=(2k+1)\frac{\lambda}{2}$$

任一级暗条纹离开中央明条纹的距离为 $x_{暗}=(2k+1)\dfrac{D}{d}\dfrac{\lambda}{2}$，则

$$\Delta x_{10}=x_{10暗}-x_{9暗}=(2k_{10}+1)\frac{D}{d}\frac{\lambda}{2}-(2k_9+1)\frac{D}{d}\frac{\lambda}{2}=\frac{D}{d}\lambda$$

$$=\frac{1}{0.02\times10^{-2}}\times5890\times10^{-10}=2.945\times10^{-3}(\text{m})$$

（3）因为白色光是由许多波长不同的单色光组成的复色光．当波长不同时，干涉条纹离开中央明条纹的距离各不相同，因此白色光通过双缝干涉后，形成彩色的光谱（称干涉光谱）．又因 $x\infty\lambda$，则 $x_{紫}<x_{红}$，所以在同一级干涉光谱中，紫色光比红色光靠近中央明条纹，离开中央明条纹的排列次序为紫、蓝、青、绿、黄、橙、红．第二级谱线宽度取 $k=2$，即紫光的二级明纹与红光的二级明纹间的距离，由

$$x_{紫}=k_2\frac{D}{d}\lambda_{紫},\quad x_{红}=k_2\frac{D}{d}\lambda_{红}$$

得第二级谱线宽度为

$$\Delta x=x_{红}-x_{紫}=k_2\frac{D}{d}(\lambda_{红}-\lambda_{紫})$$

$$=2\times\frac{1}{0.02\times10^{-2}}(7600-4000)\times10^{-10}=3.6\times10^{-3}(\text{m})$$

菲涅耳双镜实验　杨氏双缝实验要求缝 S、S_1、S_2 的宽度很窄，所以通过缝的光强很弱，条纹不清晰，菲涅耳为克服杨氏双缝实验这些缺点，经改进设计出如图 6-4 所示的实验装置．图中 S 是一个单色线光源，M_1 和 M_2 是两块夹角 ε 很小的平面镜．从 S 发出的光波被两平面镜反射，在反射光相遇处产生干涉．S 在 M_1 和 M_2 中产生的虚像分别为 S_1、S_2，从 M_1 和 M_2 反射的两束相干光可看成从 S_1 和 S_2 两个虚光源发出．在实际计算中，只要测出这两个虚光源的间距，以及它们到屏的距离，就可利用杨氏双缝实验的结论进行有关计算．

劳埃德镜　劳埃德镜实验如图 6-5 所示．从狭缝光源 S_1 射出的光，一部分直接射

到屏幕 E 上，另一部分经镜面 KL 反射后到达屏幕，反射光可看成由虚光源 S_2 发出，S_1、S_2 又构成相干光源．图中画有阴影的部分是相干光叠加的区域，把屏幕放入这个区域，在屏幕上便出现明暗相间的干涉条纹．

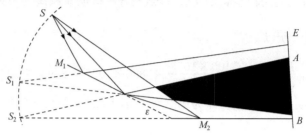

图 6-4　菲涅耳双镜实验示意图

劳埃德镜实验不但能显示光的干涉现象，而且还能显示出光经反射后的相位变化．如果把屏幕移到 E' 处与劳埃德镜接触，由图 6-5 看出，S_1 和 S_2 到屏幕上 L 点的距离相等，因而波程差为零，似乎在接触处应出现明条纹，但实验发现该接触处为一暗条纹．这表明直接射到屏幕上的光与由镜面反射出来的光在 L 处的相位相反．由于入射光不可能有相位的变化，所以只能是光从空气射向玻璃发生反射时，反射光有大小为 π 的相位突变．因为相位 π 对应半个波长的波程，所以称这种现象为半波损失．半波损失的条件是：入射光在光疏介质中前进，遇到光密介质界面时，在掠射或垂直入射两种情况下，在反射过程中产生半波损失，这只是对光的电场强度矢量的振动而言．如果入射光在光密介质中前进，当遇到光疏介质的界面时，不产生半波损失．

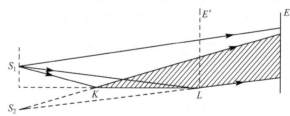

图 6-5　劳埃德镜实验示意图

6.3　光程和光程差

光程和光程差　上述关于杨氏双缝干涉实验的讨论中，我们认为实验是在真空中进行的，如果杨氏双缝干涉实验装置在水或其他介质中进行，我们要用光程差替代波程差．下面讨论这个问题．

介质的折射率 n 定义为真空中的光速 c 与介质中光速 u 的比值，即

$$n = \frac{c}{u} = \frac{\nu\lambda}{\nu\lambda'} = \frac{\lambda}{\lambda'} \tag{6-12}$$

式中,λ 表示光在真空中的波长,λ' 表示光在介质中的波长. 由于 $n \geqslant 1$,所以 $\lambda' \leqslant \lambda$,即光在介质中的波长比真空中的波长要短一些.

由于光速与介质有关,因此光在相等的时间内在不同介质中所通过的距离就不相等. 设 x 是光在折射率为 n 的介质中通过的距离,光通过这段距离所用的时间为 $\dfrac{x}{u}$,则光在相等时间 $\dfrac{x}{u}$ 内在真空中所通过的距离为

$$\frac{x}{u}c = nx \tag{6-13}$$

把折射率 n 和相应的几何路程 x 的乘积称为光程,用 L 表示,即

$$L = nx \tag{6-14}$$

可见,引入光程便把单色光在介质中的传播折算为该单色光在真空中的传播.

因为光在真空中的折射率等于1,所以光在真空中的光程就等于它在真空中所通过的几何路程.

设有一束光在空间传播,沿光线建立 x 轴,A 和 B 为 x 轴上两点,光在 AB 之间的路程(波程)为 x,如图 6-6(a)所示. 若 AB 之间是真空,则 B 点的光振动比 A 点在时间上要落后 $\Delta t = \dfrac{x}{c}$;B 点比 A 点在相位上要落后 $\Delta\varphi = \omega\Delta t = 2\pi\nu \cdot \dfrac{x}{c} = 2\pi\dfrac{x}{\lambda}$,其中 λ 为光在真空中的波长. 若 AB 之间是折射率为 n 的介质,如图 6-6(b)所示,则 B 点的光振动比 A 点在时间上要落后 $\Delta t = \dfrac{x}{u} = \dfrac{nx}{c}$,$B$ 点与 A 点相位差为 $\Delta\varphi = 2\pi\dfrac{x}{\lambda'} = 2\pi\dfrac{nx}{\lambda}$,其中 λ' 为介质中的波长,可见相位差不仅和波程 x 相关,还与折射率有关.

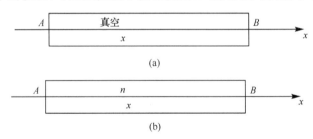

图 6-6 分析相位差和波程差关系示意图

采用光程概念后,光程差 δ 与相位差 $\Delta\varphi$ 之间的关系为

$$\Delta\varphi = \frac{2\pi}{\lambda}\delta \tag{6-15}$$

所以,当相位差 $\Delta\varphi = 2k\pi$ 或光程差 $\delta = k\lambda (k = 0, \pm 1, \pm 2, \cdots)$ 时,干涉加强;当相位差 $\Delta\varphi = (2k+1)\pi$ 或光程差 $\delta = (2k+1)\dfrac{\lambda}{2} (k = 0, \pm 1, \pm 2, \cdots)$ 时,干涉减弱.

在光学中,由于光程和光程差便于运算,用光程差确定干涉条纹的分布及变化规律是处理干涉问题的基本方法.

例如,在杨氏双缝干涉实验中,如图 6-2 所示,当实验在折射率为 n 的介质中(如水中)进行时,从 S_1 和 S_2 发出的两列相干光到达 P 点的光程差应为 $\delta = n(r_2 - r_1)$,明、暗条纹条件为

$$\delta = n(r_2 - r_1) = nd\frac{x}{D} = \begin{cases} \pm k\lambda, & k = 0,1,2,3,\cdots \text{明纹} \\ \pm(2k+1)\dfrac{\lambda}{2}, & k = 0,1,2,3,\cdots \text{暗纹} \end{cases}$$

所以明条纹位置和宽度分别为

$$x = \pm k\frac{D}{d}\frac{\lambda}{n}, \quad \triangle x = \frac{D}{d}\frac{\lambda}{n}$$

因为 $n > 1$,所以 x 和 $\triangle x$ 变小,即当杨氏双缝干涉实验从真空移到折射率为 n 的介质中(如水中)进行时,干涉条纹将变密.

薄透镜的等光程性　在光的干涉实验中,常常需要用薄透镜将平行光会聚成一点,为了讨论会聚点的干涉情况,需要计算相干光在该点的光程差.由于透镜各处的厚度不相同,折射率也往往不知道,按光程的定义来计算有困难.利用薄透镜的等光程性,可以使光程计算简化.

对于薄透镜,在物体离主光轴不远处,从物体上各点发出的光线通过透镜会聚成像时,像和物的形状仍然一样,并没有改变条纹的明暗分布.这一结果说明从物点到像点的各条光线通过的光程都相等.

平行光束通过透镜后,会聚于焦平面上,相互加强形成亮点(图 6-7).这是由于在平行光束波振面上各点(图中 A,B,C,D,E)的相位相同,到达焦平面后相位仍然相同,因而相互加强,才能干涉增强形成亮点.可见,波振面上各点到 F 点的光程都相等.这个结果可以通过光程的定义来理解.从波程来看,从同一波面到像点的光线中,过透镜中心的光线要短一些,过透镜边缘的光线要长一些;但从折射率来看,过透镜中心的光线要更多地经过玻璃,过透镜边缘的光线却很少通过玻璃,从波程和折射率这两个因素来分析,各条光线的光程相等是可以理解的.所以这个结论又叫做平行光经薄透镜会聚不附加光程差.总之,使用薄透镜观察干涉现象时,不会引起各相干光之间的附加光程差,其明暗条纹的分布也不改变.

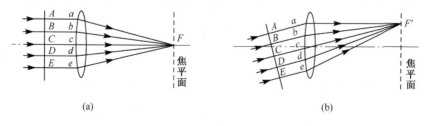

图 6-7　平行光经透镜会聚时不产生附加光程差

例 6-2 在图 6-8 所示的双缝干涉实验中,在 S_2 和 P 间插入折射率为 n、厚度为 d 的介质.求光由 S_1、S_2 到 P 的相位差 $\Delta\varphi$.

解
$$\Delta\varphi = \frac{2\pi}{\lambda}(L_2 - L_1)$$
$$= \frac{2\pi}{\lambda}\{[(r_2 - d) + nd] - r_1\}$$
$$= \frac{2\pi}{\lambda}[(r_2 - r_1) + (n-1)d]$$

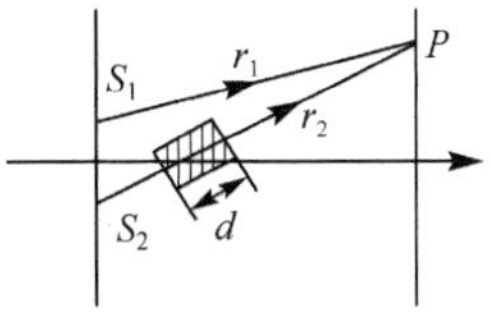

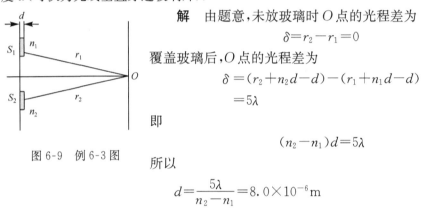

图 6-8 例 6-2 图

例 6-3 在图 6-9 所示的双缝干涉实验中,若用薄玻璃片(折射率 $n_1 = 1.4$)覆盖缝 S_1,用同样厚度的玻璃片(但折射率 $n_2 = 1.7$)覆盖缝 S_2,将使屏上原来未放玻璃时的中央明条纹所在处 O 变为第 5 条明纹.设单色光波长为 $\lambda = 480\text{nm}$,求玻璃片的厚度 d(可认为光线垂直穿过玻璃片).

图 6-9 例 6-3 图

解 由题意,未放玻璃时 O 点的光程差为
$$\delta = r_2 - r_1 = 0$$

覆盖玻璃后,O 点的光程差为
$$\delta = (r_2 + n_2 d - d) - (r_1 + n_1 d - d)$$
$$= 5\lambda$$

即
$$(n_2 - n_1)d = 5\lambda$$

所以
$$d = \frac{5\lambda}{n_2 - n_1} = 8.0 \times 10^{-6}\text{m}$$

6.4 薄 膜 干 涉

在日常生活中,我们常见到在阳光的照射下肥皂泡、水面上的油膜呈现出五颜六色的花纹.这是光波在膜的上、下表面反射后相互叠加所产生的干涉现象,称为薄膜干涉.由于反射波和透射波的能量都是由入射波分出来的,所以属于分振幅干涉.

薄膜干涉的光程差计算 如图 6-10 所示为光照射到薄膜上反射光干涉的情况.设光入射处薄膜的折射率为 n_2、厚度为 e,膜的上、下方的介质的折射率分别为 n_1 和 n_3.一束波长为 λ 的单色光以入射角 i 照到薄膜上,在入射点 A 分为两束,一束是反射光 2,另一束折射进入膜内,在 B 点反射后到达 C 点,再折射回膜的上方形成光 3,由于 2、3 两束光是同一入射光的两部分,二者频率、振动方向相同且有确定的相位差,所以在相遇点发生干涉.将在膜的反射方向产生的干涉称为反射光干涉.理论计算表明,那些在膜内经三次、四次……反射再折回膜上方的光线,光强度比 2、3 两光束低得多,可以忽略不计.由于 2、3 两束光线是平行的,所以只能在无穷远处相交而发生干涉,在实际中可用透镜将它们会聚在焦平面处的屏上进行观察.透射光 4、5 相

遇时也会发生干涉,通常称为透射光干涉.

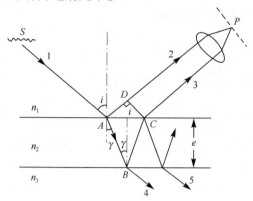

图 6-10   薄膜干涉计算示意图

2、3 两光束在焦平面上 P 点相遇时的光程差为

$$\delta = n_2(AB+BC) - n_1 AD + \delta' \qquad (6\text{-}16)$$

将几何关系 $AB = BC = \dfrac{e}{\cos\gamma}$, $AD = AC\sin i = 2e\tan\gamma\sin i$ 代入上式,得到

$$\delta = 2n_2\frac{e}{\cos\gamma} - 2n_1 e\tan\gamma\sin i + \delta' \qquad (6\text{-}17)$$

根据折射定律 $n_1\sin i = n_2\sin\gamma$,有

$$\delta = \frac{2n_2 e}{\cos\gamma}(1 - \sin^2\gamma) + \delta' \qquad (6\text{-}18)$$
$$= 2n_2 e\cos\gamma + \delta'$$

或

$$\delta = 2e\sqrt{n_2^2 - n_1^2\sin^2 i} + \delta' \qquad (6\text{-}19)$$

式中,δ' 称为附加光程差. 可以看出,光程差的公式包括两项,第一项是在介质中产生的光程差,第二项是在表面反射时若发生半波损失所产生的附加光程差. 上述公式对透射光干涉也成立,只是附加光程差项 δ' 与反射光干涉不同.

在实际中,附加光程差 δ' 的计算非常重要. 假设 $n_1 < n_2$,$n_2 > n_3$,由于 1 光只在上表面发生了一次反射,即由光疏介质 n_1 入射到光密介质 n_2,有半波损失;2 光也有一次反射,是在下表面,即由光密介质 n_2 入射到光疏介质 n_3 表面的反射,没有半波损失;故共只有一个半波损失,所以 $\delta' = \lambda/2$. 假设 1 光和 2 光都有半波损失或都没有半波损失,则 $\delta' = 0$.

一般地讲,薄膜干涉可能涉及三种不同的介质 n_1、n_2 和 n_3,从介质的折射率大小的排列来看,有两种可能的方式. 一种是按 $n_1 > n_2$,$n_2 < n_3$ 或 $n_1 < n_2$,$n_2 > n_3$ 的顺序排列,即薄膜的折射率大于或小于它两面介质的折射率. 此时对反射光干涉 $\delta' = \lambda/2$,而对透射光干涉 $\delta' = 0$. 当排列顺序为 $n_1 < n_2 < n_3$ 或 $n_1 > n_2 > n_3$ 时,即薄膜折射率的大小在它两面的介质折射率的大小之间. 这时对反射光干涉附加光程差为 $\delta' = 0$,而对透射光干涉附加光程差为 $\delta'=\lambda/2$.

　　从上面对薄膜干涉附加光程差的分析可以看到,若反射光干涉是加强的明条纹,则透射光干涉将是相消的暗纹. 即在薄膜干涉中,反射光干涉与透射光干涉是互补的. 这是能量守恒的必然要求.

　　两束反射光在 P 点干涉加强(明)还是减弱(暗)的条件是

$$\delta=2e\sqrt{n_2^2-n_1^2\sin^2 i}+\delta'=\begin{cases}k\lambda, & k=1,2,\cdots\text{加强}\\(2k+1)\dfrac{\lambda}{2}, & k=0,1,2,\cdots\text{减弱}\end{cases} \tag{6-20}$$

在实验中常用垂直入射的平行光,即 $i\approx\gamma\approx0$ 的入射光. 此时薄膜干涉的光程差计算公式简化为

$$\delta=2en_2+\delta' \tag{6-21}$$

　　等倾干涉　通常光源不是一点,而是有一定大小的发光面(或线),称为面光源或扩展光源. 从光源发出相等倾角的入射光经薄膜反射,最后会聚于透镜的焦平面上,形成同一干涉条纹,即干涉条纹的级数和入射光相对于膜面的倾角一一对应,所以这种干涉称为等倾干涉,这种条纹称为等倾干涉条纹. 如图 6-11 所示,C 为厚度均匀的平面薄膜,L 为透镜,M 为半反射半透射的平面玻璃板,E 为置于透镜焦平面上的屏. 由发光面 S 上一点发出的光线经 M 反射后以相同倾角入射到膜面上,它们的反射线经过透镜会聚后分别相交于焦平面的同一个圆周上. 由此形成的等倾条纹是一组明暗相间的同心圆环,而光源上任一点发出的光束都同样产生一组相应的干涉圆环. 由于方向相同的平行光线将被透镜会聚到焦平面上同一点,而与光线从面光源的何处发光无关,所以由光源上不同点发出的光线,经 M 反射后对薄膜倾角相同的光线形成的干涉圆环都将重叠在一起,能使条纹的亮度增加,从而使条纹的明暗对比变得更加清晰.

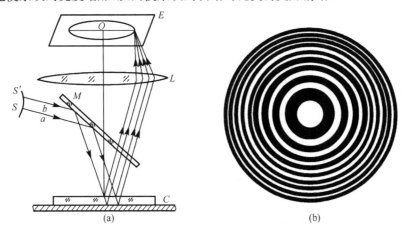

图 6-11　等倾干涉光路和条纹

增透膜和增反膜 光在两介质的界面上发生反射和折射，从能量角度看，入射光的能量一部分反射，另一部分透射.由理论计算可知，当光从空气正入射玻璃表面时，反射光能量占入射光能量的4%～5%.在各种光学仪器中，由于矫正像差等原因，往往需要采用多透镜镜头，透镜增多，反射能量损失也就增大.同时，反射光在光学仪器内还会影响成像质量.较高级的照相机物镜由6～7个透镜组成，可以计算出光通过它们时，反射光能量损失可达45%.对于潜水艇上使用的有20个透镜的潜望镜，反射光能量损失可达90%.为了避免反射光能量的损失，我们可以在玻璃表面敷一层薄膜，使由薄膜两面反射的光形成相消干涉，即减少光的反射，增加光的透射.这样的薄膜就叫做增透膜.照相机镜头上蓝紫色的膜就是增透膜.现代隐形飞机之所以很难被雷达发现，就是由于在飞机表面覆盖了一层吸波材料——电介质（如某种塑料或橡胶），从而使入射的雷达波反射极弱.按照同样的道理，可以利用薄膜提高反射率，使反射光得到加强，此时称薄膜为增反膜.显然，利用单层膜是不可能大幅度提高反射率的，为此可以采用多层膜.使用多层介质高反射膜，光强反射率可达99%以上.

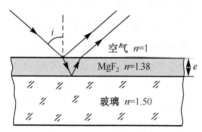

图 6-12　单层增透膜

最简单的单层增透膜如图6-12所示，在镜面上镀一层厚度均匀的氟化镁薄膜，利用薄膜的干涉使反射光减到最小，而增加光的透射.设膜的厚度为e，光垂直入射时（为了看得清楚，图中把入射角i放大了），两反射光干涉相消时应满足关系

$$2ne=(2k+1)\frac{\lambda}{2}, \quad k=0,1,2,\cdots \quad (6\text{-}22)$$

当$k=0$时，膜的厚度最小，为

$$e=\frac{\lambda}{4n} \quad\quad (6\text{-}23)$$

此时由于反射光相消，因而透射光加强.

在镀膜工艺中，常把ne称为薄膜的光学厚度，镀膜时控制厚度e，使膜的光学厚度等于入射光波长的1/4.单层增透膜只能使某个特定波长λ的光尽量减小反射.对于相近波长的其他反射光也有不同程度的减弱，但不是减到最弱.对于一般的照相机和目视光学仪器，常选人眼最敏感的波长为$\lambda=550$nm黄绿色光来研究，使膜的光学厚度等于此波长的1/4.此时透射光呈黄绿色，反射光呈现与透射光互补的蓝紫色，这就是我们看照相机镜头所看到的颜色.

有些光学器件却需要减少其透射率，以增加反射光的强度.例如，氦氖激光器中的谐振腔反射镜，要求对波长为$\lambda=632.8$nm的单色光的反射率达99%以上.从图6-12可以看到，如果把低折射率的膜改成同样光学厚度的高折射率的膜，则薄膜上下表面的两反射光将是干涉加强，就使反射光增强了，而透射光将减弱，这样的薄膜就是增反膜或高反射膜，在玻璃表面镀一层厚度为$\lambda/4$的硫化锌膜，反射率可提高到30%以上.如要进一步提高反射率，可采用多层膜.通常在玻璃表面交替镀上高折射率的 ZnS 膜和低折射率的 MgF$_2$膜,每层光学厚度均为 $\lambda/4$.
一般镀到 7 层、9 层,有的多达 15 层、17 层,如图 6-13 所示.
13 层这样的膜反射率可达到 99% 以上. 由这种介质膜由于
对光的吸收很少,所以比镀银、镀铝的反射镜有更佳的效果.

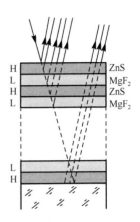

图 6-13　多层高反射膜

　　利用类似的方法,在玻璃表面上交替镀上多层一定厚度
的高折射率和低折射率材料的薄膜,可制成透射式干涉滤色
片. 它只能使某一特定波长的单色光透过,而使其他波长的
光因干涉而相消. 制成的反射式滤色片的反射本领可高达
99% 以上.

　　例 6-4　一油轮漏出的油(折射率 $n_2=1.20$)污染了某海
域,在海水($n_3=1.33$)表面形成一层厚度为 $e=460\mathrm{nm}$ 的薄
薄的油污.

　　(1)如果太阳正位于海域上空,一直升机的驾驶员从机上向下观察,看到的油层
呈什么颜色?

　　(2)如果一潜水员潜入该区域水下向上观察,又将看到油层呈什么颜色?

　　解　这是一个薄膜干涉的问题,太阳垂直照射的海面上,驾驶员和潜水员所看到
的分别是反射光干涉的结果和透射光干涉的结果. 光呈现的颜色应该是那些能实现
干涉相长,得到加强的光的颜色.

　　(1)由于油层的折射率 n_2 小于海水的折射率 n_3 但大于空气的折射率 n_1,在油层
上、下表面反射的光均有半波损失,两反射光之间的光程差为 $\delta=2n_2e$,当 $2n_2e=k\lambda$
时,反射光干涉相长,解得

$$\lambda=\frac{2n_2e}{k},\quad k=1,2,\cdots$$

将 $n_2=1.20$,$e=460\mathrm{nm}$ 代入,得干涉加强的光波波长为

$$k=1,\quad \lambda_1=2n_2e=1104\mathrm{nm}$$
$$k=2,\quad \lambda_2=n_2e=552\mathrm{nm}$$
$$k=3,\quad \lambda_3=\frac{2}{3}n_2e=368\mathrm{nm}$$

其中,波长为 $\lambda_2=552\mathrm{nm}$ 的绿光在可见范围内,而 λ_1 和 λ_3 则分别在红外线和紫外线
的波长范围内,所以,驾驶员将看到油膜呈绿色.

　　(2)此题中透射光的光程差为

$$\delta=2n_2e+\frac{\lambda}{2}$$

当 $\delta=k\lambda(k=1,2,3,\cdots)$时,透射光干涉相长,解得

$$k=1,\quad \lambda_1=\frac{2n_2e}{1-\frac{1}{2}}=2208\mathrm{nm}$$

$$k=2, \quad \lambda_2 = \frac{2n_2 e}{2-\frac{1}{2}} = 736\text{nm}$$

$$k=3, \quad \lambda_3 = \frac{2n_2 e}{3-\frac{1}{2}} = 441.6\text{nm}$$

$$k=4, \quad \lambda_4 = \frac{2n_2 e}{4-\frac{1}{2}} = 315.4\text{nm}$$

其中波长为 $\lambda_2 = 736\text{nm}$ 的红光和波长为 $\lambda_3 = 441.6\text{nm}$ 的紫光在可见范围内，而 λ_1 是红外线，λ_4 是紫外线，所以，潜水员看到的油膜呈紫红色.

例 6-5 氦氖激光器中的谐振腔反射镜，要求对波长为 $\lambda = 632.8\text{nm}$ 单色光的反射率在 99% 以上. 为此，在反射镜表面镀上由 ZnS 材料（$n_1 = 2.35$）和 MgF_2 材料（$n_2 = 1.38$）组成的多层膜，共十三层，如图 6-14 所示. 求每层薄膜的最小厚度.

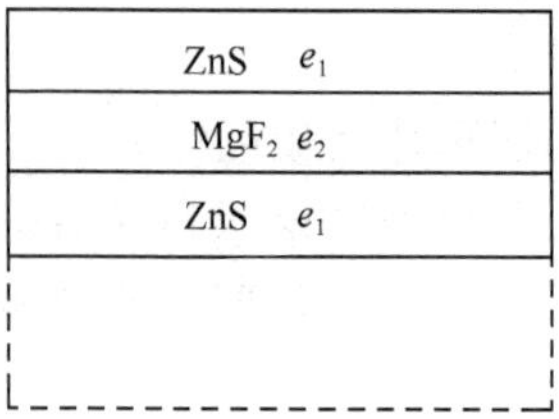

解 如图 6-14 所示，实际使用时，光是以接近于垂直入射的方向射在多层膜上的. 光所进入的第一层是折射率高于两侧介质的 ZnS 膜，为了达到增反的目的，膜厚应当满足反射光干涉相长条件

ZnS	e_1
MgF_2	e_2
ZnS	e_1

图 6-14　例 6-5 图

$$2n_1 e_1 + \frac{\lambda}{2} = k\lambda$$

取其最小厚度，令 $k=1$，可得 ZnS 薄膜厚度为

$$e_1 = \frac{\lambda}{4n_1} = \frac{632.8}{4 \times 2.35} \approx 67.3(\text{nm})$$

光通过第一层 ZnS 膜进入的第二层是折射率低于两侧介质的 MgF_2 膜，因此，使反射光加强的干涉相长条件仍然是

$$2n_2 e_2 + \frac{\lambda}{2} = k\lambda$$

由此可得 MgF_2 薄膜的最小厚度

$$e_2 = \frac{\lambda}{4n_2} = \frac{632.8}{4 \times 1.38} \approx 114.6(\text{nm})$$

依此类推，可得各 ZnS 层都取厚度 e_1，各 MgF_2 层都取厚度 e_2，最后一层是 ZnS 层，层数为单数. 由于各层膜都使波长为 $\lambda = 632.8\text{nm}$ 的单色光反射加强，所以膜的层数越多，总反射率就越高. 不过，由于介质对光能的吸收，层数也不宜过多，一般以 13 层或 15、17 层为佳.

例 6-6 用波长为 $\lambda = 500\text{nm}$ 的入射光照射在厚度均匀的透明塑料薄膜上，若在反射角为 $60°$ 的位置上看到明条纹，此干涉明条纹为第 10 级明纹. 已知塑料薄膜的折射率为 $n_2 = 1.33$.

(1)试问这是等厚干涉还是等倾干涉，是哪两条光线产生干涉？

(2)求此薄膜的厚度 e.

(3)对应此厚度能看到的最高条纹级次?

解　(1)因为厚度均匀,而对应不同入射角 i,得到不同干涉条纹,同一倾角有同一条干涉条纹,所以是等倾干涉.

当光线照射到薄膜上时,在膜的上表面有反射光线 ①,在膜的下表面有反射光线②,如图 6-15 所示.这两条光线为相干光而产生干涉,形成的等倾干涉条纹为明暗相间的同心圆.

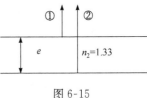

图 6-15

(2)这两束光线的光程差为

$$\delta = 2e\sqrt{n_2^2 - n_1^2\sin^2 i} + \frac{\lambda}{2}$$

因为光线①在反射时有半波损失,而光线②无半波损失,所以有附加光程差 $\frac{\lambda}{2}$、n_2 为膜的折射率,n_1 为空气的折射率,取 $n_1 = 1$,对明条纹

$$\delta = 2e\sqrt{n_2^2 - \sin^2 60°} + \frac{\lambda}{2} = k\lambda$$

当 $i = 60°$ 时,看到第 10 级明条纹,取 $k = 10$,则

$$2e\sqrt{(1.33)^2 - \sin^2 60°} + \frac{\lambda}{2} = 10\lambda$$

得

$$e = \frac{10\lambda - \frac{\lambda}{2}}{2\sqrt{1.33^2 - \sin^2 60°}} = \frac{10\times 500 - \frac{500}{2}}{2\sqrt{1.33^2 - \sin^2 60°}} \approx 2.35\times 10^{-6}(\text{m})$$

(3)设能看到明条纹的最高级次为 k_{max},则

$$\delta = 2e\sqrt{n_2^2 - n_1^2\sin^2 i} + \frac{\lambda}{2} = k\lambda$$

由上式可知,在等倾干涉中 i 减少,k 增大,当 $i = 0$ 时,k 为最大值,所以

$$2en_2 + \frac{\lambda}{2} = k_{max}\lambda$$

$$k_{max} = \frac{2en_2}{\lambda} + \frac{1}{2} = \frac{2\times 2.35\times 10^{-6}\times 1.33}{5000\times 10^{-10}} + \frac{1}{2} \approx 13$$

即能看到的最高级次为第 13 级明纹.

6.5　劈尖干涉　牛顿环

劈尖干涉　以上讨论的是厚度均匀的平面薄膜产生的等倾干涉现象.下面讨论厚度不均匀的薄膜产生的干涉现象.用两个透明介质片就可以形成一个劈尖,若两个透明介质片是放置在空气之中,它们之间的空气就形成一个空气劈尖.例如,将两块

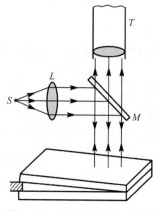

图 6-16　劈尖干涉的实验装置

平面玻璃片的一端接触，另一端夹一薄纸片或细丝，在两玻璃片之间就形成一楔状空气薄膜，称为空气劈尖. 两玻璃片的交线称为棱边，与棱边平行的气膜截面厚度相同. 用透明的介质做成的夹角很小的劈形薄膜上形成的干涉叫劈尖干涉. 观察劈尖干涉的实验装置如图 6-16 所示，

当光线射向劈尖薄膜时，同一条入射光线经两表面反射后成为两束相干光，如图 6-17 所示，两相干光相交的区域就是干涉条纹所在的区域，在此情形下，在薄膜附近将能观察到清晰的干涉条纹，我们就说干涉条纹定域在薄膜附近，通过透镜或眼睛观察干涉条纹时必须"调焦"于薄膜上. 实验中光线一般垂直入射. 由于劈尖的夹角很小，劈尖的上下两个面上的反射光都可视为与劈尖垂直. 设某一点处薄膜的厚度为 e，由于介质的折射率 n 满足 $n_1 < n, n > n_2$ 的条件，两束反射光的光程差为

$$\delta = 2ne + \frac{\lambda}{2} \tag{6-24}$$

由于各处薄膜的厚度 e 不同，光程差也不同，因而产生明暗相间的干涉条纹.

明纹条件为

$$\delta = 2ne + \frac{\lambda}{2} = 2k\frac{\lambda}{2} \tag{6-25}$$

明纹所在处的厚度为（图 6-18）

$$e_k = (2k-1)\frac{\lambda}{4n}, \quad k = 1, 2, 3, \cdots \tag{6-26}$$

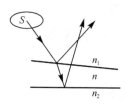

图 6-17　两相干光相交于劈尖薄膜附近

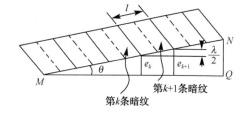

图 6-18　等厚干涉条纹

暗纹条件为

$$\delta = 2ne + \frac{\lambda}{2} = (2k+1)\frac{\lambda}{2} \tag{6-27}$$

暗纹所在处的厚度为

$$e_k = k\frac{\lambda}{2n}, \quad k = 0, 1, 2, 3, \cdots \tag{6-28}$$

其中,k 是干涉条纹的级次,$k=0$ 的零级条纹这里应为暗纹,出现在 $e=0$ 处,即棱边处.由干涉明暗条纹公式和上图的几何关系,可推算出 k 级纹到棱边的距离为

$$l_k = \frac{e_k}{\theta} \tag{6-29}$$

式中,θ 是劈尖的夹角(一般很小).

劈尖的等厚干涉的光强分布特点:

(1)同一级条纹,无论是明纹还是暗纹,都出现在厚度相同的地方,故称为等厚干涉.

(2)相邻明(或暗)条纹中心之间的厚度差相等,为

$$\Delta e = e_{k+1} - e_k = \frac{\lambda}{2n} \tag{6-30}$$

(3)相邻明(或暗)条纹中心之间的距离(简称条纹间距)相等,为

$$\Delta l = l_{k+1} - l_k = \frac{\Delta e}{\theta} = \frac{\lambda}{2n\theta} \tag{6-31}$$

在劈尖上方观察干涉图形,劈尖的等厚条纹是一些与棱边平行的、均匀分布、明暗相间的直条纹,

对于上面讨论的空气中的劈尖,棱边是 0 级暗纹的中心.对于其他劈尖,棱边是 0 级暗纹中心还是 0 级明纹中心,涉及半波损失分析,与介质折射率排列的情况和观察方向有关,要具体分析.最常见的劈尖是空气劈尖,把一块平板玻璃放在另一块平板玻璃的上面,使它们构成一个很小的角度,就成为一个空气劈尖.空气劈尖的棱边也是 0 级暗纹的中心,条纹之间的厚差为

$$\Delta e = \frac{\lambda}{2}$$

条纹间距为

$$\Delta l = \frac{\Delta e}{\theta} = \frac{\lambda}{2\theta}$$

劈尖干涉在生产中有着广泛的应用.例如,已知劈尖介质的折射率 n 和单色光的波长 λ,又测出条纹间距 Δl,就可求出劈尖角 θ.在工程上,常用这一原理测量细丝直径和薄片厚度.等厚干涉常用作精密测量,测量的精度可达 0.1mm 量级.通过测细丝的直径还可以算出劈尖的夹角,故劈尖也可以作为测量微小角度的工具.如果使下面一块玻璃板固定,而将上面一块玻璃板向上平移,由于等厚干涉条纹所在处空气膜的厚度要保持不变,故它们相对于玻璃板将整体向左移,并不断地从右边生成,在左边消失.相对于一个固定的考察点,每移过一个条纹,表明上面一块玻璃板向上移动了 $\lambda/2$,由此可测出很小的移动量,如零件的热膨胀、材料受力时的形变等.还可以利用等厚条纹特点检验工件的光平程度,即将待测平面和一块标准平面一边重合,形成空气劈尖,然后观察它们之间形成的干涉条纹.若等厚干涉条纹是一组平行的、等间距的直线,则玻璃板就已经磨好了;若干涉条纹出现弯曲,则还有凸凹缺陷,凸凹的形状和程

度都可以从等厚条纹的分布分析出来.利用这种检验方法能检查出不超过$\frac{\lambda}{4}$的不平整度,即测量的精度可达 $0.1\mu m$ 量级.总之,劈尖干涉可以演化出多种多样的测量装置.

例 6-7 如图 6-19 所示,波长为 6800Å 的平行光垂直照射到长为 $L=0.12m$ 的两块玻璃片上,两玻璃片一边相互接触,另一边被直径为 $d=0.048mm$ 的细钢丝隔开.求:

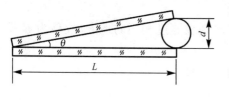

图 6-19 例 6-7 图

(1)两玻璃片间的夹角 $\theta=$?

(2)相邻两明条纹间空气膜的厚度差是多少?

(3)相邻两暗条纹的间距是多少?

(4)在 0.12m 内呈现多少条明条纹?

解 (1)由图知,$L\sin\theta=d$,即

$$L\theta=d$$

故

$$\theta=\frac{d}{L}=\frac{0.048}{0.12\times10^3}=4.0\times10^{-4}(rad)$$

(2)相邻两明条纹间空气膜的厚度差为

$$\Delta e=\frac{\lambda}{2}=3.4\times10^{-7}m$$

(3)相邻两暗纹间距为

$$\Delta l=\frac{\lambda}{2\theta}=\frac{6800\times10^{-10}}{2\times4.0\times10^{-4}}=850\times10^{-6}(m)=0.85(mm)$$

(4)在 0.12m 内呈现的明条纹数为

$$\Delta N=\frac{L}{\Delta l}\approx141\ 条$$

牛顿环 在一块平的玻璃片上,放一曲率半径较大的平凸透镜,如图 6-20(a)所示,在玻璃片和凸透镜之间形成一厚度不等的空气薄膜叫牛顿环薄膜.

用单色平行光垂直照射薄膜,就可以观察到在透镜表面上的一组以接触点为中心的同心圆环的干涉条纹,称为牛顿环干涉,如图 6-20(b)所示.薄膜的每一个局部都可以看成一个小的劈尖,但在不同的地方,它们的夹角不等,故条纹的间距不相同,中心要稀疏一些,边上要密集一些.

由图 6-21 中的直角三角形得到

$$r^2=R^2-(R-e)^2=2Re-e^2 \tag{6-32}$$

其中,r 为牛顿环干涉条纹的半径.透镜的半径 R 一般为米的数量级,而膜厚 e 一般为微米量级,故上式后一项可忽略,近似有

$$r^2=2Re \tag{6-33}$$

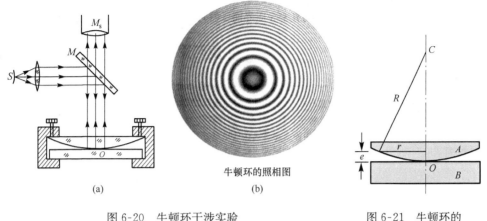

图 6-20　牛顿环干涉实验　　　　　　　　图 6-21　牛顿环的
半径计算简图

或
$$e=\frac{r^2}{2R} \tag{6-34}$$

当单色光垂直入射时,空气薄膜上表面的反射光与薄膜下表面的反射光发生干涉,两相干光的光程差为

$$\Delta=2e+\frac{\lambda}{2}=\begin{cases}k\lambda, & k=1,2,3,\cdots\text{明环}\\(2k+1)\dfrac{\lambda}{2}, & k=0,1,2,3,\cdots\text{暗环}\end{cases} \tag{6-35}$$

得明环和暗环的半径分别为

$$\begin{cases}r=\sqrt{\dfrac{(2k-1)R\lambda}{2}}, & k=1,2,3,\cdots\text{明环} \tag{6-36a}\\ r=\sqrt{kR\lambda}, & k=0,1,2,3,\cdots\text{暗环} \tag{6-36b}\end{cases}$$

牛顿环干涉属于等厚干涉. 牛顿环干涉条纹是圆环形条纹,薄膜厚度 $e=0$ 处,为零级暗纹中心. 但由于接触不可能为一点,所以一般为一个暗斑,称为 0 级暗斑. 干涉圆环的间距不相等. 从干涉条纹的半径公式可以看出,由于 $r\propto\sqrt{k}$,故 k 愈大,即离中心愈远的高级次条纹愈密.

牛顿环常用来测量透镜的曲率半径及光的波长;也可用来检验工件表面,特别是球面的平整度;也可用来测量微小长度的变化. 对于空气薄膜,保持玻璃片不动,使透镜向上平移,则可观察到牛顿环逐渐缩小并在中心处消失;若透镜向下平移,牛顿环将自中心处冒出并扩大. 注意到每移过一个条纹对应于厚度 $\dfrac{\lambda}{2}$ 的变化,只要数出从中心处冒出或消失的条纹数 N,就可计算出透镜移动的距离 $d=N\cdot\dfrac{\lambda}{2}$.

例 6-8 若用波长不同的光观察牛顿环，$\lambda_1 = 6000\text{Å}$，$\lambda_2 = 4500\text{Å}$，观察到用 λ_1 时的第 k 个暗环与用 λ_2 时的第 $k+1$ 个暗环重合，已知透镜的曲率半径是 190cm.

（1）求用 λ_1 时第 k 个暗环的半径.

（2）又如在牛顿环中用波长为 5000Å 的第 5 个明环与用波长为 λ_2 的第 6 个明环重合，求未知波长 λ_2.

解 （1）由牛顿环暗环公式

$$r_k = \sqrt{kR\lambda}$$

据题意有

$$r = \sqrt{kR\lambda_1} = \sqrt{(k+1)R\lambda_2}$$

所以 $k = \dfrac{\lambda_2}{\lambda_1 - \lambda_2}$，代入上式得

$$r = \sqrt{\frac{R\lambda_1\lambda_2}{\lambda_1 - \lambda_2}} = 1.85 \times 10^{-3}\text{m}$$

（2）用 $\lambda_1 = 5000\text{Å}$ 照射，$k_1 = 5$ 级明环与 λ_2 的 $k_2 = 6$ 级明环重合，则有

$$r = \sqrt{\frac{(2k_1-1)R\lambda_1}{2}} = \sqrt{\frac{(2k_2-1)R\lambda_2}{2}}$$

所以

$$\lambda_2 = \frac{2k_1-1}{2k_2-1}\lambda_1 = 4091\text{Å}$$

6.6　迈克耳孙干涉仪及应用

用分振幅法产生双光束以实现干涉的典型近代精密仪器之一是迈克耳孙干涉仪，它是美国物理学家迈克耳孙在 1881 年最早制成的. 迈克耳孙曾用它测量过保存在巴黎的标准米棒的长度，它还被用于近代著名的迈克耳孙-莫雷实验中. 迈克耳孙因此而获得 1907 年的诺贝尔物理学奖.

迈克耳孙干涉仪的结构如图 6-22 所示. M_1 和 M_2 为两片精密磨光的平面反射镜，其中 M_2 是固定的，称为定臂，M_1 由螺丝杆控制，可在支架上做微小移动，称为动臂. G_1 和 G_2 是两块材料相同、厚度相等的均匀平行玻璃片，与光路的夹角精确地等于 45°. G_1 的下表面镀有半透明的薄膜，其作用是使入射光一半反射、一半透射，使两束光的强度大致相等，称为反射板或光束分离板. G_2 用作补偿光程，称为补偿板.

来自光源 S 的光线，折射进入 G_1 后，一部分（光线 1）在半透膜上反射，向 M_1 传播. 光线 1 经 M_1 反射后，再通过 G_1 向 E 处传播，为光线 $1'$. 另一部分是经半透膜透射的光线 2，经 G_2 向 M_2 传播，再反射回半透膜反射后向 E 处传播，即光线 $2'$. 向 E 处传播的两束相干光将产生干涉.

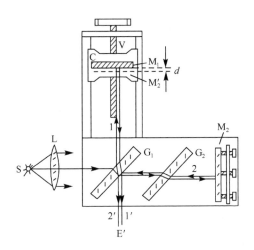

图 6-22　迈克耳孙干涉仪示意图

　　由于光线 1 和光线 2 都是两次通过同样的玻璃片 G_1 和 G_2,在玻璃中的光程相互抵消可以不必计算,这就是把 G_2 称为补偿板的原因.光线 1 和光线 2 的光程差为

$$\delta = 2(r_1 - r_2) + \delta' \tag{6-37}$$

式中,r_1 和 r_2 为两束光在空气中通过的距离.附加光程差 δ' 取决于发生半波损失的情况,是一个常数,其数值与仪器的使用无关.

　　仪器的光程差表达式来看,与一个厚度为 $e = r_1 - r_2$ 的空气薄膜的光程差完全相同.这一结论可以这样理解,如果观察者从 E 处向平面镜 M_1 的方向看去,透过半透膜可以看到平面镜 M_1 和平面镜 M_2 经半透膜反射形成的虚像 $M_2{}'$.观察者会认为,M_1 和 $M_2{}'$ 构成了一个空气薄膜,光线 1 是在膜的上表面 M_1 上反射,而光线 2 是在膜的下表面 $M_2{}'$ 反射,两束反射光叠加产生干涉.如果 M_1 与 M_2 严格地相互垂直,即薄膜为厚度不变的薄膜,此时观察到由不同倾角的入射光产生的等倾干涉条纹;如果 M_1 与 M_2 不是严格垂直,此时薄膜为劈形薄膜,观察到劈形空气薄膜产生的等厚干涉条纹.

　　这两种干涉条纹的位置都取决于两束光的光程差,若转动螺丝杆使动臂移动,使光程差有微小的变化,就算是 0.1 个波长的变化,干涉条纹也会发生可鉴别的移动.每当 M_1 移动一个 $\frac{\lambda}{2}$,视场中就有一条明纹移过.只要数出条纹的移动数 N,就可算出平面镜 M_1 平移的距离:

$$\Delta d = N \frac{\lambda}{2} \tag{6-38}$$

据此,比较和测量长度可以达到十分高的精度.研究这些问题的学科叫做**光干涉度量学**.

　　迈克耳孙曾用他的干涉仪测定了红镉线谱线的波长,测出温度为 $t = 15℃$,压强为 $p = 1\text{atm}$ 的干燥空气中,谱线波长为 $\lambda_1 = 643.84696\text{nm}$,并由此标定了米的长度,$1\text{m} = 1553164.13\lambda_1$.

1960 年 10 月第 11 届国际计量会议决定,用 Kr^{86} 发射的橙色线在真空中的波长 λ_1' 作为标准,规定

$$\lambda_1' = 605.7802105\text{nm}$$
$$1\text{m} = 1650763.73\lambda_1'$$

20 世纪 70 年代,光速的测量已非常精确,把光在真空中的速度作为基本常数定义米.

迈克耳孙干涉仪在物理学发展史上曾起过重要的作用,在历史上曾假定电磁波是在"以太"中传播的,并认为以太是绝对静止的,因此在地球上将感受到"以太风".1887 年迈克耳孙与莫雷曾设想用迈克耳孙干涉仪来确证以太风的存在,这就是著名的迈克耳孙-莫雷实验.这个实验得到了否定结论,使物理学家抛弃了"以太"假设,同时也为爱因斯坦的相对论提供了实验依据.

☞【工程应用】☞

干涉仪的原理及用途

干涉仪的原理:利用干涉原理测量光程之差从而测定有关物理量的光学仪器.两束相干间光程差的任何变化会非常灵敏地导致干涉条纹的移动,而某一束相干光的光程变化是由它所通过的几何路程或介质折射率的变化引起的,所以通过干涉条纹的移动变化可测量几何长度或折射率的微小改变量,从而测得与此有关的其他物理量.测量精度决定于测量光程差的精度,干涉条纹每移动一个条纹间距,光程差就改变一个波长(约 10^{-7} m),所以干涉仪是以光波波长为单位测量光程差的,其测量精度之高是其他测量方法所无法比拟的.根据光的干涉原理制成的一种仪器,将来自一个光源的两个光束完全分离,各自经过不同的光程,然后再经过合并,可显出干涉条纹.在光谱学中,应用精确的迈克耳孙干涉仪或法布里-珀罗干涉仪,可以准确而详细地测定谱线的波长及其精细结构.

干涉仪的用途:

(1)长度的精密测量.在干涉仪中,若介质折射率均匀且保持恒定,则干涉条纹的移动是由两相干光几何路程之差发生变化造成的,根据条纹的移动数可进行长度的精确比较或绝对测量.迈克耳孙干涉仪和法布里-珀罗干涉仪曾被用来以镉红谱线的波长表示国际米.

(2)折射率的测定.两光束的几何路程保持不变,介质折射率变化也可导致光程差的改变,从而引起条纹移动.瑞利干涉仪就是通过条纹移动来对折射率进行相对测量的典型干涉仪.应用于风洞的马赫-曾德尔干涉仪被用来对气流折射率的变化进行实时观察.

(3)波长的测量.任何一个以波长为单位测量标准米尺的方法就是以标准米尺为

单位来测量波长的方法. 以国际米为标准, 利用干涉仪可精确测定光波波长. 法布里-珀罗干涉仪(标准具)曾被用来确定波长的初级标准(镉红谱线波长)和几个次级波长标准, 从而通过比较法确定其他光谱线的波长.

(4)检验光学元件的质量. 特外曼干涉仪被普遍用来检验平板、棱镜和透镜等光学元件的质量. 在特外曼干涉仪的一个光路中放置待检查的平板或棱镜, 平板或棱镜的折射率或几何尺寸的任何不均匀性必将反映到干涉图样上. 若在光路中放置透镜, 可根据干涉图样了解由透镜造成的波面畸变, 从而评估透镜的波像差.

(5)用作高分辨率光谱仪. 法布里-珀罗干涉仪等多光束干涉仪具有很尖锐的干涉极大, 因而有极高的光谱分辨率, 常用作光谱的精细结构和超精细结构分析.

(6)历史作用. 19世纪的波动论者认为光波或电磁波必须在弹性介质中才得以传播, 这种假想的弹性介质称为以太. 人们做了一系列实验来验证以太的存在并探求其属性. 以干涉原理为基础的实验最为精确, 其中最有名的是菲佐实验和迈克耳孙-莫雷实验. 1851年, 菲佐用特别设计的干涉仪做了关于运动介质中的光速的实验, 以验明运动介质是否曳引以太. 1887年, 迈克耳孙和莫雷合作利用迈克耳孙干涉仪试图检测地球相对绝对静止的以太的运动. 对以太的研究为爱因斯坦的狭义相对论提供了佐证.

激光干涉仪

激光干涉仪是以干涉测量法为原理, 利用激光作为长度基准, 对数控设备(加工中心、三坐标测量机等)的位置精度(定位精度、重复定位精度等)、几何精度(俯仰扭摆角度、直线度、垂直度等)进行精密测量的测量仪器.

激光干涉仪以激光光波为载体, 具有测量精度高、测量速度快、测量范围大、最高测速下分辨率高等特点, 因此广泛应用于数控机床、PCB钻孔机、坐标测量机、位移传感器等精密仪器的质量控制与校准以及科研开发、高端设备制造等领域.

目前常用来测量长度的激光干涉仪, 是以迈克耳孙干涉仪为主, 并以稳频氦氖激光为光源, 构成一个具有干涉作用的测量系统.

激光干涉仪有单频和双频两种. 图6-23为单频激光干涉仪的工作原理. 从激光器发出的光束, 经扩束准直后由分光镜分为两路, 并分别从固定反射镜和可动反射镜反射回来会合在分光镜上而产生干涉条纹. 当可动反射镜移动时, 干涉条纹的光强变化由接收器中的光电转换元件和电子线路等转换为电脉冲信号, 经整形、放大后输入可逆计数器计算出总脉冲数, 再由电子计算机计算出测量结果.

激光干涉仪可配合各种折射镜、反射镜等来做线性位置、速度、角度、真平度、真直度、平行度和垂直度等测量工作, 并可做精密工具机或测量仪器的校正工作.

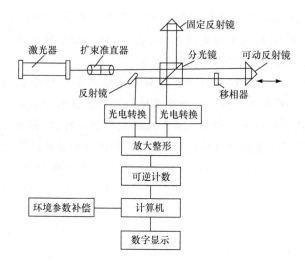

图 6-23 单频激光干涉仪原理图

习 题 6

(一)

一、选择题

1. 波长为 $\lambda=4.8\times10^{-4}$mm 的单色平行光垂直照射在相距 $2a=0.4$mm 的双缝上,缝后 $D=1$m 的幕上出现干涉条纹,则幕上相邻明纹间距离是( ).

A. 0.6mm   B. 1.2mm   C. 1.8mm   D. 2.4mm

2. 在杨氏双缝实验中,若用一片透明云母片将双缝装置中上面一条缝挡住,干涉条纹发生的变化是( ).

A. 条纹的间距变大   B. 明纹宽度减小

C. 整个条纹向上移动   D. 整个条纹向下移动

3. 双缝干涉实验中,入射光波长为 λ,用玻璃薄片遮住其中一条缝,已知薄片中光程比相同厚度的空气大 2.5λ,则屏上原 0 级明纹处( ).

A. 仍为明条纹   B. 变为暗条纹

C. 形成彩色条纹   D. 无法确定

4. 在双缝干涉实验中,为使屏上的干涉条纹间距变大,可以采取的办法是( ).

A. 使屏靠近双缝   B. 使两缝的间距变小

C. 把两个缝的宽度稍微调窄   D. 改用波长较小的单色光源

5. 在双缝干涉实验中,单色光源 S 到两缝 S_1、S_2 距离相等,则中央明纹位于图中 O 处,现将光源 S 向下移动到 S' 的位置,则( ).

A. 中央明纹向下移动,条纹间距不变   B. 中央明纹向上移动,条纹间距不变

C. 中央明纹向下移动,条纹间距增大   D. 中央明纹向上移动,条纹间距增大

二、填空题

1.某种波长为λ的单色光在折射率为n的介质中由A点传到B点,相位改变为π,问光程改变了_____,光从A点到B点的几何路程是_____.

2.从两相干光源s_1和s_2发出的相干光,在与s_1和s_2等距离d的P点相遇.若s_2位于真空中,s_1位于折射率为n的介质中,P点位于界面上,计算s_1和s_2到P点的光程差_____.

3.光强均为I_0的两束相干光相遇而发生干涉时,在相遇区域内有可能出现的最大光强是_____;最小光强是_____.

4.在双缝干涉实验中,用单色自然光在屏上形成干涉条纹,若在两缝后放一偏振片,则条纹间距_____;明纹的亮度_____.(填"变大"、"变小"或"不变")

三、计算题

1.用很薄的云母片($n=1.58$)覆盖在双缝实验中的一条缝上,这时屏幕上的零级明纹移到原来的第七级明纹的位置上.如果入射光波长为550nm,此云母片的厚度为多少?

2.杨氏双缝干涉实验中,如图 6-24 所示,设两缝间的距离$d=0.02$cm,屏与缝之间距离$D=100$cm,试求:(1)以波长为5890×10^{-10} m 的单色光照射,第 10 级明条纹离开中央明条纹的距离;(2)第 8 级干涉明条纹的宽度;(3)以白色光照射时,屏幕上出现彩色干涉条纹,求第 3 级光谱的宽度;(4)若把此双缝实验装置放到水中进行,则屏幕上干涉条纹如何变化?(5)在S_1光路中放上厚为$l=2.0$cm,折射率为n的很薄的透明云母片,观察到屏幕上条纹移过 20 条,则云母片折射率为多少?(空气折射率$n_1=1.000276$.)

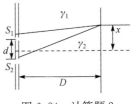

图 6-24 计算题 2

(二)

一、选择题

1.一平板玻璃($n=1.60$)上有一油滴($n=1.35$)展开成曲率半径很大的球冠,如图 6-25 所示.设球冠最高处为1μm.当用波长为$\lambda=540$nm 的单色光垂直照射时,在油膜上方观察到的干涉条纹是( ).

A.边缘为明纹,中央为暗斑　　　　B.边缘为暗纹,中央为亮斑

C.边缘为暗纹,中央为暗斑　　　　D.边缘为明纹,中央为亮斑

2.在图 6-26 中的干涉装置中,相邻的干涉条纹的间距记为Δx,从棱边到金属丝之间的干涉条纹总数为N,若把金属丝向劈尖方向移动到某一位置,则( ).

A.Δx减小,N不变　　　　B.Δx增大,N增大

C.Δx减小,N减小　　　　D.Δx增大,N减小

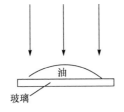

图 6-25 选择题 1

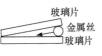

图 6-26 选择题 2

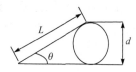

图 6-27　填空题 2

二、填空题

1. 在玻璃片（$n_1 = 1.50$）上镀对 $\lambda = 5400\text{Å}$ 的光增透的膜（$n_2 = 1.35$），其最小厚度为_____.

2. 如图 6-27 中的劈尖，以波长为 λ 的单色光垂直入射，则在劈尖厚度为 e 处，反射方向的两相干光的光程差应为_____，从劈尖棱边算起，第三条明纹中心离棱的水平距离为_____.

三、计算题

1. 油膜附着在玻璃板上，白光垂直照射在油膜上. 已知油膜厚度为 5000Å，空气折射率 $n_1 = 1.0$，油膜折射率 $n_2 = 1.3$，玻璃折射率 $n_3 = 1.5$（白光 $4000 \sim 7600\text{Å}$）. 反射光中哪些波长的光干涉最强？

2. 用如图 6-28 所示的空气劈尖的干涉法测细丝直径，今观测垂直入射光形成的相干反射光的干涉条纹，测得相邻明纹间距为 $2.0 \times 10^{-3}\text{m}$，已知 $L = 10.0 \times 10^{-2}\text{m}$，$\lambda = 5900\text{Å}$，求细丝直径 d.

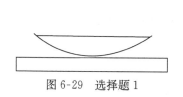

图 6-28　计算题 2

（三）

一、选择题

1. 在单色光照射下，观察牛顿环装置，如图 6-29 所示，如果沿垂直于平板方向向上略微移动平凸透镜，则观察到牛顿环的变化为（　　）.

A. 环变密

B. 环变疏

C. 环疏密程度不变，仅发现牛顿环向中心收缩

D. 环疏密程度不变，仅发现牛顿环向边缘扩展

2. 在迈克耳孙干涉仪的一条光路中放入一折射率为 n，厚度为 d 的透明薄片，则该光路的光程改变了（　　）.

A. $2(n-1)d$　　　　B. $2nd$　　　　C. $2(n-1)d + \lambda/2$　　　　D. nd

二、填空题

如图 6-30 所示，在一半径很大的凹球面玻璃上有一层很薄的油. 今用波长为 $6 \times 10^{-7}\text{m}$ 的单色光垂直照射，在整个油层表面上观察干涉条纹，中央为亮斑，周围还有 12 个亮环，则凹球面中央处的油层厚度 $d =$_____；级次最高的干涉条纹在_____处.（已知 $n_{\text{油}} = 1.2$，$n_{\text{玻}} = 1.5$.）

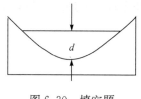

图 6-29　选择题 1

图 6-30　填空题

三、计算题

1. 如果把迈克耳孙干涉仪中的反射镜 M_1 移动 0.233mm，则条纹移动 792 条，求所用光波长.

2. 一平面凸透镜，其凸面的曲率半径为 120cm，以凸面朝下放置在平玻璃上，并以波长为 650nm 的红光垂直照射，求反射光干涉图样中的第三条明环的直径.

第7章

光 的 衍 射

7.1　光的衍射现象　惠更斯-菲涅耳原理

光的衍射现象　衍射是波动的又一个特征.声音能绕过门窗进入室内,无线电波可以绕过山丘到达山背后的地区等,这些日常生活中常见的波能够绕过障碍物传播的现象称为波的衍射现象.光是电磁波,也会发生衍射.当光在传播过程中遇到与光波长的数量级相接近的障碍物时,其传播方向发生改变,光能绕过障碍物的边缘继续前进,在屏幕上出现光强不均匀分布的现象,称为光的衍射现象.

在日常生活中,只要我们细心观察,就能看到不少光的衍射现象.例如,把两个指头并拢,靠近眼睛,通过指缝观看电灯灯丝,使缝与灯丝平行,可以看到灯丝两旁有明暗相间并带有彩色的平行条纹,就是光通过指缝产生的衍射.晚上我们仰望天空时,有时会看到月亮周围有一个大光圈,光圈内呈紫色,外呈黄色,这个光圈称为月晕(在太阳周围也能观察到这种光圈,称日晕).月晕是天空中的雾滴或小冰晶所产生的衍射.

在室内可以用简单的方法来观察衍射现象.取一张不透明的厚纸,用刮脸刀片刻划一条宽约 0.2mm 的狭缝,把纸片靠近眼睛并使缝竖直放置,通过狭缝观看蜡烛或煤油灯的火焰,可以看到火焰外面镶有红色与紫色边的明暗相间的条纹,这是单缝产生的衍射图样.如果在纸上用缝衣针穿一个直径约为 0.2mm 的小孔,通过小孔观看手电筒的电珠(去掉反光罩),则可以看到围有圆环的亮斑,这是光通过圆孔产生的衍射图样.

由于激光具有很好的单色性和相干性,实验室中常用激光器作为干涉和衍射现象的光源,图 7-1(a)是激光照射到单缝上的衍射图样,图 7-1(b)是激光照射到不同直径圆孔上的衍射图样.

惠更斯-菲涅耳原理　在机械波中我们介绍了惠更斯原理.它能够解释机械波的反射、折射以及绕射规律.惠更斯原理对光的衍射可以做出定性的解释,但不能定量说明光衍射的光强分布.菲涅耳对惠更斯原理作了补充,他认为:在光的干涉现象中,若波来自同一波面,属于相干光,从同一波阵面上各点发出的子波,可以相互叠加产生干涉现象,称为惠更斯-菲涅耳原理,是研究光的衍射现象的基本原理.

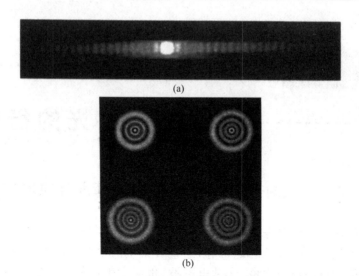

图 7-1　单缝和圆孔的衍射图样

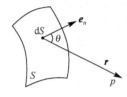

图 7-2　惠更斯-菲涅耳
原理说明简图

菲涅耳认为,如果已知波动在某时刻的波阵面为 S,如图 7-2所示,则波阵面上每一面积元 dS 都将发出子波,这些子波在前方某点 P 所引起的光振动的相干叠加,形成该点衍射光的振动. 面积元 dS 在 P 点引起的光振动的振幅应与面积元的大小 dS 成正比,与面积元到 P 点的距离 r 成反比,还与面积元法向 e_n 和矢径 r 的夹角 θ 有关. 若取 $t=0$ 时刻 S 面上各子波的初相为零,则面元 dS 在 P 点产生的光振动可表示为

$$dE = Ck(\theta)\frac{dS}{r}\cos\left(\omega t - \frac{2\pi r}{\lambda}\right) \tag{7-1}$$

式中,C 为比例系数;$k(\theta)$ 为倾斜因子,它随 θ 增大而减小. 当 $\theta=0$ 时,即沿原来光波传播方向的子波,$k(\theta)=1$,为最大;当 $\theta \geqslant \frac{\pi}{2}$ 时,$k(\theta)=0$,表示子波不能向后传播. P 点的合振动为各面积元在该点引起振动的叠加,即为

$$E(P) = \int \frac{Ck(\theta)}{r}\cos\left(\omega t - \frac{2\pi r}{\lambda}\right)dS \tag{7-2}$$

式(7-2)称为菲涅耳衍射积分公式. 菲涅耳认为,衍射是无限多个子波干涉叠加的结果.

　　菲涅耳利用上述原理,定量地计算了光经过小孔衍射后在屏幕上的光强分布. 1818 年法国科学院曾为解决衍射问题发起论文比赛,菲涅耳的论文参加了比赛. 当时的评比委员会成员有波动论的支持者阿拉戈,反对者拉普拉斯、泊松和毕奥,还有持中立态度的盖吕萨克. 显然,他们不会轻易地承认菲涅耳的工作,但由于他的理论与实验结果非常一致,委员会不得不授予他论文优秀奖.当时还发生过一件很有意思的事,泊松看了菲涅耳的计算方法以后发现,根据这种方法计算,可以得出一个令人难以相信的结论:当半径足够小时,圆盘衍射图样的中心处为一亮斑,这是到当时为止谁也没有看见过的现象.他把这一点作为反对菲涅耳理论的依据提了出来,为此委员会做了这个实验,结果证实了亮点的存在,从而证明了菲涅耳理论的正确性.这个亮点后来被称为泊松亮斑.

　　菲涅耳衍射积分公式的积分一般说来是十分复杂的,后面的学习中,我们用较为简便的半波带法进行计算.

　　衍射现象的分类　根据光源、衍射物(缝或孔等障碍物)和屏幕三者间的相互位置可以把衍射分成两大类.如果衍射物与光源和屏幕的距离分别为有限远,就叫做菲涅耳衍射,有时叫近场衍射.如图 7-3(a)所示.如果光源、衍射物、屏幕三者的距离为无穷远,即光线从无限远射来,经过衍射物后又射到无限远处的屏幕上而产生的衍射,叫做夫琅禾费衍射,有时叫远场衍射,这时入射光和衍射光均可视为平行光.在实验室中,常需用凸透镜来获得平行光,实现夫琅禾费衍射,如图 7-3(b)所示.

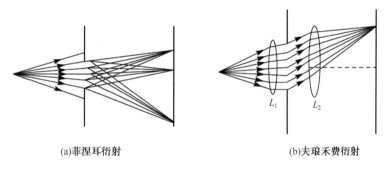

(a)菲涅耳衍射　　　　　　　　　　　　　(b)夫琅禾费衍射

图 7-3　衍射现象的分类

7.2　单缝和圆孔的夫琅禾费衍射

　　单缝夫琅禾费衍射　单缝夫琅禾费衍射的实验装置如图 7-4(a)所示.光源 S 发出的光经凸透镜 L_1 变成平行光,垂直入射到单缝上,单缝的衍射光由凸透镜 L_2 会聚在屏上,屏上将出现与缝平行的衍射条纹.图 7-4(b)、(c)分别为线光源和点光源的单缝夫琅禾费衍射图样.

　　根据惠更斯-菲涅耳原理,入射光的波阵面到达单缝,单缝中的波阵面上各点成为新的子波源,发射初相相同的子波.这些子波沿不同的方向传播并由透镜会聚于屏上.如图 7-5(a)中沿 θ 方向传播的子波将会聚在屏上 P 点.θ 角叫做衍射角,它也是考察点 P 对于透镜中心的角位置.

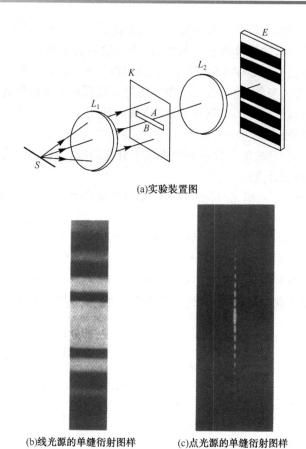

(a)实验装置图

(b)线光源的单缝衍射图样   (c)点光源的单缝衍射图样

图 7-4 　单缝夫琅禾费衍射

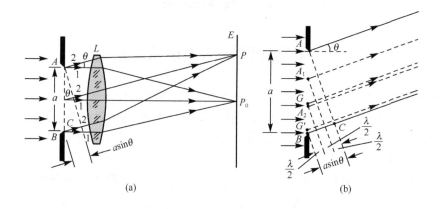

(a)   (b)

图 7-5 　菲涅耳半波带法

菲涅耳采用了一种非常直观而简洁的方法确定出了屏上光强分布的规律,称为菲涅耳半波带法. 如图 7-5(b)所示,设单缝的宽度为 a,衍射角相同的平行光束经过透镜后聚焦在屏幕上 P 点,两条边缘衍射光束之间的光程差为

$$BC = a\sin\theta \tag{7-3}$$

菲涅耳把两条边缘光线之间光程差 $BC = a\sin\theta$ 按光的半波长 $\dfrac{\lambda}{2}$ 分成若干份,在图中假设正好是三份,一般情况下可以是一个相当任意的数值. 也可以这样考虑:从缝端 A 开始,沿着 AB 方向,每过一段作一个垂面,这些垂面就把单缝波阵面分成了三份,每一份是一个狭长的带,称为半波带(或波带). 图中有三个波带:AA_1 波带、A_1 A_2 和 A_2B 波带.

由于各个波带的面积相等,所以各个波带在 P 点所引起的光的振幅近似相等,在两个相邻的波带的对应点,如 A_1A_2 波带上的 G 点和 A_2B 波带上的 G' 点处同样大小的两个面元发出的子波,在屏上会聚点 P 的光程差正好是 $\dfrac{\lambda}{2}$,将发生干涉相消. 由于相邻两个半波带的对应点面元发光都相互抵消,所以我们得到结论:两个相邻半波带的子波在考察点 P 的光振动将完全抵消. 由此可见,两条边缘光线之间光程差 BC 是半波长的偶数倍时,P 点的合振幅为零,P 点为暗纹;当 BC 是半波长的奇数倍时,相互抵消的结果,还留下一个波带的作用,P 点的光振动振幅较大,P 点为明纹. 上述结果可表示为

$$a\sin\theta = \begin{cases} \pm(2k+1)\dfrac{\lambda}{2}, & 明纹 \\[2mm] \pm k\lambda, & 暗纹 \end{cases} \tag{7-4}$$

式中,$k = 1, 2, 3, \cdots$,称为衍射条纹的级次. 式(7-4)叫单缝夫琅禾费衍射的明纹条件或暗纹条件.

把 $k = \pm 1$ 的两个暗纹中心之间的角距离叫做中央明纹的角宽度,由于 $k = 1$ 时暗纹中心对应的衍射角为 θ_1(θ_1 就是中央明纹的半角宽度),于是中央明纹的半角宽度为

$$\theta_1 = \arcsin\frac{\lambda}{a} \tag{7-5}$$

中央明纹线宽度为屏幕上两个 $k = \pm 1$ 的暗纹中心之间的距离,为 $2f\tan\theta_1$. 单缝衍射时,屏上能分辨的条纹的角度很小,可以利用小角度情况下的近似条件 $\theta \approx \sin\theta \approx \tan\theta$,式中 f 为凸透镜的焦距. 所以中央明纹线宽度为

$$2\Delta x = 2f\frac{\lambda}{a} \tag{7-6}$$

屏上 k 级明纹或暗纹中心所对应的衍射角表示为

$$\theta_k \approx \sin\theta_k = \begin{cases} \pm(2k+1)\dfrac{\lambda}{2a}, & 明纹 \\[2mm] \pm k\dfrac{\lambda}{a}, & 暗纹 \end{cases} \tag{7-7}$$

衍射条纹在观察屏幕上相对于屏中心的位置为

$$x_k = f\tan\theta_k \approx f\sin\theta_k = \begin{cases} \pm(2k+1)\dfrac{f\lambda}{2a}, & \text{明纹} \\[2mm] \pm k\dfrac{f\lambda}{a}, & \text{暗纹} \end{cases} \tag{7-8}$$

通常把相邻暗纹中心间的距离定义为明纹宽度. 则由衍射暗纹位置公式可知，除中央明纹以外的其他次级明条纹的线宽度为

$$\Delta x = x_k - x_{k-1} = \frac{f\lambda}{a} \tag{7-9}$$

而中央明纹线宽度为 $2\Delta x$. 中央明纹的宽度为其他次级条纹线宽度的两倍.

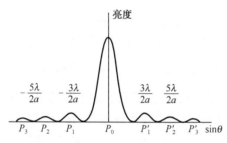

图 7-6　单缝夫琅禾费衍射
条纹的光强分布

理论计算表明，单缝夫琅禾费衍射的光强分布曲线如图 7-6 所示，各级明纹的亮度随着级数的增大而减弱. 这是因为衍射角 θ 越大，分成的波带数就越大，每个波带提供光能的面积就越小，再加上产生明纹的那个未被抵消的波带上各子波到达 P 点时的相位也不相同，其合成振幅会大大低于中央明纹. 由于明条纹的亮度随级数 k 增大而降低，条纹的边界也越来越模糊，以致实际上只能看清中央明纹附近的几级明条纹.

单缝衍射各级条纹的位置和宽度都与缝宽成反比，与入射波波长成正比. 这表示缝越窄，条纹位置离中心越远，条纹排列越疏，观察和测量越清楚准确，称为衍射显著；相反，缝越宽，与各级条纹相对应的衍射角越小，这些条纹都向中央明纹靠近，逐渐分辨不清，衍射作用也就越不显著. 当缝宽大到一定的程度，较高级次的条纹因亮度很小，明暗模糊不清，形成很暗的背景，其他级次较低的条纹完全并入衍射角很小的中央明纹附近，形成单一的明纹，这就是几何光学中所说的单缝的像. 这时衍射现象消失，成为直线传播的几何光学. 由此可知，通常所说的光的直线传播现象，只是光的波长较障碍物的线度为很小，亦即衍射现象不显著时的情况. 可见，几何光学是波动光学的极限情况.

若用不同波长的复色光入射，如白光，由于各色衍射明纹按波长逐级分开，最靠近 P_0 的为紫色，最远的为红色. 除中央明纹中心仍为白色外，其他各级明纹由紫到红的顺序向两侧对称排列成彩色条纹，称为单缝衍射光谱. 在较高的衍射级内，还可以出现前一级光谱区与后一级光谱区的重叠现象.

例 7-1　若有一波长为 600nm 的单色平行光，垂直入射到缝宽 $a = 0.6$mm 的单缝上，缝后有一焦距为 $f = 40$cm 透镜. 试求：

(1)屏上中央明纹的宽度；

(2)若在屏上 P 点观察到一明纹,距中央明纹的距离为 $x=1.4$mm. 问 P 点处是第几级明纹,对 P 点而言狭缝处波面可分成几个半波带?

解　(1)两个第一级暗纹中心间的距离即为中央明纹的宽度

$$\Delta x = 2f \cdot \frac{\lambda}{a} = 2 \times 0.4 \times \frac{600 \times 10^{-9}}{0.6 \times 10^{-3}}$$

$$= 0.8 \times 10^{-3}(\text{m}) = 0.8(\text{mm})$$

(2)根据单缝衍射的明纹公式

$$a\sin\varphi = (2k+1)\lambda/2 \tag{1}$$

又由衍射角极小条件下的几何关系

$$\sin\varphi = \tan\varphi = \frac{x}{f} \tag{2}$$

联立式(1)、式(2)得

$$k = \frac{ax}{f\lambda} - \frac{1}{2}$$

$$= 0.6 \times 10^{-3} \times \frac{1.4 \times 10^{-3}}{0.4 \times 600 \times 10^{-9}} - \frac{1}{2} = 3$$

所以 P 点处是第三级明纹.

由 $a\sin\varphi = (2k+1)\lambda/2$ 可知,当 $k=3$ 时,狭缝处波面可分成 $2k+1=7$ 个半波带.

圆孔的夫琅禾费衍射　光通过圆孔也能产生衍射现象,称为圆孔衍射. 一般光学仪器都是由若干透镜组成的,透镜相当于一个圆孔,光通过光学系统的光阑或圆孔时,也会产生衍射,因而圆孔衍射有很重要的实际意义.

如果在观察单缝夫琅禾费衍射的实验装置中,用小圆孔代替狭缝,当单色平行光垂直照射到圆孔时,光通过圆孔后被透镜 L_2 会聚,按照几何光学,在屏幕上只能出现一个亮点,但是实际上在光屏上看到了如图 7-7 所示的环形明暗相间的衍射图样. 中央是一个较亮的圆斑,它集中了全部衍射光强的 84%,称为中央亮斑或艾里斑,外围是一组同心的暗环和明环,且强度随级次增大而迅速下降.

根据惠更斯-菲涅耳原理,同样可以用半波带法计算出各级衍射条纹的分布. 由于几何形状不同,圆孔衍射条纹分布的讨论与单缝衍射有差异. 通过计算可以得到第一级暗环的衍射角 θ_1 满足

$$\sin\theta_1 = 1.22\frac{\lambda}{D} \tag{7-10}$$

式中,D 为圆孔的直径. 衍射角 θ_1 即为艾里斑的角半径,在透镜焦距 f 较大时,此角很小,故

$$\theta_1 \approx \sin\theta_1 = 1.22\frac{\lambda}{D} \tag{7-11}$$

由此可知，中央艾里斑的半径 r 为

$$r = f\tan\theta_1 = 1.22\frac{\lambda}{D}f \tag{7-12}$$

由式(7-12)看出，波长 λ 愈大或圆孔的直径 D 愈小，衍射现象愈显著，当 $\frac{\lambda}{D}$ 远小于 1 时，衍射现象可以忽略.

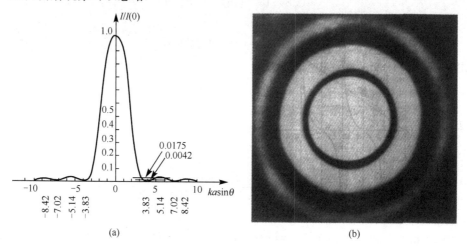

图 7-7　圆孔的夫琅禾费衍射的衍射图样

7.3　光栅衍射

光栅　单缝衍射都不能用于高精度的光谱测量. 因为若狭缝的宽度比较宽，则透过狭缝的光能比较多，明条纹亮度较强，但条纹靠得很近而难以分辨；若狭缝的宽度比较狭窄，则条纹分得比较开，而透过狭缝的光能较少，条纹亮度较弱，不够清晰. 如果做成许多等宽等间距的平行狭缝组成的光学元件——透射光栅，就能获得间距较大的、极细、极亮的衍射条纹，便于进行精密测量. 图 7-8 就是一个透射光栅侧剖视图.

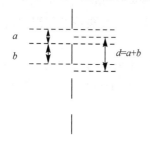

图 7-8　透射光栅和光栅常数

光栅中透光部分（缝）的宽度常用 a 表示，不透光部分的宽度用 b 表示. 而将它们的和，也就是缝的中心间距称为光栅常数，用 d 表示，$d = a + b$. 实际使用的光栅，每毫米内有几十条甚至上千条刻痕，所以一般的光栅常数约为微米数量级.

　　光栅衍射　如图 7-9 所示为光栅衍射的示意图. 当一束平行光垂直入射到光栅上时，各缝将发出各自的单缝衍射光；沿 θ 方向的衍射光通过透镜会聚到在焦平面的

观察屏上的同一点 P. θ 称为衍射角,也是 P 点对透镜中心的角位置.这些衍射光在 P 点干涉叠加,所以光栅衍射的结果应该是单缝衍射和多缝干涉的总效果.

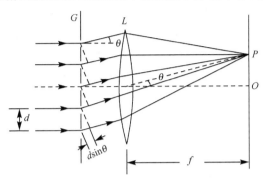

图 7-9　光栅衍射的示意图

　　我们先讨论多缝干涉的效果.从图 7-9 中容易看出,相邻两缝的衍射光在 P 点光程差为 $\delta=d\sin\theta=(a+b)\sin\theta$,显然,当相邻两缝的光程差恰好为入射光波长的整数倍时,这两条光线在 P 点的干涉结果是相互加强.这时其他各缝发出的沿 θ 角方向的光线,彼此之间的光程差也都是波长的整数倍.于是所有各缝射出的衍射角为 θ 的光线在屏上会聚时,均相互加强,形成强度很大的条纹.光栅的狭缝数目愈多,则条纹越明亮.光栅衍射明条纹(称为主极大)的位置应满足以下条件:

$$d\sin\theta=(a+b)\sin\theta=\pm k\lambda, \quad k=0,1,2,\cdots \tag{7-13}$$

式(7-13)称为光栅方程.其中 k 称为明条纹级数,$k=0,1,2,\cdots$ 分别称为中央明条纹、第 1 级明条纹、第 2 级明条纹……正负号表示各级明条纹在中央明条纹两侧对称分布.当入射光波长一定时,明条纹的位置或明条纹之间的间距取决于光栅常数.光栅常数小时,明条纹之间的间距大;光栅常数是定值时,明条纹之间的间距也是定值.

　　从光栅方程可知,k 级主极大的角位置满足

$$\sin\theta_k=\pm k\frac{\lambda}{a+b} \tag{7-14}$$

光栅常数 $d=a+b$ 通常很小.例如,稍微好一些的光栅,光栅常数可达到微米的数量级,由于波长也是微米量级,所以主极大的衍射角不一定很小,有时可达到 30°、60° 甚至更大的角度,这说明光栅可实现大角度衍射.由于衍射角较大,光栅衍射条纹的间距大,易于实现精密测量,这是光栅衍射的特点.同样,由于衍射角较大,光栅衍射条纹的级次往往有限.

　　由于 $\sin\theta_k=\left|k\dfrac{\lambda}{a+b}\right|\leqslant 1$,所以光栅衍射主极大的最高级次

$$k\leqslant\frac{a+b}{\lambda} \tag{7-15}$$

例如,某光栅的光栅常数为 $d=600\text{nm}$,若光波长为 $\lambda=600\text{nm}$,则屏上只能出现 0 和

±1级，共三条明纹. 此外应注意，由于衍射角较大，计算时不能如同双缝和单缝那样，总认为 $\theta=\sin\theta=\tan\theta$，条纹之间也不一定是等间距分布.

可以证明，在光栅的两个主极大明纹之间，有 $N-1$ 个暗纹，还有 $N-2$ 个次级明纹. 图 7-10(b)所示的是 $N=4$ 的多缝干涉的光强分布曲线. 通常光栅的缝数 N 很大，次级明纹很多，主极大明纹就非常窄. 光栅衍射的光强主要集中在主极大，次级明纹的光强很弱，它们实际上形成了一个背景区域，衬托着极细、极亮的主极大条纹，这是光栅衍射的又一个特点.

光栅衍射实际上是每个缝的单缝衍射光相互干涉的结果，所以多缝干涉的效果必然受到单缝衍射效果的影响. 可以证明，最终在屏上形成的光强分布是在单缝衍射调制下的多缝干涉分布. 图 7-10 中是一个 $N=4$ 的四缝光栅的光强分布曲线，其中(a)为单缝衍射，(b)为多缝干涉. 单缝衍射和多缝干涉共同决定的光栅衍射的总光强如图 7-10(c)所示. 我们看到，多缝干涉条纹的光强分布（实线）受到单缝衍射分布（虚线，称为包络线）的调制.

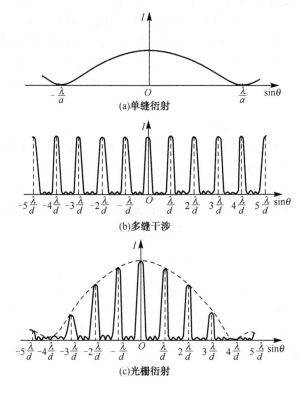

图 7-10　光栅衍射的光强分布

光栅衍射的缺级现象　从图 7-10 可以看到，在单缝衍射调制下的多缝干涉光强分布使得光栅的各个主极大的强度不同，如果按光栅方程 $d\sin\theta=(a+b)\sin\theta=\pm k\lambda$ 计算，满足该关系的 θ 角在屏幕上所对应的位置应该呈现出明条纹极大. 而这只是从干涉角度说明了合成光强最大而产生明条纹的必要条件. 当 θ 同时满足单缝衍射暗纹条件 $a\sin\theta = \pm k'\lambda$ 时, 按照光栅方程应出现明条纹的地方实际上却是暗区, 而不存在那些级次的明条纹, 这叫做光栅的缺级现象. 将上述两式相比, 可知缺级条件为

$$\frac{a+b}{a} = \frac{k}{k'} \tag{7-16}$$

式(7-16)称为缺级公式. 它表示: 当满足缺级条件时, 光栅多缝干涉的 k 级主极大的位置恰为单缝衍射 k' 级暗纹的位置, k 级主极大将不再出现, 发生缺级.

光栅光谱 单色光在光栅上的衍射形成一系列明亮的线状主极大, 称为线状光谱. 若入射光为复色光, 不同波长的光同一级主极大的位置不同, 衍射光强在屏上按波长展开, 除中央明条纹仍为各色光混合的白光外, 其两侧的各级明条纹都将形成由紫到红对称排列的彩色光带, 这些光带的整体就叫做光栅光谱. 图 7-11 所示为由光栅产生的衍射光谱. 由于波长短的光衍射角小, 波长长的光衍射角大, 所以光谱中紫光(图中用 V 表示)靠近中央明条纹, 红光(图中以 R 表示)则远离中央明条纹. 在第 1 级和第 2 级光谱中发生了重叠, 且级数愈高, 重叠情况愈复杂. 实际使用时, 常采用滤光片以获得某一波长范围的光谱.

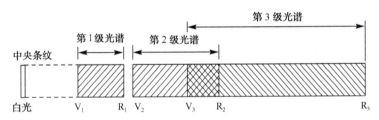

图 7-11 光栅产生的衍射光谱

由上述讨论可知, 光栅有色散作用. 它是一种分光元件, 是研究光谱的一种主要工具. 在光谱仪中常用它取代棱镜构成性能更为优越的光栅光谱仪.

例 7-2 波长为 $\lambda_1 = 6000\text{Å}$ 的单色光, 垂直照射在一光栅上, 第 2 级明纹出现在 $\sin\varphi = 0.2$ 的位置上. 当用另一未知波长 λ_2 的单色光垂直照射该光栅时, 其第 1 级明纹出现在 $\sin\varphi = 0.08$ 的位置. 求:

(1)该光栅的光栅常数;

(2)未知单色光的波长 λ_2;

(3)已知单色光 λ_2 的第 3 条明线缺级, 试计算该光栅狭缝的最小宽度 a.

解 利用光栅公式 $(a+b)\sin\varphi = \pm k\lambda$.

(1)第 2 级明条纹满足

$$(a+b)\sin\varphi_2 = 2\lambda_1$$

所以

$$a+b=60\ 000\text{Å}$$

(2)由

$$d\sin\varphi_1=\lambda_2$$

得

$$\lambda_2=4800\text{Å}$$

(3)因为第三级明条纹缺级,可得出

$$\frac{a+b}{a}=3$$

所以狭缝的最小宽度为 $a=20\ 000\text{Å}$.

例 7-3 波长为 $\lambda=6000\text{Å}$ 的单色光垂直入射到一光栅上,第 2 级、第 3 级明条纹分别出现在 $\sin\varphi_1=0.20$ 与 $\sin\varphi_2=0.30$ 处,第 4 级缺级.求:

(1)光栅常数;

(2)光栅上狭缝的最小宽度;

(3)在 $-90°<\varphi<90°$ 范围内,实际呈现的全部级数和明条纹数目.

解 (1)由 $(a+b)\sin\varphi=k\lambda$,对应于 $\sin\varphi_1=0.20$ 与 $\sin\varphi_2=0.30$ 处满足

$$0.20(a+b)=2\times6000\times10^{-10}$$

$$0.30(a+b)=3\times6000\times10^{-10}$$

解得光栅常数为

$$a+b=6.0\times10^{-6}\text{m}$$

(2)因第 4 级缺级,故需同时满足

$$(a+b)\sin\varphi=k\lambda$$

$$a\sin\varphi=k'\lambda$$

解得

$$a=\frac{a+b}{4}k'=1.5\times10^{-6}k'$$

取 $k'=1$,得光栅狭缝的最小宽度为 $1.5\times10^{-6}\text{m}$.

(3)由 $(a+b)\sin\varphi=k\lambda$ 得

$$k=\frac{(a+b)\sin\varphi}{\lambda}$$

当 $\varphi=\frac{\pi}{2}$ 时,对应 $k=k_{max}$,所以

$$k_{max}=\frac{a+b}{\lambda}=\frac{6.0\times10^{-6}}{6000\times10^{-10}}=10$$

因 $\pm4,\pm8$ 缺级,所以在 $-90°<\varphi<90°$ 范围内实际呈现的全部级数为 $k=0,\pm1,\pm2,$ $\pm3,\pm5,\pm6,\pm7,\pm9$,共 15 条明条纹($k=\pm10$ 在 $k=\pm90°$ 处看不到).

7.4　光学仪器的分辨率

光学仪器的分辨本领　光学仪器观察细小物体时,不仅需要有一定的放大能力,还要有足够的分辨本领,才能把微小物体放大到清晰可见的程度.根据几何光学的成像原理,物点和像点一一对应,适当选择透镜的焦距和物距,总可以得到足够大的放大倍数.然而,由于光的衍射作用,物点的像并不是一个几何点,而是有一定大小的艾里斑,周围还有一些模糊斑纹.如果两个物点距离太近,以致它们在像面上的两个亮斑相互重叠,则两个亮斑的强度相加以后,总强度分布有可能连成一片,以至于不能分辨出究竟是一个物点还是两个物点.可见,光的衍射限制了光学仪器的分辨本领.

为了便于讨论,设有两个等强度的发出非相干光的物点,它们在像面上形成两个衍射图样,这两个图样的相对位置可能有 3 种情况.如图 7-12 所示,给出了光强曲线,其中(c)中两个亮斑是分开的;(a)中两个亮斑是未分开;在(b)中,两个亮斑虽有重叠,但重叠后两个亮斑中心的合强度仍比连线中心大,人眼刚刚可以分清楚是两个亮斑的状态,是确定分辨限度的临界情况.但是怎样是刚刚能分辨,不同人有不同标准,有一定的主观性.为了确定一个判断的客观标准,瑞利提出一个判据,称为瑞利判据.瑞利判据可表述为:如果一个衍射图样的主极大正好与另一个衍射图样的第一极小重合,就认为这两个像点恰能够分辨.

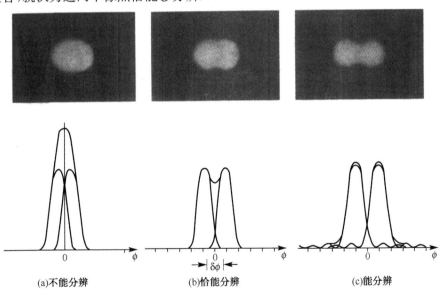

图 7-12　分辨两个衍射图像的条件

在满足瑞利判据条件下两个衍射极大,即两个像点之间的角距离正好等于艾里斑的角半径,有

$$\delta\theta = \theta_1 = 1.22 \frac{\lambda}{D} \tag{7-17}$$

式中，θ_1 称为最小分辨角或分辨极限角，它的倒数称为分辨本领（仪器的分辨率），为

$$R = \frac{1}{\delta\theta} = \frac{D}{1.22\lambda} \tag{7-18}$$

对于光学仪器来说，最小分辨角越小，表示光学仪器的分辨本领越大. 显然，光学仪器的分辨率越大越好.

式(7-18)表明，分辨率的大小与仪器的孔径 D 成正比，与入射光波波长成反比. 瑞利判据为设计光学仪器提出了理论指导，如天文望远镜可用大口径的物镜来提高分辨率；对于电子显微镜则用波长短的射线来提高分辨率. 目前可以用几十万伏高压产生的电子波（波长约为 10^{-3} nm）做成的电子显微镜对分子、原子的结构进行观察.

人眼的分辨本领　人眼的分辨本领是描述人眼刚能区分非常靠近的两个物点的能力的物理量，一般用明视距离处两个刚好分辨开的物点间距离（最小分辨距离）表示. 由于眼睛视网膜上的像处在玻璃状液内，其折射率为 $n = 1.337$，因此眼内与眼外的最小分辨角不同. 在眼内，最小分辨角为

$$\theta_1 = 0.61 \frac{\lambda_n}{R} = 0.61 \frac{\lambda}{nR} \tag{7-19}$$

根据折射定律

$$\theta_1 = n\theta_1{}'$$

故在眼外最小分辨角仍可用 $\theta_1 = 0.61 \dfrac{\lambda}{R}$ 表示.

眼睛瞳孔的半径约为 1mm，当人眼最敏感的黄绿色光（波长 $\lambda = 555$nm）进入瞳孔，瞳孔的最小分辨角为

$$\theta_1 = 0.61 \frac{\lambda}{R} = 3.4 \times 10^{-4} \text{rad} \approx 1'$$

在明视距离为 25cm 处，对应于这个最小分辨角的两个发光点之间的距离为

$$25\theta_1 = 0.008 \text{cm}$$

眼睛瞳孔到视网膜的距离约为 2.2cm，因此视网膜上两个刚好分辨的像点间的距离为

$$2.2\theta_1' = 2.2 \frac{\theta_1}{n} = 6 \times 10^{-4} \text{cm}$$

这个距离与两个视网膜感光细胞间的距离近似相等，可见视网膜的构造非常巧妙，刚好适应于眼睛的分辨本领.

例 7-4　在通常的明亮环境中，人眼瞳孔直径约为 2mm，如果纱窗上两根细丝之间的距离为 2.0mm，问人离开纱窗多远处恰能分辨清楚？

解　以视觉感觉最灵敏的黄绿光来讨论，波长 $\lambda = 555$nm，根据式(7-19)求得人眼的最小分辨角为

$$\theta_1 = 0.61 \frac{\lambda}{R} = 3.4 \times 10^{-4} \text{rad}$$

设人离开纱窗的距离是 s，纱窗上相邻两根细丝的间距为 l，对人眼来说，张角 θ 为

$$\theta = \frac{l}{s}$$

当恰能分辨时，应有

$$\theta = \theta_1$$

于是

$$s = \frac{l}{\theta_1} = 5.8 \text{m}$$

即人眼能分辨纱窗细丝的最远距离约为 6m.

望远镜分辨本领　在制造望远镜时，总是让物镜成为限制成像光束大小的通光孔，物镜的直径 D 就是望远镜的孔径. 望远镜的最小分辨角为

$$\theta_1 = 1.22 \frac{\lambda}{D} \tag{7-20}$$

望远镜的分辨本领为

$$R = \frac{1}{\delta\theta} = \frac{D}{1.22\lambda} \tag{7-21}$$

望远镜的分辨本领常用物镜焦平面上刚能分辨的两个像点的距离来表示. 这个距离是

$$\Delta y' = \theta_1 f' = 1.22 \frac{\lambda}{D} f' \tag{7-22}$$

式中，f' 为物镜的像方焦距，D 为物镜孔径.

为了增加分辨本领（减小最小分辨角），必须增加物镜的孔径 D 或者减小物镜的像方焦距 f'. 最大的反射式望远镜的孔径 D 可达 10m 以上.

显微镜的分辨本领　显微镜物镜的焦距比较短，被观察的物体放置在物镜焦距外，经过物镜放大的实像再由目镜放大，显微镜的分辨本领常用物面上刚能被分辨的两个物点之间的距离 Δy 表示（图 7-13）. 理论计算得到最小分辨距离为

$$\Delta y = 0.61 \frac{\lambda}{n \sin u} \tag{7-23}$$

式中，n 为物方折射率，u 为孔径对物点的半张角，$n \sin u$ 为物镜的数值孔径. 因此显微镜的分辨本领为

$$R = \frac{1}{\Delta y} = \frac{n \sin u}{0.61\lambda} \tag{7-24}$$

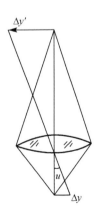

图 7-13　显微镜的
分辨成像原理

　　显微镜的最小分辨距离与波长成正比,与物镜的数值孔径成反比.用油浸物镜可以提高数值孔径从而提高分辨本领,但也有一定限度.由于可见光波长的限制,分辨极限最高为 10^{-5} 的数量级.为了进一步提高分辨本领,可以采用波长更短的紫外光照射,这就是紫外光显微镜.但紫外光显微镜要用透紫外光的石英等材料制作透镜,而且不能用眼直接观察,要通过显微照相显示出像来.比起普通显微镜,紫外光显微镜的分辨本领也只能提高一倍左右.

　　另外一种提高分辨本领的方法是采用电子显微镜.德布罗意于 1924 年提出,实物粒子(如电子)具有波动性,能量为 150eV 的电子,其波长约为 0.1nm,能量越大,波长越短.利用电子的波动性制成的电子显微镜,分辨极限可以达到 0.1nm,当然电子波的成像不能用普通透镜,而要用对电子起偏转作用的由电场、磁场组成的所谓电子光学透镜.

☞【工程应用】☜

透射电子显微镜

　　透射电子显微镜(TEM)是以波长极短的电子束作为照明源,用电磁透镜聚焦成像的一种高分辨本领、高放大倍数的电子光学仪器.

　　如图 7-14 所示为透射显微镜构造原理和光路.透射电子显微镜结构包括两大部分:主体部分为照明系统、成像系统和观察照相室;辅助部分为真空系统和电气系统.

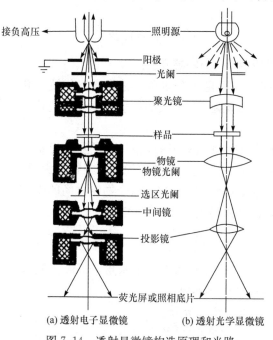

(a) 透射电子显微镜   (b) 透射光学显微镜

图 7-14　透射显微镜构造原理和光路

1. 照明系统

该系统分成两部分：电子枪和会聚镜. 电子枪由灯丝（阴极）、栅极和阳极组成. 加热灯丝发射电子束. 在阳极加电压，电子加速. 阳极与阴极间的电势差为总的加速电压. 经加速而具有能量的电子从阳极板的孔中射出，射出的电子束能量与加速电压有关，栅极起控制电子束形状的作用. 电子束有一定的发散角，经会聚镜调节后，可望得到发散角很小甚至为零的平行电子束. 电子束的电流密度（束流）可通过会聚镜的电流来调节.

样品上需要照明的区域大小与放大倍数有关. 放大倍数愈高，照明区域愈小，相应地要求以更细的电子束照明样品. 由电子枪直接发射出的电子束的束斑尺寸较大，相干性也较差. 为了更有效地利用这些电子，获得亮度高、相干性好的照明电子束以满足透射电镜在不同放大倍数下的需要，由电子枪发射出来的电子束还需要进一步会聚，提供束斑尺寸不同、近似平行的照明束. 这个任务通常由两个被叫做聚光镜的电磁透镜完成，如图 7-15 所示，图中 C_1 和 C_2 分别表示第一聚光镜和第二聚光镜. C_1 通常保持不变，其作用是将电子枪的交叉点成一缩小的像，使其尺寸缩小一个数量级以上.

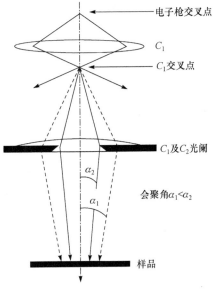

图 7-15　成像原理示意图

2. 成像系统

该系统包括样品室、物镜、中间镜、投射镜及其他电子光学部件. 样品室有一套机构，保证样品经常更换时不破坏主体的真空. 样品可在 X、Y 两方向移动，以便找到所要观察的位置. 经过会聚镜得到的平行电子束照射到样品上，穿过样品后就带有反映样品特征的信息，经物镜形成电子图像，再经中间镜和投射镜放大后，在荧光屏上得到最后的电子图像.

照明系统提供了一束相干性很好的照明电子束，这些电子穿越样品后便携带样品的结构信息，沿各自不同的方向传播（比如，当存在满足布拉格方程的晶面组时，可能在与入射束成 2θ 角的方向上产生衍射束）. 物镜将来自样品不同部位、传播方向相同的电子在其背焦面上会聚为一个斑点，沿不同方向传播的电子相应地形成不同的斑点，其中散射角为零的直射束被会聚于物镜的焦点，形成中心斑点. 这样，在物镜的背焦面上便形成了衍射花样. 而在物镜的像平面上，这些电子束重新组合相干成像. 若调整中间镜的透镜电流，使中间镜的物平面与物镜的背焦面重合，可在荧光屏上得到衍射花样；若使中间镜的物平面与物镜的像平面重合，则得到显微像. 两个中间镜相互配合，可实现在较大范围内调整相机长度和放大倍数.

3.观察照相室

电子图像反映在荧光屏上,荧光发光和电子束流成正比.把荧光屏换成电子干板,即可照相.干板的感光能力与其波长有关.

4.真空系统

真空系统由机械泵、油扩散泵、离子泵、真空测量仪表及真空管道组成.它的作用是排除镜筒内气体,使镜筒真空度至少要在 10^{-5} Torr 以上,目前最好的真空度可以达到 $10^{-9}\sim10^{-10}$ Torr.如果真空度低,电子与气体分子之间的碰撞引起散射而影响衬度,还会使电子栅极与阳极间高压电离导致极间放电,残余的气体还会腐蚀灯丝,污染样品.

5.供电控制系统

加速电压和透镜磁电流不稳定将会产生严重的色差及降低电镜的分辨本领,所以加速电压和透镜电流的稳定度是衡量电镜性能好坏的一个重要标准.透射电镜的电路主要由高压直流电源、透镜励磁电源、偏转器线圈电源、电子枪灯丝加热电源,以及真空系统控制电路、真空泵电源、照相驱动装置及自动曝光电路等组成.

另外,许多高性能的电镜上还装备有扫描附件、能谱议、电子能量损失谱等仪器,在一定的成像条件下,可以获得能区分原子种类的高分辨像;利用定量高分辨电子显微学方法,不仅可以提高电子显微像的分辨率,而且从电子显微像的定量分析中能获取更丰富、精确的结构信息.

近年来 TEM 的功能日新月异,主要发展方向有:加速电压增高,使电子穿透试样的能力增强,可观察较厚的试样,减少波长发散像差,增加分辨率等;提高分辨率,目前点与点间的分辨率达 0.17nm,可直接观察晶体中的原子;附加分析装置,如附加电子能量分析仪(EA),可鉴定微区域的化学组成等.

近年来将 TEM 与 SEM 结合为一,取二者之长制成扫描穿透式电子显微镜(scanning transmission electron microscope,STEM).STEM 附加各种分析仪器,如 X 光探测微分析仪(XPMA)、电子能量分析仪等,亦称为分析电子显微镜 (analytical electron microscope).

7.5　伦琴射线衍射　布拉格方程

X 射线　1895 年,伦琴在研究稀薄气体放电现象时发现了一种射线,这种射线是人眼看不见的,并且穿透能力很强,它能透过许多对可见光不透明的物体(如纸片、木材等),使一些固体发生荧光,使照相底片感光,使空气电离.由于当时对这种射线的性质不清楚,因此称其为 X 射线.伦琴因发现 X 射线而获得 1901 年的诺贝尔物理学奖.后来人们为了纪念伦琴,以他的名字命名了这种射线,所以 X 射线又称为伦琴射线.

　　产生 X 射线的实验装置称为 X 射线管(图 7-16)，在一个真空管内安装两个电极 K 和 A，K，A 间加几万伏以至几十万伏的直流高压．K 为热阴极，A 为钨、钼等金属制成的阳极，从热阴极发出的热电子被 K，A 间的高电压加速而获得很高能量，当它打到阳极上时，阳极就能发射出 X 射线．

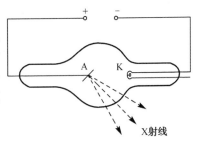

图 7-16　X 射线管

　　实验发现，X 射线在电场与磁场中不发生偏转，因此人们猜想它可能是一种电磁波．如果它是电磁波，那么它应像光波那样产生衍射现象，可是当时的许多科学家包括伦琴本人都未能观察到 X 射线的衍射现象．以后鉴于 X 射线是高速电子在阳极上停止时产生的这一事实，有些科学家依据麦克斯韦理论，认为 X 射线是由于电子运动突然受阻而产生的电磁波，并且估计出它的波长为 10^{-8} cm 的数量级．对于这样短波长的电磁波，想用衍射实验来证实并测出其波长，在当时的条件下，人们无法用机械方法来制造供这样短波长的电磁波发生衍射的衍射光栅．

　　直到 1912 年，德国物理学家劳厄设想晶体的点阵可以看成是三维光栅，当时已确定的晶体点阵间距离即晶格常数是 10^{-8} cm 的数量级，X 射线的波长如果也是这个数量级的电磁波，它将在晶体上产生衍射现象．他认为，当 X 射线投射到晶体上时，晶体点阵中每一个粒子(原子或离子)受 X 射线的作用将成为子波源，子波源发出同频率的子波，子波因相干叠加而产生衍射．图 7-17 是 X 射线通过氯化钠(NaCl)晶体后的实验简图和投射到照相底片生成的衍射斑点，称为劳厄斑．晶体的 X 射线衍射实验证实了 X 射线是电磁波，也说明了 X 射线波长与晶格常数有同一数量级(10^{-8} cm)．劳厄因 X 射线方面的研究工作获得 1914 年诺贝尔物理学奖．

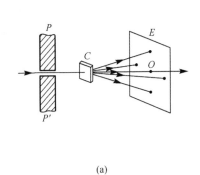

(a)

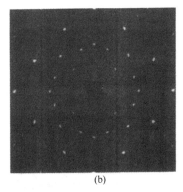

(b)

图 7-17　X 射线衍射图样

　　布拉格公式　在劳厄以后，W. H. 布拉格与 W. L. 布拉格父子对 X 射线作了进一步研究，并对劳厄斑作出了简单的解释．他们认为劳厄斑的每一个亮点对应于晶体对 X 射线衍射的一个极大值，并且推导出一个著名的公式，即布拉格公式．他们俩由于运用 X 射线分析晶体结构的贡献共同获得了 1915 年诺贝尔物理学奖.

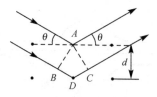

图 7-18　推导布拉格公式简图

晶体点阵的原子或离子可以组成许多平行的平面，这些平面称为晶面. 设投射到晶面的 X 射线与该晶面的夹角为 θ，称为掠射角；各晶面之间的距离为 d，称晶面间距（或晶格常数）. X 射线的衍射包括同一晶面内各原子发出的子波之间的相干叠加，也包括各晶面之间的子波的相干叠加. 对同一晶面内各原子发出的子波被不同原子（或离子）散射的子波彼此交叠，只有在满足反射定律的方向上强度最大. 对于相邻晶面的子波之间的相干叠加（图 7-18），其干涉结果由相邻晶面反射波的光程差决定. 当上、下两层反射波的光程差为

$$BD+DC=2d\sin\theta \tag{7-25}$$

时，相干叠加的极大值条件为

$$2d\sin\theta=k\lambda,\quad k=1,2,3,\cdots \tag{7-26}$$

式(7-26)称为布拉格公式.

对于特定的晶体，可以有许多晶面，不同晶面有不同的晶格常数，一定波长的入射线，对于不同晶面有不同的掠射角，可能有几个晶面满足布拉格公式，因此在几个方向上产生衍射极大. 如果入射线中有许多波长的射线，则产生的衍射极大更多. 所有衍射极大在照相底片上给出各自的亮点. 劳厄斑就是这样形成的.

X 射线光谱分析　如果作为衍射光栅的晶体结构已知，就可用来测量 X 射线的波长，这方面的工作称为 X 射线光谱分析，对原子结构的研究非常重要.

图 7-19 所示是旋转晶体式 X 射线摄谱仪简图. 从射线管 R 来的 X 射线经过铅板制成的狭缝 B 准直以后成为狭长的细束，投向单晶体 K，K 可以绕竖直轴旋转，照相底片 FPF' 放在以该竖直轴为中心的圆弧上. 如果入射的 X 射线有许多波长的射线，当某一掠射角正好使某一波长满足布拉格公式时，在反射方向上得到该波长 X 射线的衍射极大，在底片上形成一条细黑条纹. 继续旋转晶体，可以得到与所有波长的极大相对应的条纹，即不同波长的 X 射线的谱线. 由晶体的晶格常数与谱线位置（角度），可以算出各条谱线的波长，而条

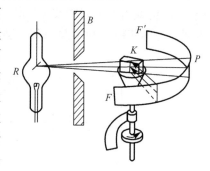

图 7-19　旋转晶体式 X 射线
摄谱仪简图

纹黑度则对应于该波长的 X 射线的强度. 这种仪器常用于 X 射线谱的分析.

X 射线晶体结构分析　如图 7-20 所示的实验装置中，把晶体粉末压成圆柱体 K，用单色 X 射线照射. 粉末中有大量微小晶体，这些微晶体排列方向完全是杂乱无章的. 对于一定波长的 X 射线，总有一些晶体的晶面满足布拉格公式，从这些晶面上

的衍射极大出现在与入射线成 2θ (θ 是入射线与晶面的夹角)的方向上,形成一个顶角为 2θ 的圆锥面,在底片上形成圆弧形谱线(称为德拜线),每一条谱线对应于某一晶面的某一级衍射极大,由 X 射线波长及谱线位置可以确定晶体的晶格常数,从而确定晶体的空间结构.这种装置被广泛应用于 X 射线晶体结构分析中.这种方法称为粉末法或德拜法.

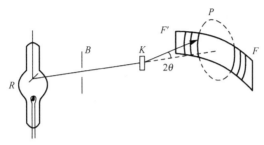

图 7-20　德拜法分析晶体结构的实验装置

☞【工程应用】☞

光的衍射的工程应用

光的衍射现象在工程技术中的应用主要有以下几个方面.

(1)光的衍射现象用于光谱分析.利用衍射光栅作为分光单元制成光栅光谱仪.衍射光栅光谱的特点是:在黑暗背景上出现明亮细窄亮条纹,缝愈多,谱线愈细愈亮,谱线明暗程度受到衍射因子的调制.

光谱仪是一种利用光学色散原理设计制作的光学仪器,主要由光源、照明系统、分光系统和接收系统组成.光谱仪主要用于研究物质的辐射、光与物质的相互作用、物质结构、物质含量、探测星体等.现代新型光谱仪种类很多,如 X 射线荧光光谱仪、激光光谱仪、原子光谱仪、等离子体发射光谱仪等.利用光谱仪进行光谱分析不仅开辟了天体物理学的广阔前景,而且也为深入原子世界打开了道路,近代原子物理学正是从原子光谱的研究开始的.

(2)光的衍射现象用于晶体结构分析.衍射图样对精细结构有相当敏感的"放大"作用,故利用图样分析结构,如 X 射线结构学.

继光的衍射之后,人们又发现了非常重要的 X 射线衍射和电子衍射.劳厄首次用 X 射线通过晶体得到衍射图样(劳厄斑).X 光的衍射可用于测定晶体的结构,这是确定晶体结构的重要方法.电子衍射类似 X 射线衍射,它是将高能电子束以一定的角度投射到镍单晶或铝箔上,经晶面反射后,得到与 X 射线衍射十分相似的衍射图样.电子衍射实验证明了电子的波动性,并对材料的组织形貌、晶体结构分析都有重要应用.利用电子衍射原理制成的透射电镜在科学研究中正在发挥着重要的作用.

(3)衍射成像的应用. 在相干光成像系统中, 引进两次衍射成像概念, 由此发展成为空间滤波技术和光学信息处理技术; 利用了人眼光瞳衍射研究成像仪器的分辨本领.

(4)衍射再现波阵面的应用. 全息术照相原理中就利用了衍射再现波阵面. 下面时全息照相作简单介绍.

普通照相是运用透镜成像原理, 使物体在感光底片上成一实像, 把物体的影像记录下来, 其记录的仅仅是物体表面发射光波的振幅信息, 即光的强度. 而全息照相则是运用光的干涉原理, 使感光底片上不仅记录光的强度信息, 还记录了跟物体三维结构记录密切相关的相位信息. 所谓全息, 就是把物体发出或反射的光信号的全部信息(包括光的振幅和相位)记录下来, 在再现被摄物体时就能得到物体的立体图像, 这种摄像技术称为全息术, 是伦敦理工学院的伽伯教授于 1948 年发明的. 全息术是一种两步成像的过程, 包括光波记录和重现过程.

1)全息照片的拍摄

如图 7-21 所示, 在拍摄过程中, 将激光器发出的激光束用分光镜分成两束, 其中一束经扩束透镜扩束后照射到被摄物体上, 再经过物体反射后照射到感光底片上, 这

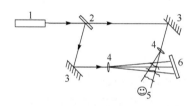

图 7-21　全息照片的拍摄原理图
1. 激光器; 2. 分束镜; 3. 全反射镜;
4. 扩束镜; 5. 物体; 6. 全息干板

部分光叫做物光; 另一束通过反射镜改变光路, 并经扩束透镜扩束后直接照射到感光底片上, 这部分光叫做参考光. 由于两束光在感光底片上相互叠加, 形成干涉条纹, 与参考光具有相同相位的那部分反射光干涉后形成亮纹, 而与参考光相位相反的那部分反射光干涉后形成暗条纹, 这样, 被摄物体反射光中的振幅和相位信息分别以干涉条纹的反差和条纹的疏密分布形式储存在感光底片(称为全息干板)上, 经过显影、定影等适当的处理, 就得到一张全息照片. 例如用一束光照明一个微小颗粒, 从小颗粒上反射出来的光波基本上是不断向外扩大的球面波, 人向小颗粒看去, 是明亮的一点. 用照相机为小颗粒照相时, 光波通过镜头在底片上形成一个亮点, 这一点的亮度与小颗粒反射出来的光强有关. 照相底片可以记录下这一点的亮点, 但不能记下小颗粒在三维空间的位置, 印出来的照片上也只有一个亮点, 没有一点立体感觉. 拍摄全息照片时, 不用照相镜头, 而是把一束激光和小颗粒反射出的球面波一起照到照相底片上. 整个底片都受到光照, 它记录下的不是亮点, 而是一组同心圆, 同心圆间隔很小. 底片经冲洗后, 放到原来的位置, 再用拍摄时那束激光以拍摄时的角度照到底片上, 则可以看到原来放置微小颗粒的位置上有一个亮点. 由于这个亮点在空间, 而不是在底片上, 所以我们看到的光就像是从这个亮点发出来的. 因此, 全息照片记录下来的不仅是一个亮点, 还包含亮点的空间位置, 即记下从亮点发出的整个光波. 任何物体实际上都可以看成是无数个明暗不同的亮点组成的立体图像. 用上面的拍摄方法拍成的全息照片就是无数个同心圆组成的复杂图形. 激光全息

照的底片,可以是特种玻璃,也可以是乳胶、晶体等.

2) 全息照片的显示

全息照片与普通照片不同,要看到被摄物体的像,必须用一束波长同拍摄时一样的激光束沿相同方向照射全息照片,利用衍射现象还原物光波的振幅和相位信息,重现物光波,这就是全息照片的显示过程,如图 7-22 所示.

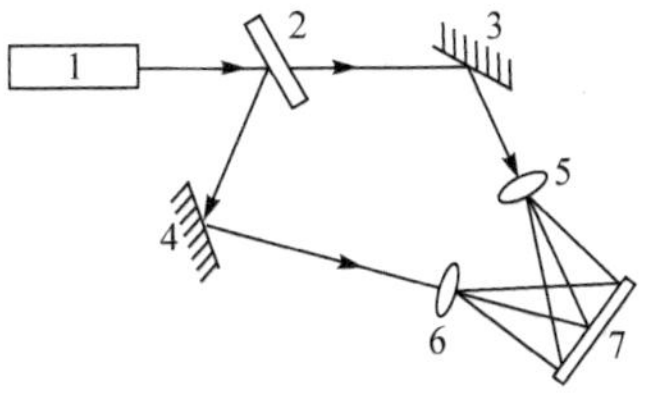

因为在全息干板上的每一个位置都能同时记录到来自物体的信息,正如用两只眼睛所看到的远处目标的外貌,也可以用一只眼睛看到同样的外貌,所以只要从全息底片上取出一部分,就包含了物体某一角度的完整信息,即使全息照片变成碎片,仍能观察到物体的立体图,只是视角略有不同,分辨率变差了而已.

图 7-22　全息照片的显示过程
1. 激光器; 2. 分束镜; 3、4. 全反射镜;
5、6. 扩束镜; 7. 全息干板

全息照相激光器是一种价格较贵的设备,一张照片要配备一架激光器,所以要普遍、广泛地应用暂时是不可能的.针对这个缺点,科学家经过不断研究,发明了一种在白炽灯光下也能看到全息景象的全息照片,称为白光全息或彩虹全息.

全息照相技术仍然在发展之中,实验性的全息立体电影已经出现.放映这种电影时,观众看到的景象并不在银幕上,而是在观众之中,使人有身临其境的感觉.

3) 全息照相的特点

(1) 它再现出来的像是跟原来物体一模一样的逼真的立体像,跟直接观察实物的感觉完全一样.全息照相与立体照相是两回事.比如,一个正方形木块的立体照,不论怎样改变观察角度,横看竖看,看到的只能是照片上的那个画面;但全息照就不同了,只要改变观察角度,就可以看到这个正方形木块的六个面.全息照相最重要的一个特点是将物体的全部几何特征信息都能记录在底片上.

(2) 把全息照片分成若干小块,每一小块都可以完整地再现原来物体的像,当全息照片大半被损坏时,仍然可以从剩下的一小半上看到这张全息照片上原有物体的全貌.

(3) 在同一张感光片上可以重叠记录许多像,这些像能够互不干扰地单独显示出来.正是这种分层记录,使得全息照片能够存储巨大的信息量.

(4) 全息照片很易复制.20 世纪 80 年代出现了一种压印全息技术,用这种方式制造全息照片时,先要做成一块金属的微浮雕板,把它当成印板,在镀有金属膜的特殊纸张上压出全息照片.这种方法方便,可以大批量生产,成本大大降低,应用面也越来越广.

(5) 全息照片不像普通光学照片那样是逼真而直观的形象,而是密密麻麻的明暗条纹,需要复杂的激光再现系统才能观察到三维像.

电子显微技术

早在公元前1世纪，人们就已发现通过球形透明物体去观察微小物体时，可以使其放大成像. 16世纪末，荷兰眼镜制造商亚斯·詹森把几片镜片放进一个圆筒中，发现通过圆筒可以将物体放大，于是他受到启发，制作了世界上第一台简易的复合式显微镜. 复合式显微镜的基本原理是，使用两个凸透镜，一个凸透镜把另外一个凸透镜成像放大. 第一台复合式显微镜的放大倍数只有10~30倍，可以观察一些小昆虫，如跳蚤等，因而有人称它为"跳蚤镜". 复合式显微镜的发明，是人类科学史上的里程碑，它开启了人类认识微观世界的大门. 随着显微技术的不断创新发展，到了18世纪，光学显微镜的放大倍率可达1000倍，人们能够通过显微镜看清微生物的形态、大小和一些内部结构. 科学家们能够用它来研究细胞、细菌和人体的生理结构. 然而，可见光波长约为390~760nm，光学显微镜的分辨本领受到光波长的限制. 为了进一步提高显微镜的分辨率，唯一途径是利用波长较短的光源. 例如，利用紫外线光源，可以将显微镜的分辨率提高1倍. 目前，光学显微镜可把物体放大1600倍，极限分辨率可达0.1μm，并且出现了暗场显微镜、相差显微镜、倒置显微镜和荧光显微镜等不同功能的显微镜.

1924年，在光的波粒二象性启发下，法国物理学家德布罗意（1892~1987）指出，波粒二象性不只是光子才有，一切微观粒子，包括电子和质子、中子，都有波粒二象性. 德布罗意把光子的动量与波长关系式 $p=h/\lambda$ 推广到一切微观粒子上，他认为具有质量 m 和速度 v 的运动粒子也具有波动性，这种波的波长等于普朗克常量 h 与粒子动量 mv 的比，即 $\lambda=h/mv$. 可见，微观粒子的运动速度越大，物质波的波长越小. 例如，一个初速度为零的电子，经过1V电场加速后获得全部动能，波长约为1.226nm. 考虑相对论效应，电子在经过1kV电场加速后，波长约为0.0388nm，而经过100kV电场加速后，波长减小为约0.00387nm. 于是，科学家设想用电子束替代可见光，可以提高显微镜分辨本领. 理论计算表明，使用加速电压为100kV的电子束的显微镜，最小分辨率可以达到0.002nm. 但是，传统的光学透镜不能使电子会聚，因此，制造电子束显微镜的关键是找到能使电子束聚焦成像的电子透镜.

1926年，德国科学家蒲许提出了关于电子在磁场中运动的理论. 他认为"具有轴对称性的磁场对电子束来说起着透镜的作用." 这从理论上解决了电子显微镜的透镜问题. 同年，汉斯·布什研制了第一个磁力电子透镜，即磁透镜，扫清了研制电子显微镜的技术障碍. 1931年，德国柏林工业大学研究员恩斯特·鲁斯卡和马克斯·克诺尔研制出第一台电子显微镜，成功地产生了在阳极光圈上放置的网格的电子放大图像. 1939年，西门子公司研制出第一台商业透射电子显微镜（transmission electron microscope, TEM），分辨率为10nm. 目前，高分辨电子显微镜的分辨率可以达到0.1nm. 电子显微镜的出现使人类对微观世界的认识和研究进入了一个新的时代. 借助于电子显微镜，人类不仅可以观察病毒、DNA、细胞以及蛋白质大分子的形貌和结构，而且可以在超微结构和原子尺度操纵原子和组装纳米器件. 除了透射电子显微镜,科学家相继发明了扫描电子显微镜和扫描隧道显微镜. 1952 年,英国工程师查尔斯奥特利制造出了一台扫描电子显微镜(scanning electron microscope,SEM). 1981 年,IBM 公司苏黎世实验室科学家宾尼希和罗雷尔研制了扫描隧道显微镜(scanning tunneling microscopy,STEM). 至此,人类第一次能够实时地观察单个原子物质表面的排列状态和与表面电子行为有关的物理、化学性质. 鉴于在发明电子显微镜方面的贡献和成就,鲁斯卡、宾尼希和罗雷尔获得了 1986 年诺贝尔物理学奖.

中国"天眼"

1609 年,意大利物理学家、天文学家伽利略成功制造出第一台 32 倍天文望远镜,使天文学进入了用望远镜观测和研究天体的新时代,人类的目光开始深入宇宙,看到更远、更暗的天体. 此后 300 多年,光学望远镜一直是天文观测最重要的工具. 但是,光学望远镜只能接收宇宙天体发射的可见光波段. 1937 年,美国人雷伯首次成功发明了抛物面型射电望远镜,并用它测到了太阳及其他一些天体发出的无线电波. 自此,通过射电望远镜,人类对宇宙的认识从可见光波段扩展到射电波段,天文学发展实现了又一次飞跃. 1946 年,英国曼彻斯特大学建造了直径为 66.5m 的固定抛物面型射电望远镜,1955 年建成当时世界上最大的直径为 76m 的可转动的洛弗尔射电望远镜. 1963 年,美国在波多黎各阿雷西博镇建造了直径达 305m 的抛物面射电望远镜. 20 世纪 60 年代,天文学的四大发现——类星体、脉冲星、星际分子和宇宙微波背景辐射,都是通过射电望远镜观测得到的. 目前,射电天文学在宇宙学、星系演化、恒星物理、探索地外生命等研究中扮演着越来越重要的角色.

天文望远镜的极限分辨率取决于望远镜的口径和观测所用的波长,即口径越大,波长越短,分辨率越高. 由于无线电波的波长主要在米波段和分米波段,远大于可见光的波长,因此射电望远镜的分辨本领远远低于相同口径的光学望远镜. 20 世纪 90年代,我国最大的射电望远镜口径只有 30m. 时任中国科学院北京天文台副台长的南仁东提出了在中国境内建造世界最大的单口径射电望远镜的设想. 2007 年,500m 口径球面射电望远镜(FAST)作为"十一五"重大科学装置正式被国家批准立项. 2011年在我国贵州省平塘县开工建设"中国天眼"工程. 2016 年 9 月,最终建成了拥有500m 口径、相当于 30 个足球场接收面积的世界最大单口径射电望远镜. "中国天眼"工程由主动反射面系统、馈源支撑系统、测量与控制系统、接收机与终端及观测基地等几大部分构成. FAST 是目前世界上最大单口径、最灵敏的射电望远镜,与德国波恩 100m 望远镜相比,灵敏度提高了约 10 倍,比阿雷西博 350m 望远镜综合性能提高了 10 倍,可以接收到 137 亿光年范围的信号. 观测脉冲星、中性氢、黑洞等宇宙形成时期的信息,将使我国未来二三十年里在这一领域保持世界领先地位.

数码照相机

传统相机成像:①镜头把景物影像聚焦在胶片上成像;②胶片上的感光剂随光发生变化;③胶片上受光后变化了的感光剂经显影液显影和定影;④形成和景物相反或色彩互补的影像;⑤所形成的像是实像.

数码相机(又名数字式相机,digital camera,DC)是一种利用电子传感器把光学影像转换成电子数据的照相机.数码相机成像:①经过镜头光聚焦在 CCD 或 CMOS 上;②CCD 或 CMOS 将光转换成电信号;③经处理器加工,记录在相机的内存上;④通过电脑处理和显示器的电光转换,或经打印机打印便形成影像.具体过程:光线从镜头进入相机,CCD 进行滤色、感光(光电转化),按照一定的排列方式将拍摄物体"分解"成一个一个的像素点,这些像素点以模拟图像信号的形式转移到"模数转换器"上,转换成数字信号,传送到图像处理器上,处理成真正的图像,之后压缩存储到存储介质中.对胶片相机而言,景物的反射光线经过镜头的会聚,在胶片上形成潜影.潜影是光和胶片上的乳剂产生化学反应的结果.再经过显影和定影处理就形成了影像.数码相机是通过光学系统将影像聚焦在成像元件 CCD/ CMOS 上,通过 A/D 转换器将每个像素上光电信号转变成数码信号,再经 DSP 处理成数码图像,存储到存储介质中.

数码相机的优点:①拍照之后可以立即看到图片,从而提高了对不满意的作品立刻重拍的可能性,减少了遗憾的发生;②只需为那些想冲洗的照片付费,其他不需要的照片可以删除;③色彩还原和色彩范围不再依赖胶卷的质量;④感光度也不再因胶卷而固定.光电转换芯片能提供多种感光度与选择.

习题 7

(一)

一、选择题

1. 光的衍射条纹可用(   ).

A. 波传播的独立性原理解释   B. 惠更斯原理解释

C. 惠更斯-菲涅耳原理解释   D. 半波带法解释

2. 在宽度为 $a=0.60$mm 的狭缝后面 80cm 处,有一个与狭缝平行的屏幕,今以波长为 6000Å 的平行光自左向右垂直照射狭缝时,在距中央明条纹中心为 $x=2.8$mm 处的 P 点,看到的是明条纹,则从 P 点看狭缝时,将其分割的半波带数为(   ).

A. 3   B. 4   C. 5   D. 6   E. 7

3. 观察屏幕上得到的单缝夫琅禾费衍射图样.当入射光波长变大时,中央条纹的宽度将(   ).

A. 变小   B. 变大   C. 不变   D. 不确定

4. 在单缝夫琅禾费衍射实验中,若增大缝宽,其他条件不变,则中央明条纹(   ).

A. 宽度变小   B. 宽度变大

C. 宽度不变,且中心强度也不变　　　　　　D. 宽度不变,但中心强度增大

5. 波长为 λ 的单色平行光,垂直照射到宽度为 a 的单缝上,若衍射角 $\varphi = 30°$,对应的衍射图样为第一级极小,则缝宽 a 为( ).

A. $\lambda/2$　　　　　　B. λ　　　　　　C. 2λ　　　　　　D. 3λ

6. 在单缝夫琅禾费衍射实验中,波长为 λ 的单色光垂直入射在宽度为 4λ 的单缝上,对应于衍射角为 $30°$ 的方向,单缝处波阵面可分为的半波带数目为( ).

A. 8 个　　　　　　　　　　　　　B. 6 个

C. 4 个　　　　　　　　　　　　　D. 2 个

二、填空题

1. 用波长为 $\lambda = 4000\text{Å}$ 的紫光垂直照射到缝宽为 0.02mm 的单缝上,则中央条纹的角宽度为_____. 当 $\sin\varphi = 0.02$ 时,缝处的波阵面被分成_____个半波带.

2. 用平行单色光照射缝宽为 a 的单缝,衍射条纹的宽度随入射光波长的增加而_____,随缝宽 a 的增加而_____.

3. 单缝衍射装置如图 7-23 所示,AC 为衍射光波面,P 点处为第二级暗纹,BC 的长度为波长的_____倍,这时单缝处的波面可分为_____个半波带. 若 P 点处为第三级明纹,则 BC 的长度为波长的_____倍.

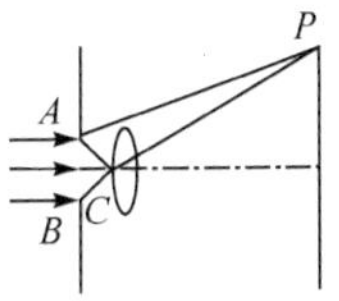

4. 在单缝夫琅禾费衍射实验中,一级暗纹衍射角很小,若黄光(589nm)中央明纹宽度为 4.0mm,则蓝紫色光(442nm)的中央明纹宽度为_____;其二级明纹的宽度为_____.

图 7-23　填空题 3

三、计算题

1. 有一单缝宽 $a = 0.1\text{mm}$,在缝后放一焦距为 50cm 的会聚透镜,用平行绿光($\lambda = 546\text{nm}$)垂直照射单缝;试求位于透镜焦平面处的屏幕上的中央明纹宽度. 把此装置浸入水中,中央明条纹宽度如何变化?(水的折射率为 1.33)

2. 若有一波长为 $\lambda = 600\text{nm}$ 的单色平行光,垂直入射到缝宽为 $a = 0.6\text{mm}$ 的单缝上,缝后有一焦距为 $f = 40\text{cm}$ 透镜. 试求:(1)屏上中央明纹的宽度;(2)若在屏上 P 点观察到一明纹,距中央明纹的距离为 $x = 1.4\text{mm}$,问 P 点处是第几级明纹? 对 P 点而言,狭缝处波面可分成几个半波带?

(二)

一、选择题

1. 用波长为 $400 \sim 800\text{nm}$ 的白光照射光栅,在它的衍射光谱中第 2 级和第 3 级发生重叠. 第 3 级光谱被重叠部分的光谱的波长范围是( ).

A. $533.3 \sim 800\text{nm}$　　　　　　　B. $400 \sim 533.3\text{nm}$

C. $600 \sim 800\text{nm}$　　　　　　　　D. $533.3 \sim 600\text{nm}$

2. 一衍射光栅的狭缝宽度为 a,缝间不透光部分宽度为 b,用波长为 600nm 的光垂直照射时,在某一衍射角 φ 处出现第 2 级主极大. 若换用波长为 400nm 的光垂直照射,在上述衍射角 φ 处出现第一次缺级,则 b 为 a 的( ).

A. 1 倍　　　　B. 2 倍　　　　C. 3 倍　　　　D. 4 倍

3. 对某一定波长的垂直入射光,衍射光栅屏幕上只能出现零级和 1 级主极大,欲使屏幕上出现更高级次的主极大,应该( ).

A. 将光栅向靠近屏幕的方向移动　　　　B. 将光栅向远离屏幕的方向移动

C. 换一个光栅常数较小的光栅   D. 换一个光栅常数较大的光栅

二、计算题

1. 波长为 $\lambda = 6000 \text{Å}$ 的单色光,垂直射在一光栅上,第 2 级明纹出现在 $\sin\varphi = 0.2$ 的位置上. 当用另一未知波长 λ_2 的单色光垂直照射该光栅时,其第 1 级明纹出现在 $\sin\varphi = 0.08$ 的位置.(1)求光栅常数;(2)求未知单色光的波长 λ_2;(3)已知单色光 λ_2 的第 3 条明线缺级,试计算该光栅狭缝的最小宽度 a.

2. 用波长为 5400m/s 的单色光,垂直照射到一平面光栅上,测量第二级明纹的衍射角正弦 $\sin\varphi = 0.20$,求:(1)光屏上出现条纹的最大级数.(2)当刻痕部分的宽度是透光部分的 2 倍时,光屏上出现明条纹的条数.

第8章

光 的 偏 振

8.1 自然光和偏振光

光的干涉与衍射现象说明光具有波动性,但不能由此判断光是纵波还是横波,因为不论纵波还是横波都产生干涉与衍射,只有光的偏振现象才能说明光是横波.

对绳中横波来说,如图 8-1 所示,当绳中横波的振动方向与狭缝方向相同时,绳中横波可以通过;当绳中横波的振动方向与狭缝方向垂直时,绳中横波不能通过. 这就是绳中横波的偏振现象.

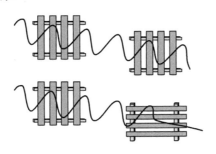

图 8-1 偏振原理示意图

光是横波,也具有类似于绳中横波的偏振现象. 在一个垂直于光传播方向的平面内考察,光振动的方向不一定是各向同性的,可能在某一个方向振动强,在另一个方向振动弱,甚至为零,这称为光的偏振现象.

偏振是横波区别于纵波的一个最明显的特点,光的偏振现象是表明光是横波的直接证据.

线偏振光 在垂直于传播方向的平面内,光矢量 E 只改变大小,不改变方位,即光矢量 E 只沿一个固定的方向振动,这种光称为线偏振光(简称偏振光),线偏振光又叫完全偏振光.线偏振光的光矢量 E 末端的轨迹是一条直线. 光矢量与光传播方向所组成的平面称为振动面.线偏振光的振动面是一个固定平面,因此又称为平面偏振光.

自然光 对普通光源(如太阳、电灯)来说,每个发光原子的发光持续时间只有 10^{-8} s,它发出的是一定长度的光波列. 对于每一个波列,它的振动方向是确定的,即每个波列是一列线偏振光,但是同一原子前后两次发出的波列却是彼此独立的.它们的振动方向没有固定的联系.同时,光源中含有大量发光原子,这些发光原子在同一时刻各自发出的波列其振动也可取任意方向,因此普通光源发出的光实际上是由一段段振动方向不同、振幅大小不等、相位各异的线偏振波列组成的.在远大于发光持续时间的观察时间内,从统计平均来看,它包含了各种可能的振动方向的线偏振光,每种线偏振光的振幅相等,且彼此之间无固定相位关系.把由普通光源发出的由大量的不同振动方向的光波列的集合,称为自然光.

平面内任何一个方向的振动矢量都可以分解成任意的两个互相垂直方向上的分量,由于自然光中包含着的振动可取各种可能的方向,因此所有振动矢量在上述任意两个垂直方向上的分量的时间平均值应该相等,没有哪一个方向的光振动较其他方向占优势,所以自然光可以用任意两个振动方向相互垂直的等振幅的独立的、无固定相位差的线偏振光代表,每个线偏振光的强度为自然光强度的一半,即 $I_x = I_y = \frac{1}{2}I$,如图 8-2 所示.

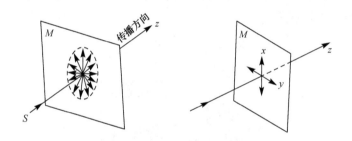

图 8-2   自然光可以分解成两个独立的振动方向互相垂直的偏振光

部分偏振光   是介于偏振光与自然光之间的一种光,在垂直于光传播方向的平面内,光矢量的振动方向沿各个方向分布,但沿某一方向的振动较强,沿它的垂直方向振动较弱.

相对于自然光（非偏振光）和部分偏振光来说,线偏振光是完全偏振的.实际上,部分偏振光是介于完全偏振光和自然光之间的偏振状态.进一步的理论分析表明,部分偏振光可以看成完全偏振光和自然光的混合.

常用一种简单的图形来表示线偏振光、自然光和部分偏振光,如图 8-3 所示,用短线"↕"表示平行于纸面的光振动,圆点"·"表示垂直于纸面的光振动.(a)、(b)表示线偏振光,它们的光矢量都只沿一个方向振动;(a)表示光矢量垂直于图面振动的线偏振光;(b)表示光矢量平行于图面振动的线偏振光.(c)为自然光,它的两个互相垂直的光振动的强度相等.(d)、(e)为部分偏振光;(d)中"·"较多,表示垂直纸面的光振动较强;(e)中"↕"较多,表示平行纸面的光振动较强.

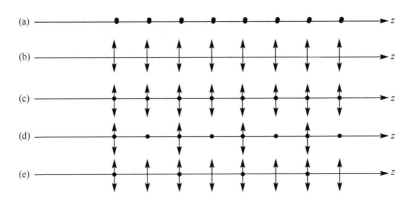

图 8-3 自然光、线偏振光和部分偏振光的图示

8.2 偏振片的起偏和检偏 马吕斯定律

偏振片、起偏与检偏 1804 年, 沃拉斯顿发现, 某些晶体对互相垂直的光振动有不同的吸收本领, 这种性质称为二向色性. 天然矿物晶体电气石是二向色性很强的晶体, 但它有对不同波长的光选择吸收的缺点, 透过的光带黄绿色. 晶体碘化硫酸奎宁也有二向色性, 可制造成大口径的偏振片. 关于碘化硫酸奎宁的二向色性的发现, 在历史上有一段很有趣的插曲. 英国医生赫拉巴的学生无意中把碘掉在喂过奎宁的狗的尿液里, 液体中生成了闪闪发光的绿色小晶体碘化硫酸奎宁. 他把这个情况告诉了赫拉巴, 赫拉巴把这种晶体放在显微镜下观察, 发现在晶体重叠处有些晶体是亮的, 而在另一些地方则是暗的, 赫拉巴认为这是一种新的偏振材料. 兰德根据赫拉巴的发现, 制成了偏振片.

具有二向色性的晶体, 其结构是不对称的, 在某一方向上电子容易移动. 当入射光的光矢量平行于这个方向时, 光矢量驱使电子运动, 电子又与晶格原子碰撞, 动能变为内能, 其结果是这个方向振动的光被吸收, 而振动方向垂直于该方向的入射光, 其电矢量不能驱动电子, 因而它可以不被吸收而通过晶体. 这样就导致晶体的二向色性. 与电子容易移动方向垂直的方向称为偏振片的透振方向或称为偏振化方向. 它是偏振片的一个特殊方向, 只有振动方向平行于透振方向的光才能通过偏振片, 如图 8-4 所示.

图 8-4 晶体的二向色性

在偏振片上的标志 "↕" 表示允许通过的光振动方向, 称为透振方向或偏振化方向.

由于天然的二向色性晶体太小，没有实用价值，在实际应用中使用人造偏振片．最早的一种人造偏振片是 1928 年美国人兰德发明的，这种偏振片是通过电磁作用或机械作用把碘化硫酸奎宁小晶体整齐地排列在透明的塑料薄膜上制成的，称为 J 偏振片．另一种目前广泛应用的偏振片称为 H 偏振片，是兰德于 1938 年发明的．这种偏振片本身不包含二向色性晶体．把聚乙烯醇加热，沿一个方向拉伸，使聚合物分子在拉伸方向排列成长链，然后把片子浸入含碘溶液中，碘附着在长链上形成一条碘链，碘中的传导电子可以沿着碘链运动，与长链垂直的方向就是二向色性薄膜的透振方向．

偏振片的起偏与检偏　　由自然光获得偏振光称为起偏．检查一光束是否是偏振的过程称为检偏．

偏振片可以用来起偏，所以可以被当成起偏器从自然光中获取偏振光，如图 8-5 所示．由于自然光可以分解为平行于和垂直于透振方向的两束线偏振光，让自然光通过偏振片 P_1，观察经 P_1 后的透射光，以光的传播方向为轴旋转 P_1，透射光的强度不变，这是因为不管偏振片的透振方向如何，自然光都可以分解为平行于和垂直于透振方向的两束线偏振光，其强度均为自然光强度的一半，而平行于透振方向的线偏振光可以通过偏振片，因此旋转偏振片时，透射光强度不变，因而在偏振片后面得到光强为入射自然光光强一半的偏振光，偏振光的振动方向是偏振片的偏振化方向．

偏振片也可以用来检验偏振光，作为检偏器使用．图 8-5 中 P_1 为起偏器，P_2 为检偏器，由 P_1 出来的偏振光射到 P_2 时，若 P_2 的偏振化方向与偏振光的振动方向平行，光将完全通过，得到最大的透射光强，而当 P_2 的偏振化方向与偏振光的振动方向垂直时，光完全不能通过，透射光强度为零，称为消光．如果以入射光线为轴，连续转动检偏器（偏振片 P_2），光强会呈现强弱交替的变化且有消光现象，由此能判断入射到偏振片 P_2 的光为偏振光，并且可以根据透射光强最强时的偏振化方向确定入射光的振动方向．

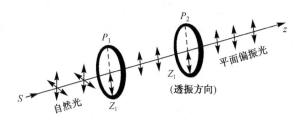

图 8-5　偏振片的起偏和检偏

马吕斯定律　　在上述实验中，当偏振片 P_2 绕光传播方向转动时，透过 P_2 的光强发生变化．现在我们来定量地讨论光强变化的规律．

如图 8-6 所示，P_1，P_2 为两块偏振片，箭头表示透振方向，两个透振方向之间的夹角为 θ．自然光经过 P_1 以后，变成振动方向平行于 P_1 的透振方向 Z_1 的线偏振光．将它的振幅设为 A,当它进入 P_2 时,A 分解成平行于 P_2 的透振方向 Z_2 的分量 $A\cos\theta$ 和垂直于 P_2 的透振方向 Z_2 的分量 $A\sin\theta$,其中只有平行分量能透过 P_2. 因此透射光是振动面平行于 P_2、透振方向为 Z_2 的线偏振光,其强度为

$$I = I_0\cos^2\theta \qquad\qquad (8\text{-}1)$$

式中,I_0 为进入检偏器 P_2 之前线偏振光的强度,I 为透过检偏器 P_2 后的光强度. 式(8-1)表示,通过检偏器的光强与夹角 θ 的余弦平方成正比,这个规律称为马吕斯定律,是马吕斯于 1809 年从实验中总结出来的.

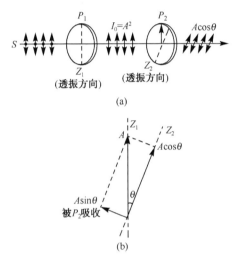

图 8-6　马吕斯定律推导示意图

当 $\theta = 0, \pi$,即 P_1, P_2 两块偏振片透振方向相互平行时,$I = I_0$,透射光最强;当 $\theta = \dfrac{\pi}{2}, \dfrac{3\pi}{2}$,即 P_1, P_2 的透振方向相互垂直时,$I = 0$,出现消光现象.

例 8-1　投射到起偏器的自然光强度为 I_0,开始时,起偏器和检偏器的偏振化方向平行. 然后使检偏器绕入射光的传播方向转过 $30°, 45°, 60°$,试问在上述三种情况下,透过检偏器后光的强度是 I_0 的几倍?

解　由马吕斯定律有

$$I_1 = \frac{I_0}{2}\cos^2 30° = \frac{3}{8}I_0$$

$$I_2 = \frac{I_0}{2}\cos^2 45° = \frac{1}{4}I_0$$

$$I_3 = \frac{I_0}{2}\cos^2 60° = \frac{1}{8}I_0$$

所以透过检偏器后光的强度分别是 I_0 的 $\dfrac{3}{8}, \dfrac{1}{4}, \dfrac{1}{8}$ 倍.

例 8-2　有三个偏振片堆叠在一起,第 1 块与第 3 块的偏振化方向相互垂直,第 2

块和第 1 块的偏振化方向相互平行,然后第 2 块偏振片以恒定的角速度绕光传播的方向旋转,如图 8-7 所示.设入射自然光的光强为 I_0.试证明:此自然光通过这一系统后,出射光的光强为 $I=I_0(1-\cos4\omega t)/16$.

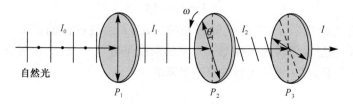

图 8-7   例 8-2 图

证明 由马吕斯定律,在 t 时刻

$$I_1 = \frac{I_0}{2}$$

$$I_2 = I_1\cos^2\theta = \frac{I_0}{2}\cos^2\theta$$

$$I = I_2\cos^2\left(\frac{\pi}{2}-\theta\right) = \frac{I_0\cos^2\theta\sin^2\theta}{2} = \frac{I_0\sin^2 2\theta}{8}$$

$$= \frac{I_0(1-\cos4\theta)}{16} = \frac{I_0(1-\cos4\omega t)}{16}$$

8.3 反射光和折射光的偏振

反射起偏现象是马吕斯在 1808 年发现的.当时法国科学院悬赏征求双折射的数学理论,马吕斯为了研究这个问题,一天傍晚站在家中窗户旁观察方解石的双折射现象.当时夕阳西下,太阳光从离他家不远的卢森堡宫的窗上反射过来,他拿着方解石,通过它观看反射来的太阳光.由于方解石的双折射,他看到了两个太阳的像.但当他把方解石转到某一位置时,一个太阳像消失了.这个现象引起他很大的兴趣,晚上他

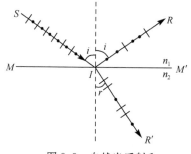

用烛光继续进行研究,发现当烛光以 53° 入射角射向水面时,也有类似的情况,这就是反射起偏现象.1812 年布儒斯特通过实验得出了反射起偏的规律,就是布儒斯特定律.

实验表明,一般情况下,自然光入射到两种介质的界面上时,产生的反射光和折射光都是部分偏振光,反射光中垂直于入射面的光振动较强,折射光中平行于入射面的光振动较强,如图 8-8 所示.

图 8-8   自然光反射和
折射后产生的部分偏振光

布儒斯特定律　实验表明,反射光和折射光的强度以及偏振化的程度都与入射角的大小有关. 当入射角 i 等于某一特定值时,反射光是完全偏振光,振动方向垂直于入射面,如图 8-9 所示. 这个特定的入射角称为起偏振角或布儒斯特角,用 i_0 表示;并且当光以起偏振角入射到两种介质的界面上时,反射光线和折射光线相互垂直,即

$$i_0 + \gamma = 90° \qquad (8\text{-}2)$$

把式(8-2)代入如下折射定律:

$$\frac{\sin i_0}{\sin \gamma} = \frac{n_2}{n_1}$$

解得

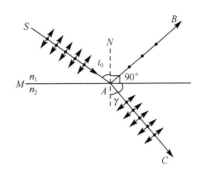

图 8-9　布儒斯特定律图示

$$\tan i_0 = \frac{n_2}{n_1} \qquad (8\text{-}3)$$

式中,n_1 和 n_2 分别为入射光和折射光所在介质的折射率. 可见,起偏振角 i_0 大小取决于两种介质的相对折射率. 上述结果称为布儒斯特定律.

例如,当自然光由 $n_1 = 1$ 的空气射向 $n_2 = 1.5$ 的玻璃时,起偏振角 i_0 为

$$i_0 = \arctan \frac{n_2}{n_1} = 56.3°$$

当 $i = i_0$ 时,反射光为完全偏振光,而折射光仍然是部分偏振光,而且偏振化程度不高. 对于多数透明介质,折射光的强度要比反射光的强度大很多. 以玻璃为例,计算表明,反射光能量只有全部入射光能量的 4% 左右,而且光线方向发生了改变,使用起来也不方便. 为了获得方向不变的高强度线偏振光,可以把许多玻璃片重叠起来,光线以布儒斯特角入射,每经过一次界面,振动垂直于入射面的成分要被反射掉一部分. 当玻璃片数目足够多时,透射光就接近于完全偏振光,这就是折射起偏. 通常将许多平行玻璃片装在一个筒内作为获得线偏振光的装置,称为偏化玻璃堆,如图 8-10 所示.

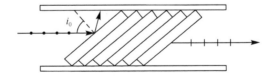

图 8-10　偏化玻璃堆

使用反射方法起偏,只需要将入射光以布儒斯特角入射即可. 若使用折射法起偏,就使用上面介绍的玻片堆,通过多次折射就能达到起偏的目的. 图 8-11 利用偏化玻璃堆产生的完全偏振光的示意图.

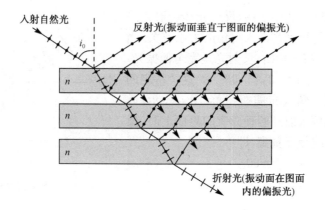

图 8-11　利用偏化玻璃堆产生的完全偏振光

使用布儒斯特定律进行检偏的过程较为复杂一些. 使用反射方法是将玻璃片以入射光为轴线旋转, 观察反射光光强变化. 若光强交替变化并有消光现象, 则入射光是线偏振光; 若光强交替变化, 但没有消光现象, 则入射光是部分偏振光; 若光强不变, 则入射光是自然光. 使用玻璃片堆也能检偏, 其过程自己思考.

布儒斯特定律有很多实际的用途. 例如, 可用布儒斯特定律测量非透明介质的折射率. 将自然光由空气中射向这种介质表面, 测出起偏振角 i_0 的大小, 即可由 $\tan i_0 = n$ 计算出该物质的折射率. 又如, 为了获得完全线偏振的激光, 在激光器中采用了布儒斯特装置, 图 8-12 为一种外腔式氦氖激光器. 在管子两端装有布儒斯特窗（简称"布氏窗"）A 和 B, 当光在两镜面来回反射时, 以布儒斯特角经过界面, 垂直于入射面振动的光被陆续反射掉, 结果只有平行于入射面振动的光可以在激光器中发生谐振而形成激光, 因此这种激光器输出的是完全线偏振光.

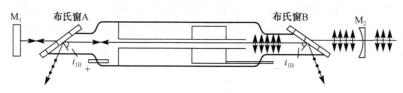

图 8-12　一种外腔式氦氖激光器

反射光的部分偏振化现象在日常生活中是到处可见的, 通过偏振片观察从玻璃表面、水面或上了油漆的桌面上的反射光就可以证实这一点. 天文学上还根据从行星来的反射光的偏振性质推断出金星表面覆盖着冰晶或水滴, 并确定土星光环是由冰晶组成的.

例 8-3　自然光以 $60°$ 的入射角照射到某一透明介质表面时, 反射光为线偏振光, 问折射光是什么光? 折射角是多少?

解　任何时候折射光为部分偏振光. 反射光成为线偏振光时, 满足布儒斯特定

律. 由题意 $i_0=60°$ 有

$$i_0+\gamma=90°$$

得

$$\gamma=30°$$

所以折射光为部分偏振光, 折射角为 $30°$.

8.4　光的双折射现象

光的双折射现象　当一束自然光从空气进入各向同性的介质(如玻璃)时, 折射光只有一束, 而且遵守折射定律. 1669 年, 巴托林发现, 光通过冰洲石(方解石)时, 一束光会分开成两束折射光, 这就是双折射现象. 双折射现象在其他一些各向异性介质(如石英、电气石、白云石等晶体)中也存在. 实验发现, 在双折射现象中, 其中一束光遵守折射定律, 称为寻常光, 简称 o 光, 而另一束光线不遵守折射定律, 称为非常光, 简称 e 光, 如图 8-13 所示.

如果改变入射光束的方向, 将发现两束光分开的程度发生变化, 说明晶体的双折射性质随方向变化, 表现出各向异性. 仔细观察实验能找到一个特殊方向, 当光在晶体内沿该方向传播时, 不发生双折射, 这个方向称为晶体的光轴. 方解石晶体(图 8-14)是平行六面棱体, 有 8 个顶点, 其中有两个相对的顶点 A 和 B. 构成顶点的三个棱边间夹角都为 $102°$. AB 连线的方向就是方解石晶体的光轴. 需要指出的是, 光轴并非是某一固定的直线, 而是指晶体中某一特定方向, 晶体中凡平行于该方向的直线(如 CD)都是光轴. 有些晶体(如云母、硫磺、黄玉等)则有两个光轴, 称为双轴晶体. 有些晶体(如方解石、石英、冰等)只有一个光轴, 称为单轴晶体. 下面只讨论单轴晶体的双折射现象.

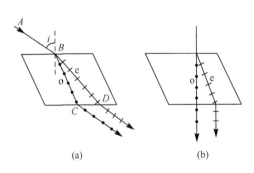

图 8-13　寻常光和非常光

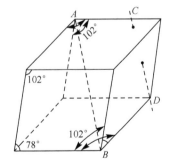

图 8-14　方解石晶体的光轴

晶体中任一已知光线与光轴构成的平面, 称为该光线的主平面. o 光和 e 光都有各自的主平面, 两者间一般有一小的夹角. 只有当光轴位于入射面内时, 两个主平面才重合. 晶体表面法线与光轴构成的平面, 叫做晶体的主截面. 在双折射的研究和应用中,常使入射面与主截面重合,使问题大为简化.用偏振片检验,发现 o 光和 e 光都是线偏振光. o 光的振动面垂直于 o 光的主平面; e 光的振动面平行于 e 光的主平面.在 o 光、e 光主平面与入射面三面合一的特殊情况下,显然两线偏振光的振动面是相互垂直的.

值得指出的是,所谓 o 光和 e 光,只是相对晶体而言的.当光射出晶体以后,它们只是振动方向不同的两束线偏振光,这时就无所谓是 o 光还是 e 光了.

为了解释光在各向异性介质中的双折射现象,惠更斯提出了一个假设.他认为点光源发出的光在单轴晶体内产生两种不同的波面, o 光的波面为一球面,而 e 光的波面为一旋转椭球面.在此基础上,他用作图法求得两束光在晶体内的传播方向.这个假设与光的电磁理论完全一致.

对于 o 光,入射角 i 和折射角 γ 满足 $\dfrac{\sin i}{\sin \gamma}=n$,其中折射率 n 为一常数,而 $n=\dfrac{c}{v}$,这表示 o 光速度 v 为一常数,与传播方向无关.因此从点光源发出的光,其波面为一球面.而对于 e 光,由于 $\dfrac{\sin i}{\sin \gamma}=n(i)$ 不是常数,这意味着 e 光的速度随传播方向而变.在光轴方向, e 光速度与 o 光相同,设为 v_o;在垂直于光轴方向, e 光速度为 v_e;在其他方向上,传播速度介于 v_o 与 v_e 之间.惠更斯假设, e 光的波面为一旋转椭球面.因此从点光源发出的光的波面是双层的, o 光的波面为一球面, e 光的波面为一旋转椭球面,这两个波面在光轴方向上相切.单轴晶体可分两类,有些晶体 v_o 大于 v_e,这类晶体称为正单轴晶体,如石英;另一些晶体的 v_o 小于 v_e,这类晶体称为负单轴晶体,如方解石,如图 8-15 所示.

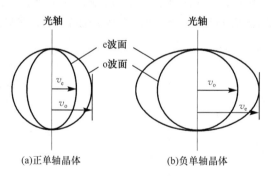

图 8-15　正单轴晶体和负单轴晶体的子波波振面

一束平行光由空气斜入射至负单轴晶体的表面上,设入射面为图面且光轴 ZZ' 在入射面内(图 8-16).光线 AB 刚传播至晶体表面 B 时,入射光束的波面为过 BE 且垂直于图面的平面,此后光束中的光线将依次折入晶体中.当光线 CE 经 Δt 时间由 E 传播到 D 时,光线 AB 将折入晶体形成 o 光和 e 光,传播 Δt 时间后,分别到达晶体内的某两点.为了确定这两点,作该时刻 o 光和 e 光的波面: o 光波面——以 B

为球心、$v_o\Delta t$ 为半径作球面 I；e 光波面——作与球面在光轴 ZZ' 方向上相切的旋转椭球 II，其半长轴和半短轴分别为 $v_o\Delta t$ 和 $v_e\Delta t$. 作出两波面后，再过 D 分别作两波面的（垂直于图面的）切面 W_o 和 W_e，切点分别为 G 和 H. 这两点即为光线 CE 由 E 传播到 D 时，光线 AB 折入晶体形成的 o 光和 e 光分别到达的点. 连接 B,G 和 B，H 并各自延长，这两个方向即为晶体中的 o 光和 e 光的传播方向. CD 折入晶体后形成的 o 光和 e 光分别与 BG 和 BH 平行，至此平行光束折入晶体形成的 o 光束和 e 光束就确定了. W_o 和 W_e 分别是晶体中传播的 o 光束和 e 光束在上述考察时刻的波面. 可以看出，e 光传播方向与其波面已出现不垂直的情况，这是晶体各向异性的表现.

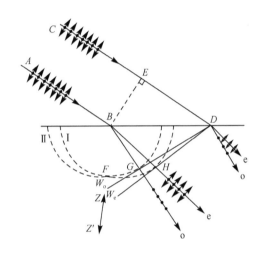

图 8-16 平行光由空气斜入射至负单轴晶体的传播示意图

平行光束垂直入射至负单轴晶体表面，若光轴也垂直于晶体表面（图 8-17），则光束不发生偏折，o 光和 e 光在一起以相同速度 v_o 传播，不发生双折射；若光轴平行于晶体表面（图 8-18），则光束既不偏折也不会分开，但由于两者具有不同的速度，仍属于发生双折射的情况.

以上是以负单轴晶体为例，处理正单轴晶体的类似问题时，主要注意两波面的关系是 o 光的球面包围 e 光的旋转椭球面，其他步骤可仿照负单轴晶体进行.

无论正单轴晶体还是负单轴晶体，当顺着光轴方向看时，o 光和 e 光波面为同心圆环，即在垂直于光轴的平面内；光的传播速度也不再随方向变化，而成为常数. 人们在这个平面内分别定义了晶体对光 o 和 e 光的折射率——主折射率 n_o 和 n_e.

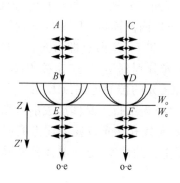

图 8-17 平行光与光轴都垂直于
负单轴晶体表面时光束的传播

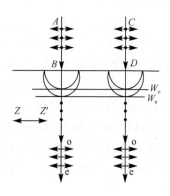

图 8-18 平行光垂直入射而光轴平行于
负单轴晶体表面时光束的传播

$$n_{o} = \frac{c}{v_{o}} \tag{8-4}$$

$$n_{e} = \frac{c}{v_{e}} \tag{8-5}$$

式中，n_{o} 和 n_{e} 是晶体的两个重要光学参量，对正晶体，$n_{e} > n_{o}$；对负晶体，$n_{e} < n_{o}$. 表 8-1 列出了几种常见双折射晶体的 n_{o} 和 n_{e}.

表 8-1 几种常见双折射晶体的 n_{o} 和 n_{e}（对应波长 5893Å 的钠光）

晶体	n_{o}	n_{e}	$n_{e} - n_{o}$
方解石	1.6584	1.4864	−0.172
电气石	1.669	1.638	−0.031
白云石	1.6812	1.500	−0.1812
菱铁矿	1.875	1.635	−0.240
石英	1.5443	1.5534	+0.0091
冰	1.309	1.313	+0.004

晶体双折射仪器 利用双折射现象可以从自然光中获得线偏振光. 下面介绍几种常用的获得线偏振光的器件.

尼科耳棱镜 尼科耳棱镜是以方解石晶体为材料，根据光的双折射原理制成的产生线偏振光的仪器. 其结构简图如图 8-19（a）所示，主体是一块经过精密加工的长六面体方解石. 先按一定要求切成两块（AECFB 和 AECFD），然后再用透明的加拿大树胶（非晶体）黏结，光轴为 ZZ′. 一束自然光由左端面射入，其入射面与晶体截面 ABCD 重合，如图 8-19（b）所示，o 光、e 光都在其内传播. 方解石 o 光折射率为 1.658；加拿大树胶对 e 光折射率为 1.550，当 o 光以约 76°角入射到加拿大树胶层时，因其入射角大于该界面的临界角 69°13′，故发生全反射，继而被棱镜周围的涂墨层吸收. 由于晶体实际传播方向上 e 光呈现的折射率为 1.516，小于 1.550，因此 e 光在加拿大树胶层上不会发生全反射,而是通过树胶层和右半块尼科耳棱镜,从棱镜右端射出,成为输出的线偏振光,其振动面平行于棱镜的主截面.

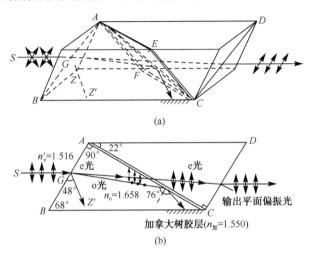

(a)

(b)

图 8-19 尼科耳棱镜示意图

在使用尼科耳棱镜时,光线在端面上的入射角不能太大(约为 $\pm 14°$ 内),否则得不到理想的线偏振光输出.另外,因加拿大树胶能强烈地吸收紫外光,即对紫外光是不透明的,故尼科耳棱镜不能用于紫外光,然而它对可见光有极好的透明度,仍为广泛使用的优良偏振器.

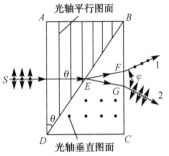

图 8-20 沃拉斯顿棱镜示意图

沃拉斯顿棱镜 沃拉斯顿棱镜能同时产生两束线偏振光.如图 8-20 所示,它是由两块方解石或石英直角棱镜所组成的.两棱镜的光轴相互垂直,一个平行于图面,另一个垂直于图面.自然光由左端面垂直射入,在晶体中形成两束线偏振光,经两次相互分开的折射后,由右端面射出.两线偏振光的传播方向分开较大角度,以方便应用.输出两线偏振光的振动面相互垂直.

8.5 人为双折射现象*

人为双折射 前面讨论的是存在于晶体中的双折射现象,有些非晶体,如塑料、玻璃、环氧树脂等通常是各向同性的,没有双折射现象,但当它们经受压力时,就变成各向异性而显示出双折射性质;有些液体,如硝基苯($C_6H_5NO_2$)放在玻璃盒内,通常也没有双折射现象,但在电场的作用下,液体也显示出双折射现象.这类双折射现象都是在外界条件(或人为条件)影响下产生的,所以称为人为双折射.

光弹性效应 观察压力下双折射现象所用的仪器装置如图 8-21 所示，图中 P_1 和 P_2 是两个相互正交的偏振片，E 是非晶体，S 是单色光源. 当 E 受 OO' 方向的机械力 F 的压缩或拉伸时，E 的光学性质就和以 OO' 为光轴的单轴晶体相似，如果 P_1 的偏振化方向与 OO' 成 45° 角，则线偏振光垂直入射到 E 时就分解成振幅相等的 o 光和 e 光，两光线的传播方向一致，但速率不同，即折射率不同. 设 n_o 和 n_e 分别为 o 光和 e 光的主折射率. 实验表明：在一定的压强范围内，$n_o - n_e$ 与压强正比，即

$$n_e - n_o = kp \tag{8-6}$$

式中，k 为非晶体 E 的压强光学系数，视材料的性质而定. o 光和 e 光穿过偏振片 P_2 后将进行干涉，如果样品各处压强不同，将出现干涉条纹. 这种特性称为光弹性. 由于这种特性，在工业上可以制成各种零件的透明模型，然后在外力的作用下观测和分析这些干涉的色彩和条纹的形状，从而判断模型内部的受力情况. 这种方法称为光弹性方法. 这种用偏振光检查透明物体内部压强的方法，由于具有比较可靠、经济和迅速的优点，而且还能通过模拟的方法显现出试件或样品全部干涉图像的直观效果，因此在工程技术上得到了广泛应用.

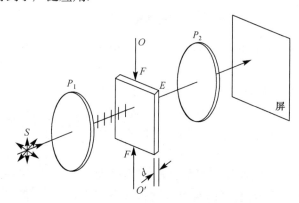

图 8-21 观察压力下双折射现象的仪器装置

图 8-22 是一个扳手的塑料模型经模拟实际情况施加作用力后所产生的干涉图样照片. 图中的黑色条纹表示有应力存在，而条纹越密的地方，应力越集中.

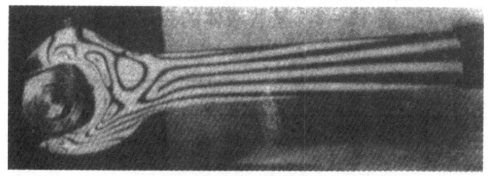

图 8-22 光弹性干涉图样照片

电光效应　克尔发现,有些非晶体或液体在强大电场的作用下能产生双折射现象,称为克尔效应,这些物质的分子在电场的作用下定向排列,因而具有类似于晶体的各向异性.

利用克尔效应可以做成光的断续器(光开关),其优点是几乎没有惯性,即效应的建立与消失所需时间极短(约 10^{-9} s),因而可使光强的变化非常迅速,现在已经广泛应用于高速摄影、测距及激光通信等装置中.近年来随着激光技术的发展,对光开关、电光调制器(利用电信号改变光的强弱的器件)的要求越来越高.由于硝基苯有毒、易爆炸,且工作电压较高,克尔盒逐渐为某些具有克尔效应的晶体所代替,如钛酸钡($BaTiO_3$)和混合的铌酸钾晶体($KTa_{0.65}Nb_{0.35}O_3$,KTN)等.

此外,还有一种非常重要的电光效应,称为泡克尔斯效应,其中最典型的是由KDP 晶体(KH_2PO_4)和 ADP 晶体($NH_4H_2PO_4$)所产生的,这些晶体在自由状态下是单轴晶体,但在电场的作用下变成双轴晶体,沿原来光轴方向产生双折射效应.与克尔效应不同,泡克尔斯效应的晶体折射率的变化与电场强度的一次方成正比,所以也称为晶体的线性光电效应.利用晶体制成的泡克尔斯盒已经被用作超高速快门、激光器的 Q 开关,也被用到数据处理和显示技术等电光系统中.

磁致双折射效应　在强磁场的作用下,某些非晶体也能产生双折射现象,称为磁致双折射效应,其中主要有两种,发生于蒸汽中的称为佛克脱效应,发生于液体中的称为科顿-穆顿效应,后者比前者要强很多.实验发现,只有在磁场较强时才可观察到磁致双折射现象,其机制是:物质的分子具有永久磁矩,在磁场的作用下,分子磁矩受到了磁力的作用,各分子对外磁场有一定的取向,使物质在宏观上有各向异性的性质,因而表现出像单轴晶体那样的双折射性质.

8.6　旋 光 现 象*

旋光现象　石英是双折射晶体,当一束线偏振光沿其光轴方向传播时,虽不发生双折射,但线偏振光的振动面以光的传播方向为轴线旋转了一定的角度,这种现象称为旋光现象.能使振动面旋转的物质称为旋光物质.石英等晶体以及食糖溶液、松节油、酒石酸溶液等都是旋光性较强的物质.

物质的旋光性可以用图 8-23 所示的装置来研究,A 是旋光物质,如晶面与光轴垂直的石英片.当旋光物质放在透振方向相互正交的偏振片 P_1 和 P_2 之间时,可看到视场由原来的黑暗变为明亮.将 P_2 转过某一角度后,视场又由明亮变为黑暗.这说明单色线偏振光透过旋光物质后仍是线偏振光,但振动面旋转了一个角度,旋转角等于 P_2 旋转的角度.

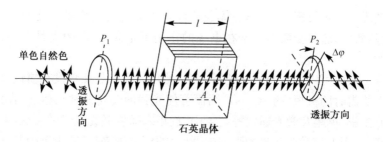

图 8-23　观察物质旋光性实验装置简图

应用上述实验方法，可得出以下结论：

（1）不同旋光物质可以使偏振光的振动面向不同的方向旋转．如果面对光源观察，使振动面沿顺时针方向旋转的物质称为右旋物质；使振动面沿逆时针方向旋转的物质称为左旋物质．石英晶体由于结晶形态不同，具有左旋和右旋两种类型．

（2）许多旋光物质，线偏振光在其中传播时振动面旋转的角度 $\Delta\varphi$ 与光在其中传播的距离 x 成正比，即

$$\Delta\varphi = \alpha x \tag{8-7}$$

式中，α 称为该旋光物质的旋光率，它与物质的性质、入射光的波长等有关．当白色线偏振光通过旋光物质后，各种色光的振动面转过不同角度，分散在不同的平面内，这种现象称为旋光色散现象．

（3）旋光现象不仅在石英等晶体中存在，在一些有机液体溶液中也存在，而且液体溶液使入射线偏振光的振动面旋转的角度 $\Delta\varphi$ 与溶液浓度 c 及光在其中通过的距离 x 成正比，即

$$\Delta\varphi = \alpha x c \tag{8-8}$$

式中，α 为该溶液的旋光率，它与溶液的性质、入射光的波长和溶液的温度有关．通过测量单色线偏振光通过溶液后振动面旋转的角度和该溶液的旋光率，就能求出溶液的浓度．

旋光糖度计就是根据糖溶液的旋光性而设计的一种用来测定糖溶液浓度的仪器．图 8-24 所示为旋光糖度计的示意简图，图中 M 和 N 为两个相互正交的偏振片，出射视场为黑暗，当把玻璃容器内装有待测的糖溶液放在 M 和 N 之间时，由于糖溶液的旋光作用，视场将由黑暗变为明亮．旋转检偏振器 N，使视场重新恢复黑暗，所旋转的角度就是振动面的旋转角 $\Delta\varphi$，将已知的 α、x 和所测定的 $\Delta\varphi$ 代入式(8-8)中就可算出糖溶液的浓度．通常在检偏振器的刻度盘上直接标出糖溶液的浓度值．

以上是旋光糖度计的基本测量原理，随着科学技术的发展，旋光糖度计也在不断改进与完善．例如，入射光利用单色性好的激光等．据 2001 年 12 月媒体报道，新研制成功一种智能化激光旋光糖度仪，是应用精密步进电机代替了过去蜗轮蜗杆的转动方式，提高了测量精度和可靠性，测量范围达到全部．

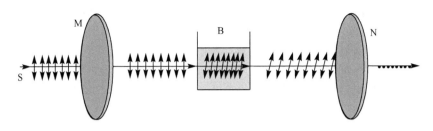

图 8-24　旋光糖度计

☞【工程应用】☞

光的偏振的工程应用

(1)在摄影镜头前加上偏振镜消除反光.在拍摄表面光滑的物体(如玻璃器皿、湖面等)时常常会出现耀斑或反光,这是光线的偏振引起的.拍摄时在照相机的物镜前加一块偏振片,并适当地旋转偏振镜面,以便观察消除偏振光的效果,当观察到被摄物体的反光消失时,即可以停止转动镜面.这类偏振片叫偏振滤光镜.只有以布儒斯特角入射的光线,其反射光才是线偏振的,用偏振滤镜几乎可以把反射光全部滤去.

(2)在摄影镜头前加上偏振镜,摄影时控制天空亮度,使蓝天变暗.由于蓝天中存在大量的偏振光,所以用偏振镜能够调节天空的亮度.加用偏振镜以后,蓝天变得很暗,突出了蓝天中的白云.偏振镜是灰色的,所以在黑白和彩色摄影中均可以使用.

(3)使用偏振镜看立体电影.在观看立体电影时,观众要戴上一副特制的眼镜,这副眼镜就是一对偏振化方向互相垂直的偏振片.立体电影是用两个镜头如人眼那样从两个不同方向同时拍摄下景物的像,制成电影胶片.在放映时,在放映机两个物镜前加上偏振方向相互垂直的偏振滤光片,然后投射到银幕上.观众用偏振眼镜观看时,左眼只能看到左边放映物镜投射到银幕上的画面,右眼只能看到右边放映物镜投射到银幕上的画面,两者在大脑中汇合,产生立体感.这就是立体电影的原理.

习题 8

一、选择题

1.光强为 I_0 的自然光依次通过两个偏振片 P_1 和 P_2.若 P_1 和 P_2 的偏振化方向的夹角 $\alpha=30°$,则透射偏振光的强度是(　　).

　A. $I_0/4$　　　　B. $\sqrt{3}I_0/4$　　　　C. $\sqrt{3}I_0/2$　　　　D. $3I_0/8$　　　　E. $I_0/8$.

2.自然光入射到重叠在一起的两个偏振器上,如果透射光的强度为最大透射光强的 1/4,则两个偏振片的偏振化方向之间的夹角为(　　).

　A. 45°　　　　B. 90°　　　　C. 180°　　　　D. 300°

3.一束自然光和线偏振光的混合光垂直入射到偏振片上.若偏振片以入射光为轴转一周,发现透射光强的最大值为最小值的 2 倍,则入射光中自然光和线偏振光的强度比为(　　).

　　A. 1 : 1　　　　　　B. 1 : 2　　　　　　C. 1 : 3　　　　　　D. 2 : 1

　　4. 自然光以布儒斯特角由空气入射到一玻璃表面上,反射光是(　　).

　　A. 在入射面内振动的完全线偏振光　　　　B. 在入射面内振动占优的部分偏振光

　　C. 垂直于入射面振动的完全线偏振光　　　D. 垂直于入射面振动占优的部分偏振光

二、填空题

　　1. 一束太阳光,以某一入射角入射到平面玻璃上,这时反射光为全偏振光,折射光的折射角为 $32°$,太阳光的入射角是_____;玻璃的折射率是_____.

　　2. 将两个偏振片 P_1 和 P_2 叠放在一起,P_1 和 P_2 的偏振化方向之间的夹角为 $60°$,一束强度为 I_0 的线偏振光垂直入射到偏振片上,该光束的光矢量振动方向与 P_1、P_2 的偏振化方向均成 $30°$ 角,则通过偏振片 P_1 的光强 $I_1 =$ _____;通过偏振片 P_2 的光强 $I_2 =$ _____.

　　3. 自然光从介质 1 射向介质 2 时,在两介质的分界面上发生反射,如起偏角 $i_0 < 45°$,则光疏介质是第_____种介质. 如光从介质 1 射到介质 2 时起偏角 $i_0 = 37°$,则光从介质 2 射向介质 1 时起偏角 $i_0' =$ _____.

　　4. 两个偏振片堆叠在一起,其偏振化方向相互垂直. 若一束强度为 I_0 的线偏振光入射,其光矢量振动方向与第一偏振片偏振化方向夹角为 $p/4$,则穿过第一偏振片后的光强为_____,穿过两个偏振片后的光强为_____.

三、计算题

　　将三块偏振片叠放在一起,第二个与第三个的偏振化方向分别与第一个的偏振化方向成 $45°$ 和 $90°$ 角.(1)光强为 I_0 的自然光垂直地射到这一堆偏振片上,试求经每一偏振片后的光强和偏振状态;(2)如果将第二个偏振片抽走,情况又如何?

第四篇　分子物理学和热力学

　　热学研究的是物质的分子热运动,大量分子的无规则运动导致了物质热现象的产生.按研究角度和研究方法的不同,研究热学有两种理论:热力学和统计物理学.前者为宏观理论,着重于阐明热现象的宏观规律,它不涉及物质的微观结构,只是根据由观察和实验所总结得到的热力学规律,用严密的逻辑推理方法,着重分析研究系统在物态变化过程中有关热功转换的关系和实现条件;后者属于微观理论,是从物质的微观结构出发,依据每个粒子所遵循的力学规律,用统计的方法来推求宏观量与微观量统计平均值之间的关系,解释并揭示系统宏观热现象及其有关规律的微观本质.本章所讲的气体分子运动论就属于统计物理学.热力学与气体分子运动论虽然研究的角度和方法不同,但在对热运动的研究上,两者起到了相辅相成的作用.热力学的研究成果,可以用来检验微观气体分子运动论的正确性;气体分子运动论所揭示的微观机制,可以使热力学理论具有更深刻的意义.

　　从微观上看,热现象是组成系统的大量粒子热运动的集体表现,它是不同于机械运动的一种更加复杂的物质运动形式.由于分子的数目十分巨大,对于大量粒子的无规则热运动,不可能像力学中那样对每个粒子的运动进行逐个描述,而只能探索它的群体运动规律.就单个粒子而言,由于受到其他粒子的复杂作用,其具体的运动过程变化万千,具有极大的偶然性和无序性;但就大量分子的集体表现来看,运动却在一定条件下遵循确定的规律.正是这种特点使得统计方法在研究热运动时得到广泛应用.本章将根据气体分子的模型,从物质的微观结构出发,用统计的方法来研究气体的宏观性质和规律,以及它们与微观量统计平均值之间的关系,从而揭示系统宏观性质及其有关规律的微观本质.

第9章

气体动理论

9.1 平衡状态 理想气体状态方程

9.1.1 状态参量

1. 宏观量与微观量

要研究系统的性质及其变化规律,就要对系统的状态加以描述,用一些物理量从整体上对系统状态进行描述的方法称为宏观描述. 描述系统整体特性的可观测物理量称为宏观量,如温度、压强、体积等. 相应地,用一组宏观量描述的系统状态,称为宏观态. 宏观量一般能被人们所观察到,可以用仪器进行测量.

任何宏观物体都是由分子、原子等微观粒子组成的. 通过对微观粒子运动状态的说明来描述系统的方法称为微观描述. 通常把描述单个粒子运动状态的物理量称为微观量,如粒子的质量、位置、动量、能量等. 相应地,用系统中各粒子的微观量描述的系统状态,称为微观态. 微观量不能被直接观察到,一般也不能直接测量.

2. 气体状态参量

当系统处于平衡态时,系统的宏观性质将不再随时间变化,因此可以使用相应的物理量来具体描述系统的状态. 这些物理量通常称为状态参量,或简称态参量. 一般用气体体积 V、压强 p 和温度 T 来作为状态参量. 下面介绍这三个状态参量.

1) 体积

气体的体积通常指组成系统的分子的活动范围,是气体分子能到达的空间体积. 由于分子的热运动,容器中的气体总是分散在容器中的各个空间部分,因此气体的体积也就是盛气体容器的容积. 在国际单位制中,体积的单位是米^3,用符号 m^3 表示. 常用单位还有升,用符号 L 表示.

2) 压强

气体的压强是气体作用于器壁单位面积上的正压力,是大量气体分子频繁碰撞容器壁产生的平均冲力的宏观表现. 压强与分子无规则热运动的频繁程度和剧烈程度有关. 在 SI 制中,压强的单位是帕斯卡,用符号 Pa 表示,常用的压强单位还有厘米汞高、标准大气压等,它们与帕斯卡的关系为

$$1\text{atm}(标准大气压)=76\text{cmHg}=1.01325\times10^5\,\text{Pa}$$

3) 温度

从宏观上说,温度是表示物体冷热程度的物理量,而从微观本质上讲,它表示的

是分子热运动的剧烈程度. 温度的数值表示方法称为温标. 物理学中常用温标有两种: 摄氏温标和热力学温标. 摄氏温标所确定的温度用 t 表示, 单位是℃(摄氏度). 国际单位制中采用热力学温标, 所确定的温度用 T 表示, 单位是开尔文, 用符号 K 表示. 摄氏温标与热力学温标的关系为

$$T = t + 273.15$$

一定量气体, 在一定容器中具有一定体积, 如果各部分具有相同温度和相同压强, 我们就说气体处于一定的状态. 所以说, 对于一定的气体, p, T, V 三个量完全决定了气体的状态. 其中体积和压强都不是热学所特有的, 体积 V 属于几何参量, 压强 p 属于力学参量, 温度描述状态的热学性质. 应该指出, 只有当气体的温度、压强处处相同时, 才能用 p, T, V 描述系统状态.

9.1.2　平衡态　平衡过程

在讨论热力学问题时, 常选择一部分物质作为研究对象, 称为热力学系统, 简称系统. 系统之外与系统有联系的外部环境, 通常称为外界.

处在没有外界影响条件下的热力学系统, 经过一定时间后将达到一个确定的状态, 其宏观性质(如 p, T, V)不再随时间变化, 而无论系统原先所处的状态如何. 这种在不受外界影响的条件下宏观性质不随时间变化的状态称为平衡状态, 简称平衡态.

当然, 在实际情况下, 气体不可能完全不与外界交换能量, 并不存在完全不受外界影响从而使得宏观性质绝对保持不变的系统, 所以平衡态只是一种理想状态, 它是在一定条件下对实际情况的抽象和近似. 以后, 只要实际状态与上述要求偏离不是太大, 就可以将其作为平衡态来处理, 这样既可简化处理的过程, 又有实际的指导意义.

必须指出, 平衡态是指系统的宏观性质不随时间变化. 从微观上看, 气体分子仍在永不停息地做热运动, 各粒子的微观量和系统的微观态都会不断地发生变化, 只是分子热运动的平均效果不随时间变化, 系统的宏观状态性质就不会随时间变化, 所以, 我们把这种平衡态称为热动平衡.

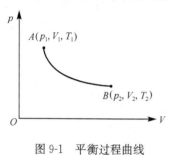

图 9-1　平衡过程曲线

当气体与外界交换能量时, 气体的状态就会发生变化, 一个状态连续变化到另一个状态所经历的过程叫做状态的变化过程, 如果过程中的每一中间状态都无限趋于平衡态, 则这个过程称为平衡过程. 显然, 平衡过程是个理想的过程. 在许多情况下, 实际过程可近似地当成平衡过程来处理. 如图 9-1 所示, p-V 图上一个点代表系统的一个平衡态, 一条曲线表示系统的一个平衡过程. 应该注意, 非平衡态不能在 p-V 图上表示出来.

9.1.3　理想气体状态方程

理想气体是一个抽象的物理模型. 那么, 什么样的气体是理想气体呢？ 在中学物理书中, 我们学过三个著名的气体实验规律, 即玻意耳定律、盖吕萨克定律和查理定律. 后来人们发现, 对不同气体来说, 这三个定律的适用范围是不同的. 一般气体只有在温度不太低、压强不太大的时候才遵从气体的三个实验定律. 在任何情况下都服从上述三个实验定律的气体是不存在的, 这就给理论研究带来了不便. 为了简化问题, 人们设想有一种气体, 在任何情况下都严格地遵从这三个定律, 将这种气体称为理想气体. 而实际气体在温度不太低（与室温比较）、压强不太大（与标准大气压比较）时都可近似地看成理想气体, 并且温度越高, 压强越小, 近似的程度越高.

实验证明, 气体在某个平衡态时, p, T, V 三个量之间存在一定关系, 把这种关系称为气体的状态方程. 理想气体状态方程是理想气体在平衡态时状态参量所满足的方程, 可以由上述三个实验定律推出

$$pV = \frac{M}{M_{mol}} RT = \nu RT \tag{9-1}$$

式中, R 为普适气体常量, ν 为气体的摩尔数, M 为气体质量, M_{mol} 为气体的摩尔质量. 在国际单位制中

$$R = 8.31 \text{J} \cdot \text{mol}^{-1} \cdot \text{K}^{-1}$$

理想气体状态方程表明了在平衡态下理想气体的各个状态参量之间的关系. 当系统从一个平衡态变化到另一个平衡态时, 各状态参量发生变化, 但它们之间仍然要满足状态方程. 对一定质量的气体, 它的状态参量 p, T, V 中只有两个是独立的, 因此任意两个参量给定, 就确定了气体的一个平衡态.

例 9-1　某容器内装有质量为 0.1kg、压强为 10atm、温度为 47℃ 的氧气. 因容器漏气, 一段时间后, 压强减少为原来的 5/8, 温度为 27℃. 求：

(1) 容器的体积；

(2) 漏出了多少氧气？

解　(1) 根据理想气体的状态方程, 可以求得漏气前状态

$$p_1 V = \frac{M_1}{M_{mol}} RT_1$$

故

$$V = \frac{M_1 R T_1}{p_1 M_{mol}} = 8.2 \times 10^{-3} \text{m}^3$$

(2) 漏气后状态

$$p_2 V = \frac{M_2}{M_{mol}} RT_2$$

故

$$M_2 = \frac{p_2 V M_{mol}}{R T_2} = 6.67 \times 10^{-2} \text{kg}$$

$$\Delta M = M_1 - M_2 = 3.33 \times 10^{-2} \text{kg} = 33.3 \text{g}$$

9.2 气体分子运动论的压强公式

9.2.1 理想气体的微观模型

热现象是物质中大量分子无规则运动的集体表现. 研究物质中大量分子热运动的集体表现, 需要用到统计的方法, 因此就需要建立模型.

在宏观上, 我们知道, 理想气体是一种在任何情况下都遵守玻意耳定律、盖吕萨克定律和查理定律的气体. 但从微观上看, 什么样的分子组成的气体才具有这种宏观特性呢? 在常温常压下, 气体分子间的距离比液体和固体分子间的距离要大得多. 由于气体分子间距离大, 所以分子间相互作用力很小. 真实气体的压强越小, 即气体越稀薄, 就越接近理想气体. 所以理想气体的微观模型具有以下特征:

(1)分子本身的大小与分子间距离相比可以忽略不计, 即对分子可采用质点模型;

(2)除了碰撞的瞬间外, 分子与分子之间、分子与容器壁之间的相互作用力可忽略不计, 分子受到的重力也可忽略不计;

(3)分子与容器壁以及分子与分子之间的碰撞属于牛顿力学中的完全弹性碰撞.

上述理想气体的微观模型是通过对宏观实验结果的分析和综合提出的一个假说. 通过这个假说得到的结论与宏观实验结果进行比较可判断模型的正确性. 实验证明, 实际气体中分子的体积约占气体体积的 $1/10^3$, 在气体中分子之间的平均距离远大于分子的几何尺寸, 所以将分子看成质点是完全合理的. 从另一个方面看, 对已达到平衡态的气体, 如果没有外界影响, 其温度、压强等态参量都不会因分子与容器壁以及分子与分子之间的碰撞而发生改变, 气体分子的速度分布也保持不变, 因而分子与容器壁以及分子与分子之间的碰撞是完全弹性碰撞也是理所当然的.

综上所述, 理想气体可以看成是彼此间无相互作用的自由地、无规则运动着的弹性质点的集合, 这就是理想气体的微观模型.

9.2.2 平衡态的统计假设

理想气体的微观模型主要是针对分子的运动特征而建立起来的一个假设. 为了以此模型为基础求出平衡态时气体的一些宏观状态参量, 还必须知道理想气体在处于平衡态时分子的群体特征. 这些特征也叫做平衡态的统计特性. 气体在平衡态时, 分子是在做无规则的热运动, 虽然每个分子的速度大小和方向是不定的, 具有偶然性, 但对大量分子来说, 在任一时刻都各自以不同大小的速度在运动, 而且向各方向运动的概率是相等的, 没有一个方向占优势, 具有分布的空间均匀性, 宏观表现就是气体分子密度各处相同, 否则就会发生扩散, 也就不是平衡态了. 也就是说达到平衡态的孤立系统, 处在各种可能的微观运动状态的概率相等. 根据这一事实, 我们可以归纳出平衡态的两条统计假设:

(1)理想气体处于平衡态时气体分子出现在容器内任何空间位置的概率相等;

(2)气体分子向各个方向运动的概率相等.

根据上述假设还可以得出以下推论:

(1)速度和它的各个分量的平均值为零.

平衡态下理想气体中各个分子朝各个方向运动的概率相等,因此,分子速度的平均值为零,各个方向的速度矢量相加会相互抵消.类似地,分子速度的各个分量的平均值也为零.设 N 个分子在某一时刻的速度都分解成直角坐标的三个分量 v_x, v_y, v_z,则有

$$\bar{v}_x = \bar{v}_y = \bar{v}_z = 0 \qquad (9\text{-}2)$$

(2)分子沿各个方向运动的速度分量的平均值相等.

例如,沿 x,y,z 三个方向速度分量的方均值应该相等.某方向的速度分量的方均值定义为分子在该方向上的速度分量的平方的平均值,即把所有分子在该方向上的速度分量平方后加起来再除以分子总数

$$\overline{v_x^2} = \frac{\sum\limits_{i=1}^{N} v_{ix}^2}{N}, \quad \overline{v_y^2} = \frac{\sum\limits_{i=1}^{N} v_{iy}^2}{N}, \quad \overline{v_z^2} = \frac{\sum\limits_{i=1}^{N} v_{iz}^2}{N} \qquad (9\text{-}3)$$

按照统计性假设,分子群体在 x,y,z 三个方向的运动应该是各向相同的,则有

$$\overline{v_x^2} = \overline{v_y^2} = \overline{v_z^2}$$

对每个分子来说,如第 i 个分子,有

$$v_i^2 = v_{ix}^2 + v_{iy}^2 + v_{iz}^2$$

因而每个分子速度大小的平方平均值为

$$\overline{v^2} = \frac{v_1^2 + v_2^2 + \cdots + v_i^2 + \cdots + v_N^2}{N}$$

根据统计假设有

$$\overline{v^2} = \overline{v_x^2} + \overline{v_y^2} + \overline{v_z^2}$$

$$\overline{v_x^2} = \overline{v_y^2} = \overline{v_z^2}$$

所以有

$$\overline{v_x^2} = \overline{v_y^2} = \overline{v_z^2} = \frac{\overline{v^2}}{3} \qquad (9\text{-}4)$$

即速度分量的方均值等于方均速率的三分之一.这个结论在下面推导压强公式时要用到.

9.2.3　理想气体的压强公式

气体对器壁的压强是大量分子对器壁碰撞的结果.对每一个分子来说,在什么时候与器壁在什么地方碰撞,给予器壁冲量大小等,都是偶然的、随机的、断续的,但对容器内大量气体分子来说,每时每刻都不断地与器壁各部分发生碰撞,使器壁受到一个持续的、恒定大小的作用力.分子数越多,器壁受到的作用力越大.最早使用力学规

律来解释气体压强的科学家是伯努利. 他认为：气体压强是大量气体分子单位时间内给予器壁单位面积上的平均冲力. 下面假定每个分子的运动均服从力学规律，并以理想气体分子模型和统计假设为依据，推导气体的压强公式.

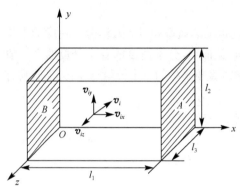

图 9-2 推导气体压强公式用图

为了讨论方便，假设有同种理想气体盛于一个边长为 l_1，l_2，l_3 的长方体容器中，并处于平衡态. 设有 N 个分子，每个分子的质量均为 m. 选取如图 9-2 所示坐标，气体处于平衡态时，容器器壁上各处的压强相同，所以在此只计算一个面上的压强即可，以 A 面为例.

第一步，先考虑某一个分子 i 在单位时间内对 A 面的冲量.

设第 i 个分子速度为 $\boldsymbol{v}_i$，分量式为

$$\boldsymbol{v}_i = v_{ix}\boldsymbol{i} + v_{iy}\boldsymbol{j} + v_{iz}\boldsymbol{k}$$

由动量定理知，分子 i 与 A 面碰撞 1 次受到器壁对它的冲量为

$$I'_{ix} = -mv_{ix} - mv_{ix} = -2mv_{ix}$$

根据牛顿第三定律，分子给予器壁的冲量为

$$I_{ix} = 2mv_{ix}$$

当分子 i 与 A 面弹性碰撞后，又弹到 B 面（不计分子间碰撞），之后由 B 面又弹回 A 面，如此往复，则单位时间内分子 i 与 A 面碰撞次数为 $\dfrac{v_{ix}}{2l_1}$，单位时间内 A 面受分子 i 的冲量大小为

$$I_{ix} = 2mv_{ix} \cdot \frac{v_{ix}}{2l_1} = \frac{1}{l_1}mv_{ix}^2$$

由上可知，每一分子对器壁的碰撞以及作用在器壁上的冲量是间歇的不连续的. 但是，实际上容器内分子数目极大，它们对器壁的碰撞就像密集雨点打到雨伞上一样，对器壁有一个均匀而连续的压强.

第二步，单位时间内所有分子对 A 面的冲量为

$$I_x = I_{1x} + I_{2x} + \cdots + I_{Nx} = \sum_{i=1}^{N} I_{ix} = \sum_{i=1}^{N} \frac{1}{l_1}mv_{ix}^2 = \frac{m}{l_1}\sum_{i=1}^{N} v_{ix}^2$$

第三步，计算单位时间内 A 面受到的平均冲力. 根据动量定理，气体在单位时间内给 A 面的冲量就是气体给 A 面的平均冲力. 设单位时间内 A 面受到的平均冲力大小为 $\overline{F}$，有

$$\overline{F} \cdot 1 = I_x = \frac{m}{l_1}\sum_{i=1}^{N} v_{ix}^2$$

再根据式（9-3）和式（9-4），气体给 A 面的平均冲力 $\overline{F}$ 可写为

$$\overline{F} = \frac{m}{l_1} \sum_{i=1}^{N} v_{ix}^2 = \frac{Nm\,\overline{v^2}}{3l_1}$$

第四步,得出压强公式. 由于大量气体分子的密集碰撞,分子对器壁的冲力在宏观上表现为一个恒力,它就等于平均冲力,因而可以求得 A 面上的压强

$$p = \frac{\overline{F}}{S} = \frac{\overline{F}}{l_2 l_3} = \frac{Nm\,\overline{v^2}}{3l_1 l_2 l_3} = \frac{Nm\,\overline{v^2}}{3V}$$

式中, $V = l_1 l_2 l_3$. 令 $n = \dfrac{N}{V}$(单位体积内分子数),为气体的分子数密度,则压强公式可写为

$$p = \frac{1}{3} nm\,\overline{v^2} \tag{9-5}$$

再考虑到气体分子的平均平动动能为

$$\overline{w} = \frac{1}{2} m\,\overline{v^2} \tag{9-6}$$

所以压强公式为

$$p = \frac{2}{3} n \left(\frac{1}{2} m\,\overline{v^2} \right) = \frac{2}{3} n\overline{w} \tag{9-7}$$

由以上讨论可知, p 的微观本质或统计性质是:单位时间内所有分子对单位器壁面积的冲量. n、$\overline{v^2}$、$\overline{w}$ 均是统计平均值,所以 p 也是一个统计平均值. 在推导理想气体压强公式时,虽假定容器是一长方体,但进一步分析可知, p 的表达式与容器的形状大小无关,适合任何形状的容器,而且推导中没考虑分子碰撞,若考虑,结果也不变.

气体的压强与分子数密度和平均平动动能都成正比. 这个结论与实验是高度一致的,说明我们对压强的理论解释以及理想气体平衡态的统计假设都是合理的.

9.3　气体分子的平均平动动能与温度关系

9.3.1　温度公式

由理想气体状态方程(9-1)

$$pV = \frac{M}{M_{\text{mol}}} RT$$

得

$$p = \frac{1}{V} \frac{M}{M_{\text{mol}}} RT = \frac{1}{V} \frac{N}{N_0} RT = n \frac{R}{N_0} T$$

式中, $n = \dfrac{N}{V}$ 为分子数密度, N 为分子总数, N_0 为 1mol 分子数.

令 $k = \dfrac{R}{N_0} = 8.31 \mathrm{J \cdot mol^{-1} \cdot K^{-1}} / 6.023 \times 10^{23} \mathrm{mol^{-1}} \approx 1.38 \times 10^{-23} \mathrm{J \cdot K^{-1}}$,叫做玻尔兹曼常量. 所以理想气体状态方程又可写为

$$p = nkT \tag{9-8}$$

将式(9-8)与式(9-7)相比较得分子的平均平动动能为

$$\overline{w} = \frac{3}{2}kT \tag{9-9}$$

则理想气体的温度公式为

$$T = \frac{2\overline{w}}{3k} \tag{9-10}$$

式(9-10)是宏观量 T 与微观量 $\overline{w}$ 的关系式. $\overline{w}$ 是统计平均量, T 也是统计平均量. 此式说明了温度的微观本质,即温度是分子平均平动动能的量度,也反映了大量气体分子热运动的剧烈程度,气体的温度越高,分子的平均平动动能越大,分子无规则热运动的程度越剧烈. 所以说,温度为大量气体分子热运动的集体表现. 由于分子数很大时,温度才有意义,所以对于少数或单个分子,温度是没有意义的. 若 $T=0$,则 $\overline{w} = 0$,但实际上这是不对的. 根据近代量子论,尽管 $T=0$,但是分子还有振动,故 $\overline{w} \neq 0$. 这是经典理论的局限性.

在实际生活中,往往认为热的物体温度高,冷的物体温度低,这是凭主观感觉对温度的定性了解,在要求严格的热学理论和实践中显然是远远不够的,所以必须对温度建立起严格的科学的定义. 假设有两个热力学系统 A 和 B,原先处于各自的平衡态,现在使系统 A 和 B 互相接触,并使它们之间发生热传递,这种接触称为热接触. 一般说来,热接触后系统 A 和 B 的状态都将发生变化,但经过较长一段时间后,系统 A 和 B 将达到一个共同的平衡态. 由于这种共同的平衡态是在有传热的条件下实现的,因此称为热平衡. 如果有 A,B,C 三个热力学系统,当系统 A 和系统 B 都分别与系统 C 处于热平衡,那么系统 A 和系统 B 此时也必然处于热平衡状态,所以说温度也是表征气体处于热平衡状态的物理量.

9.3.2 气体分子的方均根速率

由式(9-6)和式(9-9),我们可计算出任何温度下理想气体分子的方均根速率

$$\frac{1}{2}m\overline{v^2} = \frac{3}{2}kT$$

即

$$\sqrt{\overline{v^2}} = \sqrt{\frac{3kT}{m}} = \sqrt{\frac{3RT}{M_{\mathrm{mol}}}} \tag{9-11}$$

式(9-11)是气体分子速率的一种统计平均值. 气体分子速率有大有小,并不断改变着,分子的方均根速率是对所有气体分子速率总体上的描述. 处于各自平衡态的两种气体,只要温度相同,这两种气体分子的平均平动动能一定相等,但是这两种气体

分子的方均根速率并不相等,分子质量大的,其方均根速率较小.

表 9-1 列出了几种气体在温度为 0℃时的方均根速率,我们从中可了解分子速率的大致情况.

表 9-1　0℃时的方均根速率

气体种类	方均根速率/$(m \cdot s^{-1})$	摩尔质量/$(10^{-3}kg \cdot mol^{-1})$
O_2	4.61×10^2	32.0
N_2	4.93×10^2	28.0
H_2	1.84×10^3	2.0
CO_2	3.93×10^2	44.0
H_2O	6.15×10^2	18.0

9.4　能量按自由度均分原理　理想气体的内能

分子除平动外,还可能有转动、振动,此时不能把分子看成质点. 为了研究分子平均能量,我们先给出自由度的概念.

9.4.1　自由度

确定一个物体空间位置所需要的独立坐标数,叫做该物体的运动自由度,简称自由度.

对空间自由运动的质点,其位置需要三个独立坐标(如 x, y, z)来确定. 例如,将飞机看成一个质点时确定它在空中的位置所需要的独立坐标数是三个,分别是飞机的经度、纬度和高度,所以飞机运动的自由度为 3. 若质点被限制在一个平面或曲面上运动,自由度将减少,此时只需要两个独立坐标就能确定它的位置. 如将在大海中航行的船看成质点,确定它在海面上的位置所需要的独立坐标数为两个,分别是船的经度和纬度,即自由度为 2. 若质点被限制在一直线或曲线上运动,则只需要一个坐标就能确定它的位置,如在铁轨上运行的火车,将其看成质点时,其自由度为 1.

物体自由度是与物体受到的约束和限制有关的,物体受到的限制(或约束)越多,自由度就越小. 考虑到物体的形状和大小,它的自由度等于描写物体上每个质点的坐标个数减去所受到的约束方程的个数.

对自由细杆而言,确定其运动位置可先确定杆质心 O'(相当于质点)的运动位置,有 3 个平动自由度,再确定杆绕质心转动的方位,可用方位角 α, β, γ 表示,如图 9-3所示(图中 x', y', z' 与 x, y, z 轴分别平行),但这三个方位角的方向余弦满足

$$\cos^2\alpha + \cos^2\beta + \cos^2\gamma = 1 \tag{9-12}$$

则三个方位角 α, β, γ 中只有两个独立变数,即绕质心转动自由度为 2. 所以对自由细杆来说,其自由度为 5,包括三个平动自由度和两个转动自由度.

对于自由刚体而言,我们可将刚体的运动分解为质心的平动和绕质心的转动. 质心的平动需要三个独立坐标数,绕质心的转动需要确定通过质心轴线的方位角和绕该轴线转过的角度. 如图 9-4 所示,轴线的方位角为 α , β , γ ,由式(9-12)可知,其中只有两个是独立的,加上确定绕轴转动的一个独立坐标 θ ,因此整个自由刚体的自由度为 6,包括三个平动自由度和三个转动自由度.

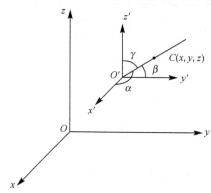

图 9-3   自由细杆自由度示意图

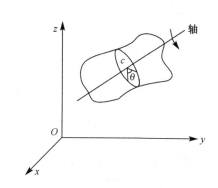

图 9-4   自由刚体自由度示意图

9.4.2   气体分子的自由度

因气体分子有多种结构,分子运动的自由度也就各不相同. 根据自由度的定义,单原子气体分子可以看成一个自由质点,它的自由度为 3;刚性双原子气体分子可看成是距离确定的两个质点(两个原子之间的距离不变),相当于自由细杆,其自由度为 5,包括三个平动自由度和两个转动自由度;刚性多原子气体分子可看成自由刚体(非杆),其自由度为 6,包括三个平动自由度和三个转动自由度.

事实上,双原子或多原子气体分子一般不是完全刚性的,原子间的距离在原子间的相互作用下要发生变化,分子内部要出现振动,要考虑振动自由度,所以对于非刚性双原子气体分子,其自由度为 6,包括三个平动自由度、两个转动自由度和一个振动自由度. 非刚性多原子气体分子,其自由度为 $3n$(n 个分子,$n \geqslant 3$),包括三个平动自由度、三个转动自由度和($3n-6$)个振动自由度. 但在常温下,振动自由度可以不予考虑,所以在以后无特殊声明下仅讨论刚性情况.

实际气体的分子运动情况视气体的温度而定. 例如,在低温时,氢分子只可能有平动;在室温时,可能有平动和转动;只有在高温时,才可能有平动、转动和振动. 而氯分子,在室温时已可能有平动、转动和振动.

9.4.3   能量均分原理

对理想气体,分子平均平动动能为

$$\overline{w}=\frac{1}{2}m\overline{v^2}=\frac{1}{2}m\overline{v_x^2}+\frac{1}{2}m\overline{v_y^2}+\frac{1}{2}m\overline{v_z^2}=\frac{3}{2}kT$$

由式(9-4)可得

$$\frac{1}{2}m\overline{v_x^2}=\frac{1}{2}m\overline{v_y^2}=\frac{1}{2}m\overline{v_z^2}=\frac{1}{2}\left(\frac{1}{3}m\overline{v^2}\right)=\frac{1}{3}\left(\frac{3}{2}kT\right)=\frac{1}{2}kT \qquad (9\text{-}13)$$

式(9-13)表明,气体分子的平均平动动能是平均分配在三个平动自由度上的,每个自由度将分得平均平动动能的1/3,没有哪个自由度的运动更占优势,所以每一平动自由度上分得的平均平动动能为$\frac{1}{2}kT$.

这个结论虽然是对平动而言的,但可以推广到转动和振动. 如果气体是由刚性的多(双)原子分子构成的,则分子的热运动除了分子的平动外,还有分子的转动. 转动也有相应的能量. 由于分子间频繁的碰撞,分子间的平动能量和转动能量是不断相互转化的. 实验证明,当理想气体达到平衡态时,其中的平动能量与转动能量是按自由度分配的,从而就得到如下的能量按自由度均分定理.

理想气体在温度为 T 的平衡态下,分子运动的每一个平动自由度和转动自由度都平均分得 $\frac{1}{2}kT$ 的能量,而每一个振动自由度平均分得 kT 的能量($\frac{1}{2}kT$ 的平均动能和 $\frac{1}{2}kT$ 的平均势能). 这个结果可以由经典统计物理学理论得到严格的证明,称为能量按自由度均分定理,简称能量均分定理.

若用 t,r,s 分别表示气体分子的平动、转动、振动自由度,则一个气体分子的平动动能为 $\frac{t}{2}kT$,转动动能为 $\frac{r}{2}kT$,振动动能为 $\frac{s}{2}kT$,所以气体分子的平均动能为

$$\frac{1}{2}(t+r+s)kT$$

因为每一个振动自由度上,每个分子除有 $\frac{1}{2}kT$ 平均动能外,还具有 $\frac{1}{2}kT$ 的平均势能,所以气体分子的平均能量 $\overline{\varepsilon}$ 为平均动能与平均势能之和,即

$$\overline{\varepsilon}=\frac{1}{2}(t+r+2s)kT \qquad (9\text{-}14)$$

由式(9-14)可得

单原子分子

$$t=3,\quad r=0,\quad s=0,\quad \overline{\varepsilon}=\frac{3}{2}kT$$

刚性双原子分子

$$t=3,\quad r=2,\quad s=0,\quad \overline{\varepsilon}=\frac{5}{2}kT$$

刚性多原子分子

$$t=3, \quad r=3, \quad s=0, \quad \bar{\varepsilon}=\frac{6}{2}kT$$

非刚性双原子分子

$$t=3, \quad r=2, \quad s=1, \quad \bar{\varepsilon}=\frac{7}{2}kT$$

以后不做声明时，气体分子均视为刚性分子，不考虑振动自由度，自由度用 i 表示，$i=t+r$，所以分子平均能量（平均动能）为

$$\bar{\varepsilon}=\frac{i}{2}kT \tag{9-15}$$

能量均分定理适用于达到平衡态的气体、液体、固体和其他由大量运动粒子组成的系统．对大量粒子组成的系统来说，动能之所以会按自由度均分是依靠分子频繁的无规则碰撞来实现的．在碰撞过程中，一个分子的动能可以传递给另一个分子，一种形式的动能可以转化为另一种形式的动能，而且动能还可以从一个自由度转移到另一个自由度．但只要气体达到了平衡态，那么任意一个自由度上的平均动能就应该相等．

9.4.4 理想气体的内能

对于实际气体来说，除了上述的分子平动动能、转动动能、振动动能和振动势能以外，由于分子间存在着相互作用的保守力，所以还具有分子之间的相互作用势能．我们把所有分子的各种形式的动能和势能的总和称为气体的内能．

对于理想气体来说，不计分子与分子之间的相互作用力，所以分子与分子之间相互作用的势能可忽略不计．理想气体的内能只是分子各种运动能量的总和．下面我们只考虑刚性气体分子．

设理想气体分子有 i 个自由度，每个分子的平均总动能为 $\frac{i}{2}kT$，而 1mol 理想气体有 N_0 个分子，所以 1mol 理想气体的内能为

$$E=N_0\left(\frac{i}{2}kT\right)=\frac{i}{2}RT$$

而质量为 M，即 $\frac{M}{M_{\text{mol}}}$ mol 理想气体的内能为

$$E=\frac{M}{M_{\text{mol}}}\frac{i}{2}RT \tag{9-16}$$

由式(9-16)可以看出，一定质量的理想气体的内能完全取决于分子运动的自由度 i 和气体的热力学温度 T．对于给定的系统来说（M，i 都是确定的），理想气体平衡态的内能唯一地由温度来确定，而与气体的体积和压强无关，也就是说理想气体平衡态的内能是温度的单值函数，由系统的状态参量就可以确定它的内能．系统内能是一个态函数，只要状态确定了，相应的内能也就确定了，与过程无关．

按照理想气体物态方程 $pV=\dfrac{M}{M_{\text{mol}}}RT$,内能公式还可以写为

$$E=\frac{i}{2}PV \tag{9-17}$$

如果状态发生变化,则系统的内能也将发生变化.对于理想气体系统来说,内能的变化为

$$\Delta E=\frac{M}{M_{\text{mol}}}\cdot\frac{i}{2}R(T_2-T_1)=\frac{i}{2}\nu R\Delta T \tag{9-18}$$

也可写为

$$\Delta E=\frac{i}{2}(p_2V_2-p_1V_1)=\frac{i}{2}\Delta(PV) \tag{9-19}$$

从以上分析可知,内能的变化只与始、末状态有关,而与状态变化所经历的具体过程无关.

应该注意,内能与力学中的机械能有着明显的区别.静止在地球表面上的物体的机械能(动能和重力势能)可以等于零,但物体内部的分子仍然在运动着和相互作用着,因此内能永远不会等于零.物体的机械能是一种宏观能,它取决于物体的宏观运动状态.而内能却是一种微观能,它取决于物体的微观运动状态.微观运动具有无序性,所以内能是一种无序能量.内能公式应用比较广泛,希望大家熟练掌握.

例 9-2 一容器内储有理想气体氧气,处于 0℃.试求:

(1)氧分子平均平动动能;

(2)氧分子平均转动动能;

(3)氧分子平均动能;

(4)氧分子平均能量;

(5)$\dfrac{1}{2}$mol 氧气的内能.

解 (1)$\overline{\varepsilon}_{\text{t}}=\dfrac{3}{2}kT=\dfrac{3}{2}\times1.38\times10^{-23}\times273\approx5.65\times10^{-21}\,(\text{J})$

(2)$\overline{\varepsilon}_{\text{r}}=\dfrac{2}{2}kT=\dfrac{2}{2}\times1.38\times10^{-23}\times273\approx3.77\times10^{-21}\,(\text{J})$

(3)$\overline{\varepsilon}_{\text{平均动能}}=\dfrac{5}{2}kT=\dfrac{5}{2}\times1.38\times10^{-23}\times273\approx9.42\times10^{-21}\,(\text{J})$

(4)$\overline{\varepsilon}_{\text{平均能量}}=\overline{\varepsilon}_{\text{平均动能}}=9.42\times10^{-21}\,\text{J}$

(5)$E=\dfrac{M}{M_{\text{mol}}}\dfrac{i}{2}RT=\dfrac{1}{2}\times\dfrac{5}{2}\times8.31\times273\approx2.84\times10^{3}\,(\text{J})$

例 9-3 一容器内储有氧气,在标准状态下($p=1.013\times10^{5}\,\text{Pa}$,$T=273.15\text{K}$)试求:

(1)1m³内有多少个分子；

(2)O₂分子的方均根速率$\sqrt{\overline{v^2}}$是多少.

解 （1）根据 $p = nkT$ 得

$$n = \frac{p}{kT} = \frac{1.013 \times 10^5}{1.38 \times 10^{-23} \times 273.15} = 2.69 \times 10^{25} (\text{m}^{-3})$$

这个数值称为洛施密特常量.

（2）根据 $\sqrt{\overline{v^2}} = \sqrt{\dfrac{3RT}{M_{\text{mol}}}}$ 得

$$\sqrt{\overline{v^2}} = \sqrt{\frac{3 \times 8.31 \times 273.15}{32 \times 10^{-3}}} \approx 461 (\text{m} \cdot \text{s}^{-1})$$

由此可见，在标准状态下氧分子的方均根速率与声波在空气中的传播速度差不多.

9.5 麦克斯韦分子速率分布律

在气体分子中，所有分子均以不同的速率运动着，有的速率小，可以小到 0，有的速率大，也可以大到很大，而且由于碰撞，每个分子的速率都在不断地改变.因此在某一时刻去考察某一特定分子，它的速率为多大，沿什么方向运动完全是偶然的，是没有规律的.但是对大量分子整体来说，在一定条件下，它们的速率分布却遵从一定的统计规律.

假设把分子的速率按其大小分为若干速率宽度相同的区间.例如，0~100 为第一区间，100~200 为第二区间，……实验和理论都已经证明，当气体处于平衡态时，分布在不同区间的分子数是不同的，但是，分布在各个区间内的分子数占分子总数的百分比基本上是确定的.研究所谓的分子速率分布就是要研究气体在平衡态下分布在各速率区间内的分子数占总分子数的比例.

9.5.1 分子的速率分布

在平衡态下，气体分子速率的大小各不相同.由于分子的数目巨大，速率 v 可以看成在 0~∞ 连续分布的.设气体分子总数为 N，平衡态下在速率 $v \sim v + dv$ 区间内分子数为 dN，则比值$\dfrac{dN}{N}$表示在速率 $v \sim v + dv$ 区间内出现的分子数占总分子数的比例，或理解为一个分子出现在 $v \sim v + dv$ 内的概率.

实验表明：$\dfrac{dN}{N}$与 v 及速率间隔 dv 有关时，且区间间隔很小时，可认为$\dfrac{dN}{N}$与 dv 成正比，比例系数是 v 的函数，即

$$\frac{dN}{N} = f(v) dv$$

即

$$f(v) = \frac{\mathrm{d}N}{N\mathrm{d}v} \tag{9-20}$$

式(9-20)表示,在速率 v 附近,单位速率间隔内出现的分子数占总分子数的比例,反映气体分子的速率分布,它与所取区间 $\mathrm{d}v$ 的大小无关而仅与速率 v 有关. 我们把 $f(v)$ 定义为平衡态下的速率分布函数. 或者说,对于任意一个分子而言,它的速率刚好处于 v 值附近单位速率区间内的概率,故 $f(v)$ 也称为分子速率分布的概率密度.

要掌握分子按速率的分布规律,就是要求出这个函数的具体形式. 在近代测定气体分子速率的实验获得成功之前,麦克斯韦和玻尔兹曼等应用概率论、统计力学等,已从理论上确定了气体分子按速率分布的统计规律,即速率分布函数为

$$f(v) = 4\pi \left(\frac{m}{2\pi kT}\right)^{\frac{3}{2}} \mathrm{e}^{-\frac{m}{2kT}v^2} v^2 \tag{9-21}$$

式中,m 为气体分子质量,k 为玻尔兹曼常量,T 为热力学温度.

由式(9-21)可得,气体分子的速率分布函数曲线如图 9-5 所示. 由速率分布函数 $f(v)$ 可求出 $v \sim v + \mathrm{d}v$ 区间的分子数

$$\mathrm{d}N = Nf(v)\mathrm{d}v$$

$v \sim v + \mathrm{d}v$ 区间的分子数在总数中占的比例,即一个分子的速率在 $v \sim v + \mathrm{d}v$ 区间的概率为

$$\frac{\mathrm{d}N}{N} = f(v)\mathrm{d}v$$

在分布函数 $f(v)$ 的曲线上,它表示曲线下一个微元矩形的面积.

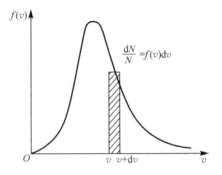

图 9-5　分子速率分布曲线

$v_1 \sim v_2$ 区间的分子数可以用积分表示为

$$\Delta N = \int_{v_1}^{v_2} Nf(v)\mathrm{d}v \tag{9-22}$$

$v_1 \sim v_2$ 区间的分子数在总数中占的比例,即一个分子的速率在 $v_1 \sim v_2$ 区间的概率

$$\frac{\Delta N}{N} = \int_{v_1}^{v_2} f(v)\mathrm{d}v \tag{9-23}$$

在分布曲线上,它表示在 $v_1 \sim v_2$ 区间曲线下的面积. 令 $v_1 = 0$,$v_2 = \infty$,则 ΔN 即为全部分子数 N,故有

$$\int_0^\infty f(v)\mathrm{d}v=1 \qquad (9\text{-}24)$$

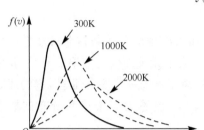

图 9-6   不同温度所对应的速率分布曲线

式（9-24）称为速率分布函数的归一化条件，表示所有分子与分子总数的比率为 1，即一个分子速率在 $0\sim\infty$ 区间的概率为 1. 在分布曲线上，它表示在 $0\sim\infty$ 区间曲线下的面积为 1.

从分布函数的具体形式（式 9-21）可知，对于一给定的气体来说，其速率分布的情况只与体系所处的温度有关. 图 9-6 给出了不同温度所对应的速率分布曲线.

9.5.2   气体分子速率的三种统计平均值

利用速率分布函数，可以推导出反映分子热运动情况的分子速率的三种平均值，分别介绍如下.

1. 最概然速率 v_p

从图 9-5 可以看到分布函数的曲线有一个极大值. 这说明虽然气体分子的速率可以取 0 到无穷大之间的一切数值，但具有某种速率的分子出现的概率最大，就是与图上极大值相对应的速率，也就是使 $f(v)$ 取最大值的速率，称为最概然速率，记为 v_p. 可见，对等速率间隔而言，v_p 附近速率区间内分子数占总分子数的比例最大. 注意：v_p 不是最大速率. 要确定 v_p，可以将式（9-21）中 $f(v)$ 对速率 v 取一级微商，并令其等于 0，可求出 v_p，即

$$\begin{aligned}
\frac{\mathrm{d}f(v)}{\mathrm{d}v} &= \frac{\mathrm{d}}{\mathrm{d}v}\left[4\pi\left(\frac{m}{2\pi kT}\right)^{\frac{3}{2}}\mathrm{e}^{-\frac{m}{2kT}v^2}v^2\right] \\
&= 4\pi\left(\frac{m}{2\pi kT}\right)^{\frac{3}{2}}\left(-\frac{m}{2kT}\cdot 2v\mathrm{e}^{-\frac{m}{2kT}v^2}v^2+2v\mathrm{e}^{-\frac{m}{2kT}v^2}\right) \\
&= 0
\end{aligned}$$

此时 $v=v_p\neq 0$，上式化简得

$$-\frac{m}{2kT}v_p^2+1=0$$

即最概然速率为

$$v_p=\sqrt{\frac{2kT}{m}}=\sqrt{\frac{2RT}{M_{\mathrm{mol}}}}=1.41\sqrt{\frac{RT}{M_{\mathrm{mol}}}} \qquad (9\text{-}25)$$

2. 算术平均速率 $\bar{v}$

大量分子速率的算术平均值，称为算术平均速率，或简称平均速率. 它是由所有 N 个分子的速率相加然后除以分子总数而得出的. 因为在 $v\sim v+\mathrm{d}v$ 内分子数 $\mathrm{d}N$ 为 $\mathrm{d}N=Nf(v)\mathrm{d}v$，而且 $\mathrm{d}v$ 很小，所以可认为 $\mathrm{d}N$ 个分子速率相同，且均为 v，这样，在

$v\sim v+\mathrm{d}v$ 内 $\mathrm{d}N$ 个分子速率和为

$$v\mathrm{d}N=Nvf(v)\mathrm{d}v$$

在整个速率区间内分子速率总和为

$$\int_0^N v\mathrm{d}N=\int_0^\infty Nvf(v)\mathrm{d}v=N\int_0^\infty vf(v)\mathrm{d}v$$

所以 N 个分子的平均速率为

$$\bar{v}=\frac{\int_0^N v\mathrm{d}N}{N}=\int_0^\infty vf(v)\mathrm{d}v=\int_0^\infty v4\pi\left(\frac{m}{2\pi kT}\right)^{\frac{3}{2}}\mathrm{e}^{-\frac{m}{2kT}v^2}v^2\mathrm{d}v$$

$$=4\pi\left(\frac{m}{2\pi kT}\right)^{\frac{3}{2}}\int_0^\infty v\mathrm{e}^{-\frac{m}{2kT}v^2}v^2\mathrm{d}v$$

将上式作积分,得算术平均速率 $\bar{v}$ 为

$$\bar{v}=\sqrt{\frac{8kT}{\pi m}}=\sqrt{\frac{8RT}{\pi M_{\mathrm{mol}}}}\approx1.60\sqrt{\frac{RT}{M_{\mathrm{mol}}}} \tag{9-26}$$

3. 方均根速率 $\sqrt{\overline{v^2}}$

按照与导出 $\bar{v}$ 的公式同样的道理,分子速率平方的平均值可通过分布函数 $f(v)$ 用积分表示,N 个分子速率平方的平均值为

$$\overline{v^2}=\frac{\int_0^N v^2\mathrm{d}N}{N}=\int_0^\infty v^2 f(v)\mathrm{d}v=4\pi\left(\frac{m}{2\pi kT}\right)^{\frac{3}{2}}\int_0^\infty f(v)v^4\mathrm{d}v$$

$$=\frac{3kT}{m}$$

即方均根速率为

$$\sqrt{\overline{v^2}}=\sqrt{\frac{3kT}{m}}=\sqrt{\frac{3RT}{M_{\mathrm{mol}}}}\approx1.73\sqrt{\frac{RT}{M_{\mathrm{mol}}}} \tag{9-27}$$

此式与式(9-11)结果一致.

上面讨论的结果表明,气体分子速率的三种统计平均值 $v_{\mathrm{p}},\bar{v},\sqrt{\overline{v^2}}$ 都与 $\sqrt{T}$ 成正比. 同种类的理想气体,在同一温度下,三种速率的统计平均值满足关系 $v_{\mathrm{p}}<\bar{v}<\sqrt{\overline{v^2}}$,如图 9-7 所示. 在室温下,它们的数量级一般为每秒几百米. 三种速率的统计平均值就不同的问题有各自的应用. 例如,v_{p} 可用来讨论速率分布;$\bar{v}$ 可用来计算平均距离;$\sqrt{\overline{v^2}}$ 可用来计算平均平动动能.

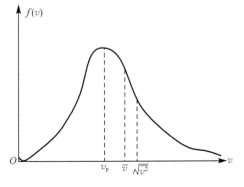

图 9-7　三种速率的统计值

麦克斯韦速率分布律描述的是理想气体处于平衡态时,在不考虑分子力和外场(重力场、电场、磁场等)对分子的作用下的气体速率分布率,这时气体分子只有动能而没有势能,并且气体分子在空间分布是均匀的.若考虑外场对分子的作用,则遵循玻尔兹曼分布,在此不作讨论.

9.6 平均自由程 气体内的迁移现象

气体分子之间的碰撞对于气体中发生的过程有重要作用.例如,在气体中建立的麦克斯韦速率分布律,确立的能量按自由度的均分定理等,都是通过气体分子的频繁碰撞加以实现并维持的,因此可以说,分子间的碰撞是气体中建立平衡态并维持其平衡态的保证.下面介绍分子的平均碰撞频率和平均自由程的一些概念.

9.6.1 分子的平均碰撞频率

一个分子在单位时间内和其他分子碰撞的平均次数,称为分子的平均碰撞频率,用 $\overline{Z}$ 表示.为简化问题,我们采用这样一个模型:假定在大量气体分子中,只有被考察的特定分子 A 在以算术平均速率 $\overline{v}$ 运动着,其他分子都静止不动.显然由于碰撞,分子 A 在运动过程中,其球心的轨迹将是一条折线,如图 9-8 所示.假设分子恰能相互作用时,两质心间的距离称为有效直径,用 d 表示.以 $2d$ 为直径,以折线为轴作圆柱,其截面称为碰撞截面.如图 9-8 所示,显然只有分子中心落入圆柱体内的分子才能与分子 A 相碰.分子 A 在 Δt 时间内运动的相对平均距离为 $\overline{v}\Delta t$,相应的圆柱体的体积为

$$V=(\pi d^2)(\overline{v}\Delta t)$$

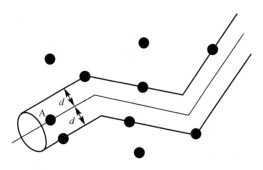

图 9-8 $\overline{\lambda}$ 和 $\overline{Z}$ 的计算

设单位体积内的分子数为 n,在 Δt 时间内与分子 A 相碰的分子数就等于该圆柱体内的分子数,为 $n\pi d^2\overline{v}\Delta t$.由此得平均碰撞频率为

$$\overline{Z}=\frac{nV}{\Delta t}=n\pi d^2\overline{v} \tag{9-28}$$

考虑到实际上所有分子都在不停地运动,且各个分子运动的速率也不相同,就需

要对式(9-28)加以修正,式中的算术平均速率 $\bar{v}$ 应改为平均相对速率 $\bar{u}$. 理论可以证明,平均相对速率 $\bar{u}=\sqrt{2}\bar{v}$,所以分子的平均碰撞频率为

$$\bar{Z}=\sqrt{2}n\pi d^2\bar{v} \tag{9-29}$$

式(9-29)表明,分子的平均碰撞频率与单位体积中的分子数、分子的算术平均速率及分子直径的平方成正比.

9.6.2　分子的平均自由程

　　分子在连续两次碰撞之间自由运动所经历的路程的平均值,称为分子的平均自由程,用 $\bar{\lambda}$ 表示. 分子的平均自由程 $\bar{\lambda}$ 与平均碰撞频率 $\bar{Z}$ 和分子的算术平均速率 $\bar{v}$ 有如下关系:

$$\bar{\lambda}=\frac{\bar{v}}{\bar{Z}} \tag{9-30}$$

把式(9-29)代入式(9-30)得

$$\bar{\lambda}=\frac{1}{\sqrt{2}n\pi d^2} \tag{9-31}$$

式(9-31)表明,分子的平均自由程与分子数密度、分子碰撞截面成反比,而与分子的平均速率无关. 对一定量气体,体积不变时,平均自由程不随温度变化.

　　根据理想气体状态方程 $p=nkT$,式(9-31)还可写成

$$\bar{\lambda}=\frac{kT}{\sqrt{2}\pi d^2 p} \tag{9-32}$$

式(9-32)说明,当气体温度恒定时,平均自由程与压强成反比,气体的压强越小,气体越稀薄,分子的平均自由程越大,反之,分子的平均自由程越小.

　　根据计算,在标准状态下,各种气体分子的平均碰撞频率 $\bar{Z}$ 的数量级在 $10^9\,\text{s}^{-1}$ 左右,平均自由程 $\bar{\lambda}$ 的数量级为 $10^{-9}\sim10^{-7}\,\text{m}$. 气体分子每秒钟碰撞次数达几十亿次之多,由此可以想象气体分子热运动的复杂情况. 表 9-2 和表 9-3 给出了一些平均自由程 $\bar{\lambda}$ 和分子有效直径 d 的数值,以供参考.

表 9-2　15℃ 时 1atm 下几种气体的 $\bar{\lambda}$ 和 d 的数值

气　体	$\bar{\lambda}/\text{m}$	d/m
氢	11.8×10^{-8}	2.7×10^{-10}
氮	6.28×10^{-8}	3.7×10^{-10}
氧	6.79×10^{-8}	3.6×10^{-10}
二氧化碳	4.19×10^{-8}	4.6×10^{-10}

表 9-3   0℃ 时不同压强下空气的 $\overline{\lambda}$ 值

p/atm	1	1.316×10^{-3}	1.316×10^{-5}	1.316×10^{-7}	1.316×10^{-9}
$\overline{\lambda}$/m	4×10^{-5}	5×10^{-5}	5×10^{-3}	5×10^{-1}	50

9.6.3   气体内的迁移现象及其基本定律

前面我们所讨论的都是气体处于平衡态下的性质和规律.气体处于平衡态时各处的温度、压强、分子数密度等都是相同的,而且不随时间变化,气体内各气层之间并没有相对运动.但是,自然界中有很多实际问题涉及气体处于非平衡状态下的变化过程.当气体处于非平衡状态时,即气体内各部分的物理性质(如密度、流速、温度等)不相同时,或者各气层之间有相对运动时,气体中将出现各种迁移现象,由非平衡状态趋向于平衡状态,这种现象称为迁移现象.由于在迁移过程中伴随着诸如动量、能量、质量等物理量的输运,故又称为输运过程.

气体内的迁移现象主要有三种:由于气体内各气层之间有相对运动而引起的迁移现象叫做黏滞现象(又称内摩擦现象);由于气体内各处温度不同而引起的迁移现象,叫做热传导现象;由于气体中各处密度不同而引起的迁移现象,叫做扩散现象.实际上,在同一系统中这三种现象往往同时存在.但为了研究方便起见,我们将分别对这三种迁移现象的规律进行简要讨论.

1. 黏滞现象(又称内摩擦现象)

气体流动时,如果各流层的流速不同,则各气层之间有相对运动.设想有一沿 x 轴定向流动的气体,其流速沿 y 轴逐渐增大,如图 9-9(a)所示,其流速沿 y 轴变化的快慢可以用单位间距上流速的增量 $\dfrac{\mathrm{d}u}{\mathrm{d}y}$ 来量度,$\dfrac{\mathrm{d}u}{\mathrm{d}y}$ 称为流速梯度.梯度是不均匀性的量度,梯度越大,表示不均匀性越大.我们设想在 $y=y_0$ 处取一个垂直于 y 轴的小截面(截面积为 $\mathrm{d}S$),把气流分为上下两薄层 A 与 B,由于流速不同,B 层将受到 A 层所施予一个平行于 x 正方向的拉力,而 A 层将受到 B 层施予的等值反向的阻力,这一对力称为内摩擦力,或黏滞力,如图 9-9(b)所示.

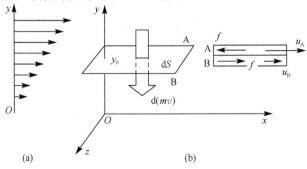

图 9-9   气体的内摩擦公式的推导用图

实验结果表明：内摩擦力 f 的大小与两部分的接触面积 dS 和截面所在处的速度梯度 $\dfrac{du}{dy}$ 成正比，写成等式即为

$$f=\pm\eta\,\frac{du}{dy}dS \tag{9-33}$$

式(9-33)称为牛顿黏滞定律．式中，η 为气体的黏滞系数，它与气体的性质和状态有关，其单位为 Pa・s；"＋"号表示 f 与流速方向同向，"－"号表示 f 与流速方向相反．

黏滞现象的微观本质可以用分子运动论的观点来解释．当气体流动时，每个分子除具有无规则运动的速度外，还具有所在气体层整体定向运动的速度 u，叫定向速度，从而具有分子定向运动的动量为 mu. 在图 9-9 中，由于分子的无规则热运动，A 层和 B 层都将有分子穿过截面 dS 跑到对面．由于气体各处密度相同，因而在同一时间内上下气层交换的分子数相同．但是由于分子定向运动的速度不同，A 层分子带着较大的动量转移到 B 层，而 B 层分子带着较小的动量转移到 A 层，结果造成 A、B 两层定向动量的不等值交换，上面气层的定向动量减少，下面气层的定向动量增加，在宏观上就形成了自上而下的动量输运过程．这一动量变化在宏观上就表现为两部分流体在截面 dS 上相互施以摩擦力，称为内摩擦力．因此，内摩擦现象的微观实质是气体内定向动量迁移的结果．

2. 热传导现象

如果气体内部各处温度不均匀，就会有热量自温度较高处传递到温度较低处，这种现象称为热传导现象．如图 9-10 所示，设温度沿着 y 方向逐渐升高，其变化率为 $\dfrac{dT}{dy}$，称为温度梯度．设想在 $y=y_0$ 处取一截面 dS 垂直于 y 轴，它把气体分为 A 和 B 两薄气层．实验结果表明：在 dt 时间内沿 y 轴正向通过截面积 dS 的热量 dQ 与 y_0 处的温度梯度 $\dfrac{dT}{dy}$、面积 dS 及时间 dt 成正比，即

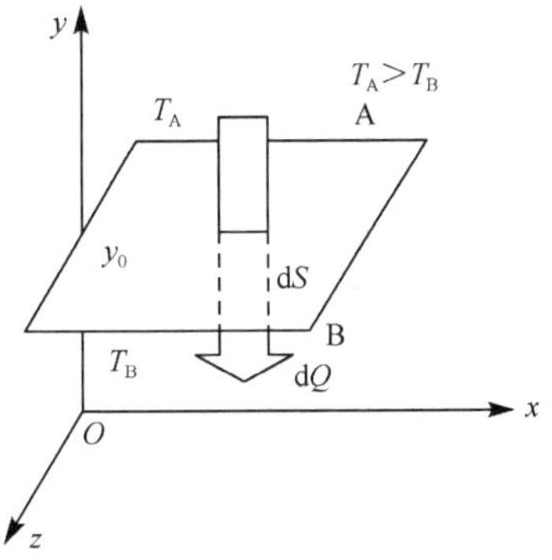

图 9-10　气体的热传导公式的推导用图

$$dQ=-K\,\frac{dT}{dy}dSdt \tag{9-34}$$

式中，K 为气体的热传导系数，单位为 W・m^{-1}・K^{-1}；负号表示热量是从温度较高处传至温度较低处，与温度梯度的方向相反．

从分子运动论的观点来看，气体中各处温度不同，本质上是气体中各处分子热运动平均平动动能不同．图 9-10 中，A 侧分子的温度高，分子平均平动动能大；B 侧分子的温度低，分子平均平动动能小．由于分子无规则的热运动，两部分分子不断互相交换，结果是一部分热运动平均平动动能自 A 侧迁移到 B 侧，就形成了宏观上热量的传导，这就是热传导的微观本质．

对单原子气体来说,只是分子的平均动能,而对多原子来说,还包含转动和振动能量.

物质的导热系数与同温度下空气的导热系数之比称为相对导热系数,各种气体的相对导热系数不同,如表 9-4 所示.

表 9-4　几种气体在 0℃ 的相对导热系数

气体名称	空气	氧	氮	氢	氯	氨	CO	CO_2	氦
相对导热系数	1.000	1.015	0.988	7.130	0.322	0.397	0.964	0.514	6.23

3. 扩散现象

在气体内部,当某种气体分子的密度不均匀时,就会出现分子从密度较大的地方向密度较小的地方迁移,这种现象称为扩散现象.扩散常常是一个比较复杂的过程,如果仅有一种气体,在温度均匀而密度不均匀时,将导致压强不均匀,从而产生宏观气流,这时在气体内发生的过程就不单纯是扩散现象了,往往伴随着热传导等其他输运过程.我们只考虑一种简单情形,即系统的温度和压强处处均匀,只是某种气体密度不均匀而产生的缓慢的扩散.现在我们来看一种气体的扩散规律.

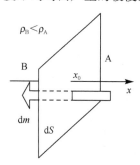

图 9-11　扩散过程示意图

扩散现象的宏观规律与黏滞现象及热传导相似,所不同的是由于密度不均匀而引起质量的迁移.为了研究单纯扩散的规律,我们以某种气体作为研究对象.如图9-11所示,设某种气体的密度 ρ 沿 x 正方向逐渐增加,密度沿 x 轴的变化率为 $\dfrac{d\rho}{dx}$,称为密度梯度.如果在 $x=x_0$ 处取一截面 dS 垂直于 x 轴,由于密度不均匀,从宏观上看,气体分子将不断地由密度较大的一侧 A 输运到密度较小的一侧 B.实验表明:在 dt 时间内,沿 x 轴正向自 B 侧通过 dS 输运到 A 侧气体的质量 dM 与 x_0 处的密度梯度 $\dfrac{d\rho}{dx}$、面积 dS 及时间 dt 成正比,即

$$dM = -D\frac{d\rho}{dx}dSdt \tag{9-35}$$

式中,D 为气体的扩散系数,单位是 $m^2 \cdot s^{-1}$;负号表明气体的扩散从密度较大处向密度较小处进行.

从分子运动论的观点来看,由于分子的热运动,在 dS 面两边的分子都要向对方运动,但由于某种气体在 A 侧的密度大于在 B 侧的密度,所以在 dt 时间内,从 A 侧通过 dS 面到 B 侧的分子数要比从 B 侧通过 dS 面到 A 侧的分子数多,从而使一定数量的气体分子从密度较大的地方迁移到密度较小的地方,这就是扩散的微观本质.气体分子都有质量,所以这个过程是质量迁移的过程.

综上所述,三种迁移现象都是由气体中存在着某种不均匀性引起的. 从微观看,黏滞现象是分子定向运动动量的定向迁移;热传导现象是分子热运动能量的定向迁移;扩散现象是质量的定向迁移. 迁移都是通过分子在热运动中相互碰撞来完成的. 表 9-5 给出了三种输运的原因和规律.

表 9-5 三种输运的原因和规律

参量		内摩擦	热传导	扩散
宏观规律		$f = \pm \eta \dfrac{\mathrm{d}u}{\mathrm{d}y} \mathrm{d}S$	$\mathrm{d}Q = -K \dfrac{\mathrm{d}T}{\mathrm{d}y} \mathrm{d}S \mathrm{d}t$	$\mathrm{d}M = -D \dfrac{\mathrm{d}\rho}{\mathrm{d}x} \mathrm{d}S \mathrm{d}t$
系数		$\eta = \dfrac{1}{3} \rho \bar{v} \bar{\lambda}$	$K = \dfrac{1}{3} \dfrac{C_V}{M} \rho \bar{v} \bar{\lambda}$	$D = \dfrac{1}{3} \bar{v} \bar{\lambda}$
输运原因		速度不均匀	温度不均匀	密度不均匀
迁移量	宏观	动量	热量	质量
	微观	分子定向运动的动量	分子热运动的能量	分子数目

9.7 真空的获得和低压的测定

9.7.1 真空的特点

真空是指在给定的空间内低于一个大气压的稀薄气体状态. 在真空状态下,随着空间中气体分子密度的减小,气体的物理性质将发生明显的变化. 人们就是基于气体性质的这一变化,在不同的真空状态下应用各种不同的真空工艺达到为生产及科学研究服务的目的. 真空科学的应用领域很广,目前已经渗透到车辆、土木建筑工程、机械、包装、环境保护、医药及医疗器械、石油、化工、食品、光学、电气、电子、原子能、半导体、航空航天、低温、专用机械、纺织、造纸、农业及工业部门和科学研究中. 不同真空状态下各种真空工艺技术的应用概况如表 9-6 所示.

表 9-6 不同真空状态下各种真空工艺技术的应用概况

真空状态	应用原理	应用领域
粗真空 $10^5 \sim 10^3$ Pa	利用真空与大气的压力差实现真空的力学应用	真空吸引和输运固体、液体、胶体和微粒;真空吸盘起重、真空医疗器械;真空成型,复制浮雕;真空过滤;真空浸渍
低真空 $10^3 \sim 10^{-1}$ Pa	实现无氧化加热;利用真空的热传导及对流逐渐消失的原理实现真空隔热和绝缘;利用压强降低、液体沸点也降低的原理实现真空冷冻和真空干燥	黑色金属的真空熔炼、脱气、浇铸和热处理;真空热轧、真空表面渗铬;真空绝缘和真空隔热;真空蒸馏药物、油类及高分子化合物;真空冷冻、真空干燥;真空包装、真空充气包装;高速空气动力学实验中的低压风洞

续表

真空状态	应用原理	应用领域
高真空 $10^{-1} \sim 10^{-6}$ Pa	利用气体分子密度小、任何物质与残余气体分子的化学作用微弱的特点，进行真空冶金、真空镀膜及真空器件生产	稀有金属、超纯金属、合金、半导体材料的真空熔炼和精制；常用结构材料的真空还原冶金；纯金属的真空蒸馏精炼；放射性同位素的真空蒸发；难熔金属的真空烧结；半导体材料的真空提纯和晶体制备；真空镀膜、离子注入、刻蚀等表面改性；电真空工业的电光管、离子管、电子源管、电子束管、电子衍射仪、电子显微镜、X射线显微镜、各种粒子加速器、能谱仪、核辐射谱仪、中子管、气体激光器的制造；电子束除气、电子束焊接、区域熔炼、电子束加热
超高真空 $10^{-6} \sim 10^{-9}$ Pa	利用气体分子密度极低与表面碰撞极少、表面形成单一分子层时间很长的原理，实现表面物理与表面化学的研究	可控热核聚变的研究；时间基准氢分子镜的制作；表面物理、表面化学的研究；宇宙空间环境的模拟；大型同步质子加速器的运转；电磁悬浮式高精度陀螺仪的制作

对真空这一现象的最早发现，人们常认为是 1643 年托里拆利的空气压强实验和 1650 年葛利克抽气机的发明，其实中国晋朝医生葛洪（公元 284～363 年）利用气体的热胀冷缩原理发明的“拔火罐”医疗技术正是真空技术在医学上应用的具体例证. 因为拔火罐正是一个获得真空和应用真空的过程，该方法比托里拆利用水银赶走玻璃管中的大气而获得真空的方法还要好. 因为在罐内燃纸加热大气不仅能赶走罐内的部分大气，而且能耗掉罐中的氧气，至少可以使罐中产生 4/5 个大气压（8×10^4 Pa）的真空. 葛利克的抽气机与我国公元前 6 世纪所采用的风箱抽气技术在抽气原理上是相同的. 可见我们的祖先对人类在早期发展真空技术方面做出了重要的贡献.

真空状态与人类赖以生存的大气状态相比较，主要有如下几个特点.

（1）真空状态下的气体压力低于一个大气压，因此，真空容器必将受到指向其内部的大气压力的作用，其压强差的大小由容器内外的压差值而定. 由于作用在地球表面上的一个大气压约为 101135 N·m^{-2}，因此真空容器内压力很小.

（2）在真空状态下，由于气体稀薄，因此分子之间、分子与其他质点（如电子、离子等）之间以及分子与各种表面（如器壁）之间相互碰撞次数相对减少，使气体的分子自由程增大.

（3）在真空状态下，由于分子密度的减小，因此作为组成大气组分的氧、氮等各种气体含量也将相对减少.

9.7.2 真空的获得

1. 真空系统

真空应用设备种类繁多，但无论何种真空设备都有一套抽除容器内气体的抽气系统，以便在真空容器内获得所需要的真空条件. 简单地说，由被抽容器、真空泵、真空阀、真空表和连接管道等组成的抽气系统就是真空系统. 例如,一个真空处理用的容器,用管道和阀门将它与真空泵连接起来,当真空泵对容器进行抽真空时,容器上使用真空测量装置,这就构成了一个简单的粗真空抽气系统(图 9-12). 它为低(粗)真空系统,只需要用一台能将气体直接排入大气的真空泵. 这种泵通常采用油封式机械真空泵、水环真空泵或水蒸气喷射真空泵. 例如,被抽气体含有粉尘或水蒸气,以采用水环真空泵或水蒸气喷射真空泵为宜.

当需要获得高真空范围内的真空度时,通常在图 9-12 所示的真空系统中串联一个高真空泵,如图 9-13 所示. 当串联一个高真空泵之后,通常要在高真空泵的入口和出口分别加上阀门,以便高真空泵能单独保持真空. 如果所串联的高真空泵是一个油扩散泵,为了防止大量的油蒸气返流进入被抽容器,减少油对真空容器的污染,主抽

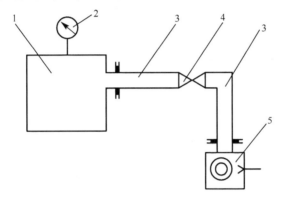

图 9-12　简单的粗真空抽气系统示意图

1. 被抽容器;2. 真空表;3. 连接管道;4. 真空阀;5. 真空泵

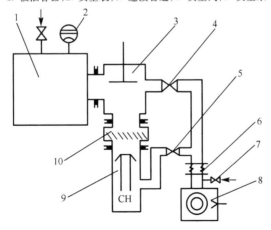

图 9-13　简单的高真空系统示意图

1. 被抽容器;2. 真空测量规管;3. 主阀;4. 预真空管道阀;

5. 前级管道阀;6. 软连接管道;7. 放气阀;8. 前级泵;

9. 主泵(油扩散泵);10. 水冷障板

泵为带水冷挡板的油扩散泵,即在油扩散泵的入口加一个水冷障板捕集器.若无该水冷障板捕集器,则该真空系统通常被称为中真空系统.根据要求,还可以在管路中加上除尘器、真空继电器规头、真空软连接管道、真空泵入口放气阀等,这样就构成了一个较完善的高真空系统.

凡是由两个以上真空泵串联组成的真空系统,通常把抽低真空的泵叫做它上一级高真空泵的前级泵(或称前置泵),而最高一级的真空泵叫做该真空系统的主泵,即它是最主要的泵,被抽容器中的极限真空度和工作真空度就由主泵确定,真空容器的工作压力一定要在主抽泵最大的抽气速率的压力范围内.主抽泵的极限压力应比工作压力低半个数量级.被抽容器出口到主泵入口之间的管路称为高真空管路,主泵入口处的阀门称为主阀,其主抽泵为扩散喷射泵或罗茨真空泵,前级泵采用滑片真空泵或油封式机械真空泵.

通常前级泵又兼作预真空抽气泵.被抽容器到预抽泵之间的管路称为预真空管路,该管路上的阀门称为预真空管道阀.主泵出口到前级泵入口之间的管路称为前级管道,该管路上的阀门称为前级管道阀,而软连接管道是为了隔离前级泵的振动而设置的.

对于超高真空系统,一般由溅射离子泵、钛升华泵、分子筛吸附泵和相应的阀门等组合而成.总起来说,一个较完善的真空系统由抽气设备、真空阀门、连接管道、真空测量装置及其他元件(如捕集器、除尘器、真空继电器规头、储气罐等)等组成.

真空系统设计的基本内容就是根据被抽容器对真空度的要求,选择适当的真空系统设计方案,进行选、配泵计算,确定导管、阀门、捕集器、真空测量元件等,进行合理配置,最后画出真空系统装配图和零部件图.

2. 真空泵

利用机械、物理、化学或物理化学的方法对被抽容器进行抽气而获得和维持真空的装置或设备,是真空系统的核心部分.随着真空应用的发展,真空泵的种类已发展了很多种,其抽速从每秒零点几升到每秒几十万升、数百万升.极限真空是从粗真空到 10^{-12} Pa 以上的超高真空范围.由于真空应用部门所涉及的工作压力的范围很宽,因此任何一种类型的真空泵都不可能完全适用于所有的工作压力范围,只能根据不同的工作压力范围和不同的工作要求,使用不同类型的真空泵.为了使用方便和各种真空工艺过程的需要,有时将各种真空泵按其性能要求组合起来,以机组形式应用.

真空泵的种类很多,按抽气机制可分成三大类:①利用泵腔工作容积的变化来抽气的变容真空泵,如往复真空泵、旋片真空泵、滑阀真空泵、余摆线真空泵、罗茨真空泵和液环真空泵等;②利用高速蒸气(汽)射流或高速旋转的转子来抽气的动量传输真空泵,如油扩散泵、油扩散喷射泵、水蒸气喷射真空泵和涡轮分子泵等;③利用吸附和冷凝作用使气体分子永久或暂时储存在泵内的捕集真空泵,如分子筛吸附泵、钛升华泵、吸气剂离子泵和低温泵等.

真空泵还可按其他方法分类,如按工作介质可分为油蒸气真空泵、水蒸气真空泵和水环泵等;按在真空系统中所起的作用可分为主抽泵、增压泵、前置泵、粗抽泵和维持泵;按工作压力范围可分为低(粗)真空泵、中真空泵、高真空泵和超高真空泵.变容真空泵类的各种真空泵和动量传输真空泵类的涡轮分子泵,因有机械运动又称为机械真空泵,而其中旋片真空泵、滑阀真空泵和余摆线真空泵,在相对运动件表面间用油使各工作室相互密封,故又称油封式机械真空泵.

1)机械真空泵

凡是利用机械运动使泵腔容积实现的周期变化来完成吸气和排气以达到抽气目的而获得真空的泵,称为机械真空泵.这种泵分为往复式及旋转式两种.往复式真空泵又称为活塞式真空泵,它利用泵腔内活塞往复运动,将气体吸入、压缩并排出.旋转式真空泵利用泵腔内转子部件的旋转运动将气体吸入、压缩并排出.它大致有如下几种分类.

(1)油封式真空泵.它是利用真空泵油密封泵内各运动部件之间的间隙,减少泵内有害空间的一种旋转变容真空泵.这种泵通常带有气镇装置,主要包括旋片真空泵、定片真空泵、滑阀真空泵、余摆线真空泵等.

(2)液环真空泵.将带有多叶片的转子偏心装在泵壳内,当它旋转时,把工作液体抛向泵壳形成与泵壳同心的液环,液环同转子叶片形成了容积周期变化的几个小的旋转变容吸排气腔.工作液体通常为水或油,所以亦称为水环真空泵或油环真空泵.

(3)干式真空泵.它是一种泵内不用油类(或液体)密封的变容真空泵.干式真空泵由于泵腔内不需要工作液体,适用于半导体行业、化学工业、制药工业及食品行业等需要无油清洁真空环境的工艺场合.

(4)罗茨真空泵.泵内装有两个相反方向同步旋转的双叶形或多叶形的转子.转子间、转子同泵壳内壁之间均保持一定的间隙.

2)分子真空泵

分子真空泵是利用高速旋转的转子把动量传输给气体分子,使之获得定向速度,从而被压缩、被驱向排气口后,再被前级抽走的一种真空泵.这类泵可分为以下几种形式.

(1)牵引分子泵.泵腔内有可旋转的转子,转子的四周带有沟槽并用挡板隔开.每一个沟槽就相当于一个单级分子泵,后一级的入口与前一级的出口相连.转子与泵壳之间有 0.01mm 的间隙.气体分子由入口进入泵腔,被转子携带到出口侧,经排气管道由前级泵抽走.牵引分子泵的优点是启动时间短,在分子流态下有很高的压缩比,能抽除各种气体和蒸汽,特别适于抽除较重的气体.其缺点是:抽速小、密封间隙小、工作可靠性较差、易出机械故障等.因此,除特殊需要外,实际上很少应用,曾一度被结构和制造简单、抽速大的扩散泵代替.

(2)涡轮分子泵.随着科学技术的迅速发展,对真空系统也提出了新的要求,特别是对超高真空和无油真空环境的需求,使得过去大量使用的扩散泵抽气系统已不能适应无油清洁超高真空的要求.1958 年,德国人贝克提出了一种不同类型的分子泵,使分子泵在结构上有了重大的突破,这就是可在超高真空下工作的涡轮分子泵.涡轮分子泵是由一系列动、静相间的叶轮相互配合组成,每个叶轮上的叶片与叶轮水平面倾斜成一定角度,动片与定片倾角方向相反.主轴带动叶轮在静止的定叶片之间高速旋转,高速旋转的叶轮将动量传递给气体分子使其产生定向运动,从而实现抽气目的.

（3）复合分子泵.它是由涡轮式和牵引式两种分子泵串联组合起来的一种复合型的分子真空泵,集两种泵的优点于一体.泵在很宽的压力范围内（$10^{-6}\sim1\mathrm{Pa}$）具有较大的抽速和较高的压缩比,大大提高了泵的出口压力.

（4）扩散泵.以低压高速蒸气流（油或汞等蒸气）作为工作介质的喷射真空泵.由于在蒸气射流中气体分子密度始终是很低的,气体分子扩散到蒸气射流中,被送到出口,包括自净化式单级扩散泵和分馏式多级油扩散泵.

（5）喷射真空泵.它是利用从喷咀中喷出的高速介质流来携带气体的真空泵,包括:以液体（通常为水）为工作介质的液体喷射真空泵;以非可凝性气体作为工作介质的气体喷射真空泵;以蒸汽（水、油或汞等蒸气）作为工作介质的蒸汽喷射真空泵.

3）气体捕集式真空泵

气体捕集式真空泵是一种使气体分子吸附或凝结在泵内表面上的真空泵,可分为以下几种形式.

（1）吸附泵,是依靠具有大表面积的吸附剂（如多孔物质）的物理吸附作用来抽气的一种捕集式真空泵.例如,分子筛吸附泵是利用分子筛（一种人工合成的粒度在$1\sim10\mu\mathrm{m}$范围内的沸石）作为吸附剂的一种表面吸附泵.

（2）吸气剂泵,是一种利用吸气剂以化学方式捕获气体的真空泵.吸气剂通常是以块状或薄膜形式存在的金属或合金.例如,钛升华泵（利用加热的方法升华钛并使其沉积在一个冷却的表面上,对气体进行薄膜吸附的抽气装置）和锆铝吸气泵属于这种类型.

（3）吸气剂离子泵,有蒸发离子泵和溅射离子泵两种.它使被电离的气体通过电场或电磁场的作用吸附在吸气材料的表面上,以达到抽气目的.

（4）低温泵,是利用低温（低于$100\mathrm{K}$）表面冷凝和吸附而捕集气体的真空泵.

9.7.3　真空（低压）的测量

1.真空度的测量原理

真空测量就是真空度的测量.真空度以压强表示,单位为帕斯卡（Pa）.压力高意味着真空度低,反之,压力低与真空度高相对应.用以探测低压空间稀薄气体压强所用的仪器称为真空计.在有限的容器内,平衡状态下气体压强满足$p=nkT$,即当气体温度T一定时,气体压强p正比于分子密度n,所以也可以用压强表示真空度.真空技术中遇到的气体压强都很低,如有时要测$10^{-10}\mathrm{Pa}$的压强,直接测量单位面积所承受的力是不可能的.因此,测量真空度的办法通常是在气体中形成一定的物理现象,然后测量这个过程中与气体压力有关的某些物理量,再设法间接确定出真实压力.

　　2.真空计的分类及测量范围

　　1)真空计的种类

　　真空计的种类繁多,测量原理和测量范围各异,几种常见真空计及其测量原理如下.

　　(1)静态液位真空计:利用 U 形管两端液面差来测量压力.

　　(2)弹性元件真空计:利用与真空相连的容器表面受到压强的作用而产生弹性变形来测量压强值的大小.

　　(3)热传导真空计:利用低压下气体热传导与压强有关的原理制成.常用的有电阻真空计和热偶真空计.

　　(4)热辐射真空计:利用低压下气体热辐射与压强有关的原理制成.

　　(5)电离真空计:利用低压下气体分子被电离,产生的离子流随压强变化的原理制成,如热阴极电离真空计、冷阴极电离真空计和放射性电离真空计等.

　　(6)放电管指示器:利用气体放电情况和放电颜色与压力有关的性质判定真空度,一般仅能作为定性测量.

　　(7)黏滞真空计:利用低压下气体与容器壁的动量交换即外摩擦原理制成,如振膜真空计和磁悬浮转子真空计.

　　(8)场致显微仪:利用吸附和解吸时间与压强的关系计算压强.

　　(9)分压力真空计:利用质谱技术进行混合气体分压力测量,常用的有四极质谱计、回旋质谱计和射频质谱计等.

　　2)真空计的测量范围

　　表 9-7 给出了几种常见真空计的压力测量范围.

表 9-7　常见真空计的压力测量范围

真空计名称	测量范围/Pa	真空计名称	测量范围/Pa
U 形水银真空计	$10^5 \sim 10$	高真空电离真空计	$10^{-1} \sim 10^{-5}$
U 形油真空计	$10^4 \sim 1$	高压力电离真空计	$10^2 \sim 10^{-4}$
光干涉油微压计	$1 \sim 10^{-2}$	宽量程电离真空计	$10 \sim 10^{-8}$
压缩式真空计	$10^{-1} \sim 10^{-5}$	放射性电离真空计	$10^5 \sim 10^{-1}$
弹性变形真空计	$10^5 \sim 10^2$	冷阴极磁放电真空计	$1 \sim 10^{-5}$
薄膜真空计	$10^5 \sim 10^{-2}$	磁控管型电离真空计	$10^{-2} \sim 10^{-11}$
振膜真空计	$10^5 \sim 10^{-2}$	热辐射真空计	$10^{-1} \sim 10^{-5}$
热传导真空计	$10^5 \sim 10^{-1}$	分压力真空计	$10^{-1} \sim 10^{-14}$

3. 影响真空度测量精度的常见因素

超高真空系统需要加热烘烤，规管烘烤后，表面除气很好，易吸附气体. 此时，规管相当于一个小"真空泵"，有抽气作用. 结果会造成规管测出的真空度比真空室中实际真空度高的假象.

规管如果装在管路上，这时由于管道阻力影响，管路中各点压力不同. 规管安装距真空泵越近，测得压力越低；反之，离真空泵越远，测得压力越高. 因而，要注意对测量结果的修正.

真空系统暴露在大气中后，电离规会吸附很多气体. 在真空环境下，气体又释放出来，影响测量结果. 为消除这种影响，规管在使用前要彻底除气.

电离规的工作原理是根据阴极发射电子，使气体分子电离，通过测得离子流大小来表示真空度. 电子对不同气体电离效果不同，一般真空规以干燥空气或氮气为测量对象来进行定标，如果测量其他气体，则必须对测量结果进行修正，否则将造成测量误差.

热偶规管是利用气体热传导随压力而变化的原理制成的. 热传导与气体种类有关，而热偶规管是用干燥空气定标的. 测量其他气体同样需要修正.

在采用有油的抽气系统（机械泵、油扩散泵）抽气时，系统中存在大量的有机油蒸气及其分裂物，它们的蒸气压都比较低，因此不能用压缩式真空计进行测量. 当用压缩式真空计测量机械泵的极限真空度时，要比用热传导真空计测得的数据高一个数量级. 用油 U 形压力计测量油蒸气时，因工作油可以溶解油蒸气，所以也不能得到正确的指示.

用热传导真空计或电离真空计测量油蒸气时会因油蒸气污染灯丝或在高温阴极上分解生成碳氢化合物，严重地污染电极和管壁，使热传导情况改变，而使规管的灵敏度和特性发生明显的变化，造成测量误差. 在油蒸气分压高的系统中，低真空时用薄膜真空计进行测量，高真空时用辐射真空计进行测量.

真空室有时具有冷壁、冷阱或热源，这样会使规管处于室温，而真空室空间温度处于低温或高温下；或者若真空规管在校正与测量时的温度不一样，都会造成误差，而且这种影响与压力的高低有关.

4. 特定条件下的真空测量技术

热偶真空计对不同气体成分的真空测量是不同的，这是由不同气体分子的导热系数不同引起的. 通常以干燥空气（或氮气）的相对灵敏度为 1，在测量不同气体的压力时，可根据干燥空气（或氮气）刻度的压力读数，再乘以相应的被测气体的相对灵敏度，就可得到该气体的实际压力.

放电指示管实际上是一种原始的冷阴极电离真空规管. 使用时将它与被测真空系统相接，并在电极上施加数千伏直流高电压，随着放电管内的气体压力逐渐降低，电极间就有放电现象出现. 根据电极间气体放电的形状与压力的关系，真空放电指示管能对被测真空系统的真空度做粗略的测量.

真空放电管还具有一个其他真空仪表所没有的特点,就是不同气体在放电时会产生不同颜色的辉光,根据这个特点,可以鉴别真空系统中的气体种类或检漏.

极高真空测量技术仍是一个有待突破的课题.目前,在现有的各类极高真空仪表中较为可靠的最低测量压力达到 10^{-12}Pa.实际应用的极高真空测量仪器主要有以下几种:改进型的 B-A 式电离真空计、冷阴极磁控式电离真空计和热阴极磁控式电离真空计等.

习题 9

一、选择题

1.三个容器 A、B、C 中装有同种理想气体,其分子数密度之比为 $n_A : n_B : n_C = 4 : 2 : 1$,方均速率之比为 $\overline{v_A^2} : \overline{v_B^2} : \overline{v_C^2} = 1 : 2^2 : 4^2$,则其压强之比 $p_A : p_B : p_C$ 为(　　).

　　A. $1 : 2 : 4$　　　　　　B. $4 : 2 : 1$　　　　　　C. $1 : 1 : 1$　　　　　　D. $4 : 1 : \dfrac{1}{4}$

2.两瓶不同类别的理想气体,设分子平均平动动能相等,但其分子数密度不相等,则(　　).

　　A. 压强相等,温度相等　　　　　　　　B. 温度相等,压强不相等

　　C. 压强相等,温度不相等　　　　　　　D. 压强不相等,温度不相等

3.在一封闭的容器内,理想气体分子的平均速率提高为原来的 2 倍,则(　　).

　　A. 温度和压强都提高为原来的 2 倍　　B. 温度为原来的 2 倍,压强为原来的 4 倍

　　C. 温度为原来的 4 倍,压强为原来的 2 倍　　D. 温度和压强都为原来的 4 倍

4.在一定的温度下,理想气体分子速率分布函数如图 9-14 所示.那么,当气体的温度降低时,应有(　　).

　　A. v_p 变小,而 $f(v_p)$ 不变

　　B. v_p 和 $f(v_p)$ 都变小

　　C. v_p 变小,而 $f(v_p)$ 变大

　　D. v_p 不变,而 $f(v_p)$ 变大

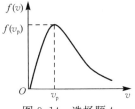

图 9-14　选择题 4

5.温度为 300K 的单原子理想气体的内能是(　　).

　　A. 全部分子的平动动能　　　　　　　　B. 全部分子的平动动能与转动动能之和

　　C. 全部分子的平动动能与转动动能、振动动能之和

　　D. 全部分子的平动动能与分子相互作用势能之和

6.对于一定质量一定种类的理想气体,下面说法正确的是(　　).

　　A. 物体的温度越高,则热量越多　　　　B. 物体的温度越高,则内能越大

　　C. 物体的温度越高,则内能越小　　　　D. 以上说法都不正确

7.一瓶氦气和一瓶氮气质量密度相同,分子平均平动动能相同,而且它们都处于平衡态,则它们(　　).

　　A. 温度相同、压强相同　　　　　　　　B. 温度、压强都不同

　　C. 温度相同,但氦气的压强大于氮气的压强

　　D. 温度相同,但氦气的压强小于氮气的压强

二、填空题

1.有两瓶不同的气体,一瓶是氢气,另一瓶是氦气,它们的压强、温度相同,体积不同.则单位体积内的分子数_____;单位体积内的气体的质量_____;两种气体分子的平均平动动能_____.

2.图 9-15 所示的曲线分别是氢和氧在相同温度下的麦克斯韦速率分布曲线.从图可知氢气分子的最概然速率为_____,氧气分子的最概然速率为_____,氧气分子的方均根速率为_____.

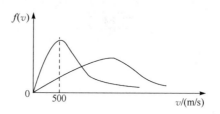

图 9-15　填空题 2

3.一容器内盛有密度为 ρ 的单原子理想气体,其压强为 p,此气体分子的方均根速率为_____,单位体积内气体的内能是_____.

三、计算题

设想每秒有 10^{23} 个氧分子(质量为 32 原子质量单位),以 $500\mathrm{m}\cdot\mathrm{s}^{-1}$ 的速度沿着与器壁成 $45°$ 角的方向撞在面积为 $2\times10^{-4}\mathrm{m}^2$ 的器壁上,求这些分子作用在器壁上的压强.

第10章

热力学的物理基础

热力学是关于热现象的宏观理论. 在热力学中不涉及物质的微观结构和过程,它是以观察和实验为依据,从能量观点出发,研究热力学系统在状态变化过程中有关功、热和能量转化的规律. 热力学的理论基础是热力学第一定律与热力学第二定律. 本章所讨论的状态变化过程都是平衡过程,主要包括理想气体的等值过程、绝热过程以及循环过程等.

10.1 热力学第一定律

10.1.1 热力学过程

热力学系统从一个平衡态到另一个平衡态的变化过程,称为热力学过程.

系统从某一个平衡态开始发生变化,这个平衡态就被破坏了,要经过一段时间后,系统才能达到新的平衡状态,这段时间称为弛豫时间. 如果过程进行得较快,弛豫时间相对较长,系统状态在还未来得及达到新的平衡前,又开始了下一步的变化,在这种情况下系统必然要经历一系列非平衡的中间状态,这种过程称为非平衡过程. 如果过程进行得足够缓慢,其过程经历的时间远远大于弛豫时间,使得过程进行中的每一时刻系统都能建立新的平衡,这样的过程称为平衡过程(也叫做准静态过程). 因为平衡过程的中间状态是一系列平衡态,所以过程的进行可以用系统的一组状态参量的变化来描述. 在热力学中,我们主要研究准静态过程,以后讨论的各种过程,如不特别说明,都是指准静态过程.

准静态过程所经历的每一个中间过程都是平衡态,显然,这样的平衡过程是一种理想过程. 对于实际过程,若弛豫时间远远小于状态变化的时间,这样的实际过程就可以近似看成是平衡过程. 例如,发动机中汽缸压缩气体的时间约为 10^{-2} s,汽缸中气体压强的弛豫时间约为 10^{-3} s,只有过程进行时间的 1/10,如果要求不是非常精确,在讨论气体做功时把发动机中气体压缩的过程作为平衡过程,依然是合理的. 当然,若要求精度较高的话,就必须对讨论的结果作一定的修正.

对于一定量的理想气体来说,按理想气体状态方程 $pV = \nu RT$,它的状态参量 p、V、T 中只有两个是独立的,给定任意两个参量的数值,就确定了第三个参量,即确定了一个平衡态. 我们常用 p-V 图上的一个点来描述相应的一个平衡态. 而 p-V 图上的一条曲线则代表一个平衡过程,因为曲线上的每一点都代表一个平衡态,也就是平衡过程的一个中间状态. 图 10-1 给出了 p-V 图、p-T 图和 V-T 图所表示的等容、等压和等温三个等值过程.

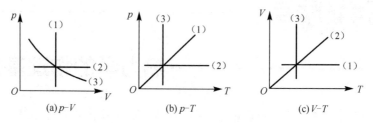

图 10-1　理想气体的平衡过程

10.1.2　功、热量、内能

1. 功

如图 10-2 所示，气缸中的气体在膨胀过程中，为了使过程是一个平衡过程，外界必须提供受力物体使活塞无限缓慢地移动.

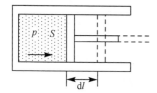

图 10-2　气缸中的气体膨胀的过程

设气体在汽缸中，压强为 p，活塞面积为 S，当活塞向外移动 dl 距离时，气体经历的微小变化过程中，p 视为处处均匀，且不变，则气体推动活塞对外界所做的功为

$$\mathrm{d}W = F\mathrm{d}l = pS\mathrm{d}l = p\mathrm{d}V \tag{10-1}$$

式中，dV 为气体膨胀时体积的微小增量. 由式（10-1）可知，系统对外界做功与气体体积变化有关，所以平衡过程中系统所做功称为体积功.

显然，当气体膨胀时，d$V>0$，d$W>0$，即系统对外界做正功；当气体被压缩时，d$V<0$，d$W<0$，即系统对外界做负功，或外界对系统做正功. 如果系统的体积经过一个平衡过程由 V_1 变为 V_2，则该过程中系统对外界做的功为

$$W = \int \mathrm{d}W = \int_{V_1}^{V_2} p\mathrm{d}V \tag{10-2}$$

式（10-2）中的积分在 p-V 图上表示 $V_1 \sim V_2$ 过程曲线下的面积，所以体积功 W 的数值可用曲线下的面积表示，如图 10-3 所示，所以在一些计算中，对一些特殊过程，直接由计算面积的大小求解体积功可能更简单.

应该指出，式（10-2）虽然是从汽缸中活塞运动推导出来的，但对于任何形状的容器，系统在平衡过程中对外界所做的功都可用此式计算. 系统所做功的数值与过程有关. 如图 10-3 所示，系统从状态 1 经平衡过程到达状态 2，可以沿实线所示的过程进行，也可以沿虚线所示的过程进行，由于过程曲

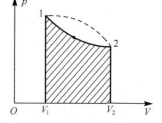

图 10-3　p-V 图中体积功的表示

线下的面积不相等,所以系统对外所做的功也不相等,即体积功是一个与过程相关的过程量.通过做功可以改变系统的能量,从而使系统的状态发生变化.

2. 热量

在系统与外界之间,或系统的不同部分之间转移的无规则热运动能量叫做热量,常用 Q 表示.前面讲过,做功可以改变系统的状态,那么向系统传递热量也能改变系统的状态.例如,将两个温度不同的物体接触,经过一定时间后,最终达到热平衡,两物体的温度相同.在此过程中,则有一定的热量 Q 从高温物体传递给低温物体,使两物体的状态都发生了变化.

焦耳曾经用实验证明:如用做功和传热的方式使系统升高相同温度,所传递的热量和所做的功有一定的比例关系,即

$$1\text{cal 热量} = 4.18\text{J 功}$$

可见,功与热量具有等效性.由力学可知,对系统做功,就是向系统传递能量,若做功与传热等效,则向系统传热也意味着向系统传递能量.所以说热和功一样,也是系统能量变化的量度.

做功和传热是传递能量的两种方式,都能通过能量交换改变系统的状态,在这一点上两者是等效的,但两种方式有本质上的区别.做功是通过物体做宏观位移完成的,其实质是机械运动与系统内分子无规则运动之间的转换,从而实现能量传递.传热是通过分子间相互作用完成的,其实质是外界分子无规则热运动与系统内分子无规则热运动之间的转换,从而实现了能量传递.

物理中规定,系统从外界吸收热量,Q 取正;系统对外界放出热量,Q 取负.有特别规定的情况除外.

在中学我们学过,用比热来计算热量.比热 c 定义为:单位质量的物体温度每升高或降低 1℃所吸收或放出的热量.由定义得热量的计算公式

$$Q = mc(T_2 - T_1) \tag{10-3}$$

式中,m 为气体质量,T_1 和 T_2 分别为过程的初状态和末状态的温度.

以后我们还会学到,可通过热力学第一定律和摩尔热容量计算热量.

3. 系统的内能

系统的内能,是指在一定状态下系统内各种能量的总和,即系统中所有分子无规则运动动能和势能(包括分子振动势能、相互作用势能)的总和.当系统处在一定的状态时,就有一定的内能,系统的内能是其状态的单值函数.内能为态函数,其增量仅与系统的始、末状态有关,而与过程无关.第 9 章将讨论理想气体的内能仅是温度的函数.对于理想气体,内能公式为

$$E = E(T) = \frac{M}{M_{\text{mol}}} \frac{i}{2} RT = \nu \frac{i}{2} RT \tag{10-4}$$

式中,i 为气体分子的自由度,ν 为气体的摩尔数.当系统状态改变时,温度有可能发生变化,对应于一个微小温度变化,内能的变化为

$$dE = \frac{i}{2} \nu R dT \qquad (10\text{-}5)$$

对应于某一变化过程，若理想气体的热力学温度由 T_1 变化到 T_2，则内能的增量为

$$\Delta E = \nu \frac{i}{2} R \Delta T = \frac{M}{M_{\text{mol}}} \frac{i}{2} R(T_2 - T_1) \qquad (10\text{-}6)$$

式中，$\Delta T = T_2 - T_1$ 为温度增量. 显然，ΔT 大于 0 表示该平衡过程使系统温度升高，系统内能增大，ΔE 大于 0；反之亦然.

需要指出的是，内能增量是与过程无关的状态量，它只与系统在过程中始、末状态的温度差有关. 无论经历什么样的过程，只要始、末状态的温度差相等，内能增量都是相同的. 在 $p\text{-}V$ 图中，只要过程曲线的起点和终点相同，曲线形状不同，内能增量也是相同的.

10.1.3 热力学第一定律的建立

一般情况下，当系统状态发生变化时，做功和传热往往是同时存在的. 设有一系统，从外界吸收热量 Q，使系统内能由 E_1 增加到 E_2，同时，系统对外界做功 W，可用数学式表示上述过程，有

$$Q = (E_2 - E_1) + W \qquad (10\text{-}7)$$

式(10-7)即为热力学第一定律的数学表达式. 式(10-7)表明：系统吸收的热量，一部分用来增加内能，另一部分用来对外界做功. 根据前面的讨论，对式(10-7)有如下规定：系统从外界吸热时，$Q > 0$；系统向外界放热时，$Q < 0$. 系统对外界做功时，$W > 0$；外界对系统做功时，即系统对外界做负功时，$W < 0$. 系统内能增加时，$\Delta E > 0$；系统内能减少时，$\Delta E < 0$. 在国际单位制中，热量、功和内能都以焦耳为单位.

对于微小的热力学过程，热力学第一定律可写为

$$dQ = dE + dW \qquad (10\text{-}8)$$

热力学第一定律是涉及热现象领域内的能量守恒定律，它是自然界中的一个普遍规律. 系统状态变化过程中，功与热之间的转换不可能是直接的，总是通过物质系统来完成. 向系统传递热量，使系统内能增加，再由系统内能减少来对外界做功；或者外界对系统做功，使系统内能增加，再由内能减少，系统向外界传递能量.

值得注意的是，热力学第一定律对各种形态的物质（固态、液态、气态）系统都适用，只要求始、末态为平衡态，而中间过程可以是平衡过程，也可以是非平衡过程.

在热力学第一定律确立以前，历史上曾有许多人试图制造出一种机器，它不需要外界提供能量，也不需要消耗系统的内能，而能使系统不断循环地对外界做功，这种机器被称为第一类永动机. 制造第一类永动机的所有尝试都以失败而告终，因为它违背了热力学第一定律. 所以热力学第一定律也可表述为"第一种永动机是不可能制造成功的".

10.2　热力学第一定律对于理想气体的等值过程的应用

对于理想气体的平衡过程中,其状态参量 p, V, T 中有一个参量不变的过程,称为等值过程. 热力学第一定律应用很广泛. 在此仅讨论理想气体在等容、等温及等压三个等值过程中的应用.

10.2.1　等容过程

如图 10-4 所示,设一气缸的活塞固定不动,有一系列温差微小的热源 T_1, T_2, $T_3, \cdots(T_1 < T_2 < T_3 < \cdots)$,气缸与它们依次接触,则使理想气体温度上升,$p$ 也上升,但 V 保持常数,这样的准静态过程称为等容过程(也叫等体过程).

等容过程的特点是体积为恒量,其过程方程为 $\dfrac{p}{T} =$ 常量,过程曲线称为等容线. 如图 10-5 所示,在 $p\text{-}V$ 图中等容线是与 p 轴平行的直线. 由于等容过程中 $\mathrm{d}V = 0$,所以 $W = \displaystyle\int_{V_1}^{V_2} p\mathrm{d}V = 0$,则热力学第一定律变为

$$\mathrm{d}Q_V = \mathrm{d}E \quad （微小过程）$$

$$Q_V = E_2 - E_1 = \frac{M}{M_{\mathrm{mol}}} \frac{i}{2} R(T_2 - T_1) \quad （有限过程） \tag{10-9}$$

式(10-9)说明,在等容过程中,理想气体对外界做功为零,热量等于内能的增量. 如图 10-5所示,当气体从状态 1 经等容降压过程到状态 2 时,气体温度降低,内能减小,系统向外界放出热量;当气体从状态 2 经等容升压过程到状态 1 时,气体温度升高,内能增大,系统从外界吸收热量.

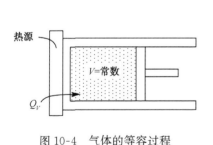

图 10-4　气体的等容过程　　　　　　　　　　　图 10-5　等容过程曲线

10.2.2　等温过程

如图 10-6 所示,在一汽缸的活塞上放置沙粒,汽缸与恒温热源接触. 将沙粒一粒一粒地拿走,则理想气体与外界压强差依次差一微小量,此时体积 V 要增大而温度 T 保持不变,所以 p 要减小,这样的准静态过程称为等温过程.

等温过程的特点是温度为恒量,其过程方程为 $pV=$ 常数,过程曲线称为等温线. 如图 10-7 所示,在 $p\text{-}V$ 图上,等温线为双曲线的一支. 由于等温过程中 $\mathrm{d}T=0$,所以内能变化 $E_2-E_1=0$,应用热力学第一定律,则有

$$\mathrm{d}Q_T=\mathrm{d}W=p\mathrm{d}V \quad (微小过程)$$
$$Q_T=W \quad (有限过程) \tag{10-10}$$

式(10-10)说明,在等温过程中,理想气体的内能保持不变,内能增量为零,系统吸收的热量等于系统对外界做的功. 如图 10-7 所示,当气体从状态 1 经等温膨胀过程到状态 2 时,气体体积增大,系统对外界做正功,从外界吸收热量;当气体从状态 2 经等温压缩过程到状态 1 时,气体体积减小,外界对系统做功,即系统对外界做负功,系统向外界放出热量.

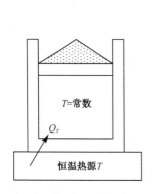

图 10-6 气体的等温过程

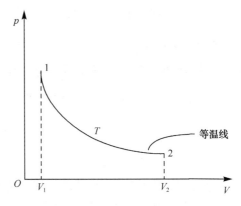

图 10-7 等温过程中功的计算

在等温过程中,气体做功为

$$Q_T=W=\int_{V_1}^{V_2}p\mathrm{d}V=\int_{V_1}^{V_2}\frac{M}{M_{\text{mol}}}RT\frac{1}{V}\mathrm{d}V$$
$$=\frac{M}{M_{\text{mol}}}RT\int_{V_1}^{V_2}\frac{1}{V}\mathrm{d}V=\frac{M}{M_{\text{mol}}}RT\ln\frac{V_2}{V_1} \tag{10-11}$$

根据等温过程方程

$$p_1V_1=p_2V_2$$

则有

$$Q_T=W=\frac{M}{M_{\text{mol}}}RT\ln\frac{p_1}{p_2} \tag{10-12}$$

10.2.3 等压过程

如图 10-8 所示,汽缸活塞上的砝码保持不动,令汽缸与一系列温差微小的热源 $T_1,T_2,T_3,\cdots(T_1<T_2<T_3<\cdots)$ 依次接触,气体的温度会逐渐升高,要保证 $p=$ 常数,即气体压强与外界恒定压强平衡,所以气体体积 V 也要逐渐增大. 这样的准静态

过程称为等压过程.

等压过程的特点是压强为恒量,其过程方程为$\dfrac{V}{T}=$常量,过程曲线称为等压线.
如图 10-9 所示,在 p-V 图中等压线是与 V 轴平行的直线.

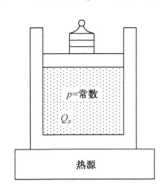

图 10-8　气体的等压过程

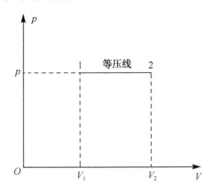

图 10-9　等压过程曲线

等压过程中气体做的功为

$$W=\int_{V_1}^{V_2} p\mathrm{d}V=p(V_2-V_1) \tag{10-13}$$

将理想气体的状态方程代入式(10-13)得

$$W=\int_{V_1}^{V_2} p\mathrm{d}V=p(V_2-V_1)=\frac{M}{M_{\mathrm{mol}}}R(T_2-T_1) \tag{10-14}$$

等压过程中内能增量为

$$E_2-E_1=\frac{M}{M_{\mathrm{mol}}}\cdot\frac{i}{2}R(T_2-T_1) \tag{10-15}$$

将式(10-14)和式(10-15)代入热力学第一定律式(10-7)得

$$Q_p=(E_2-E_1)+W=\frac{M}{M_{\mathrm{mol}}}\cdot\frac{i}{2}R(T_2-T_1)+p(V_2-V_1)$$

$$=\frac{M}{M_{\mathrm{mol}}}\cdot\frac{i}{2}R(T_2-T_1)+\frac{M}{M_{\mathrm{mol}}}R(T_2-T_1)=\frac{M}{M_{\mathrm{mol}}}\frac{i+2}{2}R(T_2-T_1)$$

即

$$Q_p=\frac{M}{M_{\mathrm{mol}}}\frac{i+2}{2}R(T_2-T_1) \tag{10-16}$$

由以上讨论可知,等压过程中,热力学第一定律的三个量(热量、内能和功)都在变化.如图 10-9 所示,气体由状态 1 经等压膨胀过程到状态 2 时,气体体积增大,系统对外界做正功,同时温度升高,气体的内能增大,系统从外界吸收热量;当气体从状态 2 经等压压缩过程到状态 1 时,气体体积减小,外界对系统做功,即系统对外界做负功,气体温度降低,系统内能减小,此时,系统向外界放出热量.

10.3 气体的摩尔热容量

10.3.1 热容量的概念

质量为 M 的物体，从外界吸收热量，温度从 T_1 升到 T_2 时，吸收热量 Q 为

$$Q = Mc(T_2 - T_1) \tag{10-17}$$

式中，c 为物体的比热，Mc 为热容量. 如果取 1mol 的物质，其摩尔质量为 M_{mol}，则相应的热容 $M_{mol}c$ 称为摩尔热容量，用 C 表示，记做 $C = M_{mol}c$. 它表示 1mol 物质温度升高（或降低）1K 时吸收（或放出）的热量，故 C 可表示为

$$C = \frac{dQ}{dT} \tag{10-18}$$

对于同一气体，在经历不同过程中，即使上升同样的温度，即 ΔE 相同，但因做功情况不同，所以 Q 不同，C 不同. 可见气体在经历不同过程时，摩尔热容量是不同的. 最常用的是定容摩尔热容量和定压摩尔热容量. 液体和固体在经过不同的过程中，其体积膨胀非常小，对外界做功可忽略，所以可认为 C 相同，这两种热容量可以不加区别. 气体的摩尔热容量的测定对于了解气体分子的运动规律很有帮助.

10.3.2 气体的定容摩尔热容量 C_V

1mol 物质在等容过程中温度升高 1K 时所吸收热量称为定容摩尔热容量，用 C_V 表示. 设有 1mol 气体，在等容过程中，气体吸收热量 $(dQ)_V$，温度升高了 dT，根据摩尔热容量的定义有

$$C_V = \frac{(dQ)_V}{dT} \tag{10-19}$$

根据理想气体在等容过程中的热力学第一定律可得

$$C_V = \frac{(dQ)_V}{dT} = \frac{dE}{dT} = \frac{d}{dT}\left[\frac{i}{2}RT\right] = \frac{i}{2}R$$

即

$$C_V = \frac{i}{2}R \tag{10-20}$$

式(10-20)说明，理想气体的定容摩尔热容量只与气体分子的自由度有关，而与气体温度无关. 常温下，对于单原子分子理想气体 $C_V = \frac{3}{2}R$，对于刚性双原子分子理想气体 $C_V = \frac{5}{2}R$，对于刚性多原子分子理想气体 $C_V = 3R$.

若已知定容摩尔热容量 C_V，则可计算出 $\frac{M}{M_{mol}}$ mol 理想气体，在体积保持不变，温

度由 T_1 变为 T_2 时,所吸收的热量为

$$Q_V = \frac{M}{M_{mol}} C_V (T_2 - T_1) \qquad (10\text{-}21)$$

10.3.3 气体的定压摩尔热容量 C_p

1mol 物质在等压过程中温度升高 1K 时所吸收热量称为定压摩尔热容量,用 C_p 表示. 设有 1mol 气体,在等压过程中,气体吸收热量$(dQ)_p$,温度升高了 dT,根据摩尔热容量的定义有

$$C_p = \frac{(dQ)_p}{dT} \qquad (10\text{-}22)$$

根据理想气体在等压过程中的热力学第一定律得

$$C_p = \frac{(dQ)_p}{dT} = \frac{dE + PdV}{dT} = \frac{dE}{dT} + P\frac{dV}{dT}$$

$$= C_V + P\frac{dV}{dT} \qquad (10\text{-}23)$$

因为 1mol 理想气体有 $pV = RT$,在等压过程中有 $pdV = RdT$,代入式(10-23)得

$$C_p = C_V + R \qquad (10\text{-}24)$$

式(10-24)表明,理想气体的定压摩尔热容量 C_p 等于定容摩尔热容量 C_V 与普适气体常量 R 之和. 此式为迈耶公式. 式(10-24)指出了普适气体常量 R 的物理意义,即 1mol 理想气体,在温度升高 1K 时,等压过程比等容过程多吸收了 8.31J(R 值)的热量,转化为膨胀过程中系统对外所做的功.

将 $C_V = \frac{i}{2}R$ 代入迈耶公式(10-24),得定压摩尔热容量为

$$C_p = C_V + R = \frac{i+2}{2}R \qquad (10\text{-}25)$$

式(10-25)说明定压摩尔热容量也只与气体的自由度有关. 常温下,单原子分子理想气体 $C_p = \frac{5}{2}R$,刚性双原子分子理想气体 $C_p = \frac{7}{2}R$.

若已知定压摩尔热容量 C_p,则可计算出 $\frac{M}{M_{mol}}$ mol 理想气体,在压强保持不变,温度由 T_1 变为 T_2 时,所吸收的热量为

$$Q_p = \frac{M}{M_{mol}} C_p (T_2 - T_1) \qquad (10\text{-}26)$$

10.3.4 比热容比 γ

通常把定压摩尔热容量与定容摩尔热容量之比称为比热容比,以 γ 表示,即

$$\gamma = \frac{C_p}{C_V} = \frac{i+2}{i} \qquad (10\text{-}27)$$

对于单原子分子,$\gamma=\dfrac{5}{3}\approx1.67$;对于刚性双原子分子 $\gamma=\dfrac{7}{5}\approx1.40$;对于刚性多原子

分子 $\gamma=\dfrac{8}{6}\approx1.33$. 表 10-1 列举了一些气体摩尔热容量的实验数据. 从表中可以看出,对单原子分子和双原子分子组成的各种气体,C_p、C_V 和 γ 的理论值与实验值相近,对多原子分子,C_p、C_V 和 γ 的理论值和实验值相差较大,而且 C_V 不是常数,是随温度而变化的,说明经典理论是近似理论. 要解决此问题,只有借助于量子理论,在此不作讨论. 今后在计算有关问题时可用理论值.

表 10-1　气体摩尔热容量的实验数据（C_p,C_V 的单位用 $\mathrm{J\cdot mol^{-1}\cdot K^{-1}}$）

原子数	气体的种类	C_p	C_V	C_p-C_V	$\gamma=\dfrac{C_p}{C_V}$
单原子	氦	20.95	12.61	8.34	1.66
	氩	20.90	12.53	8.37	1.67
双原子	氢	28.8	20.47	8.33	1.41
	氮	28.88	20.56	8.32	1.40
	一氧化碳	29.0	21.2	7.8	1.37
	氧	29.61	21.16	8.45	1.40
三个以上的原子	水蒸气	36.2	27.8	8.4	1.30
	甲　烷	35.6	27.2	8.4	1.31
	氯　仿	72.0	63.7	8.3	1.13
	乙　醇	87.5	79.1	8.4	1.11

例 10-1　0.02kg 的氦气（视为理想气体）,温度由 17℃升为 27℃,若在升温过程中,(1)体积保持不变;(2)压强保持不变. 试分别求出气体内能的改变、吸收的热量、气体对外界做的功.

解　氦气为单原子分子气体,其自由度 $i=3$.

(1)等容过程:$V=$ 常量,所以气体对外界所做的功为 $W=0$. 由热力学第一定律

$$Q=\Delta E+W$$

得

$$Q=\Delta E=\frac{M}{M_{\mathrm{mol}}}C_V(T_2-T_1)$$

将

$$M=0.02\mathrm{kg},\quad M_{\mathrm{mol}}=4\times10^{-3}\mathrm{kg\cdot mol^{-1}}$$

$$C_V=\frac{3}{2}R=\frac{3}{2}\times8.31\mathrm{J\cdot mol^{-1}\cdot K^{-1}}$$

$$T_2=273+27=300\mathrm{K},\quad T_1=273+17=290\mathrm{K}$$

代入上式得

$$Q\approx623\mathrm{J}$$

(2)等压过程,p＝常量,因为两种过程的温度变化相同,所以内能增量 ΔE 与(1)相同,根据定压摩尔热容量可得

$$Q=\frac{M}{M_{\mathrm{mol}}}C_p(T_2-T_1)=1.04\times10^3\mathrm{J}$$

式中,$C_p=\frac{5}{2}R=\frac{5}{2}\times8.31\mathrm{J}\cdot\mathrm{mol}^{-1}\cdot\mathrm{K}^{-1}$,根据热力学第一定律,气体对外界所做的功为

$$W=Q-\Delta E=417\mathrm{J}$$

由此例子可看出,气体从初状态经不同过程到同一末状态,内能增量相同,是与过程无关的量,所吸收热量和做功不同,是与过程有关的量.

例 10-2　如图 10-10 所示,一定量的单原子理想气体经历 $ABCD$ 过程,其中 AB 为等压过程,BC 为等容过程,CD 为等温过程,试问:全部过程中,气体所做的功、热量及内能各是多少?

解　因为总功等于三个过程所做功的代数和,即

$$W=W_{AB}+W_{BC}+W_{CD}$$

式中,等压过程做功为

$$W_{AB}=p(V_B-V_A)=pV$$

等容过程做功为

$$W_{BC}=0$$

等温过程做功为

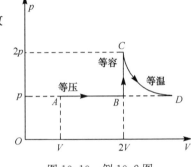

图 10-10　例 10-2 图

$$W_{CD}=\frac{M}{M_{\mathrm{mol}}}RT_C\ln\frac{V_D}{V_C}=p_CV_C\ln\frac{p_C}{p_D}=4pV\ln 2$$

所以全部过程中所做的总功为

$$W=pV+4pV\ln 2$$

全部过程吸收的热量为三个过程热量的代数和.三个过程中,气体均从外界吸热,即

$$Q=Q_{AB}+Q_{BC}+Q_{CD}$$

式中,等压过程吸热为

$$Q_{AB}=\frac{M}{M_{\mathrm{mol}}}\cdot\frac{i+2}{2}R(T_B-T_A)=\frac{i+2}{2}(p_BV_B-p_AV_A)=\frac{5}{2}pV$$

等容过程吸热为

$$Q_{BC}=E_C-E_B=\frac{M}{M_{\mathrm{mol}}}\cdot\frac{i}{2}R(T_C-T_B)=\frac{i}{2}(p_CV_C-p_BV_B)=\frac{3}{2}\cdot 2pV=3pV$$

等温膨胀过程吸热为

$$Q_{CD}=W_{CD}=4pV\ln 2$$

所以总吸收热量为

$$Q = \frac{11}{2} pV + 4pV\ln 2$$

内能的计算，可利用热力学第一定律得

$$\Delta E = Q - W = \frac{11}{2} pV + 4pV\ln 2 - (pV + 4pV\ln 2) = \frac{9}{2} pV$$

也可根据内能是状态量，由内能公式得

$$\Delta E = E_D - E_A = \frac{M}{M_{\text{mol}}} \frac{i}{2} R(T_D - T_A) = \frac{i}{2} (p_D V_D - p_A V_A)$$

$$= \frac{3}{2} (p_C V_C - p_A V_A) = \frac{9}{2} pV$$

上面的计算也说明，功和热量为过程量，内能为状态量.

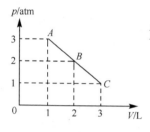

图 10-11　例 10-3 图

例 10-3　一定质量的理想气体，由状态 A 经 B 到达 C，如图 10-11 所示，ABC 为一直线. 求此过程中：

（1）气体对外界做的功；

（2）气体内能的增加；

（3）气体吸收的热量.

解　（1）气体对外界做的功为直线 AC 下的面积，即

$$W = \frac{1}{2} (p_C + p_A)(V_C - V_A)$$

将已知条件代入上式得

$$W = 405.2\text{J}$$

（2）由图 10-11 可以看出，$p_A V_A = p_C V_C$，所以 $T_A = T_C$，则气体内能增量为

$$\Delta E = 0$$

（3）由热力学第一定律得

$$Q = \Delta E + W = 0 + 405.2\text{J} = 405.2\text{J}$$

由此题可以看出，对 AC 的直线过程，通过面积计算功很方便.

10.4　绝　热　过　程

所谓绝热过程是系统在与外界完全没有热量交换情况下发生的状态变化过程，当然这是一种理想过程. 对于实际发生的过程，只要满足一定的条件，就可以近似看成绝热过程. 例如，用绝热性能良好的绝热材料将系统与外界分开，或者让过程进行得非常快，以致系统还来不及与外界进行明显的热交换时，过程已经完成了.

绝热过程的特征是 $Q=0$ 或 $dQ=0$，由热力学第一定律有

$$W = -\Delta E \tag{10-28}$$

对于微小的元过程有

$$dW = -dE \tag{10-29}$$

式(10-28)和式(10-29)说明,气体所做的功等于气体内能增量的负值. 在气体绝热膨胀过程中,系统对外界做正功,系统的内能减少,即对外界做功必须以消耗系统的内能为代价;当气体绝热压缩时,系统对外界做负功(亦外界对系统做正功),则系统的内能就增加.

绝热过程不是等值过程,在绝热过程中,系统的状态参量 p、V、T 均变化. 描述其过程曲线的方程即绝热过程方程为

$$pV^{\gamma}=C_1\,(常量) \tag{10-30}$$

$$V^{\gamma-1}T=C_2\,(常量) \tag{10-31}$$

$$p^{\gamma-1}T^{-\gamma}=C_3\,(常量) \tag{10-32}$$

下面我们来推导理想气体的绝热过程方程.

10.4.1　绝热过程方程的推导

根据理想气体的物态方程

$$pV=\nu RT$$

将上式两边全微分得

$$p\mathrm{d}V+V\mathrm{d}p=\nu R\mathrm{d}T \tag{10-33}$$

对于平衡态绝热过程的热力学第一定律 $\mathrm{d}W=-\mathrm{d}E$ 有

$$\mathrm{d}E=\nu C_V\mathrm{d}T$$

所以

$$p\mathrm{d}V=-\nu C_V\mathrm{d}T \tag{10-34}$$

将式(10-33)和式(10-34)相除消去 $\mathrm{d}T$,得到

$$1+\frac{V\mathrm{d}p}{p\mathrm{d}V}=-\frac{R}{C_V}$$

即得

$$\frac{V\mathrm{d}p}{p\mathrm{d}V}=-\frac{R}{C_V}-1=-\frac{C_V+R}{C_V}=-\frac{C_p}{C_V}=-\gamma \tag{10-35}$$

式中,γ 为比热容比. 将式(10-35)两边同乘以 $\dfrac{\mathrm{d}V}{V}$,即进行分离变量得

$$\frac{\mathrm{d}p}{p}=-\gamma\frac{\mathrm{d}V}{V}$$

将上式两边积分得

$$\ln p=-\gamma\ln V+C=-\ln V^{\gamma}+C$$

即

$$\ln pV^{\gamma}=C$$

式中,C 为积分常数. 故得到绝热过程方程(10-30):

$$pV^{\gamma}=C_1\,(常量)$$

上式称为绝热过程的泊松方程.

将上面的式(10-33)和式(10-34)两式中消去 $\mathrm{d}p$ 或 $\mathrm{d}V$,可得另外两个绝热过程方程(10-31)和(10-32),即

$$V^{\gamma-1}T=C_2（常量）$$
$$p^{\gamma-1}T^{-\gamma}=C_3（常量）$$

上述方程只适用于绝热过程,一般情况下,C_1、C_2、C_3 互不相等.

10.4.2　绝热线与等温线的讨论

如图 10-12 所示,(a)是等温过程曲线,(b)是绝热过程曲线. 从图中可以看出,一定量的理想气体从同一状态 A 出发,绝热线要比等温线变化陡一些,亦即发生相同的体积变化 ΔV 时,绝热过程的压强变化绝对值$|\Delta p|$要比等温过程大一些. 这可以从数学的曲线斜率来解释.

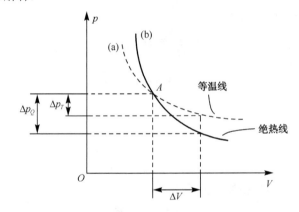

图 10-12　绝热过程与等温过程的比较

由绝热过程的泊松方程 $pV^{\gamma}=C_1$（常量）,两边取全微分得

$$\gamma pV^{\gamma-1}\mathrm{d}V+V^{\gamma}\mathrm{d}p=0$$

即可得绝热线的斜率为

$$\left(\frac{\mathrm{d}p}{\mathrm{d}V}\right)_Q=-\gamma\frac{p}{V}\quad（A\text{ 点切线斜率}） \tag{10-36}$$

由等温过程方程 $pV=C$（常量）得

$$p\mathrm{d}V+V\mathrm{d}p=0$$

即

$$\left(\frac{\mathrm{d}p}{\mathrm{d}V}\right)_T=-\frac{p}{V}\quad（A\text{ 点切线斜率}） \tag{10-37}$$

比较式(10-36)和式(10-37),因为 $\gamma=\dfrac{i+2}{i}>1$　所以有

$$\left|\left(\frac{\mathrm{d}p}{\mathrm{d}V}\right)_Q\right|>\left|\left(\frac{\mathrm{d}p}{\mathrm{d}V}\right)_T\right| \tag{10-38}$$

式(10-38)说明在 p-V 图上同一点的绝热线斜率的绝对值大于等温线斜率的绝对值,所以绝热线要陡些.

绝热过程的压强变化大于等温过程的压强变化,也可用气体动理论来加以解释.假设气体从 A 点开始体积增加 ΔV,由 $pV=C$ 及 $pV^\gamma=C_1$ 知,无论是等温过程还是绝热过程,p 都减小.由理想气体状态方程 $p=\dfrac{M}{M_{\text{mol}}}RT\cdot\dfrac{1}{V}$ 知,气体等温膨胀时,引起压强 p 减小的只有体积 V 这个因素,而气体绝热膨胀时,由于气体膨胀对外界做功时降低了温度,即 $\Delta T<0$,所以引起压强 p 减小的因素除了体积 V 的增加外,还有 T 减小,因此,ΔV 相同时,绝热过程压强的减小要比等温过程多.

例 10-4　一定量的理想气体经绝热过程由状态 Ⅰ(p_1,V_1)变化到状态 Ⅱ(p_2,V_2),求此过程中气体对外界做的功.

解法一　根据绝热过程方程 $pV^\gamma=C_1$ 有

$$W=\int_{V_1}^{V_2}p\mathrm{d}V=\int_{V_1}^{V_2}\frac{C_1}{V^\gamma}\mathrm{d}V$$

$$=\frac{1}{1-\gamma}\Big(\frac{C_1}{V_2^{\gamma-1}}-\frac{C_1}{V_1^{\gamma-1}}\Big)$$

$$=\frac{p_2V_2-p_1V_1}{1-\gamma}$$

解法二　根据绝热过程的热力学第一定律得

$$W=-(E_2-E_1)=-\frac{M}{M_{\text{mol}}}\frac{i}{2}R(T_2-T_1)=-\frac{i}{2}(p_2V_2-p_1V_1)$$

$$W=\frac{p_2V_2-p_1V_1}{1-\gamma}$$

此题得出的求解绝热过程气体所做的功的表达式 $W=\dfrac{p_2V_2-p_1V_1}{1-\gamma}$,可作为结论来应用,所以今后计算绝热过程的功可直接应用此公式.

10.5　循环过程　卡诺循环

10.5.1　循环过程

在生产实践中需要持续不断地把热转换为功,但依靠一个单独的变化过程不能达到这个目的.例如,汽缸中气体看成是理想气体,从外界吸收热量,使它作等温膨胀,根据热力学第一定律,气体吸收的热量全部转换为对外界所做的机械功.但是,由于汽缸长度总是有限的,这个过程不能无限地进行下去,所以依靠气体等温膨胀所做的功是有限的,为了不断地把热量转变为功,必须利用循环过程.

系统由最初状态经历一系列的变化后又回到最初状态的整个过程称为循环过

程,也可简称循环. 准静态（平衡）的循环过程,可用 p-V 图上的一条闭合曲线来表示,
如图 10-13 中的 $ABCDA$ 所示.

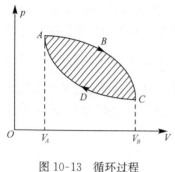

图 10-13　循环过程

如图 10-13 所示,工作物质从 A 状态经过一系列变化过程又回到 A 状态,完成一次循环,其内能保持不变,即 $\Delta E = 0$,这是循环过程一个很重要的特征. 完成一次循环过程,工作物质既有吸热也有放热,既有对外界做正功,也有对外界做负功（外界对工作物质做功）,我们把吸热与放热之差,称为净热量,正功和负功的总和称为净功. 如图 10-13 所示,净功即为循环曲线围成图形的面积. 根据热力学第一定律可知系统从外界吸收的净热量一定等于系统对外界所做的净功,或外界在系统的一次循环过程中对系统做的功等于系统对外界放出的净热量,即

$$Q_{净} = W_{净}$$

循环过程分为正循环和逆循环两类. 在 p-V 图上,若循环进行的过程曲线沿顺时针方向,则称为正循环,也叫顺时针循环. 正循环是工作物质把吸收热量的一部分变为有用功,即工作物质对外界做正功,对应的是热机循环. 我们把这种通过工作物质不断地把吸收的热量转换为机械功的装置称为热机,如蒸汽机、内燃机、汽轮机、喷气发动机等. 在 p-V 图上,若循环进行的过程曲线是沿逆时针方向,则称为逆循环,也叫逆时针循环. 逆循环是依靠外界对工作物质做功,使工作物质由低温热源吸热而向高温热源放热,对应的是制冷循环. 我们把这种外界对系统做功使系统吸收热量的装置称为制冷机,如冰箱、空调制冷等.

10.5.2　循环效率

对于热机,其效能的一个重要指标就是效率,即吸收的热量中有多少转换为有用的功. 热机效率在理论和实践上都是很重要的,下面简单讨论热机的效率问题.

设热机工质通过正循环过程 $ABCDA$,如图 10-13 所示,系统在膨胀过程 ABC 中吸热 Q_1,同时对外界做功 A_1,A_1 值为图中曲线 ABC 与 $V_A \sim V_B$ 段的面积,取正值;而系统在压缩过程 CDA 中,外界对系统做功 A_2,A_2 值为图中曲线 CDA 与 $V_A \sim V_B$ 段的面积,同时放热,用 Q_2 表示其绝对值. 在一个完整的循环中,系统对外界所做的净功为 p-V 图中循环曲线 $ABCDA$ 所包围的面积（图中的斜线部分）,即

$$W = W_1 - W_2 > 0$$

对整个循环 $\Delta E = 0$,根据热力学第一定律,在一个循环中,体系吸收的净热量为

$$Q = Q_1 - Q_2 = W$$

在一个完整的循环中,系统对外界做的净功 W 与吸收的热量 Q_1 的比值,称为热机效率或循环效率,即

$$\eta = \frac{W}{Q_1} \tag{10-39}$$

因净功为 $W = Q_1 - Q_2$，式(10-39)还可表示为

$$\eta = 1 - \frac{Q_2}{Q_1} \tag{10-40}$$

在实际应用中，根据已知条件可以选择上面两个式子中的一个进行计算.

以上讨论的是热机的效率，那么对于制冷机，我们关心的是制冷效率，用制冷系数表示，定义制冷系数为制冷机从低温热源吸收的热量 Q_2 与外界对制冷机所做的功 W 之比，用 ω 表示，即

$$\omega = \frac{Q_2}{W} \tag{10-41}$$

对于一个完整的逆循环，系统从低温热源吸收的热量为 Q_2，外界对系统所做的功为 W，则系统向高温热源放出热量 Q_1 为

$$Q_1 = W + Q_2$$

将此式代入上式得制冷系数为

$$\omega = \frac{Q_2}{W} = \frac{Q_2}{Q_1 - Q_2} \tag{10-42}$$

从实用观点看，最佳的制冷机应是消耗最少的功，从低温热源吸收最多的热量.

制冷机的制冷系数是完全可以大于 1 的. 假设制冷系数为 5，则外界对系统做 1J 的功就可以从低温热库吸收 5J 的热量，在高温热库放出的热量就是 6J. 因此，如果我们将制冷机反过来应用于制热(如取暖)，使用 1J 的电能就可以在其高温热库获得 6J 的热能. 这时的制冷机就成为热泵了.

例 10-5　双原子理想气体为工作物质的热机循环，如图 10-14 所示. AB 为等容过程，BC 为绝热过程，CA 为等压过程. p_1, p_2, V_1, V_2 为已知，求此循环过程的效率.

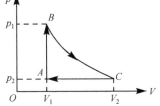

图 10-14　例 10-5 图

解　设气体的质量为 m，摩尔质量为 M_{mol}，AB 为等容过程，则过程中吸收的热量为

$$Q_1 = \frac{m}{M_{mol}} C_V (T_B - T_A) = \frac{m}{M_{mol}} \frac{5}{2} R (T_B - T_A) = \frac{5}{2}(p_1 - p_2)V_1$$

CA 为等压过程，过程中放出的热量为

$$Q_2 = \frac{m}{M_{mol}} C_p (T_C - T_A) = \frac{m}{M_{mol}} \frac{7}{2} R (T_C - T_A) = \frac{7}{2} p_2 (V_2 - V_1)$$

所以循环过程的效率为

$$\eta = 1 - \frac{Q_2}{Q_1} = 1 - \frac{7 p_2 (V_2 - V_1)}{5 V_1 (p_1 - p_2)}$$

例 10-6　一定量的理想气体氦，经历图 10-15 所示的循环，求热机效率.

解 题中的热机循环由两个等压过程和两个等容过程组成. 其中, AB 等压膨胀和 DA 等容增压为吸热过程, BC 等容降压和 CD 等压压缩为放热过程.

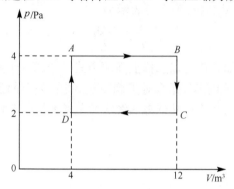

图 10-15 例 10-6 图

由于循环过程中系统对外界所做的净功 W, 在本题中很容易由 p-V 图中循环曲线所包围的矩形面积计算, 故可采用 $\eta = \dfrac{W}{Q_1}$ 计算热机效率.

整个循环过程的净功为

$$W = S_{ABCD} = (V_B - V_A)(p_A - p_D) = 8 \times 2 = 16(\text{J})$$

从高温热库吸入的总热量为

$$
\begin{aligned}
Q_1 &= Q_{AB} + Q_{DA} = \nu C_p (T_B - T_A) + \nu C_V (T_A - T_D) \\
&= \frac{5}{2}\nu R(T_B - T_A) + \frac{3}{2}\nu R(T_A - T_D) \\
&= \frac{5}{2}(p_B V_B - p_A V_A) + \frac{3}{2}(p_A V_A - p_D V_D) \\
&= \frac{5}{2}(4 \times 12 - 4 \times 4) + \frac{3}{2}(4 \times 4 - 2 \times 4) = 92(\text{J})
\end{aligned}
$$

故热机效率为

$$\eta = \frac{W}{Q_1} = \frac{16}{92} \approx 17.4\%$$

10.5.3 卡诺循环

19 世纪初, 蒸汽机的效率很低, 一般不到 5%, 也就是有 95% 以上的热量没有被利用. 为了提高热机的效率, 很多科学家和工程师开始从理论上研究热机的效率问题. 1824 年法国青年工程师卡诺就是在这样的情况下提出了卡诺循环. 虽然卡诺循环是一种理想循环, 但是它对实际热机的研制及热机效率的提高指明了方向, 具有重要的指导意义, 也为热力学第二定律的建立奠定了基础.

卡诺循环是在两个温度恒定的热源(一个是高温热源,另一个是低温热源)之间工作的循环过程,它是由两个等温和两个绝热的平衡过程组成的,如图 10-16 所示.在循环过程中,工作物质(系统或工质)只和温度为 T_1 的高温热库和温度为 T_2 的低温热库交换热量,按卡诺循环运行的热机和制冷机,分别称为卡诺热机和卡诺制冷机.

10.5.4　卡诺热机的效率

图 10-16 所示是卡诺正循环,即热机循环,它有如下四个分过程:

在 $A{\to}B$ 的等温膨胀过程中,系统从温度为 T_1 的高温热源吸入热量 Q_{AB},设工作物质是理想气体,由等温过程的热量公式有

$$Q_1 = Q_{AB} = \frac{M}{M_{\text{mol}}}RT_1\ln\frac{V_2}{V_1}$$

在 $B{\to}C$ 的绝热膨胀过程中,$Q_{BC}=0$,由热力学第一定律

$$W_{BC} = -(E_C - E_B) = -\frac{M}{M_{\text{mol}}}C_V(T_2 - T_1) > 0$$

在 $C{\to}D$ 的等温压缩过程中,系统向温度为 T_2 的低温热源放出热量 $|Q_{CD}|$.

由等温过程的热量公式有

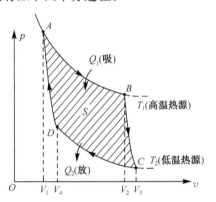

图 10-16　卡诺正循环

$$Q_2 = |Q_{CD}| = \frac{M}{M_{\text{mol}}}RT_2\ln\frac{V_3}{V_4}$$

在 $D{\to}A$ 的绝热压缩过程中,$Q_{DA}=0$,

$$W_{DA} = -(E_A - E_D) = -\frac{M}{M_{\text{mol}}}C_V(T_1 - T_2) < 0$$

于是卡诺热机的效率为

$$\eta_{\text{卡}} = 1 - \frac{Q_2}{Q_1} = 1 - \frac{T_2\ln\dfrac{V_3}{V_4}}{T_1\ln\dfrac{V_2}{V_1}}$$

因系统的状态 B,C 和状态 D,A 分别是两个绝热过程的初、末态,所以可用绝热过程方程 $TV^{\gamma-1}=$ 常量,得

$$T_1 V_2^{\gamma-1} = T_2 V_3^{\gamma-1}$$

$$T_1 V_1^{\gamma-1} = T_2 V_4^{\gamma-1}$$

两式相除可得

$$\left(\frac{V_1}{V_2}\right)^{\gamma-1} = \left(\frac{V_4}{V_3}\right)^{\gamma-1}$$

即

$$\frac{V_2}{V_1}=\frac{V_3}{V_4}$$

将此式代入效率公式得

$$\eta_{卡}=1-\frac{T_2}{T_1} \tag{10-43}$$

由式(10-43)可见,理想气体的准静态卡诺热机的效率只由高温热源和低温热源的温度而定. 因此,它为我们提供了提高热机效率的基本方法,即可以提高高温热源的温度,或者降低低温热源的温度. 显然,实用的方法是提高高温热源温度. 在蒸汽机之后发明的内燃机就是在式(10-43)的指导下实现的. 此公式后来被证明是在相同温度差的高低温热源之间工作的热机的最大效率. 由于不可能获得 $T_1=\infty$ 或 $T_2=0\text{K}$ 的热源,卡诺热机的效率总是小于 1.

如果理想气体进行卡诺制冷循环,即在 $p\text{-}V$ 图所示的循环过程是逆时针的,让气体从 A 绝热膨胀到 D,然后再从 D 等温膨胀到 C,接着再绝热压缩到 B,最后经等温压缩到 A,从而完成一个逆循环. 整个循环过程中,工质(理想气体)从低温热源吸热

$$Q_2=Q_{DC}=\nu RT_2\ln\frac{V_3}{V_4}$$

向高温热源放热

$$Q_1=|Q_{BA}|=\nu RT_1\ln\frac{V_2}{V_1}$$

同样可得卡诺制冷机的制冷系数为

$$\omega=\frac{Q_2}{W}=\frac{Q_2}{Q_1-Q_2}=\frac{T_2}{T_1-T_2} \tag{10-44}$$

从式(10-44)可见,低温热库的温度越低,制冷系数就越小,要进一步制冷就越困难. 因此,制冷机的制冷系数不是由机器性能唯一决定的,还与外界条件有关. 温差越小,制冷效果越好. 若高低温热库的温差越大,制冷系数就越小,制冷的能耗就大.

例 10-7 如图 10-17 所示,一定量双原子理想气体做卡诺循环,热源温度 $T_1=$ 400K,冷却器温度 $T_2=280\text{K}$,$p_1=10\text{atm}$,$V_1=10\times10^{-3}\text{m}^3$,$V_2=20\times10^{-3}\text{m}^3$. 试求:

(1) p_2,p_3,p_4,V_3,V_4;

(2)循环过程中气体所做的功;

(3)从热源吸收的热量;

(4)循环的效率.

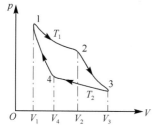

图 10-17 例 10-7 图

解 (1)1→2 等温过程

$$p_1V_1=p_2V_2$$

所以

$$p_2 = p_1 \frac{V_1}{V_2} = 5 \mathrm{atm}$$

2→3 绝热过程

$$T_1 V_2^{\gamma-1} = T_2 V_3^{\gamma-1}$$

所以

$$V_3 = 48.8 \times 10^{-3} \mathrm{m}^3$$

$$p_2 V_2^{\gamma} = p_3 V_3^{\gamma}$$

所以

$$p_3 = 1.43 \mathrm{atm}$$

4→1 绝热过程

$$T_2 V_4^{\gamma-1} = T_1 V_1^{\gamma-1}$$

所以

$$V_4 = 24.4 \times 10^{-3} \mathrm{m}^3$$

3→4 等温过程

$$p_3 V_3 = p_4 V_4$$

所以

$$p_4 = 2.86 \mathrm{atm}$$

（2）1→2 等温吸热过程

$$Q_1 = \nu R T_1 \ln \frac{V_2}{V_1} = p_1 V_1 \ln \frac{V_2}{V_1} = 7.0 \times 10^3 \mathrm{J}$$

3→4 等温放热过程

$$Q_2 = \nu R T_2 \ln \frac{V_3}{V_4} = p_3 V_3 \ln \frac{V_3}{V_4} = 4.9 \times 10^3 \mathrm{J}$$

循环过程中气体所做的功为

$$W = Q_1 - Q_2 = 2.1 \times 10^3 \mathrm{J}$$

（3）从热源吸收的热量

$$Q = Q_1 = 7.0 \times 10^3 \mathrm{J}$$

（4）循环的效率

$$\eta = \frac{W}{Q_1} = 1 - \frac{Q_2}{Q_1} = 1 - \frac{T_2}{T_1} = 30\%$$

10.6 热力学第二定律

10.6.1 热力学第二定律

热力学第一定律指出,各种形式的能量在相互转化的过程中必须满足能量守恒定律,对过程进行的方向和限度并没有给出任何限制.但在不违反能量守恒定律的条件下,许多实际的热力学过程并不能进行.例如,两个不同温度的物体相互接触时,热量总是从高温物体传给低温物体,这就是热传导过程,但相反的过程,即热量自动地从低温物体传给高温物体的过程,却不可能发生;运动物体的机械能可以通过克服摩擦力做功而转化为热能,却从未见过静止物体吸收热量并将其自动地转化成机械能而运动起来;在容器中被隔在一半空间内的气体,当抽开隔板向另一半空间扩散后,而全部气体不会自动收缩回到原来的一半空间.这些现象说明自然界中的热力学过程的进行都是有方向的.那么,在一定条件下热力学过程朝哪个方向进行?进行到什么程度为止?这些问题都无法用热力学第一定律来判定,从而产生了独立于第一定律的第二定律.热力学第二定律正是反映了自然界中热力学过程的方向性问题.热力学第二定律是人们在一定生产实践中,在研究热机效率等问题的基础上被发现的,是经验的总结.

热力学第二定律的表述方式很多,常用的表述方式有两种,即开尔文表述（开氏表述）和克劳修斯表述（克氏表述）.

热力学第一定律告诉我们,$\eta > 1$的第一类永动机（$W > Q_1$）是造不出来的,那么,$\eta = 1$的热机并不违反能量守恒定律,能否造成呢?这又是一个很吸引人的目标,尤其在19世纪初热机的效率还不足10%的情况下,人们幻想着这样一种热机:它只从单一热源吸收热量而完全变为有用的功.卡诺的工作指出,热机必须工作于两个热源之间,即通过向低温热源放热,才能回到初始状态而周而复始地工作.在卡诺工作的基础上,1851年开尔文指出:不可能制成一种循环动作的热机,只从单一热源吸取热量,使之完全变为有用功,而不引起其他变化.这就是开尔文表述.

这里所谓"不引起其他变化"是指除了吸热做功,即有热运动的能量转化为机械能外,不再引起周围的任何其他变化.不能把开尔文表述简单地理解为热量不能全部转变为功.事实上理想气体的等温膨胀过程,有$Q = A$,实现了完全的热功转换,也就是将吸入的热量全部转变为功,但该过程使气体的体积增加了,气体不能回到原状态,也就是产生了其他影响.

开尔文表述的另一种说法是:第二类永动机是不可能实现的.

所谓第二类永动机是指能够从单一热源吸热,使之完全变成有用的功而不产生其他影响的机器.这种永动机不是热力学第一定律所否定的永动机,它并不违背热力学第一定律,是将热量全部变为有用功的热机或效率$\eta = 1$的机器.显然,这种机器可以利用大气或海洋作为单一热源,从那里不断吸取热量而做功,而这种热量实际上是用之不尽的,因而称为第二类永动机.热力学第二定律指出,企图通过这种方式利用自然界的内能是不可能的.有人曾估算过,如果能制成这种机器的话,那么以海洋作为热源,把全世界海水温度降低1℃,则它所放出的能量约等于10^{14}吨煤燃烧时所放出的能量.热力学第二定律确立以后,第二类永动机就只是一种幻想,是不可能制成的.大量事实证明,在任何情况下,热机都不可能只有一个热源,热机要周而复始地工作,把吸收的热量变为有用功,就不可避免地要将一部分热量传给低温热源.

克劳修斯在研究另一类自然现象的基础上,于 1850 年总结提出了热力学第二定律的另一种表述方式:热量不能自动地从低温物体传到高温物体,这就是克劳修斯表述.

这里特别要注意"自动地"的提法.克劳修斯表述并不是说热量不能从低温物体传到高温物体,而是不能"自动地"传到高温物体.例如制冷机,在外界对系统做功的情况下,低温物体才能向高温物体传热,但是这种热传导不是自动的,是在外界做功条件下进行的.

开尔文表述主要针对热功转换的方向性问题,而克劳修斯表述则主要针对热传导的方向性问题.上述两种表述实际上是等效的.下面应用反证法来证明两种表述的等价性,即如果否认克劳修斯表述,也就否认了开尔文表述;反之,否认了开尔文表述,也就必然否认了克劳修斯表述.

假设克劳修斯表述不成立,即允许有一种循环 I,产生的唯一效果使从低温热源自动向高温热源传递热量 Q_2.如图 10-18 所示,在这两个热源之间又有一个热机 II,每一次循环它从高温热源吸热 Q_1,向低温热源放热 Q_2,对外界做功 $W = Q_1 - Q_2$.把这两个循环 I,II 看成一部复合机,一次循环后,则向低温热源净放热为零;高温热源净放热 $Q_1 - Q_2$;复合机对外界做功 $W = Q_1 - Q_2$.这说明复合机循环一次从单一热源吸热完全变为有用功,而没产生其他影响.显然,这违背了开尔文表述.

假设开尔文表述说法不成立,即允许有一热机 I,循环一次只从单一热源 T_1 吸热,并完全变为功 W 而不产生其他影响.如图 10-19 所示,在热源 T_1(高温热源)和 T_2(低温热源)之间有一卡诺制冷机,它接受 I 对外界做功 W 使从低温热源吸热 Q_2,向高温热源放热 Q_1,把这两个循环 I,II 看成一部复合制冷机,完成一次循环后,则是外界没有对它做功,而它却把热量 Q_2 自动从低温热源传到高温热源.显然,这违背了克劳修斯表述.

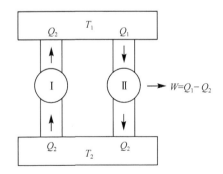

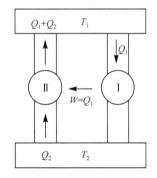

图 10-18　证明克劳修斯表述与开尔文表述等效　图 10-19　证明开尔文表述与克劳修斯表述等效

由此可知,违背克劳修斯表述的也违背开尔文表述,违背开尔文表述的也违背克劳修斯表述.这说明两种表述是等效的.

10.6.2 可逆过程和不可逆过程

若一个热力学系统经历一个过程，从状态 A 变到状态 B，如果能使系统进行逆向变化，从状态 B 又回到状态 A，且外界也同时恢复原状，我们称状态 A 到状态 B 的过程为可逆过程. 如果系统和外界不能完全恢复原状，哪怕只有一点点不能恢复原状，那么状态 A 到状态 B 的过程称为不可逆过程. 可见，可逆过程的要求是非常苛刻的，只是一种理想过程. 一切实际的热力学过程都是不可逆过程.

单纯的无摩擦的机械运动过程都是可逆过程. 例如，单摆做无阻力（无摩擦）的来回往复运动，从任一位置出发后，经一个周期又回到原来的位置，且对外界没有产生任何影响，因此单摆的无阻力摆动是可逆过程. 又如，无摩擦的准静态热力学过程也是可逆过程. 因为在准静态的正过程与逆过程中，对于每一个微小的中间过程，系统与外界交换的热量和做的功都正好相反，当通过准静态的逆过程使系统的末态返回初态时，正过程中给外界留下的痕迹在逆过程中正好被一一消除，使外界完全恢复了原状.

10.6.3 卡诺定理

在前面讨论的卡诺循环中，每个过程不仅都是平衡过程，而且都是可逆过程. 因此，卡诺循环是理想的可逆循环. 由热力学第二定律可以证明卡诺定理，其主要内容为：

(1)在温度为 T_1 的相同高温热库与温度为 T_2 的相同低温热库之间工作的一切可逆热机，不论用什么工作物质，其效率相等，而且都等于 $1-\dfrac{T_2}{T_1}$.

(2)在相同的高温热库和相同的低温热库之间工作的一切不可逆热机的效率，不可能高于可逆热机的效率，即

$$\eta \leqslant 1-\frac{T_2}{T_1} \tag{10-45}$$

上面的卡诺定理提示我们，除在前面已初步讨论的提高热机效率的途径外，应当使实际的不可逆热机尽量地接近可逆热机，这也是提高热机效率的一个重要因素.

10.6.4 热力学第二定律的统计意义

热力学第二定律所表明的热力学自发过程的单向性，可以用过程的可逆与不可逆作进一步的说明. 根据前面的分析讨论很容易看出，在热力学中，比较典型的如自发的功热转换、热传导以及气体的绝热自由膨胀等，都是不可逆过程. 因此，自发热力学过程的不可逆性与前面强调的自发过程的单向性是一致的. 我们可以说，热力学第二定律表明任何与热运动相关的自发过程都是不可逆的.

用一个宏观态包含的微观态数目的多少，也就是出现概率的大小，来重新认识热

功转换、热传导以及气体绝热自由膨胀等自发热力学
过程的方向或者不可逆性. 如图 10-20 所示的气体绝
热自由膨胀过程, 气体的初状态是一个左边为真空,
右边有 N 个分子的 $(0,N)$ 的宏观态, 最后达到平衡时
末状态是一个两边分子数相等均为 $N/2$ 的 $(N/2,$
$N/2)$ 的宏观态. 显然, 初态的热力学概率最小, 而末
态的热力学概率最大, 整个绝热自由膨胀过程就是系

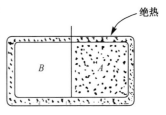

图 10-20　气体绝热自由膨胀过程

统由小概率的宏观态向大概率的宏观态变化的过程, 一旦系统达到了热力学概率最
大的末态, 要回到小概率的初态是不可能的, 因此, 系统不可能反向变化, 只能单向进
行. 这就是自发过程只能单向进行的原因.

从气体自由膨胀这个例子的分析可以得出如下普遍的结论: 一个不受外界影响
的封闭系统, 其内部发生的过程(自发进行的过程), 总是由包含微观态数目较少的宏
观态(初状态)向包含微观态数目较多的宏观态(末状态)方向变化, 或者由出现概率
较小的宏观态向出现概率较大的宏观态方向进行. 这就是热力学第二定律的统计
意义.

☞【工程应用】☞

热机的应用

1. 蒸汽机的基本工作原理

图 10-21 是瓦特蒸汽机的示意图. 用水泵将水打入锅炉, 煤燃烧产生的热量(高
温热源)把水加热变成水蒸气. 打开阀门 K_1、关闭
阀门 K_2, 蒸汽通过管道进入汽缸, 蒸汽在汽缸内膨
胀推动活塞向上运动而做功, 同时蒸汽内能减少;
然后关闭阀门 K_1、打开阀门 K_2, 活塞下移, 蒸汽成
为废气, 进入冷凝器(低温热源), 在冷凝器中通过
冷却水, 将废气冷却, 放出热量, 凝结成水; 再借助
水泵将水打入水箱, 并经水泵再次将水打入锅炉加
热, 使蒸汽恢复原始状态, 然后再进行第二次循环.

该示意图也可说明蒸汽轮机的工作原理. 如果
把高温、高压的蒸汽打到汽轮机的叶片上, 就可推
动汽轮机转动, 往复活塞式蒸汽机就转化成了蒸汽

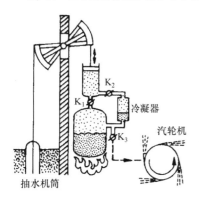

图 10-21　瓦特蒸汽机示意图

轮机, 实现了热能直接转化为轴的转动动能.

2. 往复活塞式内燃机的工作原理

往复活塞式内燃机主要由气缸、活塞、气缸盖、曲柄连杆机构、配气机构、供油系
统、润滑系统、冷却系统、起动装置等组成. 气缸是一个圆筒形金属机件. 密封气缸是

实现工作循环、产生动力的源地.内燃机的工作循环由吸气、压缩、燃烧和膨胀对外做功、排气等过程组成.按实现一个工作循环的行程数,工作循环分为四冲程和二冲程两类.常用的四冲程汽油发动中的循环过程是一个奥托循环,大致由四个分过程组成(图 10-22).对应于活塞的四个冲程如下.

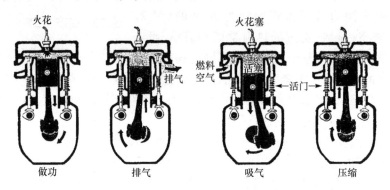

图 10-22　最早的四冲程奥托循环

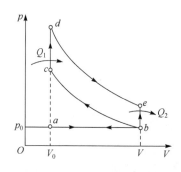

图 10-23　奥托循环 p-V 图

(1)吸气过程:活塞外移,空气和汽油混合气体由吸气孔吸入气缸,此时缸内压强等于 1 个大气压,是一个等压过程(图 10-23 中 ab 段).

(2)压缩过程:气缸封闭,活塞内移,缸内混合气体被压缩,由于压缩较快,缸壁来不及传热,这一过程可以看成是绝热过程(图 10-23 中 bc 段).

(3)做功过程:用火花塞点燃压缩的混合气体,气体燃烧爆炸,产生热量,气体压强突然增加.此过程非常快,活塞在这一瞬间移动很小距离,可看成是等容过程(图 10-23 中 cd 段),接着气体以巨大的压强推动活塞外移做功,这一过程可看成绝热过程(图 10-23 中 de 段).

(4)排气过程:燃烧过的高压气体迅速由排气孔排出,压强骤降至 1 个大气压,同时降温放热,此为一近似的等容过程(图 10-23 中 eb 段).而后,由于飞轮惯性带动活塞继续运动排出废气,此为等压过程(图 10-23 中 ba 段).

由此可知,奥托循环由两个等容过程和两个绝热过程组成,称为定容供热循环式.

实际的汽油发动机的循环是非常复杂的,因为发生了化学变化(燃烧和爆炸),系统的组成和性质也发生了变化.为了便于理论分析和计算,做了两个近似处理:一是认为循环由上述绝热、等容、等压等过程组成,亦认为系统主要在等容过程 cd 段吸热,而在等容过程 eb 段放热;二是认为系统的组成、性质和质量都保持不变,亦认为这些气体混合物是理想气体,奥托循环是理想化的循环,实际汽油发动机的效率要比奥托理想循环的效率低很多,只有一半或更小(约 25% 左右).

3. 燃气轮机

燃气轮机是一种以空气及燃气为工质的旋转式热力发动机,它的结构与飞机喷气式发动机一致,也类似于蒸汽轮机. 图 10-24 是一种燃气轮机四冲程循环过程示意图. 燃气轮机的工作原理为:压缩机从外部吸收空气,压缩后送入燃烧室,同时燃料(气体或液体燃料)也喷入燃烧室与高温压缩空气混合,在定压下进行燃烧. 生成的高温高压烟气在定压下进行燃烧,生成的高温高压烟气进入燃气轮机膨胀做功,推动动力叶片高速旋转,废气排入大气中或再利用.

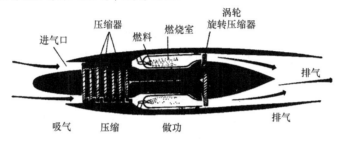

图 10-24 燃气轮机四冲程循环过程示意图

与活塞式内燃机和蒸汽动力装置相比,燃气轮机的主要优点是小而轻. 不同的应用部门,对燃气轮机的要求和使用状况也不相同. 燃气轮机的未来发展趋势是提高效率、采用高温陶瓷材料、利用核能和发展燃煤技术. 提高效率的关键:一是提高燃气初温,即改进透平叶片的冷却技术,研制能耐更高温度的高温材料;二是提高压缩比,研制级数更少而压缩比更高的压气机;三是提高各个部件的效率.

高温陶瓷材料能在 1360℃ 以上的高温下工作,用它来做透平叶片和燃烧室的火焰筒等高温零件时,就能在不用空气冷却的情况下大大提高燃气初温,从而较大地提高燃气轮机效率. 适于燃气轮机的高温陶瓷材料有氮化硅和碳化硅等.

燃气轮机具有效率高、功率大、质量轻、体积小、投资省、运行成本低和寿命周期较长等优点,主要用于发电、飞机、船舶和机车等工业动力.

制冷机的应用

将具有较低温度的被冷却物体的热量转移给环境介质从而获得冷量的机器称为制冷机. 从较低温度物体转移的热量习惯上称为冷量. 制冷机内参与热力过程变化(能量转换和热量转移)的工质称为制冷剂. 制冷方式很多,压缩式制冷、吸收式制冷和半导体电子制冷("帕尔帖效应")并称为世界三大制冷方式. 根据制冷机的原理不同,可制成各种各样的制冷机,制冷的温度范围通常在 120K 以上,120K 以下属深低温技术范围. 制冷机广泛应用于工农业生产和日常生活中.

1. 家用电冰箱

以单门电冰箱为例. 图 10-25 是它的工作原理示意图. 电冰箱由箱体、制冷系统、

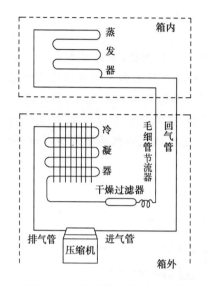

图 10-25　电冰箱工作原理示意图

控制系统和附件构成. 在制冷系统中,主要组成有压缩机、冷凝器、蒸发器和毛细管节流器四部分,自成一个封闭的循环系统. 其中蒸发器安装在电冰箱内部的上方,其他部件安装在电冰箱的背面. 系统里充灌了一种叫"氟利昂 12"(CF_2Cl_2,国际符号 R_{12})的物质作为制冷剂. 氟利昂在蒸发器里由低压液体汽化为气体,吸收冰箱内的热量,使箱内温度降低,变成气态的氟利昂被压缩机吸入,靠压缩机做功压缩成高温高压的气体,再排入冷凝器,在冷凝器中氟利昂不断向周围空间放热,逐步凝结成液体. 这些高压液体必须流经毛细管,节流降压后才能缓慢流入蒸发器,维持在蒸发器里连续不断地汽化,吸热降温. 这样,冰箱利用电能做功,借助制冷剂氟利昂的物态变化,把箱内蒸发器周围的热量搬送到箱后冷凝器里去放出,如此周而复始不断地循环,以达到制冷的目的.

2. 冷气机和热泵

如果将制冷机的高温热源置于室外,而使室内空气降温,就是通常的冷气机;反之将低温热源置于室外,而向室内供热,则叫做热泵.

热泵从室外吸热 Q_2,再加上压缩机做功 $W_外$,一起向室内供热 $Q_1 = W_外 + Q_2$,因此在能量应用上是划算的. 标志热泵性能的是供热系数 e,定义为

$$e = \frac{Q_1}{W_外} = \frac{Q_2 + W_外}{W_外} = 1 + \frac{Q_2}{W_外} = 1 + w \tag{10-46}$$

如果制冷系数 $w = 6$,则 $e = 7$,即说明每当压缩机做功 1J 时,可向室内供给 7J 的热量. 一台既可以用作降温又可以供暖的制冷机就是通常所谓的空调机. 单制冷空调在夏天使用制冷模式,它是制冷机;在冬天可以将空调的散热器安装在室内,它就是一个热泵了.

3. 半导体制冷器

近年来,低温电子学得到迅速的发展,在光电倍增管、红外探测器、光敏器件、功率器件等元件和设备冷却上,半导体制冷有独特的作用. 采用半导体制冷技术,对电子线路中的元件进行冷却,能有效改善其参数的稳定性,或使信噪比得到改善,从而提高放大和测量装置的灵敏度和准确度. 热电制冷器也可以用不同方式来冷却电子器件和设备. 它既可把电子元器件直接装在制冷器的冷端,直接得到冷却,又可将电子设备放在有半导体制冷的小室里,通过小室内的空气的自然对流得到间接冷却.

1) 光电倍增管用半导体制冷器

在原子物理学、天文学等领域广泛使用光电倍增管,但其暗电流、噪声、灵敏度主

要取决于光电阴极的温度.一种锑-铯阴极光电倍增管,当其阴极温度在 0℃时暗电流降低 3 倍,温度降到—30℃时暗电流降低了 30 倍,采用两级热电制冷器制冷的光电倍增管,就能够满足降低其暗电流的需求.

2)红外探测器用半导体制冷器

红外线探测器在低温工作时,噪声显著降低,灵敏度和探测率大大提高,硫化铅、硒化铅红外线探测器在—10℃时的响应比 20℃时的响应大几倍,在—78℃时其探测率可提高一个数量级.由于红外探测器要求冷却到零下几十摄氏度,热负载很小,只需几十毫瓦,用一至两对半导体电偶制成的单级热电制冷器即可获得明显的效果.

3)电子冷冻加工

冷冻磨削:平面磨削只适用于铁磁性物质的加工,并有剩磁产生,而冷冻磨削能解决各种材质的磨削问题,并且不改变原材料的磁性能,也不会出现烧伤.某研究所对钢件、不锈钢件、高速钢、非金属材料等在无冷却液的条件下进行冷冻干磨实验,均得到满意的效果.

薄片件的精密加工:过去在车床上对 $D×d×b＝360mm×168mm×1.27mm$ 的铝合金薄板件进行多种加工方法的尝试,如内胀外抱胎具、双面双刀加工、真空吸盘等.但这些方法工艺复杂,效率低,废品率高,利用冷冻车削就能使薄片件的加工质量、效率等都得到理想的效果.例如,某厂采用低温电子冷冻刀具,把刀头和刀体温度恒定在—15℃以下,使刀具寿命延长,加工精度提高,同时彻底改变了刀具的冷却条件,节省了大量的冷却油.实践证明,电子刀具比非制冷刀具耐用度提高 42%.这种方法清洁卫生、经济省电、变形小、易断屑,加工质量提高,刀具寿命提高 3～4 倍,因而经济效益显著.

4)电子冷冻铸型

半导体制冷也应用在铸造上,它是把金属板及模型温度降到—25℃以下,然后套上绝热沙箱,加入含一定水分的原沙,捣实刮平,停留 4～8min,将电源上下反接拔模,再将上下箱合箱浇铸的一种铸造方法.

电子冷冻铸件加工余量少、质量好、尺寸精确,造型和浇铸时无烟气及其他有毒气体放出,铸型落沙和铸件清理方便,极大地简化了旧沙的回用工艺.从德国、英国、美国、法国等国的资料报道来看,他们已成功地做了一些理论研究和实验工作,解决了冷冻铸型主要工艺参数及冷冻方式.日本科学家成功地分析了冷冻铸型中的水分凝聚层、容积密度、粒子对冷冻速度的影响.我国从 20 世纪 80 年代初开始,逐步从仿制到独立研究,并取得了实际成果,如沈阳某厂采用电子冷冻造型法生产电焊机压圈,其特点如下:①由于铸件精度提高,加工余量减少,铸件质量由原沙型铸造 4.35kg 降至 3.35kg.由于采用无冒口浇注,浇冒口质量由 2.8kg 降至 0.75kg,大大节省了铁水,减少了加工量;②由于原沙中不用黏结剂和附加物,所以大幅度降低了材料费用;③电子冷冻造型每箱耗电仅 0.13kW·h,节省了能源.

5)PCR 仪

PCR 技术(聚合酶链反应)是靠酶促反应合成特异 DNA 片断的方法. 它由高温变性、低温退火、适温延伸三个温度阶梯反复构成的热循环组成,因此,PCR 仪实际上是程序温控仪,又称基因扩增仪. 扩增效果与温度阶梯间的转换时间密切相关,时间越短,扩增异性越高,效果越好. 采用普通制冷(加热)方法,如压缩机、水冷、风冷、红外线加热、电热丝加热等,要获得较好的扩增效果非常困难,而利用了半导体制冷技术的 PCR 仪不仅能取得很好的扩增效果,还具有体积小、无噪声、温度调节范围大等优点.

6)呼吸机气泵

气泵是所有呼吸机中的重要部件,特别是在没有采用中心供气方式提供空气正压的医院更是必不可少的部件,它能向呼吸机提供干燥、洁净的气体. 一般将气体冷却降温后,再通过水分离器将冷凝水分离出来,达到干燥气体的目的. 由于采用半导体制冷技术的气泵与采用传统风冷式制冷的普通气泵相比具有体积小、结构简单、无噪声、冷凝快速及冷凝效率高等优点,现已广泛应用在高档呼吸机气泵中.

习题 10

一、选择题

1.对一定质量的理想气体在下列过程中可能实现的是(　　).

A. 气体做正功,同时放热

B. 气体等压膨胀,同时保持内能不变

C. 气体吸热,但不做功

D. 气体等压压缩,同时保持内能不变

2. 下列说法正确的是(　　).

A. 一定质量的理想气体在等压过程做功为零

B. 一定质量的理想气体在等容过程做功为零

C. 一定质量的理想气体在等温过程做功为零

D. 一定质量的理想气体在绝热过程做功为零

3. 1mol 氧气经历图 10-26 所示的两个过程由状态 a 变化到状态 b. 若氧气经历绝热过程 R_1 对外界做功 75J,而经历过程 R_2 对外界做功 100J,那么经历过程 R_2 中氧气从外界吸收的热量为(　　).

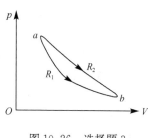

图 10-26　选择题 3

A. 25J   B. −25J

C. 175J   D. −175J

4.双原子理想气体的定压摩尔热容与定容摩尔热容之比是(　　).

A. 1.67   B. 1.40   C. 1.33

5.对于理想气体系统来说,在下列过程中,哪个过程系统所吸收的热量、内能的增量和对外界做的功三者均为负值(　　).

A. 等容降压过程   B. 等温膨胀过程

C. 等压压缩过程   D. 绝热膨胀过程

二、填空题

1. 某容器储有 10mol 单原子理想气体,在压缩过程中外界做功 200J,气体升温 1K,此过程中气体内能的增量为＿＿＿＿＿＿,气体传给外界的热量为＿＿＿＿＿＿.

2. 将热量 Q 传给一定质量的理想气体.(1)若体积不变,热量转化为＿＿＿＿＿＿;(2)若温度不变,热量转化为＿＿＿＿＿＿;(3)若压强不变,热量转化为＿＿＿＿＿＿.

3. 压强、体积、温度都相同的氧气和氦气经等压膨胀过程,若体积变化相同,吸收热量之比为＿＿＿＿＿＿;若吸收热量相同,对外界做功之比为＿＿＿＿＿＿.

4. 卡诺循环是由两个＿＿＿＿＿＿过程和两个＿＿＿＿＿＿过程组成的循环过程.卡诺循环的效率只与＿＿＿＿＿＿有关,卡诺循环的效率总是＿＿＿＿＿＿(大于、小于、等于)1.

5. 刚性双原子分子的理想气体在等压下膨胀所做的功为 W,则传递给气体的热量为＿＿＿＿＿＿,气体内能的变化为＿＿＿＿＿＿.

三、计算题

1. 如图 10-27 所示,一定量的单原子理想气体经历 abcd 过程,其中 a→b 为等压过程,b→c 为等容过程,c→d 为等温过程,试求:全部过程中,气体所做的功、热量及内能增量.

2. 气缸内储有 36 g 水蒸气(视为刚性分子理想气体),经 abcda 循环过程如图 10-28 所示.其中 a→b、c→d 为等体过程,b→c 为等温过程,d→a 为等压过程,试求:循环效率 η.

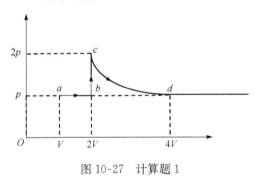

图 10-27　计算题 1

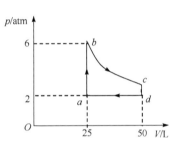

图 10-28　计算题 2

3. 一定质量的单原子理想气体,从初始状态 a 出发经图 10-29 中的循环过程又回到状态 a.其中过程 ab 是直线,b→c 为等容过程,c→a 为等压过程.求此循环过程的效率.

4. 以双原子理想气体为工作物质的热机循环,如图 10-30 所示.图中 a→b 为等容过程,b→c 为绝热过程,c→a 为等压过程.p_1、p_1、V_1、V_2 为已知,求此循环过程的效率.

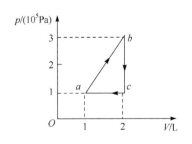

图 10-29　计算题 3

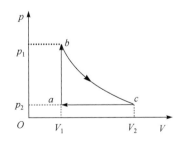

图 10-30　计算题 4

第11章

真实气体

11.1 真实气体的等温线

大量实验证明,在温度不太低,压强不太高的情况下,实际气体基本上遵守理想气体的状态方程.在 p-V 图上,理想气体的等温线是一系列等轴双曲线.但是,温度和压强在较大范围内变化时,发现在温度比较低或压强比较高的情况下,实际气体状态变化和理想气体差异很大,其实际气体的等温线并非都是等轴双曲线,图 11-1 所示为二氧化碳在不同温度下的等温线.图中纵坐标为压强,单位为 atm,横坐标为比容(单位质量的气体所占有的容积),单位为 $m^3 \cdot kg^{-1}$.从图中可以看出,当温度较高时,相应的等温线接近于等轴双曲线.例如,48.1℃的等温线就与等轴双曲线相差无几,没有明显区别.但是对于温度较低的等温线,两者就有显著的差别.以13℃的等温线为例,在压强较小的曲线 GA 部分,比容随压强增加而减小,与理想气体的等温线相似.当压强增大到 A 点处,即在压强约为 49atm 时,二氧化碳开始液化.在从 A 点到 B 点的液化过程中比容虽在减小,但压强却保持不变,AB 是一条平直线.在 B 点处,二氧化碳全部液化.通常把接近液化的气体称为蒸气.等温线的平直部分就是汽液共存状态的范围.在该范围内的气体称为饱和蒸气,相应的压强称为饱和蒸气压强.可见在一定的温度下,饱和蒸气压强的量值与蒸气的体积无关.从 B 点到 D 点,BD 线几乎与压强轴平行,这表示压强虽然不断增加,而比容却减少不多,这反映了液体不易压缩的事实.等温线 ABD 部分与理想气体的等温线相差悬殊,二氧化碳在这种温度和压强下不遵守理想气体状态方程.相应于21℃的等温线,形式与13℃的等温线相似,只是平直部分较短,而饱和蒸气压强较高,温度逐渐升高,等温线的平直部分逐渐缩短,相应的饱和蒸气压强也逐渐升高.温度继续升高,饱和蒸气比容和饱和液体比容相差更小.当温度升至 31.1℃时,饱和蒸气比容和饱和液体比容完全相同,等温线的平直部分缩成一点,在气体压强与比容的关系曲线上出现一个拐点.如果温度继续升高,不论压强多大,二氧化碳也不可能液化,而等温线则越来越近似于双曲线.由此可见,二氧化碳气体只有在温度不太低或压强不太高时才近似服从理想气体状态方程;当温度较低、压强较高时,就不服从了.其他的实际气体也都有类似的情况.

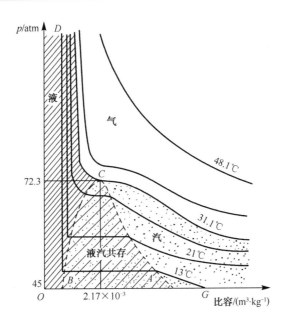

图 11-1　二氧化碳在不同温度下的等温线

如图 11-1 所示,当温度线的平直部分正好缩成一拐点时的温度,称为临界温度,以 T_c 表示,与临界温度相对应的等温线称为临界等温线.所谓临界温度,就是在该温度以上,压强无论怎样加大,气体不再液化.温度31.1℃为二氧化碳的临界温度,相应于31.1℃的等温线称为二氧化碳的临界等温线.临界等温线上的拐点称为临界点.临界点上的压强称为临界压强,以 p_c 表示,相应的比容称为临界比容,以 v_c 表示.上述三个物理量称为气体的临界恒量.实验结果指出,不同的气体具有不同的临界恒量,表 11-1 给出了几种气体的临界值.氦的临界温度特别低,液化很不容易,直到 1908 年氦才被液化.

表 11-1　几种气体的临界值

气　体	沸点 T_b/K	p_k/atm	T_k/K	$\rho_k^{①}$/(kg·m^{-2})
He	4.2	2.26	5.20	69.3
H_2	20.26	12.8	33.23	31.0
Ne	27.2	26.9	44.43	483
N_2	77.36	33.5	126.25	311
O_2	90.18	49.7	154.77	410
CO_2	194.68	73.0	304.19	468
SO_2	263.13	77.7	430.4	520
H_2S	312.82	88.9	273.6	—
H_2O	373.15	217.7	647.2	400

注:①ρ_k 是气体在临界温度时单位体积的质量,即临界比容的倒数.

临界温度把 p-V 图分成上下两个不同的区域,上面只可能有气体状态,下面又可分为三个区域. 参看图 11-1,不同等温线上开始液化和液化终了的各点,可以连成虚曲线 ACB. 虚线 AC 的右边完全是汽体状态,在 ACB 虚线以内是液汽共存的区域,虚线 BC 的左边完全是液体状态.

11.2　范德瓦耳斯方程

由实验可知真实气体的状态变化与理想气体的状态方程不甚符合,尤其在高压或低温下,出入更大. 为了更精确地描述气体的行为,人们提出了许多描述实际气体的物态方程,如范德瓦耳斯方程,简称范氏方程,是最常见的方程之一. 范氏方程是在理想气体物态方程的基础上考虑气体分子间的相互作用力和气体分子本身的大小,进行修正而得到的.

首先,考虑气体分子本身的大小. 一般认为分子直径的数量级约为 $10^{-10}\,\mathrm{m}$,在标准状态下,气体分子的体积只占气体体积的几千分之一,因而,通常可忽略不计. 但压强很大时,气体体积被压缩得很小,气体分子所具有的体积不能再忽略. 现考虑 1mol 的理想气体,在状态方程 $pV=RT$ 中,V 表示 1mol 的气体的可被压缩的空间. 对理想气体来说,分子本身的体积忽略不计,所以气体可被压缩的空间就是容器整个的容积. 但对真实气体来说,分子本身占有一定的体积,所以气体可被压缩的空间应较容器的容积小一量值 b,b 是与分子本身的体积有关的一个常量,其值视不同的气体而异,可用实验来测定. 范德瓦耳斯从理论推算出修正量 b 为所有分子总体积的 4 倍,对 1mol 气体来说,当我们考虑到气体分子本身体积时,气体的状态方程应修正为

$$p(V-b)=RT, \quad b=N_0\frac{16}{3}\pi r^3 \tag{11-1}$$

式中,N_0 为 1mol 气体的分子数,r 为分子的半径.

其次,考虑分子间具有相互作用力. 气体分子是个复杂的系统. 分子与分子之间有相互作用的引力和斥力,统称分子力. 两个分子之间的分子力 f 随它们之间的距离的变化情况,如图 11-2 所示. 图中 r_0 为两分子之间的平衡距离,即当两分子彼此相距 r_0 时,每个分子上所受的斥力 f_1 与引力 f_2 恰好平衡(图 11-2(a) Ⅰ). r_0 的数量级约为 10^{-10}. 当两个分子的间距小于 r_0 时,分子力表现为斥力(图 11-2(a) Ⅱ),斥力 $f_1'>$ 引力 f_2'). 所谓分子有"本身体积",不能尽量压缩,正反映了这种斥力的存在. 当两分子的间距大于 r_0 时(数量级为 $10^{-10}\sim10^{-8}\,\mathrm{m}$),分子力表现为引力(图 11-2(a) Ⅲ),引力 $f_2'>$ 斥力 f_1'). 而且,这种引力在距离增大时很快地趋近于零. 在一般压强下,气体分子间的力是引力. 在低压状态下,分子间距离相当大,这种引力极为微小,可以忽略不计. 根据近代理论,每个分子所受到的斥力和引力以及两者的合力随距离 r 的变化关系,如图 11-2(b)所示.

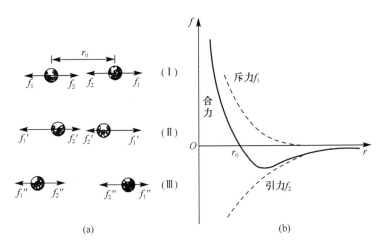

图 11-2　分子力示意图

　　显然,由于分子间吸引力的存在,需对分子施于气壁的压强作修正. 如图 11-3 所示,在容器中的气体内部认定某一分子 β. 以 β 为中心,选取分子间相互吸引力等于零的距离 r 为半径,作一球. 对 β 作用引力的其他分子,都分布在这个球内. 这个球称为分子作用球,r 称为分子力的作用半径. 对于给定气体,r 是个常数. 由于在作用球内的其他分子对 β 是对称分布的,因此,对 β 分子的作用正好抵消,至于靠近器壁的分子,如图 11-3 中的 α 分子,情况就与 β 有所不同,因为 α 分子的作用球在气体内外各居一半. 在外面的一半,没有气体分子对 α 分子起引力作用,而在里面半个作用球内的气体分子,却对 α 分子有引力作用. 这种引力的合力与边界面垂直,且指向气体内部,如图中大箭头所示. 这样,在靠近边界面处,取一厚度为 r 的分子层,那么,在这个分子层中所有的分子都与 α 一样,受到里面气体分子的引力作用,每个分子所受到的引力都指向内部的引力作用,因而削弱了碰撞器壁时的动量,也就削弱了施于器壁的压强,当不考虑分子的引力作用时,分子施于器壁的压强应为

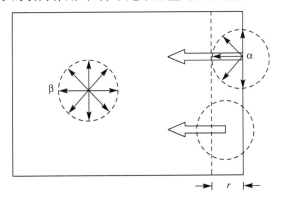

图 11-3　气体分子所受的力

$$p=\frac{RT}{V-b}$$

但考虑分子间的引力后，分子施于器壁的压强应减少一量值 p_i. 所以，器壁所受的压强，也就是实际所测出的压强为

$$p=\frac{RT}{V-b}-p_i$$

所以

$$(p+p_i)(V-b)=RT \tag{11-2}$$

式中，p_i 表示真实气体表面层的单位面积上所受内部分子的引力，常称为内压强.

一方面，内压强与器壁附近单位面积上的被吸引气体分子数成正比，而这个分子数是与容器中单位体积内的分子数 n 成正比的；另一方面，内压强又与内部的吸引分子数成正比，而这个分子数也是正比于 n 的. 因此，p_i 正比于 n^2. 但是，n 与气体的体积 V 成反比，所以 p_i 与气体的体积的平方成反比，即

$$p_i=\frac{a}{V^2}$$

式中，比例系数 a 的量值取决于气体的性质，也可由实验来测定. 将 p_i 的表达式代入式(11-2)，即得范德瓦耳斯方程

$$\left(p+\frac{a}{V^2}\right)(V-b)=RT \tag{11-3}$$

式(11-3)适用于 1mol 的气体. 式中常数 a 和 b 的量值取决于气体的性质，也可由实验来测定. 例如，二氧化碳的 $a=3.61\times10^{-6}\,\text{m}^6\cdot\text{atm}\cdot\text{mol}^{-2}$，$b=42.8\times10^{-6}\,\text{m}^3\cdot\text{mol}^{-1}$，水蒸气的 $a=5.47\times10^{-6}\,\text{m}^6\cdot\text{atm}\cdot\text{mol}^{-2}$，$b=30.5\times10^{-6}\,\text{m}^3\cdot\text{mol}^{-1}$.

对于 $n$mol 的气体，范德瓦耳斯方程为

$$\left(p+\frac{an^2}{V^2}\right)(V-nb)=nRT \tag{11-4}$$

关于范德瓦耳斯方程与理想气体状态方程准确度的比较，可参见表 11-2. 范德瓦耳斯方程虽然不是绝对准确，但与理想气体状态方程相比，已能较好地反映客观实际.

表 11-2　范德瓦耳斯方程与理想气体状态方程准确度的比较

p/atm	$pV/(\times10^{-3}\text{atm}\cdot\text{m}^3)$	$\left(p+\frac{M^2}{M_{mol}^2}\frac{a}{V^2}\right)\left(V-\frac{M}{M_{mol}}b\right)/(\times10^{-3}\text{atm}\cdot\text{m}^3)$
1	1.0000	1.000
100	0.9941	1.000
200	1.0483	1.009
500	1.3900	1.014
1000	2.0685	0.983

如果温度 T 保持恒定,范德瓦耳斯方程可写为

$$V^3-\left(\frac{pb+RT}{p}\right)V^2+\frac{a}{p}V-\frac{ab}{p}=0$$

可见 p 与 V 的关系是一个三次方程.在不同温度下的 p-V 曲线如图 11-4 所示.

比较范德瓦耳斯等温线(图 11-4)和实际气体在不
同温度下的等温线(图 11-1),可以看到,二者都有一条
临界等温线,线上的拐点处的切线和横轴平行.在临界
等温线以上,二者比较接近;在温度很高时,二者之间没
有区别;在临界等温线以下,却有明显的区别.真实气体
的等温线有一个液化过程,即图 11-1 中的平直的曲线
AB,在这个过程中比容减小而压强不变.但在范德瓦耳
斯等温线上,与这一部分相应的却并不是直线,而是曲
线 $AA'B'B$.对于何时液化开始,何时液化终了,也未曾
指出.

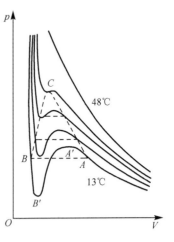

图 11-4　范德瓦耳斯等温线

曲线的 AA' 和 $B'B$ 部分在实验中是可以实现的,但
状态并不稳定.如果真实气体内部没有尘埃和自由电荷
等,那么在 A 点到达饱和状态以后,可以继续压缩到 A'
点暂时不发生液化.这时蒸气密度大于该温度时的正常饱和蒸气密度,这种蒸气称为
过饱和蒸气,即图 11-4 中的 AA' 部分.如果先能驱尽溶解在液体中的气体,该液体在
B 点仍可随压强的减小而继续膨胀,暂时还不汽化.这时,液体的密度减小,甚至小于
在较高温度时的固有密度,这种液体称为过热液体,就是图 11-4 中的 $B'B$ 部分.至于
$A'B'$ 部分所表示的比容随压强的降低而继续缩小的情况,实际上是不存在的.

11.3　焦耳-汤姆孙实验　真实气体的内能

理想气体的内能是温度的单值函数,内能的增量仅仅与系统始末状态的温度有
关,而真实气体还需要考虑分子间的相互作用,除了动能以外,还要考虑分子相互作
用势能.为了探索在真实气体的内能中有无分子与分子之间的势能,焦耳和汤姆孙设
计了著名的焦耳-汤姆孙实验.

在焦耳-汤姆孙实验中,使气体从压强较大的空间,经过多孔性物质,迁移到压强
较小的空间,这个过程称为焦耳-汤姆孙过程,也叫节流过程.

焦耳-汤姆孙实验的主要装置,如图 11-5 所示.在包有绝热材料的铁管的中部,
装有用压缩棉绒或丝绸制成的多孔塞.气体通过多孔塞,容易形成稳定气流.在多孔
塞的两侧,装着截面积均为 S 的两个活塞 A 和 B,活塞与管壁间的摩擦力是非常微小
的.缓慢地推动活塞 A,同时也缓慢地移动活塞 B,使多孔塞左侧的气体经常维持一
较大压强 p_1,右侧的气体经常维持一较小压强 p_2.多孔塞两侧还装有温度计,用来量

度两侧的温度．节流过程是在气体和外界没有热交换的条件下进行的，是另一类型的绝热过程．因为气体在节流过程中从初状态到末状态所经历的一系列的中间状态都不是平衡的，所以节流过程是不可逆的绝热过程．

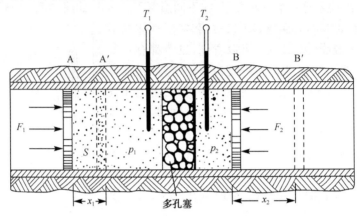

图 11-5　焦耳-汤姆孙实验

实验指出，在室温附近，当气体到达稳定状态时，一些气体在节流过程中要降低温度；也有气体的温度要升高．气体经过这种膨胀过程而发生的温度改变的现象称为焦耳-汤姆孙效应．凡膨胀后温度较低者称为正的焦耳-汤姆孙效应，温度升高者称为负的焦耳-汤姆孙效应．多孔塞两侧的温度差，随气体的性质和两侧压强的差值以及气体的原始温度等因素而异．例如，在室温下，当压强差 $p_1 - p_2 = 1 \text{atm}$ 时，空气、氮及氧的温度降低约为 0.25K，二氧化碳约为 0.75K；在同样条件下，氢的温度升高约为 0.03K．如果氢的原始温度低于 192.5K，膨胀后，温度也将降低．在某一定温度下，焦耳-汤姆孙效应的正负将发生改变，这一温度称为反转温度．每一气体都有其反转温度．空气、氮及氧等的反转温度高于室温，氢的反转温度就是 192.5K．

焦耳-汤姆孙效应是一个相当复杂的现象，既与气体分子之间的引力有关，又与分子本身的大小有关．现在，我们来证明：如果用理想气体进行焦耳-汤姆孙实验，就不会发生温度的改变．因为按定义，在理想气体中，分子之间除碰撞时外没有相互作用，分子本身的大小又是可以忽略不计的．设在实验过程中，活塞 A 右移至 A′ 位置上，移动的距离为 x_1．又设流过多孔塞的气体为 1mol．为了维持多孔塞两侧的压强不变，活塞 B 将右移至 B′ 位置上，移动的距离为 x_2．外力 F_1 对气体所做的功为 $F_1 x_1$，而气体对外所做的功为 $F_2 x_2$．因此，外力对 1mol 气体所做的净功为

$$\Delta W = F_1 x_1 - F_2 x_2$$

因

$$F_1 = p_1 S, \quad F_2 = p_2 S$$

而

$$S x_1 = V_1, \quad S x_2 = V_2$$

所以

$$\Delta W = p_1 S x_1 - p_2 S x_2 = p_1 V_1 - p_2 V_2$$

如上所说,气体在节流过程中是绝热的,所以外力对气体所做的功应等于气体内能的增量 ΔE,因此有

$$\Delta E = p_1 V_1 - p_2 V_2$$

对理想气体来说,没有分子与分子之间的势能,内能的增量就是分子各种运动(平动、转动和振动)的能量的总增量,所以 $\Delta E = C_V \Delta T = C_V (T_2 - T_1)$. 又按理想气体状态方程得 $p_1 V_1 = R T_1$ 及 $p_2 V_2 = R T_2$,代入上式,即得

$$C_V (T_2 - T_1) = R(T_1 - T_2)$$

或

$$(C_V + R)(T_2 - T_1) = 0$$

因 $C_V + R$ 不会等于零,所以

$$T_1 = T_2$$

亦即理想气体在节流过程中是不会有温度改变的. 然而用一般气体进行实验时,却表明有温度的改变,这说明真实气体在膨胀前后,内能的增量中含有分子与分子之间的势能的改变,亦即真实气体分子间相互作用确实是存在的.

焦耳-汤姆孙效应不但在理论上有重要意义,而且在工业生产上也有巨大的实用价值. 实验室制取干冰(固态二氧化碳),就是利用焦耳-汤姆孙正效应实现的. 高压二氧化碳气体(约 30atm 上下)从钢瓶的阀口喷向拴在阀上的布袋中时,因节流膨胀,温度可从室温下降到 195K 以下,形成干冰.

11.4 低温的获得

在物理学中,"低温"是指低于液态空气(81K)的温度. 低温环境可以保存生物活体使某些材料具有超导性质,空气在低温液化后可以通过分馏而得到氧气、氮气、氢气等工业气体. 低温的获得主要有以下方法.

11.4.1 液化气体获得低温

低温最初是通过空气的液化获得的,用氢气做工质的制冷机,可以获得 90～12K 的低温. 空气液化后,可以用分馏的方法得到液氧(在 1atm 下的沸点为 90.2K)和液氮(在 1atm 下的沸点为 77.3K),在很多实验中都用液氮来维持所需的低温.

当气体可逆绝热膨胀时,对活塞或涡轮叶片做功而使自身温度降低. 这是液化气体获得低温的一种方法. 还有一种液化气体的方法是气体经过节流膨胀会降温的效应.

实际上常把节流膨胀和可逆绝热膨胀联合起来使用. 先用可逆绝热膨胀使气体温度降低到所需的温度,然后再通过节流膨胀使之变成液体. 液氦就是这样制取的,可达到 4.2K 的低温.

液体蒸发时要吸热,如果这时外界不供给热量,液体本身温度就要降低.利用这种方法可以使液态气体的温度进一步降低,如对液态氢可获得 1.25K 的温度,用液态 ^{4}He 可达到 1K,用液态 ^{3}He 可以达到 0.3K.

11.4.2 绝热退磁降温

更低的温度是用顺磁质的绝热退磁而得到的.顺磁质的每个分子都具有固有的磁矩,它的行为像一个微小的磁体一样,在磁场的作用下要沿磁场排列起来.此时若将顺磁质和外界绝热隔离,当撤去外磁场时,由于它的内能减小,温度就要降低.这种方法可以使温度降到 $10^{-2} \sim 10^{-3}$K.如果在这样的低温下,再用类似的步骤使原子核进行绝热退磁,就可以得到更低的温度.

11.4.3 稀释制冷

1951 年 H.伦敦提出了一个稀释制冷的方法.1978 年根据这种方法制成的稀释制冷机已可以保持 2×10^{-3}K 的低温.这种制冷机是根据 ^{4}He 和 ^{3}He 的混合液体的相变规律而设计的.稀释制冷原理需用量子力学来说明.

赫尔辛基工业大学的一个实验小组的低温系统用了一级稀释制冷和两级原子核绝热去磁,得到了 2×10^{-8}K 的低温.

11.4.4 激光冷却中性原子

操纵、控制孤立的原子一直是物理学家追求的目标.由于原子不停地做热运动,要想操纵、控制原子,首先必须使原子"冷"下来,即降低其速度至极低的状态,这样才能方便地将原子控制在某个空间小区域内.

由于激光技术的发展,激光冷却中性原子得以实现.1975 年,汤斯和肖洛提出利用对射激光束来冷却中性原子的方法.这种激光冷却的方法在其后 20 年中得到了很大的发展.1995 年曾利用此方法将铯原子冷却到 2.8×10^{-9}K 的低温.华裔物理学家朱棣文等曾利用此方法将钠原子降到 2.4×10^{-11}K 的低温,并因此获得 1997 年的诺贝尔物理奖.

激光冷却中性原子在科学研究和技术应用中的意义非常巨大.首先,它将大大提高高分辨光谱的精度,从而推动了原子、分子物理学的发展.在研究激光束与中性原子相互作用的基础上,已形成原子光学.采用激光冷却技术形成所谓的"超冷原子"后,人们已经注意到这些"超冷原子"具有许多新的特点,如"超冷原子"的碰撞过程不同于常温下原子的经典碰撞.其次,利用激光冷却中性原子技术,可将目前原子钟的精度提高两个数量级.另外,借助于光陷阱技术,可制成能控制住 $20\text{nm} \sim 10\mu\text{m}$ 尺度的微粒"光镊",对生物学和高分子聚合物的研究意义重大.

11.5　相变与热处理技术

11.5.1　相变

相变是物质从一种相转变为另一种相的过程. 物质系统中物理、化学性质完全相同, 与其他部分具有明显分界面的均匀部分称为相. 与固、液、气三态对应, 物质有固相、液相、气相. 任何气体或气体混合物只有一个相, 即气相. 液体通常只有一个相, 即液相, 但正常液氦与超流动性液氦分属两种液相. 对于固体, 不同点阵结构的物理性质不同, 分属不同的相, 故同一固体可以有多种不同的相. 例如, 固态硫有单斜晶硫和正交晶硫两相; 碳有金刚石、石墨、富勒烯、碳纳米管等相; α 铁、β 铁、γ 铁和 δ 铁是铁的 4 个固相; 冰有 7 个固相. 由单一物质构成的多相系统称为单元复相系. 例如, 冰水混合物和由不同固相构成的铁等. 由多种不同物质构成的系统称为多元系. 例如, 水和酒精的混合物是二元系, 空气是多元系. 多元系可以是单相的, 也可以是多相的.

相变是物质系统不同相之间的相互转变. 固、液、气三相之间转变时, 常伴有吸热或放热以及体积突变. 单位质量物质在等温等压条件下, 从一相转变为另一相时吸收或放出的热量称为相变潜热. 通常把伴有相变潜热和体积突变的相变称为第一类(或一级)相变, 不伴有相变潜热和体积突变的相变称为第二类(或二级)相变. 例如, 在居里温度下铁磁体与顺磁体之间的转变; 无外磁场时超导物质在正常导电态与超导态之间的转变; 正常液氦与超流动性液氦之间的转变等.

相变是有序和无序两种倾向相互竞争的结果. 相互作用是有序的起因, 热运动是无序的来源. 在缓慢降温的过程中, 每当温度降低到一定程度, 以致热运动不再能破坏某种特定相互作用造成的有序时, 就可能出现新相. 以铜镍二元合金为例: 合金从液态开始缓慢冷却, 当温度降到液相线时, 结晶开始. 此时结晶出来的极少量固相成分和液相成分基本未变. 随着温度降低, 固相逐渐增多, 液相不断减少. 液相的成分沿液相线变化, 固相的成分沿固相线变化.

以系统的状态参量为变量建立坐标系, 其中的点代表系统的一个平衡状态, 叫做相点, 这样的图叫相图. 图 11-6 是常用的与热现象有关的 p-T 相图. 图中曲线由相平衡点连接而成; OA 是气固平衡线, AB 是液固平衡线, AC 是气液平衡线. 这些相平衡线将 p-T 图划分为不同区域, 每个区域代表一种相. 三条相平衡线的交点(A)叫做三相点, 在这一点, 气、液、固三相可以共存. 图中 C 为气液相变的临界点, 在这一点汽化热为 0, 超过这一点, 气态和液态的差别不复存在. 物质可由 P 点的液相沿虚线连续地转变为 Q 点的气相, 而不需要经过一个两相共存的不连续阶段.

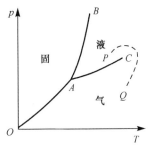

图 11-6　常用的与热现象有关的 p-T 相图

11.5.2　热处理技术

热处理是将材料放在一定的介质内加热、保温、冷却,通过改变材料表面或内部的组织结构来控制其性能的一种综合工艺过程.热处理涵盖的范围很广,从钢化玻璃到橡胶塑料,从钢材到各种有色金属以及碳、硅等非金属都有广泛的热处理应用.以金属材料的热处理应用范围最广,最为常见.普通热处理是单纯利用温度变化改善金属的组织与性能的热处理方法,包括退火、正火、淬火和回火.

1. 退火

将工件加热到预定温度,保温一定的时间后缓慢冷却的金属热处理工艺.退火的目的在于:①改善或消除钢铁在铸造、锻压、轧制和焊接过程中所造成的各种组织缺陷以及残余应力,防止工件变形、开裂;②软化工件以便进行切削加工;③细化晶粒,改善组织以提高工件的机械性能;④为最终热处理(淬火、回火)做好准备.

常用的退火工艺有:

(1)完全退火,即用以细化中、低碳钢经铸造、锻压和焊接后出现的力学性能不佳的粗大过热组织.将工件加热到铁素体全部转变为奥氏体的温度以上 30～50℃,保温一段时间,然后随炉缓慢冷却,在冷却过程中奥氏体再次发生转变,即可使钢的组织变细.

(2)球化退火,用以降低工具钢和轴承钢锻压后的偏高硬度.将工件加热到钢开始形成奥氏体的温度以上 20～40℃,保温后缓慢冷却,在冷却过程中珠光体中的片层状渗碳体变为球状,从而降低了硬度.

(3)等温退火,用以降低某些镍、铬含量较高的合金结构钢的高硬度,以进行切削加工.一般先以较快速度冷却到奥氏体最不稳定的温度,保温适当时间,奥氏体转变为托氏体或索氏体,硬度即可降低.

(4)再结晶退火,用以消除金属线材、薄板在冷拔、冷轧过程中的硬化现象(硬度升高、塑性下降).加热温度一般为钢开始形成奥氏体的温度以下 50～150℃,只有这样才能消除加工硬化效应,使金属软化.

(5)石墨化退火,用以使含有大量渗碳体的铸铁变成塑性良好的可锻铸铁.工艺操作是将铸件加热到 950℃左右,保温一定时间后适当冷却,使渗碳体分解形成团絮状石墨.

(6)扩散退火,用以使合金铸件化学成分均匀化,提高其使用性能.方法是在不发生熔化的前提下,将铸件加热到尽可能高的温度,并长时间保温,待合金中各种元素扩散趋于均匀分布后缓冷.

(7)去应力退火,用以消除钢铁铸件和焊接件的内应力.对于钢铁制品在加热后开始形成奥氏体的温度基础上降低 100～200℃,保温后在空气中冷却,即可消除内应力.

2. 正火

将工件加热到适当温度,保温一段时间后从炉中取出在空气中冷却的金属热处理工艺. 正火与退火的不同点是正火冷却速度比退火冷却速度稍快, 因而正火组织要比退火组织更细一些, 其机械性能也有所提高. 另外, 正火炉外冷却不占用设备, 生产率较高, 因此生产中尽可能采用正火来代替退火. 正火的主要应用有: ①用于低碳钢, 正火后硬度略高于退火, 韧性也较好, 可作为切削加工的预处理; ②用于中碳钢, 可代替调质处理作为最后热处理, 也可作为用感应加热方法进行表面淬火前的预备处理; ③用于工具钢、轴承钢、渗碳钢等, 可以消降或抑制网状碳化物的形成, 从而得到球化退火所需的良好组织; ④用于铸钢件, 可以细化铸态组织, 改善切削加工性能; ⑤用于大型锻件, 可作为最后热处理, 从而避免淬火时较大的开裂倾向; ⑥用于球墨铸铁, 使硬度、强度、耐磨性得到提高, 如用于制造汽车、拖拉机、柴油机的曲轴、连杆等重要零件.

3. 淬火

将金属工件加热到某一适当温度并保持一段时间, 随即浸入淬冷介质中快速冷却的金属热处理工艺. 常用的淬冷介质有盐水、水、矿物油、空气等. 淬火可以提高金属工件的硬度及耐磨性, 因而广泛用于各种工、模、量具及要求表面耐磨的零件(如齿轮、轧辊、渗碳零件等). 淬火与不同温度的回火配合, 可以大幅度提高金属的强度、韧性及疲劳强度, 并可获得这些性能之间的配合以满足不同的使用要求. 另外, 淬火还可使一些特殊性能的钢获得一定的物理化学性能, 如淬火使永磁钢增强其铁磁性、使不锈钢提高其耐蚀性等. 淬火工艺主要用于钢件. 常用的钢在加热到临界温度以上时, 原有在室温下的组织将全部或大部分转变为奥氏体. 随后将钢浸入水或油中快速冷却, 奥氏体即转变为马氏体. 与钢中其他组织相比, 马氏体硬度最高. 钢淬火的目的就是使它的组织全部或大部分转变为马氏体, 获得高硬度, 然后在适当温度下回火, 使工件具有预期的性能. 淬火时的快速冷却会使工件内部产生内应力, 当其大到一定程度时工件便会发生扭曲变形甚至开裂.

4. 回火

将经过淬火的工件重新加热到低于临界温度的适当温度, 保温一段时间后在空气或水、油等介质中冷却的金属热处理工艺. 钢铁工件在淬火后具有以下特点: ①得到了马氏体、贝氏体、残余奥氏体等不平衡(即不稳定)组织; ②存在较大内应力; ③力学性能不能满足要求. 因此, 钢铁工件淬火后一般都要经过回火.

回火的作用在于: ①提高组织稳定性, 使工件在使用过程中不再发生组织转变, 从而使工件几何尺寸和性能保持稳定; ②消除内应力, 以便改善工件的使用性能并稳定工件几何尺寸; ③调整钢铁的力学性能以满足使用要求.

回火之所以具有这些作用, 是因为温度升高时, 原子活动能力增强, 钢铁中的铁、碳和其他合金元素的原子可以较快地进行扩散, 实现原子的重新排列组合, 从而使不稳定的不平衡组织逐步转变为稳定的平衡组织. 内应力的消除还与温度升高时金属强度降低有关. 一般钢铁回火时, 硬度和强度下降, 塑性提高. 回火温度越高, 这些力学性能的变化越大. 有些合金元素含量较高的合金钢, 在某一温度范围回火时, 会析出一些颗粒细小的金属化合物, 使强度和硬度上升. 这种现象称为二次硬化.